U0392204

# 智慧农业与数字乡村的中国实践

唐 珂 主编

人民出版社

主　编　唐　珂

**副主编**　许世卫　邵根伙　陈　勇

**参与撰写人员**

张天翊　王耀宗　邓　飞　于海鹏　李灯华

李干琼　张永恩　薛素文　王丹玉　户俊峰

杨　毅　郑国清　欧　毅　毕洪文　郑妍妍

周　蕊　张洪宇　张小允　张树东　罗　宁

钟志平　鲍　洁　庄家煜　王盛威　邸家颖

王　禹　刘佳佳　李乾川

# 目　录

# 前　言

当今时代，以数字化、智能化为特征的全球新一轮技术革命蓬勃兴起，产业变革方兴未艾，以物联网、大数据、云计算、人工智能等为代表的新一代信息技术加快应用，引发经济格局和产业形态深度变革，形成发展数字经济的普遍共识。新一代信息技术正在加速与农业农村深入渗透融合，正在引发数字农业农村领域深刻变革，促进智慧农业发展和数字乡村建设进程。

党中央、国务院高度重视网络化、数字化、智能化工作，作出实施网络强国战略、大数据战略、数字乡村战略等一系列重大部署安排，统筹推进信息化发展。习近平总书记指出，"互联网、大数据、云计算、人工智能、区块链等技术加速创新，日益融入经济社会发展各领域全过程，数字经济发展速度之快、辐射范围之广、影响程度之深前所未有，正在成为重组全球要素资源、重塑全球经济结构、改变全球竞争格局的关键力量。"习近平总书记强调，粮食安全是国之大者，悠悠万事，吃饭为大，民以食为天；把中国人的饭碗牢牢端在自己手中；解决吃饭问题，根本出路在科技；加快信息化发展，整体带动和提升新型工业化、城镇化、农业现代化发展。

当前，我国智慧农业发展和数字乡村建设进入快车道，取得了重要阶段性成效。智慧农业快速起步，农业物联网区域试验示范、数字农业等项目深入实施，物联网、大数据、人工智能、卫星遥感、北斗导航等现代信息技术与农业生产加速融合，智慧农场在全国多地落地见效；农村电商蓬勃发展，"互联网＋"农产品出村进城、农产品仓储保鲜冷链物流设施建设等重大工程深入实施，农产品电商为打赢脱贫攻坚战、有效应对疫情助力农产品稳产保供发挥了重要作用；农业农村大数据建设初见成效，农业农村"一张图"建设有序推进，大数据在精准育种、农田建设管理、农业防灾减灾、农业综合执法等方面的独特作用开始显现；乡村治理和服务数字化加快普及，乡村"三务"在线公开大力推进，信息进村入户工程深入实施，农民数字素养和技能不断提升。我们也要看到，全面建设社会主义现代化强国，最艰巨最繁重的任务在农村，最广泛最深厚的基础在农村，最大的潜力和后劲也在农村。数字农业农村发展目前仍然总体滞后，面临诸多挑战。粮食供给结构性矛盾突出，影响粮食安全的潜在风险隐患依然存；成本和价格两个"天花板"双重挤压，生态环境和资源条件两道"紧箍咒"依然束缚农业长远发展；在乡村数字化治理水平与城市相比差距仍然较大，数字经济在农业中的占比远低于工业和服务业。

"十四五"时期是开启全面建设社会主义现代化国家新征程、向第二个百年奋斗目标进军的第一个五年。党的二十大报告指出，"全面推进乡村振兴。全面建设社会主义现代化国家，最艰巨最繁重的任务仍然在农村。坚持农业农村优先发展，坚持城乡融合发展，畅通城乡要素流动。加快建设农业强国，扎实推动乡村产业、人才、文化、生态、组织振兴。"新时期"三农"工作重心已历史性地转向全面推进乡村振兴、加快农业农村现代化。信息化与乡村全面振兴和农业农村现代化形成了历史性交汇，农业农村信息化将在数字乡村发展战略深入推进的过程中进入快速发展的新阶段，对推动农业农村发展质量变革、效率变革、动力变革的驱动引领作用将日益凸显。当前及"十四五"时期是推进农业农村数字化的重要战略机遇期，必须顺应时代趋势、把握发展规律，加快数字技术推广应用，大力提升数字化生产力，推动农业高质量发展和乡村全面振兴，让广大农民共享数字化发展红利。

在全面推进乡村振兴、加快建设农业强国的过程中，数字化已经为农业农村发展带来新的重大机遇、新的重要力量、新的美好希望。我们要抓住千载难逢的历史机遇，以抢占先机、占领制高点的奋斗姿态，以问题和需求为导向，扬优势、补短板、强弱项，推动农业农村信息化快速健康发展，为推进乡村全面振兴、加快农业农村现代化发展提供强有力的信息化支撑。

# 第一章　发展机遇

## 一、概述

新一代信息技术与农业农村的深入融合正在推动农业农村发展进入数字化新时代，带动农业农村发展的广度和深度不断扩展，新模式、新业态不断涌现。信息化具有扩散性、渗透性和融合性特征，正在对农业农村生产生活生态各方面各领域进行全域赋能，助推农业全产业链改造和升级，不断提升我国农业生产智慧化、经营网络化、管理数字化和服务便捷化水平。信息技术正成为农业农村发展的新引擎，促进农业农村全要素生产率的提升，推动农业农村数字化转型升级。农业农村数字化也正在深刻改变经济的发展动力、发展方式，重塑农业农村经济发展的基本格局。

智慧农业是现代信息技术与农业深度融合形成的信息化农业方式，是在信息技术和先进装备条件的基础上，通过生产过程的信息感知、精准决策、智能控制、智慧管理，实现农业更高资源利用率、更高劳动生产率和更好从业体验感的农业形态，是现代农业的高级形式。智慧农业是一个复杂的系统工程，在应用与发展上充分体现了学科交叉融合的特点，而不是信息科学技术的简单应用和堆砌，在学理性问题上，不仅要融合农业科学、信息科学和工程科学等相关学科的基本原理、理论和方法，还必须处理好技术、经济、社会、管理、环境和政策等多要素的集成优化，这也是决定智慧农业实施效果的重要方面。[①]

---

[①]　赵春江：《智慧农业的发展现状与未来展望》，《华南农业大学学报》2021 年第 6 期。

数字乡村是伴随网络化、信息化和数字化在农业农村经济社会发展中的应用，以及农民现代信息技能的提高而内生的农业农村现代化发展和转型进程，既是乡村振兴的战略方向，也是建设数字中国的重要内容。建设数字乡村需要牢固树立新发展理念，落实高质量发展要求，坚持农业农村优先发展，按照产业兴旺、生态宜居、乡风文明、治理有效、生活富裕的总要求，着力发挥信息技术创新的扩散效应、信息和知识的溢出效应、数字技术释放的普惠效应，加快推进农业农村现代化；着力发挥信息化在推进乡村治理体系和治理能力现代化中的基础支撑作用，繁荣发展乡村网络文化，构建乡村数字治理新体系；着力弥合城乡"数字鸿沟"，培育信息时代新农民，走中国特色社会主义乡村振兴道路，让农业成为有奔头的产业，让农民成为有吸引力的职业，让农村成为安居乐业的美丽家园。

数字农业农村具有以下基本特征。首先，数字技术成为关键技术。以物联网、大数据、云计算、移动互联网和人工智能等为代表的信息技术为数字技术的具体体现。其次，数据要素成为新的生产要素。数据要素即数字化的知识和信息，数字要素已成为继土地、劳动力、资本、技术、管理等传统生产要素之后新的生产要素。第三，新型信息化基础设施成为重要支撑。5G网络、大数据、农业遥感卫星、算力等新型基础设施已成为新时期农业农村发展的重要支撑。第四，数字化、智能化、智慧化成为农业农村产业发展方向。智慧大田、智慧温室、智慧种植、智慧养殖、智慧渔业、智慧农机、智慧乡村等新业态成为数字农业农村的重要体现。

当前，数字农业农村发展迎来难得机遇。从国际看，大数据成为基础性战略资源，新一代人工智能成为创新引擎。世界主要发达国家都将数字农业作为战略重点和优先发展方向，相继出台了"大数据研究和发展计划"、"农业技术战略"和"农业发展4.0框架"等战略，构筑新一轮产业革命新优势。从国内看，党中央、国务院高度重视网络安全和信息化工作，大力推进数字中国建设，实施数字乡村战略，加快5G网络建设进程，为发展数字农业农村提供了有力的政策保障。信息化与新型工业化、城镇化和农业农村现代化同步发展，城乡数字鸿沟加快弥合，数字技术的普惠效应有效释放，为数字农业农村发展提供了强大动力。我国农业进入高质量发展新阶段，乡村振兴战略深入实施，农业农村加快转变发展方式、优化发展结构、转换增长动力，为农业农村生产、经营、管理、服务数字化提供广阔的空间。

## 二、数字中国的重要领域

党中央、国务院高度重视网络安全和信息化工作，大力推进数字中国建设，实施数字乡村战略，加快 5G 网络建设进程，为发展智慧农业和数字乡村提供了有力的政策保障。相关部委和各地区贯彻落实中央决策部署，将智慧农业和数字乡村建设工作摆上重要位置，相继出台各项政策，融入信息化规划和乡村振兴重点工程，形成了工作合力。

### （一）中央决策部署

党中央、国务院高度重视农业农村信息化工作，对数字乡村及智慧农业发展作出一系列决策部署。从中央一号文件看，连续 18 年对农业农村信息化工作进行部署，农业农村信息化的内涵不断丰富，出现的频率、范围、程度逐步提升。2005 年首次提出"加强农业信息化"，2006 年提出"积极推进农业信息化建设"，2007 年用一整段来部署"加快农业信息化建设"，标志着农业农村信息化建设开始起步。2012 年提出"全面推进农业农村信息化"、"生产经营信息化"，2013 年信息化延伸到以农村"三资"监管为代表的农业农村管理领域，2014 年提出建设农业全程信息化和机械化技术体系，信息化开始向农业农村全面、全程延伸。2017 年首次提出智慧农业，作出智慧农业工程建设、"互联网＋"现代农业行动等部署。2018 年首次提出实施数字乡村战略，逐渐成为农业农村信息化政策重点，2019—2022 年相继部署国家数字乡村试点、数字乡村建设发展工程、农业农村大数据体系，智慧农业、农村电子商务、数字技术赋能乡村治理和乡村公共服务等都成为数字乡村建设的重要组成部分。

从中央总体部署看，目前推进数字乡村及智慧农业建设的制度框架和政策体系基本形成。在法律层面，《中华人民共和国乡村振兴促进法》规定，"国家鼓励农业信息化建设"、"推进数字乡村建设"。在国家规划层面，《中华人民共和国国民经济和社会发展第十四个五年规划和 2035 年远景目标纲要》用一节规划"建设智慧城市和数字乡村"，同时提出"加快发展智慧农业，推进农业生产经营和管理服务数字化改造"。《"十四五"国家信息化规划》将"数字乡村发展行动"列为十大优先行动之一。《"十四五"推进农业农村现代化规划》强调要大力推进乡村信息基础设施建设、发展智慧农业和乡村管理服务数字化。在专项规划层面，2019 年，中共中央办公厅、国务院办公厅印发了《数字乡村发展战略纲要》，对数字乡村建设的指导思想、基本原则、战略目标、重点任务作出明确规定。2022 年，中央网信办、农业农村部会同相关部门印发了《数字乡村发展行动计划（2022—2025 年)》，具体部署"十四五"期间数字乡村重点任务。

2013 年 8 月，国务院发布《"宽带中国"战略及实施方案》(以下简称《方案》)，旨在推动我国宽带基础设施快速健康发展，并提出"宽带乡村"工程。《方案》提出，"到 2020 年，基本建成覆盖城乡、服务便捷、高速畅通、技术先进的宽带网络基础设施。固定宽带用户达到 4 亿户，家庭普及率达到 70%，光纤网络覆盖城市家庭。3G/LTE 用户超过 12 亿户，用户普及率达到 85%。行政村通宽带比例超过 98%，并采用多种技术方式向有条件的自然村延伸。""宽带乡村"工程提出，"农村地区将宽带纳入电信普遍服务范围，重点解决宽带村村通问题。因地制宜采用光纤、铜线、同轴电缆、3G/LTE、微波、卫星等多种技术手段加快宽带网络从乡镇向行政村、自然村延伸。在人口较为密集的农村地区，积极推动光纤等有线方式到村。在人口较为稀少、分散的农村地区，灵活采用各类无线技术实现宽带网络覆盖。加快研发和推广适合农民需求的低成本智能终端。加强各类涉农信息资源的深度开发，完善农村信息化业务平台和服务中心，提高综合网络信息服务水平。"

2015 年 8 月，国务院发布《促进大数据发展行动纲要》，系统部署大数据发展工作。《纲要》提出，要加强顶层设计和统筹协调，大力推动政府信息系统和公共数据互联开放共享，加快政府信息平台整合，消除信息孤岛，推进数据资源向社会开放，增强政府公信力，引导社会发展，服务公众企业；以企业为主体，营造宽松公平环境，加大大数据关键技术研发、产业发展和人才培养力度，着力推进数据汇集和发掘，深化大数据在各行业创新应用，促进大数据产业健康发展；完善法规制度和标准体系，科学规范利用大数据，切实保障数据安全。《纲要》提出要发展农业农村大数据，实施"现代农业大数据工程"。《纲要》指出，构建面向农业农村的综合信息服务体系，缩小城乡数字鸿沟，促进城乡发展一体化。加强农业农村经济大数据建设，完善村、县相关数据采集、传输、共享基础设施，建立农业农村数据采集、运算、应用、服务体系。统筹国内国际农业数据资源，强化农业资源要素数据的集聚利用，提升预测预警能力。整合构建国家涉农大数据中心，推进各地区、各行业、各领域涉农数据资源的共享开放，加强数据资源发掘运用。

2016 年 12 月，国务院发布《"十三五"国家信息化规划》。《规划》部署了乡村及偏远地区宽带提升工程、农业农村信息化工程等一批重大工程。《规划》提出，推进农业信息化，实施"互联网＋现代农业"行动计划，着力构建现代农业产业体系、生产体系、经营体系。推动信息技术与农业生产管理、经营管理、市场流通、资源环境融合。加快补齐农业信息化短板，全面加强农村信息化能力建设，建立空间化、智能化的新型农村统计信息综合服务系统。着力发展精准农业、智慧农业，提高农业生产智能化、经营网络化、管理数据化、服务在线化水平，促进农业转型升级和农民持续增收，为加快农业现代化发展提供强大的创新动力。

2016 年 7 月，中共中央办公厅、国务院办公厅发布《国家信息化发展战略纲要》，规范和指导未来 10 年国家信息化发展。《纲要》提出，加快推进农业现代化。把信息化作为农业现代化的制高点，推动信息技术和智能装备在农业生产经营中的应用，培育互联网农业，建立健全智能化、网络化农业生产经营体系，加快农业产业化进程。加强耕地、水、草原等重要资源和主要农业投入品联网监测，健全农业信息监测预警和服务体系，提高农业生产全过程信息管理服务能力，确保国家粮食安全和农产品质量安全。

2019 年 5 月，中共中央办公厅、国务院办公厅发布《数字乡村发展战略纲要》。《纲要》提出，到 2025 年，数字乡村建设取得重要进展。乡村 4G 深化普及、5G 创新应用，城乡"数字鸿沟"明显缩小。初步建成一批兼具创业孵化、技术创新、技能培训等功能于一体的新农民新技术创业创新中心，培育形成一批叫得响、质量优、特色显的农村电商产品品牌，基本形成乡村智慧物流配送体系。到 2035 年，数字乡村建设取得长足进展。城乡"数字鸿沟"大幅缩小，农民数字化素养显著提升。农业农村现代化、城乡基本公共服务均等化、乡村治理体系和治理能力现代化、生态宜居的美丽乡村基本实现。《纲要》提出了加快乡村信息基础设施建设、发展农村数字经济、强化农业农村科技创新供给、建设智慧绿色乡村、繁荣发展乡村网络文化、推进乡村治理能力现代化、深化信息惠民服务、激发乡村振兴内生动力、推动网络扶贫向纵深发展、统筹推动城乡信息化融合发展等 10 个方面的重点任务。

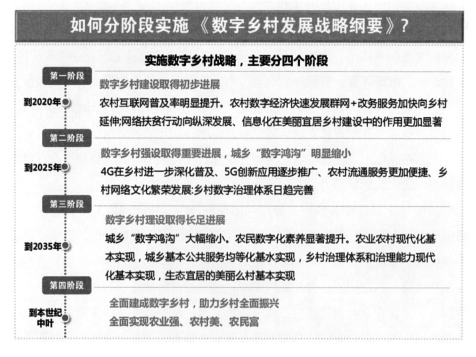

图 1-1 《数字乡村发展战略纲要》图解

2021 年 3 月，《中华人民共和国国民经济和社会发展第十四个五年规划和 2035 年远景目标纲要》发布。《纲要》是我国开启全面建设社会主义现代化国家新征程的宏伟蓝图，是全国各族人民共同的行动纲领。《纲要》第七篇明确提出坚持农业农村优先发展全面推进乡村振兴，强化以工补农、以城带乡，推动形成工农互促、城乡互补、协调发展、共同繁荣的新型工农城乡关系，加快农业农村现代化。《纲要》就提高农业质量效益和竞争力、实施乡村建设行动、健全城乡融合发展体制机制、实现巩固拓展脱贫攻坚成果同乡村振兴有效衔接等方面作出指引。

2021 年 4 月，第十三届全国人大常委会通过《中华人民共和国乡村振兴促进法》，自 2021 年 6 月 1 日起施行。乡村振兴促进法明确提出"鼓励农业信息化建设，加强农业信息监测预警和综合服务，推进农业生产经营信息化。""各级人民政府应当发挥农村资源和生态优势，支持特色农业、休闲农业、现代农产品加工业、乡村手工业、绿色建材、红色旅游、乡村旅游、康养和乡村物流、电子商务等乡村产业的发展；引导新型经营主体通过特色化、专业化经营，合理配置生产要素，促进乡村产业深度融合；支持特色农产品优势区、现代农业产业园、农业科技园、农村创业园、休闲农业和乡村旅游重点村镇等的建设；统筹农产品生产地、集散地、销售地市场建设，加强农产品流通骨干网络和冷链物流体系建设；鼓励企业获得国际通行的农产品认证，增强乡村产业竞争力。"

2021 年 10 月，十九届中央政治局就推动我国数字经济健康发展进行第三十四次集体学习，习近平总书记主持学习并发表重要讲话。《不断做强做优做大我国数字经济》一文，是习近平总书记重要讲话的主要部分。在这篇重要文章中，习近平总书记深刻阐明发展数字经济的重大意义，科学总结我国数字经济发展的显著成就和主要问题，对发展我国数字经济提出一系列明确要求。一是深刻阐明数字经济发展趋势和规律。强调数字经济正在成为重组全球要素资源、重塑全球经济结构、改变全球竞争格局的关键力量；二是深刻阐明我国数字经济发展的显著成就、主要问题和重大意义。强调数字经济健康发展，有利于推动构建新发展格局，有利于推动建设现代化经济体系，有利于推动构筑国家竞争新优势；三是深刻阐明我国数字经济发展的思路举措。强调加强关键核心技术攻关，加快新型基础设施建设，推动数字经济和实体经济融合发展，推进重点领域数字产业发展，规范数字经济发展，完善数字经济治理体系，积极参与数字经济国际合作。

2021年12月，中共中央网络安全和信息化委员会发布《"十四五"国家信息化规划》，对我国"十四五"时期信息化发展作出部署安排。《规划》根据《中华人民共和国国民经济和社会发展第十四个五年规划和2035年远景目标纲要》中主要目标和重点内容，将数字乡村发展确定为10项优先行动之一。数字乡村发展行动提出，到2025年，数字乡村建设取得重要进展，乡村4G深化普及、5G创新应用，城乡信息化发展水平差距显著缩小，初步建成一批兼具创业孵化、技术创新、技能培训等功能于一体的农村创业园区（基地），培育形成一批叫得响、质量优、特色显的农村电商产品品牌，完善乡村物流配送网点设施。提出了完善升级乡村基础设施、发展农村数字经济、推进乡村智慧治理、提升信息惠农服务水平、提升脱贫地区可持续发展能力等5项具体措施。

2022年1月，国务院发布《"十四五"数字经济发展规划》，《规划》提出"到2025年，数字经济迈向全面扩展期，数字经济核心产业增加值占GDP比重达到10%，数字化创新引领发展能力大幅提升，智能化水平明显增强，数字技术与实体经济融合取得显著成效，数字经济治理体系更加完善，我国数字经济竞争力和影响力稳步提升"等发展目标，并就优化升级数字基础设施、充分发挥数据要素作用、大力推进产业数字化转型、加快推动数字产业化、持续提升公共服务数字化水平、健全完善数字经济治理体系等方面进行了重要部署。

2022年2月，国务院发布《"十四五"推进农业农村现代化规划》。《规划》立足新阶段新形势新要求，对标对表2035年基本实现社会主义现代化目标，首次将农业现代化和农村现代化一体化设计、一并推进，提出了未来五年农业农村现代化建设的思路目标和重点任务。《规划》提出，梯次推进有条件的地区率先基本实现农业农村现代化，脱贫地区实现巩固拓展脱贫攻坚成果同

图 1-2　"十四五"数字经济发展目标图解

乡村振兴有效衔接。农业质量效益和竞争力稳步提高，农业科技进步贡献率达到 64%。《规划》提出加快数字乡村建设。加强乡村信息基础设施建设，实施数字乡村建设工程；发展智慧农业，建立和推广应用农业农村大数据体系，推动物联网、大数据、人工智能、区块链等新一代信息技术与农业生产经营深度融合，建设数字田园、数字灌区和智慧农（牧、渔）场；推进乡村管理服务数字化，构建线上线下相结合的乡村数字惠民便民服务体系。

2022 年 5 月，中共中央办公厅、国务院办公厅发布《乡村建设行动实施方案》，《方案》提出 12 项重点任务，可概括为"183"行动，"1"就是制定一个规划，确保一张蓝图绘到底。"8"就是实施八大工程，其中包括农村道路畅通工程、农产品仓储保鲜冷链物流设施建设工程、数字乡村建设发展工程等重要工程。"3"就是健全三个体系，实施农村基本公共服务提升行动，加强农村基层组织建设，深入推进农村精神文明建设。方案提出乡村建设行动目标：

到 2025 年，乡村建设取得实质性进展，农村人居环境持续改善，农村公共基础设施往村覆盖、往户延伸取得积极进展，农村基本公共服务水平稳步提升，农村精神文明建设显著加强，农民获得感、幸福感、安全感进一步增强。

2022 年 6 月，国务院发布《关于加强数字政府建设的指导意见》，就主动顺应经济社会数字化转型趋势，充分释放数字化发展红利，全面开创数字政府建设新局面作出部署。《指导意见》提出，"推动数字普惠，加大对欠发达地区数字政府建设的支持力度，加强对农村地区资金、技术、人才等方面的支持，扩大数字基础设施覆盖范围，优化数字公共产品供给，加快消除区域间'数字鸿沟'"，"推进数字乡村建设，以数字化支撑现代乡村治理体系，加快补齐乡村信息基础设施短板，构建农业农村大数据体系，不断提高面向农业农村的综合信息服务水平。"

## （二）部委行动计划

从农业农村部工作布局看，推进数字乡村及智慧农业工作的抓手、平台、载体初步成形。编制规划文件，先后印发了《数字农业农村发展规划（2019—2025 年)》、《"十四五"全国农业农村信息化发展规划》、《"十四五"数字农业建设规划》、《农业农村大数据业务架构》等，指导各地落细落小任务举措。建立工作机制，2013 年成立了农业信息化领导小组，2018 年按照中央网络安全和信息化委员会有关要求，改组为由部长任组长的网络安全和信息化领导小组，统筹协调农业农村部信息化领域的重大事项安排。2021 年成立农业农村大数据工作协调推进小组，建立数据安全协调机制推动相应领域工作落实。强化工作推动，通过实施数字农业试点项目、认定农业农村信息化示范基地，示范带动信息技术在农业农村领域融合应用。实施信息进村入户工程建设运营益农信息社，为农民提供公益、便民、电商、培训等服务。实施"互联网＋"农产品出村进城工程，推动农产品上行、优质优价。会同中央网信办开展国家数字乡村试点，举办数字乡村发展论坛，探索开展数字乡村发展水平评价，制定数字乡村标准体系框架，定期发布数字乡村发展报告，编制数字乡村建设指南

**图 1-3 金农工程一期应用系统**

图片来源：http://www.moa.gov.cn/jnyy/.

等，推动数字乡村建设加快发展。

2014 年 4 月，农业部发布《关于开展信息进村入户试点工作的通知》，旨在加快完善农业信息服务体系，切实满足农民群众和新型农业生产经营主体信息需求，在部分省市开展试点工作。试点工作以 12316 服务基础为依托，以益农信息社等村级信息服务能力建设为着力点，以满足农民生产生活信息需求为落脚点，切实提高农民信息获取能力、增收致富能力、社会参与能力和自我发展能力。试点工作目标逐步建立全国统一规划、部省共建、省级统筹、县为主体、村为基础、社会参与、合作共赢的建管体制和市场化运行机制。农业信息服务"最后一公里"问题初步解决，农村社区公共服务资源接入水平明显提高，农业生产经营、技术推广、政策法规、村务管理、生活服务等各类信息需求基本得到满足。

2014 年 6 月，"金农工程"一期项目竣工验收。"金农工程"一期项目是《国家信息化领导小组关于我国电子政务建设指导意见》中确定的 12 个国家重点建设的电子政务项目之一，是农业电子政务建设和农业信息化的重要基础项目。金农工程建成运行 33 个行业应用系统、国家农业数据中心及 32 个省级农业数据中心、延伸到所有省份及部分地市县的视频会议系统等。项目建成了互联互通的国家和省两级农业数据中心、国家农业科技数据分中心、国家和省级粮食购销调存数据中心、国家农业综合门户网站；建成了农业监测预警、农产品和生产资料市场监管、农村市场和科技信息服务三大类应用系统；带动新建和完善了 1500 多个县级农业信息服务平台，建成了 1.1 万多个"六有"乡镇信息服务站和"五个一"标准的村级信息服务点。

图 1-4　益农信息社四大服务六大业务

图片来源：http://www.moa.gov.cn/ztzl/qghlwjncblh/scsx/201711/t20171103_5860771.htm.

2015 年 9 月，农业部、国家发展和改革委员会、商务部共同研究制定了《推进农业电子商务发展行动计划》，提出了发展农业电子商务的指导思想、基本原则、总体目标，并明确了积极培育农业电子商务市场主体、着力完善农业电子商务线上线下公共服务体系、大力疏通农业电子商务渠道、切实加大农业电子商务技术创新应用力度、加快完善农业电子商务政策体系等 5 方面重点任务和 20 项行动计划。行动计划还提出，注重农村与城市相结合、农产品与农业生产资料和消费品相结合、线上与线下相结合，分类别、分阶段、分区域拓展和推动农业电子商务应用。重点探索鲜活农产品与农业生产资料的电子商务模式，支持发展产地田头市场、城乡仓储、冷链物流、终端配送，突破发展瓶颈。推动技术创新、管理创新、服务创新和制度创新，将移动互联网、云计算、大数据、物联网等新一代信息技术贯穿到农业电子商务的各领域各环节，切实增强自主创新能力。

2015 年 10 月，农业部发布《关于开展农民手机应用技能培训提升信息化能力的通知》，将在全国范围开展农民手机应用技能培训，用 3 年左右时间，提升农民运用手机上网发展生产、便利生活和增收致富的能力，使农民应用信息技术的基础设施设备进一步完善，农民利用计算机和手机提供生产信息、获取市场信息、开展网络营销、进行在线支付、实现智能生产、实行远程管理等能力明显增强，面向农户的各类生产服务、承包地管理、政策法规咨询等基本实现手机上网在线服务。手机技能培训是为了加快推进农业农村经济结构调整和发展方式转变，加速推动信息化和农业现代化的深度融合，尽快缩小城乡数字鸿沟，扎实落实国务院关于积极推进"互联网+"行动，切实提高农民利用现代信息技术，特别是运用手机上网发展生产、便利生活和增收致富能力的要求。

2015 年 12 月，农业部发布《关于推进农业大数据发展的实施意见》。《意见》强调，要按照"着眼长远、突出重点、加快建设、整合共享"要求，坚持问题和需求导向，坚持创新驱动，加快数据整合共享和有序开放，充分发挥大数据的预测功能，深化大数据在农业生产、经营、管理和服务等方面的创新应用，为政府部门管理决策和各类市场主体生产经营活动提供更加完善的数据服

**图 1-5　2019 年农民手机应用技能培训启动仪式**

务，为实现农业现代化取得明显进展的目标提供有力支撑。《意见》提出 2018 年基本完成数据的共用共享、2020 年实现政府数据集向社会开放、2025 年建成全球农业数据调查分析系统等主要目标。

2016 年 10 月，农业部发布《农业农村大数据试点方案》。《方案》指出，力争通过 3 年左右时间，到 2019 年底，达到以下目标：数据共享取得突破，地方各级农业部门内部及涉农部门间的数据共享机制初步形成，省级农业数据中心建设取得显著展，部省联动、数据共享取得突破。主要任务包括：推进涉农数据共享开展省级农业农村大数据中心建设，通过软硬件资源整合和构重建，形成上下联动、覆盖全面的省级农业农村大数据共享平台；开展单品种大数据建设依托本地区优势特色产业，开展单品种全产业链大数据建设，建立完善的数据采集、数据分析和数据服务机制，增强生产经营的科学决策能力；推动农业农村大数据应用积极探索农业大数据技术在农业领域集成应用，对海量数据进行分析挖掘，实现决策的智能化、精确化和科学化等。

2019 年 12 月，农业农村部、国家发展改革委等联合发布《关于实施"互

联网 +"农产品出村进城工程的指导意见》。"互联网 +"农产品出村进城工程
是党中央、国务院为解决农产品"卖难"问题、实现优质优价带动农民增收作
出的重大决策部署，作为数字农业农村建设的重要内容，也是实现农业农村现
代化和乡村振兴的一项重大举措。《意见》着重抓好五个关键环节，一是以特
色产业为依托，打造优质特色农产品供应链体系。二是以益农信息社为基础，
建立健全农产品网络销售服务体系。三是以现有工程项目为手段，加强产地基
础设施建设。四是以农产品出村进城为引领，带动数字农业农村建设和农村创
业创新。五是以健全机制为保障，合力推进工程实施。力争用 2 年左右时间，
基本完成 100 个试点县工程建设任务；到 2025 年底，在全国范围内基本完成
工程建设各项任务，实现主要农业县全覆盖，农产品出村进城更为便捷、顺
畅、高效。

**图 1-6　农业农村部"互联网 +"农产品出村进城工程专题**

图片来源：http://www.moa.gov.cn/ztzl/ncpccjcgc/.

2019 年 12 月，农业农村部、中央网络安全和信息化委员会办公室发布《数字农业农村发展规划（2019—2025 年)》。《规划》提出，到 2025 年，数字农业农村建设取得重要进展，有力支撑数字乡村战略实施；农业农村数据采集体系建立健全，天空地一体化观测网络、农业农村基础数据资源体系、农业农村云平台基本建成；数字技术与农业产业体系、生产体系、经营体系加快融合，农业生产经营数字化转型取得明显进展，管理服务数字化水平明显提升，农业数字经济比重大幅提升，乡村数字治理体系日趋完善。《规划》明确了五项主要任务，一是构建基础数据资源体系，夯实数字农业农村发展基础；二是加快生产经营数字化改造，提升农业数字化生产力；三是推进管理服务数字化转型，建立健全农业农村管理决策支持技术体系和重要农产品全产业链监测预警体系；四是强化关键技术装备创新，加强关键共性技术攻关，加快农业人工智能研发应用，提升数字化发展引领能力；五是加强重大工程设施建设，实施国家农业农村大数据中心建设、农业农村天空地一体化观测体系建设、国家数字农业农村创新等重大工程项目，提升数字农业农村发展支撑能力。

2020 年 7 月，中央网信办、农业农村部、国家发展改革委等七部门联合发布了《关于开展国家数字乡村试点工作的通知》，部署开展国家数字乡村试点工作。在地方推荐、专家评审及复核、社会公示基础上，确定 117 个县（市、区）为首批国家数字乡村试点地区，重点在开展数字乡村整体规划设计、完善新一代信息基础设施、探索乡村数字经济新业态、探索乡村数字治理新模式、完善"三农"信息服务体系、完善设施资源整合共享机制、探索数字乡村可持续发展机制等 7 个方面先行先试，为全面推进数字乡村建设探索有益经验。

2021 年 7 月，中央网信办、农业农村部、国家发展改革委等 7 部委共同发布了《数字乡村建设指南 1.0》，指导各地开展数字乡村的建设、运营和管理。《指南 1.0》围绕"为什么建、怎么建、谁来建、建成什么样"的问题，系统搭建了数字乡村建设的总体参考框架，明确了各类应用场景的建设内容、建设主体任务、注意事项等关键要素，分别从省、县两级层面给出指导性建议。此外，《指南 1.0》还总结提炼了地方探索出的有益经验和做法，使总体参考架构和应用场景相互融合，建设模式与典型案例相互呼应，对数字乡村建设的可参考路径进行了系统阐释和较为详细的指引。我国在数字乡村1.0的探索实践取得了丰硕成果。从东海之滨张家港，到西北大漠内蒙古鄂托克前旗，从"北国粮仓"黑龙江北大荒，到西南"茉莉之都"广西横州，《指南1.0》记录了25个数字乡村的代表性案例，为其他地区探索数字乡村建设提供了路径参考。

2022年1月，中央网信办、农业农村部等联合发布《数字乡村发展行动计划（2022—2025年）》。《行动计划》部署了数字基础设施升级行动、智慧农业创新发展行动、新业态新模式发展行动、数字治理能力提升行动、乡村网络文化振兴行动、智慧绿色乡村打造行动、公共服务效能提升行动、网络帮扶拓展深化行动等8个方面的重点行动。根据行动计划，到2023年，数字乡村发展取得阶段性进展。网络帮扶成效得到进一步巩固提升，农村互联网普及率和网络质量明显提高，农业生产信息化水平稳步提升。到2025年，数字乡村发展取得重要进展。乡村4G深化普及、5G创新应用，农业生产经营数字化转型明显加快，智慧农业建设取得初步成效，培育形成一批叫得响、质量优、特色显的农村电商产品品牌，乡村网络文化繁荣发展，乡村数字化治理体系日趋完善。

2022年3月，农业农村部发布《"十四五"全国农业农村信息化发展规划》。《规划》包括四个方面目标，一是智慧农业迈上新台阶，农业生产信息化率达到27%，建设100个国家数字农业创新应用基地，认定200个农业农村信息化示范基地；二是农业农村大数据体系基本建立，建成国家农业农村大数据平台，基本形成农业农村数据资源"一张图"，大数据应用场景不断丰富；三是数字乡村建设取得重要进展，"互联网＋政务服务"进一步向乡村延伸，农村信息服务体系不断健全，农民数字化素养大幅提升；四是信息化创新能力显著增强，农业农村信息化创新体系进一步健全，建成60个以上国家数字农业农村创新中心、分中心和重点实验室。《规划》提出五个方面的重点任务，一是发展智慧农业，提升农业生产保障能力；二是推动全产业链数字化，提升农产品供给质量和效率；三是夯实大数据基础，提升农业农村管理决策效能；四是建设数字乡村，缩小城乡数字鸿沟；五是强化科技创新，提升农业农村信息化支撑能力。

### （三）地方相关政策

各地高度重视农业农村信息化工作，结合实际制定和公开发布了一系列支持政策，积极推动农业生产、经营、管理、服务信息化发展，加快推进智慧农业发展和数字乡村建设。

河北研究制定了《河北省人民政府办公厅关于推进"互联网+"现代农业行动的实施意见》、《河北省农业农村信息化发展"十三五"规划》、《河北省开展农商协作大力发展农产品电子商务的实施方案》、《河北省"互利网+"农产品出村进城工程建设实施方案》、《河北省加快推进数字农业农村发展实施方案》、《河北省推进信息进村入户工程工作方案》等系列文件，中央和省级财政安排 1.7 亿元资金，推进全省信息进村入户工程建设。

广东"十三五"以来陆续出台了《广东省促进农村电子商务发展实施方案》、《广东省"互联网+"现代农业行动计划（2016—2018）》、《广东省全面推进信息进村入户工程的实施意见》、《广东省贯彻落实数字乡村发展战略纲要的实施意见》、《关于支持省级现代农业产业园建设的政策措施》、《广东省推进新型基础设施建设三年实施方案（2020—2022 年)》、《广东数字农业农村发展行动计划（2020—2025 年）的通知》等一系列政策文件，现代农业产业园、信息化基础设施建设等内容多次写入政府工作报告。聚焦数字农业农村领域，率先出台五年行动计划。

重庆近年来先后出台《重庆市智慧农业发展实施方案（试行)》(渝府办发〔2019〕111 号)、《中共重庆市委办公厅　重庆市人民政府办公厅关于发布〈重庆市数字乡村发展行动计划（2020—2025 年）〉的通知》(渝委办发〔2020〕20 号)、《重庆市"互联网+"农产品出村进城工程实施方案（2020—2022 年)》(渝农发〔2020〕76 号)，深入实施以大数据智能化为引领的创新驱动发展战略行动计划，加大数字技术赋能农业农村创新发展。

河南制定了《河南省加快推进农业信息化和数字乡村建设的实施意见》、《中共河南省委农村工作领导小组办公室　河南省农业农村厅关于开展数字乡村示范县创建工作的通知》等，同时启动了"互联网+"农产品出村进城工程试点建设工作。

辽宁先后出台了《关于促进农村电子商务发展的实施意见》、《关于开展深化农商协作大力发展农产品电子商务工作的通知》等，为全省电子商务发展提供政策和组织保障。

黑龙江先后出台《黑龙江省"互联网＋农业"行动计划》、《黑龙江省农业大数据建设实施方案》、《黑龙江省农产品出村试点工作方案》、《黑龙江省农村电商百万带头人培育工作方案》、《全省"互联网＋农业"高标准示范基地众筹营销工作实施方案》、《推动农村电子商务新增长点行动方案（2017—2020年)》、《"数字龙江"发展规划（2019—2025年)》、《益农信息社建设规范》等一系列政策、方案和规范，以信息化助力农业现代化和粮食产能，坚定履行粮食安全"压船石"责任担当。

江苏连续出台加快推进"互联网＋"现代农业、加快推进农业农村电子商务发展、全面推进"一村一品一店"建设、实施"互联网＋"农产品出村进城工程、高质量推进数字乡村建设实施意见等指导意见，还将农业电子商务、智慧农业建设行动列入现代农业提质增效工程千亿级特色产业规划方案，并每年安排8000多万元引导资金，为农业农村信息化发展提供有力支持。

## 三、乡村振兴的重要途径

我国农业进入高质量发展新阶段，乡村振兴战略深入实施，农业农村加快转变发展方式、优化发展结构、转换增长动力，为农业农村生产经营、管理服务数字化提供了广阔的空间。

### （一）农业转型升级迫在眉睫

我国农业持续平稳发展，粮食生产喜获十八连丰，农业农村经济发展取得巨大成绩，为经济社会持续健康发展提供了有力支撑。但也要看到，我国经济发展进入新常态，农业发展面临农产品价格"天花板"封顶、生产成本"地板"抬升、资源环境"硬约束"加剧等新挑战，农业转型升级迫在眉睫。首先，产业升级的压力越来越大，当前，我国农村经济社会正发生深刻变革，特别是农村劳动力转移和农业资源减少的趋势，打破了原有的农业发展格局，谁来种地、怎么种地的问题越发突出。与此同时，农产品消费升级加快，多元化、高质量、健康安全的产品供应仍离需求存在差距。只有加快农业发展方式的转变，不断推进产业升级，才能适应经济社会发展的新需要。其次，资源环境的压力越来越大，过去农业资源过度开发，生态资源遭到破坏，农产品质量安全受到威胁，只有加快转变农业发展方式，节约资源、保护环境，才可能实现农业的可持续发展。第三，农业增收的压力越来越大。在当前经济下行压力加大的背景下，农民增收的因素受到了一定制约，只有大力推动农业高质量发展，促进一二三产业融合，让农民在产业链上分享更多收益，农民增收的空间才能有效扩展。当前，信息化与新型工业化、城镇化和农业农村现代化同步发展，城乡数字鸿沟加快弥合，数字技术的普惠效应有效释放，为数字农业农村

图1-7 江西省南昌市南昌县南新乡谭口村，当地农户在收割成熟的晚稻

图片来源：http://nmfsj.moa.gov.cn/sy_banner/201909/t20190929_6329297.htm.

图 1-8 国家数字设施农业创新中心的超高层无人化植物工厂

发展提供了强大动力。利用数字技术推动农业发展由数量增长为主转到数量质量效益并重上来，由主要依靠要素投入，转到依靠科技创新和提高劳动者素质上来，由依靠拼资源拼消耗转到可持续发展上来，走产出高效、产品安全、资源节约、环境友好的现代农业发展道路。

## （二）数字乡村建设前景广阔

我国农村发展与城市相比发展总体滞后，面临诸多困难和挑战。发展基础薄弱，数据资源分散，天空地一体化数据获取能力较弱、覆盖率低，农业农村基础数据资源体系建设刚刚起步。与工业、医学等领域相比，农业农村领域数字化研究应用明显滞后。乡村数字化治理水平偏低，与城市相比差距仍然较大。数字产业化滞后，数据整合共享不充分、开发利用不足，数字经济在农业中的占比远低于工业和服务业，成为数字中国建设的短板。立足新时代国情农情，要将数字乡村作为数字中国建设的重要方面，加快信息化发展，整体带动

图 1-9　浙江数字乡村一张图

和提升农业农村现代化发展。未来，需要利用新一代信息技术进一步解放和发展数字化生产力，构建以知识更新、技术创新、数据驱动为一体的乡村经济发展体系，建立层级更高、结构更优、可持续性更好的乡村现代化经济体系，建立灵敏高效的现代乡村社会治理体系，开启城乡融合发展和现代化建设新局面。发掘信息化在乡村振兴中的巨大潜力，促进农业全面升级、农村全面进步、农民全面发展，前景无比广阔。

## （三）智慧"新农人"大有作为

　　农民信息素养提升，需要培育掌握数字技术的"新农人"。数字经济时代有助于培育掌握数字技术的新型农民。根据中国信息通信研究院发布的《中国数字经济发展与就业白皮书（2019 年）》，在我国三产中，农业不仅数字化水平处于相对较低位置，存在较大数字化提升空间。据中国社会科学院信息化研究中心发布的《乡村振兴战略背景下中国乡村数字素养调查分析报告》显示，城乡居民数字素养差距达 37.5%，农民数字素养得分显著低于其他职业类型群体。农民群体数字素养如何，不仅关系他们日常生活的便捷实惠，而且关系数字乡村建设，关系乡村振兴战略目标的如期实现。目前针对农村地区、农民群

**图 1-10　种植户在春耕中应用无人机、辅助直行和无人驾驶系统作业**

图片来源：http://www.moa.gov.cn/xw/qg/202105/t20210526_6368441.htm.

体研发推出更具针对性的电脑软件、手机 APP 少，应鼓励研究机构、企业等多方参与行动，整合各类社会资源，开发一些让更多农民一看就懂、一学就会的应用软件，从而在实际应用中不断提升技能水平，逐渐增强数字素养。数字经济时代，须将培育掌握数字技术的"新农人"作为数字乡村发展战略的重要抓手，切实提高新一代农业从业人员的数字素养和现代管理水平。

## 四、现代农业的重要引擎

当前，数字技术与农业农村加速融合，产业数字化快速推进，智能感知、智能分析、智能控制等数字技术加快向农业农村渗透，新产业新业态竞相涌现，农产品电子商务蓬勃发展，数字产业化创新发展，"互联网＋"农业社会化服务加快推进，农业生产、经营、管理、服务等全链条数字化成为引领现代农业发展的重要引擎。

## （一）农业生产智慧化潜力巨大

生产数字化需求为农业农村数字经济发展提供了巨大空间。农业生产向以数据决策为主升级，需要建立以现代信息技术为支撑的数字化生产技术体系。传统农业生产主要依靠个人经验积累来判断决策和执行，这导致整体生产环节效率低、波动性大、质量无法控制等问题。在数字经济下，通过对传统农业数字化改造，比如安装田间摄像头、温湿度监控、土壤监控、无人机航拍等，以实时数据为核心来帮助生产决策的管控和精准实施，利用大数据和人工智能手段可以对农产品产前规划、产中管理和产后销售进行全链条精细化管理，进而大幅提升产业链效率。在农业生产信息获取方面，高性能、低成本、高稳定性的国产化农业传感器或测控终端极其缺乏，先进农业传感器与测控终端、病虫害防控等信息感知与定量决策需求强烈。标准化、一体化、高质量的信息监测体系不足，尤其是自然灾害和突发事件发生后信息化、智能化的测产技术和系统缺乏；在生产决策方面，高可靠性、高精准、可视化的动植物生长模拟技术和系统缺乏，需要开发灌溉、施肥、病虫害防治、

图 1-11　集群式智能化楼房猪场

产量测算等作物专家智能决策技术和系统，开发营养、繁育、生理生长、环境及疫病防控等多因素的耦合动物模型及系统；在信息智能控制和装备方面，需要研发覆盖广、速率快、成本低、功耗低的农业移动物联网技术，研发适用于不同农业场景的智能化精准作业装备和农业机器人，为各类农业场景赋能。

## （二）农业经营网络化生机无限

经营网络化为农业农村数字经济提供了便捷条件。农业经营向定制化升级，需要建立绿色安全的数字经济体系，数字经济将进一步加速农业产业化服务体系的创新。在生产端，未来所有的农业产业单元都将拥有定制化的数据供应系统，无论是建立生产记录台账制度，还是实施农产品质量全程控制，都是建立在数据供应定制化和数据模型化基础上的；在消费端，创意农业、定制农业、共享农业等商业模式创新让消费者个性化需求与农业供给精准、高效对接，增强消费者体验，让农民更好分享全产业链的增值收益。在农产品市场、流通、运输方面，生鲜农产品对农产品冷链储运物流技术及装备有较大需求，尤其是网络化、具备智能检测功能的数字化冷链设施装备缺乏，需要应用物联网、区块链等信息技术构建全程冷链物流体系，助力农产品供应链全程质量安全监控。

## （三）农业管理数字化大有可为

随着大数据、人工智能、平台经济飞速发展，我国已经成为产生和积累数据量最大、数据类型最丰富的国家之一。管理数字化是指利用计算机、通信、网络等技术，通过数字技术量化管理对象与管理行为，实现研发、计划、组织、生产、协调、销售、服务、创新等职能的管理活动和方法。要强化政府在农业数字化转型中的主导作用，实现跨层级、跨地域、跨系统、跨部门、跨业务的协同管理和服务，打造全面网络化、高度信息化、服务一体化的数字农业

图 1-12　浙江数字乡村"乡村大脑"

新形态。应用数字化技术，建立健全农业农村管理决策支持技术体系、健全重要农产品全产业链监测预警体系、建设数字农业农村服务体系、建立农村人居环境智能监测体系、建设乡村数字治理体系，建立农业农村大数据平台，为市场预警、政策评估、监管执法、资源管理、舆情分析、乡村治理等决策提供支持服务，促进数据融合和业务协同，提高宏观管理的科学性，推进管理数字化转型大有可为。

## （四）农业服务便捷化需求旺盛

农业服务向综合赋能升级，需要建立高效、便捷的数字服务体系。数字经济具有天然的渗透性、融合性和赋能性，"数字＋农业"代表了在"互联网＋农业"基础上，从全产业链角度继续深化改革和创新的高级模式。数字经济将通过新的生产力要素——数据，从生产管理、溯源体系、智慧物流、供应链金融、品牌和营销渠道等环节全面赋能农业产业化服务体系，重组产业组织系统，升级产业链条，提高农业产业的能级和效率。目前的农业服务大多局限在产业链的某一段或某个点，在数字经济时代，信息技术将推动农业生产、加工、经营、管理、服务等全产业链服务，将为从播种到销售一体化服务赋能，大大提升农业服务效能。以"新业态、新功能、新技术"为主要特征的数字经济将全面赋能农业产业化服务体系，加速对传统农业各领域、各环节的全方位、全角度、全链条的数字化改造，提高农业全要素生产率，真正实现产前、产中和产后的深度融合，推动我国农业从"规模化、标准化、单一化"向"精细化、定制化、价值化"方向升级。

## 五、国际竞争的重要赛道

目前，随着对外开放程度的继续深化，国内市场与国际市场将进一步融合，农业开放程度还会进一步提高，我们不仅面临来自农业资源丰富、农业现代化程度高的发达国家的竞争，也面临来自劳动力优势明显的发展中国家的竞争。不加快利用信息技术提升农业现代化水平，将很难应对日益激烈的国际竞争。近年来，美国、英国、德国、日本、欧盟等纷纷将农业信息化建设纳入国家发展规划，都把数字化作为促进产业发展、提升农民收入、防范风险的重要手段，国家农业实力很大方面体现在数字化水平的提升上。

### （一）美国的基本做法

美国在农业生产力水平、农业专业化、标准化程度、农业数字化水平均处于全球领先地位。美国重视农业大数据研发和应用，维护关键核心技术领导地位。2012年，美国政府实施《大数据研究和发展计划》，将大数据作为国家重要的战略资源进行管理和应用。[①] 美国既是农业信息搜集比较齐全的国家，又

---

① 孔丽华、郎杨琴：《美国发布"大数据的研究和发展计划"》，《科研信息化技术与应用》2012年第2期。

是较早进行农业信息开放化的国家，形成了美国农业信息搜集、分析以及综合利用的政策体系。美国农业部实现了对美国国内农业、食品产业从农田到餐桌，从物种资源和生态环境资源，从种子化肥农药到农业贷款进行全方位的管理。为更好地服务产品出口，构建了从国内到全球生产、消费、市场的全方位监测系统。美国农业部有统一的官方网站对全部相应数据信息进行公开发布。美国农业部报告是引导全球大宗农产品的最基本报告，农业大数据的应用对美国农业生产和农产品全球竞争起到重要作用。

在农业数字资源建设方面，建立了相对完善的数字资源采集系统，农业统计局、农业市场服务局、农业展望委员会以及外国农业局等机构均纳入数字资源采集的系统之中。美国的农业部与其他44个州的农业部门建立合作机制，共同收集并且及时发布各地数字化农业的发展信息以及各地农产品的供需情况，指导各州农业数字化的具体建设。同时美国建设了 PEST BANK 数据库、BIOSIS PREVIEW 数据库、AGRIS 数据库、AGRICOLA 数据库等一系列与农业有关的数据库，为数字化农业的发展提供必要的数据信息。此外，政府每年还会拨付约 10 亿美元左右的经费维持数字系统的政策运转。从数字资源的采集到其发布的整个过程均有立法的约束，政府配备有专门人员负责科学管理数字农业资源，加强监督力度，保证数字资源的真实性与有效性。美国政府主要以市场需求为导向建立农业信息服务的政府支撑体系，政府集中在信息服务网络体系建设、数据库建设和信息技术开发等方面直接投入建设资金，基本措施与途径是减免税收。[①]

在农业展望与农产品信息分析预警方面，美国农业部建立了完善、成熟的农业展望与农产品信息分析预警体系，为农民、农业企业等提供较为充分的决策支持信息。在机构设置上，专门成立了世界农业展望局，由该局牵头协调开展农业短期展望和中长期展望研究；在工作机制上，建立了由政府部门、研究单位和大学组成的跨部门整合研究的协调方式；在技术支撑上，拥有强大的数据、先进的模型分析工具和高素质的分析人才。美国农业部建立

---

① 江洪：《美国发展数字化农业的经验和启示》，《农村经济与科技》2020 年第 8 期。

了一个世界上最大的农业信息网络系统，由国家农业统计局、农业市场服务局等专门司局通过调查分布在全国 52 个州的 2800 多个农业合作社、200 多万个农场、200 多万名农业从业人员以及批发市场、零售市场和期货市场等，获得农业生产、加工、价格、消费和贸易等数据。美国农业部开发了多国商品联接模型（Baseline 模型），该模型包括了 43 个国家和地区在内的 24 种农产品，分地区分产品对农产品生产、消费、贸易和价格进行预测。美国农业部定期和不定期向信息用户提供全方位的信息，涉及 195 个国家、60 多个品种，并在法定的日期公布，农民可以通过网络、电话和邮寄等方式获取。①

　　在农业信息化基础设施部署方面，美国采取多种手段部署农村宽带。②2009 年美国联邦通信委员会启动 72 亿美元的国家宽带计划，在全美国推进高速互联网接入服务普及，使美国引领世界移动创新领域的发展；其中 25 亿美元用于资助网络服务落后的社区和偏远地区。2012 年美国推出"连接美国基金"，每年支取传统电话补贴给连接美国基金，用于补贴宽带建设，以降低农村地区网络建设的成本。2017 年美国政府采取出台减税措施、废除"网络中立法案"、发布行政命令等措施促进美国宽带发展，美国联邦通信委员会提出农村地区宽带投资方案，刺激美国运营商加大光纤、5G 等基础建设。美国企业还积极研发激光宽带技术，解决偏远农村地区存在的信息孤岛问题；发射 Spaceway 卫星，用卫星宽带实现农村上网普；使用超级 WiFi 将系列基站连接到某个回程网络中，将宽带连接到农村。

## （二）英国的基本做法

　　英国注重应用信息化技术助推精准农业。2013 年英国政府推出"农业技

---

① 李灯华、梁丹辉：《国外农业信息化的先进经验及对中国的启示》，《农业展望》2015年第 5 期。

② 赵丽、曹星雯：《美国农村宽带政策变化及对我国的启示》，《信息通信技术与政策》2018 年第 9 期。

术战略"[①]，运用互联网、大数据及人工智能等信息技术来改善农业生产的效率，如借助 Gate Keeper 专家系统提供辅助决策和农场管理、LELY 挤奶机器人等智能化设备在养殖场中的应用、自动感知技术在施肥施药机械上的应用、二维码技术在农产品产销环节的广泛应用等。该战略的根本目标是建立以发展农业信息技术为核心的一系列现代化农业创新中心，促进信息技术和农业技术领域的科学研究机构与大数据企业合作，充分促进农业生产和市场、大数据和信息技术的整合。洛桑研究所是中心依托单位，负责搜集和处理农业产业链上的各类行业数据，并搭建和完善数据科学服务平台，对外提供建模和统计服务；雷丁大学主要提供农业数据库与植物科学研究服务；农业植物学会和苏格兰农业学院提供农业技术资料交流。"农业技术战略"确定英国对农业技术的投资集中于大数据，将英国的农业科技成果商业化，将英国打造成农业信息学世界强国。

2017 年英国政府发布的《农业与粮食安全战略框架》提出支持农业中应用智慧技术和精准方法，同年《产业战略白皮书》明确了精准技术改变粮食生产的政策取向，2018 年出台的《英国农村发展计划》，提出通过提供补助金的方式鼓励使用机器人设备、LED 波长控制照明灯辅助农业生产。一系列政策措施加快推动了英国智慧农业的普及与应用。[②] 英国 Massey Ferguson 公司研发的"农田之星"信息管理系统，借助传感识别技术和 GPS 技术能够更为精准地进行种植和养殖作业、数据记录分析和制定解决方案；智能机械已基本装备卫星定位系统、电脑控制和软件应用系统，能够根据不同位置、不同质量的地块情形实现自动化、精准化、变量化作业，同时可以采集作物信息用以制作电子地图和调整生产策略。在信息化基础设施建设方面，2019 年英国政府主导推出农村千兆位全光纤宽带连接计划，该计划为期两年，斥资 2 亿英镑，专注于农村地区宽带发展，建立以小学为中心、连接农村地区的中心网络模型。

---

[①] 杨艳萍、董瑜：《英国实施〈农业技术战略〉以提高农业竞争力》，《全球科技经济瞭望》2015 年第 1 期。

[②] 冯献、李瑾、崔凯：《中外智慧农业的历史演进与政策动向比较分析》，《科技管理研究》2022 年第 5 期。

除了学校外，其他的公共建筑，比如健康场所和社区会堂也是该计划服务的对象。①

## （三）德国的基本做法

德国持续推动数字经济转型发展。近年来，德国相继发布"工业4.0"、"数字议程（2014—2017）"和"数字战略2025"，提出"建设全覆盖的千兆光纤网络"，从资金投入、技术研发、政策保障等方面提出了一系列发展举措。② 目前，信息与通信产业（ICT）已成为德国的支柱产业，是德国重要的就业引擎。2014年德国联邦政府出台《数字议程（2014—2017）》，构建高效开放的互联网，推动数字技术的应用，为构建平等的生活环境、实现数字化广泛参与提供良好的基础。2016年德国发布"数字战略2025"，这是继"数字议程"之后，德国联邦政府首次就数字化发展做出系统安排。"数据战略2025"确定了实现数字化转型的十大步骤及具体实施措施，第一大措施就是在2025年前建设千兆光纤网络，在农村地区建立价值100亿欧元的千兆网络未来投资基金，优化资助项目之间的合作，与电信运营商、联邦州、企业和协会等所有参与方举行千兆网络圆桌会议，利用低价、快速扩张的千兆网络开发"最后一公里"。

在欧盟农业共同政策对数字农业的支持下，德国积极发展高水平数字农业，在农业生产高度机械化的基础上，建立完善的计算机支持和辅助决策系统，提供数字农业综合解决方案。德国投入大量资金与人力支持数字农业核心技术与智能设备研发，并由大型企业牵头，如德国拜耳公司投资2亿欧元支持数字农业布局，已在60多个国家提供数字化解决方案，并发布旗下Xarvio品牌推广数字农业，通过Xarvio Scouring识别系统高效识别和分析作物生长和病虫害信息，帮助农民优化田块单独管理和农田统筹优化。拥有百年历史的德

---

① 王磊：《英国斥资2亿英镑建设农村全光纤宽带促进乡村教育发展》，《世界教育信息》2019年第13期。

② 沈忠浩、饶博：《德国布局数字化工业新战略》，《半月谈》2016年第8期。

国农业机械制造商 CLAAS 集团结合第四代移动通信技术和传感器技术，实现收割过程的全面自动化。[①]

### （四）日本的基本做法

日本积极推动智慧农业建设和农业机器人战略。在 2016 年通过的日本第 5 期《科学技术基本计划》中明确了人工智能是日本实现超智慧"社会 5.0"这一国家经济社会发展目标的基础共性技术，要求相关政府机构相互合作共同推进人工智能的战略性研发。2016 年日本政府设立"人工智能技术战略会议"，作为国家推进人工智能发展战略的最高决策指挥机构，负责统筹、组织和协调日本各个相关政府机构及其所辖研究机构和应用端的产业、企业推进实施人工智能技术发展战略及其社会实装应用。2017 年日本通过了称为"未来投资战略"的促进日本经济社会持续快速发展的投资战略。"未来投资战略"首次明确提出要大力支持日本现代智慧农业发展，全面实施机器人发展战略。日本推动农村农业机器人、物联网、大数据和移动互联网等关键技术在农村农业生产经营中的应用，解决了日本农业发展最关键、最迫切的人力资源短缺问题。日本还积极推动农业大数据生产标准化管理体系建设，充实大数据在农业领域协同发展的技术基础。日本农林水产省 2019 年正式实施农用小型农业无人机技术推广计划，以应对农业劳动力和人口老龄化带来的农业人员技术力量储备不足的问题，计划全国一半以上的水田、小麦田和大豆种植田将在 2022 年前完成农业无人机化生产，提高生产效率，缓解劳动力压力。

日本政府 2019 年又发布了以全面应用人工智能为宗旨的《人工智能战略 2019》，重点部署和实施人才、研发和社会实装应用战略及措施，开启了日本人工智能从技术到应用全面推进发展的新阶段。日本新一轮人工智能发展战略

---

① 农业农村部新闻办公室、中国社科院：《国外数字农业关键技术发展与应用》，《新农业》2020 年第 18 期。

有几点值得关注，一是以实现按人口基数计算能够成为世界第一人才大国为目标，构建素养教育、应用基础教育、专家培育多层次梯级人才培育体系，以使更多劳动人口以及国民能够接受人工智能相关知识和技能的教育或培训，为推广和普及人工智能的社会化应用及提高国民对人工智能时代的接受度夯实基础；二是重构基础研究与实际应用无缝衔接的研发体制，以加快研发成果的转化与应用；三是在健康—医疗—护理、农业、国土强韧化、交通基础设施和物流、智慧城市建设等 5 个重点领域优先实施社会实装应用项目，尤其重视农业项目，以加快实现超智慧"社会 5.0"这一智能经济和智能社会发展目标。如国立新能源及产业技术综合开发机构（NEDO）自 2018 年开始，与其他机构、大学、财团和企业合作，采取公开招标形式，实施了名为"应用人工智能技术促进实现社会 5.0"的应用项目，以期通过在日本擅长的人工智能技术领域开展社会实装应用其中，项目计划在 2018—2022 年度实施，经费全部为中央财政拨款，总预算约 59 亿日元，包含 6 个子项目，第一个子项目即为农业项目，其开发出的高精度人工智能蔬菜价格预测演算法从 2019 年 11 月下旬开始，被应用于东京都大田生菜市场进行市场价格预测信息推送服务，可预测 1 ~ 2 个月以后的蔬菜价格。希望获取这个信息的用户可以登录农业合作株式会社官网注册并申请这项免费服务。[1]

## （五）联合国粮农组织的基本做法

联合国粮农组织高度重视农业展望工作，通过发布全球主要粮食市场供求趋势的分析信息引导市场预期。自 2005 年起，联合国粮农组织（FAO）和经济合作与发展组织（OECD）联合开展农业展望活动，每年举行 1 次世界农业展望大会并发布《世界农业展望报告》，形成了比较完整的展望方法和技术体系。《世界农业展望报告》的形成过程包括三个阶段：一是开展展望问卷调

---

[1]　刘平、刘亮：《日本新一轮人工智能发展战略——人才、研发及社会实装应用》，《现代日本经济》2020 年第 6 期。

查及专家咨询。经济合作与发展组织向成员国发放包括农业生产、市场供需及政策措施和未来商品市场发展状况等内容的问卷；联合国粮农组织就未来农产品市场可能的发展趋势向国际货币基金组织、世界银行和联合国等主要经济组织专家征求意见。二是开展展望预测研究。经济合作与发展组织和联合国粮农组织展望专家依靠强大的数据支撑和先进的展望模型，展望未来 10 年每一年度的农产品生产、消费、价格、库存、贸易等供需形势，并经多轮专家会商确定。三是发布《世界农业展望报告》。一般在每年 6 月于罗马召开的世界农业展望大会上，发布未来 10 年展望报告。

在数据支撑方面，针对农业展望的调查数据包括经济合作与发展组织调查获得的生产数据、供给数据、需求数据、预测数据；联合国粮农组织咨询的农产品分品种发展趋势数据、作物长势数据、气候变化数据、价格波动数据、政策影响数据等。联合国粮农组织的统计数据库（FAOSTAT）是世界上最权威、最完备、最系统的农业信息监测数据库之一，主要包括农作物的收获面积、单产、产量、库存、进口、出口、消费、价格和成本等数据；畜产品的牲畜存栏量、肉产量、国内总产量等数据。在展望模型系统方面，经济合作与发展组织和联合国粮农组织运用动态回归和局部均衡理论，联合研发了独具特色的 AGLINK-COSIMO 模型系统，涵盖 50 多个国家（地区）模型，对粮食、肉类、奶类、禽蛋、水产品及生物燃料等 20 多类主要农产品的生产、消费、价格和贸易等市场情况进行中长期（10 年）基期预测和展望，并模拟、分析各种政策或其他外部冲击对各国及全球农产品市场的影响。

## （六）欧盟的基本做法

欧盟农业数字经济发展基础优越。欧洲互联网普及率高达 84%，在全球各个地区高居首位，数字基础设施发展水平全球领先。《2020 年联合国电子政务调查报告》显示，欧洲地区电子政务发展水平遥遥领先，欧洲是唯一一个所有国家全部位于"非常高"或"高"组别的地区，且绝大部分国家进入了"非常高"的组别。数字经济是新一届欧盟委员会设置的"2019—2024 年六大优先事项"之一，排名仅次于气候领域的"欧洲绿色新政"。

欧盟 2014 年推出"数据驱动经济战略"，倡导欧洲各国抢抓大数据发展机遇。2017 年欧盟"地平线 2020 计划"投资 DataBio 项目，由芬兰 VTT 技术研究中心开发，为可持续利用资源提供新的解决方案。DataBio 的开发者包括来自 17 个国家的 48 个团体，三年内项目的总预算为 1620 万欧元。该项目通过收集土壤、空气和卫星数据以促进种植业和养殖业发展，主要目的是通过分析收集的数据来支持种植业、林业和养殖业并为从业者提供决策建议。在精准农业试点中，为保证作物的生长发育，田间测量主要通过当地的气象站和放置在土壤中的传感器采集数据，再结合卫星图像、测量和地图数据，种植者可以远程控制农业机械的播种，施肥等操作。在渔业方面，DataBio 的主要目的是要降低捕鱼成本，而不是要增加捕鱼量。为了提高渔船能效和预防性维护，他们在西班牙海域捕捞金枪鱼以及北大西洋的小型远洋渔业开展了试点。欧盟"地平线 2020"资助的安塔尔项目将农业智能传感器与大数据技术作为维持精准农业与可持续农业发展之间的平衡，利用先进农业传感器技术监测植物健康，增强抵御气候变化和价格波动等风险。

2020 年欧盟通过《欧洲数据治理法案》（Data GovernanceAct）提案。《欧洲数据治理法案》将数据区分为卫生数据、环境数据、交通数据、农业数据、公共治理数据等，法案并未对不同的数据进行不同的制度架构，即法案所构建的三大机制是普适性的。该法案的解释性备忘录及立法背景中，多次提及"农业"一词，可见精准农业发展的需要是《欧盟数据治理法案》出台的原因之一。除《欧盟数据治理法案》外，欧洲还采取其他措施发展农业数据市场。如建立农业和农村合作技术中心（CAT），以促进农业数据共享。《欧盟数据治理法案》的出台明确了该类数据中介机构的认证标准，也明确了该类机构的权利、义务与责任。2021 年 3 月，欧盟委员会发布的《2023 数字指南：数字十年的欧洲之路》也提出，到 2030 年，所有欧盟国家家庭实现千兆位网连接，所有人口密集地区实现 5G 覆盖。

# 六、科技与社会变革内在驱动

当前，现代信息技术创新空前活跃，网络、计算、感知三大主线快速迭代升级，物联网、大数据、云计算、移动互联网等热潮尚未退去，5G、区块链、人工智能、量子信息、卫星互联网、数字孪生、元宇宙等又扑面而来。信息技术与农业农村全领域全过程渗透融合速度明显加快，正在成为引领未来经济发展的重要方向。信息科技的快速变革与我国全面推进乡村振兴、加快农业农村现代化良好氛围历史性交汇正不断催生数字农业农村新技术、新业态、新模式，创新引领农业农村发展。

## （一）信息技术突飞猛进

当今信息技术突飞猛进，信息产业获得空前发展，信息资源呈爆炸扩张。在农业农村领域，新一轮科技革命如火如荼，新技术、新业态、新模式不断涌现，为农业农村信息化发展提供了技术支撑。信息化与乡村全面振兴和农业农村现代化形成历史性交汇，农业农村信息化将在数字乡村发展战略深入推进的过程中进入快速发展的新阶段，对推动农业农村发展质量变革、效率变革、动力变革的驱动引领作用将日益凸显。我们要准确把握农业农村信息化发展的规律和趋势，顺应信息化发展潮流，抓住千载难逢的历史机遇，以抢占先机、占领制高点的奋斗姿态，以问题和需求为导向，统筹发展和安全，扬优势、补短板、强弱项，推动农业农村信息化快速健康发展，为乡村全面振兴、加快农业农村现代化提供强有力的信息化支撑。

与此同时，我们也要看到农业农村发展信息化有其自身特点，农业不同于工业，对象都是生命体，生产周期长、影响因素多、控制难度大、产品附加值低。农村不同于城市，地域广阔、基础设施落后、居住分散。因此，要遵循数字农业农村建设发展规律，既要跟上信息革命潮流，又要降低试错成本，加强前沿信息技术进行跟踪预研，着力突破农业农村信息化领域关键核心技术瓶颈，加快先进、适用信息技术及产品的普及推广应用。

## （二）农业农村领域渗透融合

当前，以数字化转型驱动生产方式、生活方式和治理变革，正在成为引领中国未来经济发展的重要方向。农业数字化转型持续深入推进，信息技术与农业农村深入渗透融合，为数字农业农村建设带来新机遇。互联网、物联网、大数据、人工智能、区块链等现代信息技术将与农业全产业链各环节深度融合，农业数字化转型步伐将明显加快，农业产业数字化的潜力将快速释放。无人拖拉机、无人抛秧机、无人植保机、无人收割机、"5G+智能大棚"等智能设备推动了农业生产养殖过程的精准感知和决策，助力农业发展走向智能化。

另一方面，互联网及科技企业走向下沉市场带动农村地区物流和数字服务设施不断改善，推动消费通、生活文娱内容医疗教育等领域的数字应用基础服务愈加丰富。随着数字化"软"、"硬"件日趋完善，广袤的下沉市场逐步享受到数字化带来的便利和实惠。截至2021年6月，下沉市场网民对短视频的使用率达到88.6%，较一二线市场高2.2个百分点，对网络视频与即时通信的使用率与一二线市场持平。

根据中国信通院发布的《中国数字经济发展报告（2022年)》，2021年我国数字经济规模达到45.5万亿元，同比名义增长16.2%。数字经济已成为拉动我国GDP增长的重要驱动，在GDP中的比重由2002年的10.0%提升至2021年的39.8%，数字经济已经成为经济增长的重要支撑。数字经济持续蓬勃发展，形成了资金、技术、人才、市场、政策等各个方面的良好环境，为数字农业农村建设提供了有利条件。我们也要看到，数字农业农村现有发展水平相对滞后，据统计，2019年产业数字化占GDP比重29%，而农业数字经济占行业增加值比重仅为8.2%。截至2021年底，我国城镇地区互联网普及率81.3%，已经接近发达国家水平，而农村地区互联网普及率为57.6%，农村地区与城镇地区互联网普及率仍有23.7个百分点。差距就是潜力，随着信息化与农业农村领域不断渗透融合，数字农业农村将成为数字经济新的增长点。

### （三）社会氛围日渐活跃

中国农民丰收节设立。经党中央批准、国务院批复，自2018年起，将每年农历秋分日设立为"中国农民丰收节"。中国农民丰收节，是第一个在国家层面专门为农民设立的节日，将极大调动起亿万农民的积极性、主动性、创造性，提升亿万农民的荣誉感、幸福感、获得感。举办"中国农民丰收节"可以展示农村改革发展的巨大成就，同时也展现了中国自古以来以农为本的传统。为做好"中国农民丰收节"组织实施工作，农业农村部会同相关单位成立"中国农民丰收节"组织指导委员会，组织指导委员会办公室设在农业农村部市场与信息化司，承担委员会日常工作。

我国优秀农耕文明源远流长，寻根溯源的人文情怀和国人的乡村情结历久弥深。中华文明根植于农耕文化，乡村是中华文明的基本载体。自2018年设立丰收节以来，截至目前，我们已连续举办五届丰收节了。过去的五年，丰收节鼓舞了中国农人。在第一个丰收节到来时，习近平总书记致贺并指出，设立中国农民丰收节，是党中央研究决定的，是一件影响深远的大事。希望广大农民和社会各界积极参与中国农民丰收节活动，营造全社会关注农业、关心农村、关爱农民的浓厚氛围，调动亿万农民重农务农的积极性、主动性、创造性，全面实施乡村振兴战略、打赢脱贫攻坚战、加快推进农业农村现代化，在促进乡村全面振兴、实现"两个一百年"奋斗目标新征程中谱写我国农业农村改革发展新的华彩乐章！

"营造全社会关注农业、关心农村、关爱农民的浓厚氛围"是办节的宗旨。围绕这"三个关"，农业农村部不断总结各地经验和社会需求，每年都推出创新措施。2021年8月，农业农村部办公厅发布《关于做好2021年中国农民丰收节有关工作的通知》，要求各地围绕庆祝中国共产党成立100周年，营造全面推进乡村振兴、加快农业农村现代化的浓厚氛围。以"庆丰收感党恩"为主题，不断深化实化节庆内容。农业农村部的重点活动以丰富、全面、系统为特点。2021年又突出了金秋消费季和乡村振兴促进法普法两大重点。同时，组织各大社交媒体、短视频平台等共同发起"庆丰收感党恩"系列庆丰收话题和

图 1-13　2021 年中国农民丰收节主场活动在长江流域三地同步举办

图片来源：http://nmfsj.moa.gov.cn/xwzx_25646/ywjj/202109/t20210924_6377555.htm.

传播活动，引导全民参与互动。2022 年 9 月，为进一步实化节日内容，中国农民丰收节组织指导委员会办公室印发《中国农民丰收节惠农助农倡议书》，倡议全国各级党政机关、企事业单位、社会团体推出一批务实有效措施，助力农民丰产丰收。

世界互联网大会连续举办。由中华人民共和国倡导，每年在浙江省嘉兴市桐乡乌镇举办的世界互联网大会是世界性互联网盛会，由国家网信办和浙江省人民政府共同主办，目前已连续举办 8 届。世界互联网大会已成为搭建中国与世界互联互通的国际平台和国际互联网共享共治的中国平台，让各国在争议中求共识、在共识中谋合作、在合作中创共赢。

互联网的技术与思维已经成为现代农业发展的新引擎。农业农村部先后举办全国"互联网+"现代农业工作会议暨新农民创业创新大会、新农民新技术创业创新博览会等有影响力的会议和展会，并连续举办数字乡村发展论坛。2016 年 9 月，全国"互联网+"现代农业工作会议暨新农民创业创新大会在江苏苏州召开，具有里程碑意义。在这场"互联网+"现代农业的盛会上，开展了"互联网+"现代农业暨新农民创业创新展览展示、信息大集、"互联网+"

图 1-14　全国"互联网+"现代农业暨新农民创业创论坛现场

图片来源：http://www.moa.gov.cn/ztzl/scdh/dhly/201609/t20160909_5270122.htm.

图 1-15　全国新农民新技术创业创新论坛

图片来源：http://www.xccys.moa.gov.cn/gzdt/201911/t20191119_6332061.htm.

现代农业百佳实践案例和新农民创业创新百佳成果推介、合作签约活动、现场考察、"互联网 +"现代农业暨新农民创业创新论坛等七项活动，创新的形式、丰富的信息化元素让与会者感受到扑面而来的信息化浪潮。

首届全国新农民新技术创业创新博览会于 2017 年举办，集中展示"互联网 +"现代农业新技术、新模式、新业态，以及新农民创业创新典型。各省为成功举办这些重大活动提供了有力支持，河南、广东、福建等地还自己举办了一系列具有影响力的展示研讨活动。与会者们赶着信息大集，交流着创业创新的经验，在主题各异的论坛上晒思想，分享成果，用创新、跨界、融合、开放、共享的互联网思维共同推动现代农业发展到一个新高度。

中国国际智能产业博览会由工信部、重庆市人民政府等单位主办，结合数字经济和大数据智能化领域新发展、新趋势、新产品、新技术、新应用，围绕智慧农业、工业互联网、智能制造等领域，举办高峰论坛，坚定实施大数据智能化创新，打造"智造重镇"、建设"智慧名城"，受到广泛关注。2021 年重庆智博会有来自 31 个国家和地区的 611 家企业参展，共签约重大项目 92 个，合同投资 2524 亿元，一大批重点项目在重庆开花结果，让全球智能科技、智能产业、智能人才等创新要素加速集聚。博览会专门设置智慧农业高峰论坛，共同探讨智慧农业发展模式、主要方向、实现路径及重点领域，交流智慧农业发展成功经验。

数字中国建设峰会于 2018 年开始在福建省福州市举办。峰会由国家网信办、国家发改委、工信部、福建省人民政府作为固定主办单位并每年举办一届，是国家网信办主办的两个国内信息化领域盛会之一。数字峰会已经成为我国信息化发展政策发布平台、数字中国建设最新成果展示平台、电子政务和数字经济理论经验和实践交流平台、汇聚全球力量助推数字中国建设的合作平台。第五届数字中国建设峰会于 2022 年 7 月召开，峰会包含第五届数字中国成果展览会、第二节中国国际数字产品博览会等，并专门设置"跨越数字鸿沟：全民数字素养与数字乡村"、"新技术"、"数字经济"等 18 个分论坛。

2021 数字乡村论坛（中国·郑州）在郑州举行。论坛以"发展数字农业，建设数字乡村"为主题，秉承"乡村振兴，数智引领，创新务实，潮起中原"

的理念，着力发挥信息化、数字化在实施乡村振兴战略中的创新引领作用，普及推广数字农业新技术、新业态、新模式，在数字乡村建设方面打造高地。论坛设置室外展位，划分技术展区、应用展区、产品展区三个展区，展示数字乡村建设成果，学习交流先进经验。论坛围绕智慧农业、"科技＋教育"赋能乡村振兴、无人农场、智能化养猪、5G 等新兴话题开展数字乡村的深层次探讨，论道技术与产业发展。论坛上还发布《数字乡村优秀方案及案例选》，共征集优秀案例 52 个，内容涵盖数字乡村建设新技术、新产品、新模式。

世界物联网博览会迄今已连续在江苏无锡成功举办 5 届，累计参与物博会的国家和地区超过 50 个，参会参展人数累计突破 110 万人次，落地重大项目近 800 个，带动物联网领域投资金额超 2000 亿元，受到各级领导的高度肯定，得到国际物联网业界和社会各界的广泛关注和普遍赞誉，已逐渐成为全球物联网领域最具知名度和影响力的专业盛会。2021 世界物联网博览会以"智联万物 数领未来"为主题，举办 1 场峰会、1 场物联网应用和产品展览展示会、1 场物联网新技术新产品新应用成果发布会、10 场高峰论坛以及 13 场系列活动，有来自全球 21 个国家和地区的 516 家单位参展，82 个重大合作项目落地无锡，总投资超过 251 亿元。

中国国际大数据产业博览会（简称数博会），是全球首个以大数据为主题的博览会。自 2015 年在贵阳创办以来积极探索数字经济时代国际合作新机制，为全球大数据发展提供中国方案，助推全球大数据技术应用和产业发展。数博会已成为充满合作机遇、引领行业发展的国际性盛会和共商发展大计、共用最新成果的世界级平台。历届数博会被国内外各界人士广泛关注，其中，2021 数博会除开闭幕式及会见活动外，共举办各类活动 98 场，23 个国家和地区 9567 名嘉宾参会，观众人数达 9.5 万人。布展面积 4 万平方米，线下参展企业 225 家，线上参展企业 324 家，共展出 800 余项最新产品、新技术和解决方案。

相关展会集中展示成果，开展交流合作，深化全社会对互联网、数字技术以及农业农村信息化的认识，聚众力凝共识，形成了政府、企业和社会各方力量共同推进格局。

# 第二章 农业农村信息化基础设施

## 一、概述

农业农村信息化基础设施建设为数字乡村的全面发展提供基础支撑，是乡村产业迈向智能化、平台化、数字化的关键纽带。随着物联网、大数据、移动互联网、人工智能等新一代信息技术与农业农村的深入融合，农业农村新型基础设施建设正成为促进农业农村发展的新动能，为农业农村数字经济发展提供根本支撑。农业农村新型基础设施是指以互联网、物联网、大数据、人工智能等信息技术创新为驱动，服务于"三农"的农业农村公共基础设施，主要包括农业农村信息化基础设施、农业农村融合基础设施、农业农村创新基础设施等。农业农村信息化基础设施是指为农业生产和农村社会提供信息化公共服务的信息基本硬件、应用终端与基础装备，主要包括农业数据获取设施、农业数据存储与算力、农业农村网络通信、农业信息应用终端等。农业农村融合基础设施是指应用新一代信息技术支撑传统农业农村基础设施转型升级，进而形成的融合基础设施，如农村智慧水利设施、智慧农田设施、智慧仓储物流设施、智慧生鲜冷链设施等；农业农村创新基础设施为是指支撑农业科技发展的公益性基础设施，如农业科技科教基础设施、农业产业技术创新中心等。从广义来讲，在农业农村领域应用信息网络或信息技术的基础设施都属于农业农村信息化基础设施。伴随技术革命和产业变革，相关概念、内涵和外延也将发生变化和革新。

我国高度重视农村信息基础设施建设，将宽带建设定位为战略性公共基础设施，更好地发挥政府的引领作用。早在 2013 年 8 月，国务院将"宽带战略"从部门行动上升为国家战略，并发布了《"宽带中国"战略及实施方案》，并提出"宽带乡村"工程。"宽带乡村"工程提出，根据农村经济发展水平和地理自然条件，灵活选择接入技术，分类分阶段推进宽带网络向行政村和有条件的自然村延伸。较发达地区在完成行政村通宽带的基础上推进光纤到行政村、宽带到自然村；欠发达地区重点解决行政村宽带覆盖。对建设成本过高的边远地区、山区以及海岛等，可以采用移动、卫星等无线宽带技术解决信息孤岛问题；对幅员宽广、居住分散的牧区，推进无线宽带覆盖；对新规划建设的成片新农村、农牧民安居工程，积极推进光纤到楼和光纤到户建设。我国建立了"宽带中国"战略实施部际协调机制，务实推进战略的贯彻实施。各省市各有关部门制定出台了配套政策，确保了各项任务措施落到实处，推进农村宽带快速健康发展。国家"宽带中国"战略发布实施，标志着宽带建设上升到国家层面，与水、电、路成为同等地位的国家公共基础设施。政府的决策部署和强有力的推动，为农村基础设施建设提供了根本的政策环境保障。

2015 年 10 月，经国务院常务会议审议通过，工业和信息化部联合财政部创建了"中央资金引导、地方协调支持、企业主体推进"的电信普遍服务新机制，正式拉开电信普遍服务试点工作的序幕。宽带乡村建设实施过程中形成了"政府搭台，企业唱戏，多方参与，信息惠民，造福乡村"的模式，广大农民是最大的受益者。"宽带乡村"是加快宽带这一战略性公共信息基础设施在农村地区的应用与普及、缩小城乡差距的重要举措，真正让"高清电视免费看，名优特产网上卖"的现代化信息新生活惠及广大农村群众，跨越式缩小城乡数字化鸿沟。

"宽带中国"战略、电信普遍服务等系列决策部署深入实施，农业农村信息化基础设施在数据获取能力、数据资源建设、数据算力、农业农村网络通信、应用终端等方面取得重要成就。从全球范围看，新基建正推动新一轮信息革命，众多国家纷纷将发展 5G 等新一代信息化基础设施作为战略部署的优先行动领域。近年来，我国大力发展 5G 网络、物联网、大数据等新基建，并开始在农村地区部署。

新基建和传统基建共同点在于都具有支撑、泛在、服务、载体、连接等特点，相比较而言，新型基础设施的功能不仅在于连接，更重要的是赋能。农业农村新基建与传统基建的区别见表1，主要包括以下几个方面[①]：（1）在发展内涵方面，农业农村新基建主要瞄准新兴领域，以网络化、数字化技术为基础，数字化基础设施成为核心，如农村5G网络、农业物联网、农业机器人、大数据中心、乡村数字电视网等，为农业农村数字经济赋能。而传统基建如水利、公路、电力、农产品加工基地等主要通过空间连接创造价值，刺激经济增长，技术较为成熟，数字技术比例较小。（2）在建设内容方面，传统基建涉及农村水利、公路、电力、冷链物流、农产品加工基地等传统产业方面，而新基建通过新一代信息技术对传统产业进行数字化改造，推动农业生产、经营、管理、服务等全产业链智能化转型升级，如5G网络、大数据中心、农业人工智能、智慧水利、智慧农田等，将为农业农村生产生活各个方面带来革命性变化，促进产业升级，为产业赋能。（3）在基本特征方面，新基建的发展以创新驱动为引领，发力于科技端，依赖新技术尤其是新一代信息技术，全行业、全社会数字化连接成为其显著特征。技术突破和科技革命带动新基建发展，新基建反过来促进社会变革形成生态循环是其另一个显著特征。相对而言，传统基建所需的生产技术较为成熟，其发展对科技进步的依赖相对较小，发展程度大多受制于投资规模。（4）在投资渠道方面，传统基建主要以政府投资为主，而新基建存在研发投入大、产业化难等特点，公益性也低于传统基建，风险与挑战更大。因此，新基建要靠政府、科研院所、各类市场主体合作投资建设，形成政府财政支持引导、龙头企业牵头主导、相关主体参与合作的新模式，共同构筑起新基建生态。

---

① 李灯华、许世卫：《农业农村新型基础设施建设现状研究及展望》，《中国科技论坛》2022年第2期。

表 2—1　农业新旧基建对比

|  | 传统基建 | 新基建 |
|---|---|---|
| 发展内涵 | 通过空间连接创造价值，刺激经济增长 | 与网络化、数字化技术深入融合，赋能科技，引领农业高质量发展 |
| 建设内容 | 农村水利设施、农村公路、农村电力、冷链物流、农产品加工基地等 | 5G网络、农业农村大数据中心、农业人工智能、农业区块链、数字化融合基础设施等 |
| 基本特征 | 技术较为成熟，存量基数高，能效减弱，发展程度大多受制于投资规模 | 以创新驱动为引领，依赖于新一代信息技术等新技术，数字化连接成为其显著特征 |
| 投资渠道 | 政府投资建设为主 | 政府财政支持引导，龙头企业牵头主导，相关主体参与合作 |

## 二、发展实践

我国高度重视农业农村信息化基础设施建设，实施"宽带中国"、电信普遍服务项目等重大工程，城乡地区互联网普及率差距进一步缩小，农村和城市"同网同速"的时代正在到来。乡村广播电视网络基本实现全覆盖，基础设施加快数字化改造，乡村智慧物流建设加快推进，农村末端服务网络建设成效显著，农业农村大数据中心等新基建加快推进，农村网络基础设施走在世界前列。

### （一）广播电视网实现全覆盖

广播电视重点惠民工程深入实施，农村地区广播电视基础设施建设和升级改造持续推进。截至2021年底，农村广播节目综合人口覆盖率99.26%，农村电视节目综合人口覆盖率99.52%。其中，农村有线广播电视实际用户数0.67亿户，直播卫星公共服务有效覆盖全国59.5万个行政村1.48亿用户。应急广播体系建设不断推进。基层应急广播在疫情防控中的独特作用得以充分发挥，已落实中央财政资金支持的 443 个深度贫困县应急广播体系建设，对 32042 个符合条件的行政村综合文化服务中心广播器材配置予以补助。在新冠肺炎疫情防控期间，全国各省（区、市）调动 6182 个乡镇、近 10.5 万个行政村（社区）使用 127.2 万个农村应急广播终端设备，展开疫情防控政策和知识宣传，将党和政府的关心关怀以及疫情防控信息覆盖到 2 亿多农村人口，为农村疫情防控织密了"安全网"。地面电视全面进入数字化时代。无线模拟电视退出历史舞台，5000 余座发射台、上万部数字电视发射机覆盖广大城乡地区，保障农村群众享受高质量电视服务。全国有线电视网络整合和广电 5G 建设一体化发展。乡村广播电视网络基本实现全覆盖，基本实现农村广播电视户户通。

### （二）乡村网络设施日臻完善

目前，我国已初步建成融合、泛在、安全、绿色的宽带网络环境，基本实现"城市光纤到楼入户，农村宽带进乡入村"。农村和城市"同网同速"的时代正在到来。农村互联网普及率稳步提升，截至 2021 年底，我国农村网民规模达 2.84 亿，农村地区互联网普及率为 57.6%，较 2020 年 12 月提升 1.7 个百分点，城乡地区互联网普及率差距进一步缩小。[①] 工信部联合财政部连续组织实施了七批电信普遍服务，2021 年未通宽带行政村实现"动态清零"，通光纤比例达到 100%，累计支持全国 13 万个行政村光纤建设以及 6 万个农村 4G 基站建设，为数字乡村发展提供坚实的网络基础。目前已通光纤电信普遍服务支持的行政村平均下载速率超过 100Mb/s，基本实现与城市同网同速，极大改善了农村地区网络水平。全国乡村通信网络实现高速全面覆盖，农村互联网基础短板已基本补齐。农村网络、物流等基础设施条件进一步完善，农村电商迅猛发展。农村物流建设不断加快，正在缓解制约农村电商发展的"最后一公里"物流问题。随着物流技术尤其是冷链物流基础设施的不断建设，我国农产品电

---

①　中国互联网络信息中心：《第 48 次中国互联网络发展状况统计报告·2022》。

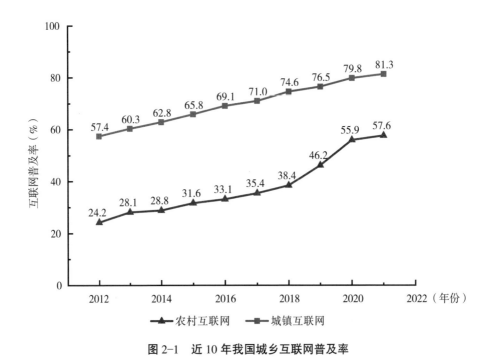

图 2-1　近 10 年我国城乡互联网普及率

图片来源：根据《中国互联网络发展状况统计报告》绘制。

子商务已进入线上线下加速融合、生鲜配送服务体系逐步健全的新阶段。政府和相关企业纷纷加大对农村电商基础设施建设投入，农村地区的宽带网络、快递物流的覆盖率均有明显提升。

### （三）基础设施加快数字化改造

信息技术、平台和手段与乡村传统产业的融合逐步加深，传统基础设施数字化改造提速。水利网信基础设施能力不断升级，水利数字化、网络化、智能化等方面都取得了明显进展。数字孪生、大数据、人工智能等新一代信息技术与水利业务的深度融合加强，数字孪生流域建设加快，流域治理管理的数字化、网络化、智能化水平大力提升。到 2020 年底，数字化方面，初步形成了 43.36 万处点组成的水利综合采集体系，全国水利一张图正式发布并得到积极应用，高分辨率卫星遥感实现了全国年度全覆盖。网络化方面，全部地市级以上水利部门和80.5%的县级水利部门接入了水利信息网，99.7%的地市级以上水利部门和90.7%的县级水利部门接入了视频会议系统，初步构建了省级以上水利部门网络安全防护体系。智能化方面，有11.7%的智能视频监控，8类河湖"四乱"现象实现遥感影像人工智能（AI）识别，大数据应用初见成效。

农村公路数字化改造持续推进，截至2021年底，全国农村公路总里程达446.6万公里，基本实现具备条件的乡镇和建制村通硬化路。农村公路数字化工作持续推进，全国农村公路基础属性和电子地图数据库建立，至今累计数据量超过800G，实现了对农村公路基础设施信息的动态更新。乡村智慧物流建设加快推进，农村末端服务网络建设成效显著，驻村设点、快快合作、快邮合作、快交合作、快商合作等模式因地制宜推广，实现快递服务进村，截至2021年底，全国农村快递服务营业网点数量占比提高至30%以上，全国乡镇快递网点覆盖率达到98%。农机装备数字化步伐不断加快，北斗终端已从拖拉机、联合收割机、植保无人飞机扩展到插秧机、大型自走式植保机、秸秆捡拾打捆机等装备。随着农村电网、智慧水利、农村物流、农机装备等加快数字化改造升级，未来农业发展潜力无限。

## （四）乡村新基建大力推进

5G农业得到初步应用。农业农村大数据中心等新型基础设施建设加快推进，数字农业新技术新产品新业态新模式不断涌现，北斗、5G、物联网、农业专用传感器、智能装备加速在农村布局，推动智慧农业加速发展。5G发展进入全面深入落实阶段，成为全球首个基于独立组网模式规模建设5G网络的国家，截至2022年底，全国5G基站数231.2万个，比上年末净增88万个，占移动基站总数的21.3%，占比较上年末提升7个百分点。[①] 目前我国5G中频段系统设备、终端芯片、智能手机处于全球产业第一梯队。随着国家对新

---

① 2022年通信业统计公报 https://www.miit.gov.cn/gxsj/tjfx/txy/art/2023/art_77b586a554e64763ab2c2888dcf0b9e3.html.

基建的加快部署，各地开始重视 5G 在农业领域的融合创新与应用发展，涌现了基于 5G 的智慧农业示范园建设运营模式创新实践。陕西省杨凌示范区依托 5G 技术建成农业大数据管控中心和基于物联网下的农业生产运营管控体系。杨凌智慧农业示范园依托物联网技术，建立对各类温室内"温、光、气、水、肥"等信息和室外气象数据的实时采集系统，可通过 4G/5G/NB-IoT 等移动互联网方式实现数据汇集和指令下发，实现视频、语音、数字、图片等数据无障碍传输。2020 年 4 月，江苏南京国家农业高新技术产业示范区与江苏移动合作，计划 3 年内实现南京农高区"5G+4G"全覆盖，同时依托"农业 AI 大脑"云平台，为农业技术创新注入数字新动能。5G 赋能信息进村入户，助力智慧乡村建设，"5G+"益农云电商直播、"5G+"远程培训、"5G+"智慧养殖、"5G+"智慧种植、5G 无人机、5G 智慧农机等内容亮点频现。

## 三、典型案例

互联网巨头布局智慧农业，将互联网新技术在农业领域落地应用，有利于加速农业技术变革。阿里、京东、百度、腾讯等巨头纷纷布局智慧农业，为推动我国智慧农业建设做出努力。腾讯与新希望积极推进农业互联网、智慧城乡和数字政府等项目；阿里实施数字农业计划，发布农业 ET 大脑；京东以"生态农业，健康餐桌"为使命，携手合作伙伴在全国范围内共同建立京东农场；华为开始布局智慧农业和数字乡村建设项目等。

### （一）中国电信：构建数字乡村新图景助力乡村振兴

中国电信是信息化建设的主力军之一。长期以来，中国电信大力推进农村信息化建设，服务农村各项事业发展，取得了积极成效。通过建设完善农村地区信息通信基础设施，推进实施农村普遍信息服务，在智慧农业和乡村数字化治理体系及治理能力建设方面打造一批标杆项目。

大力开展乡村信息基础设施建设。中国电信围绕云网融合、安全可信、集成交付、自主研发等方面集中发力，进行了积极的探索，在县域及以下农村地区建设千兆光宽、5G 网络、物联网、数字化平台等新型基础设施，在全国打造 3000+ 边缘机房、6000+ 数据中心，同时依托 1.3 万家乡镇分局，打造 10 万＋农村集成服务网点，实现基础设施宽带、4G/5G、NB-IoT 等全覆盖。中国电信已服务 1 亿多农村移动端业务用户、6650 万农村宽带用户、5600 万农村 IPTV 用户，建设完成超过 10 万个农村服务网点、20 万个"平安乡村"示范村。中国电信坚持"网是基础、云为核心、网随云动、云网一体"战略方向，加快构建云网融合的新型信息基础设施，持续推进农村 5G 网络的建设，满足"5G+ 智慧农业"、"5G+ 美丽乡村"、"5G+ 农业直播带货"等农业农村行业对于低时延、广连接、网络安全等的差异化需求，通过光纤网络、5G 智能宽带打包整村入网，让农民切实感受高速网络体验的同时，为农民生产、生活、教育、医疗、养老等提供内容丰富、快捷高效的数据信息服务。

创新推动智慧农业发展。在新会陈皮国家级现代农业产业园，中国电信基于天翼云、5G 通信、农业物联网、人工智能、大数据等技术手段，实现农业产业数字化、标准化生产、农产品溯源、产业服务等功能，达到提升区域公共品牌的影响力、推动产业高质量发展的目的。在浙江、上海，中国电信打造集畜牧兽医各项监管业务于一体的畜牧兽医行业管理平台，运用数字化手段，打通养殖、防疫检疫、屠宰、调运、无害化等全环节业务流和数据流，通过全畜种、全周期、全流程服务管理，打造畜牧产业大脑，以数字化赋能养殖智能化。在浙江，中国电信依托浙江省农业农村厅已建设的海洋渔船安全救助信息系统、渔业交易、船舶检验等系统，融合海事局、气象局等各涉海部门业务系统，充分利用建立的大数据通道，全面提升渔业监管服务水平，通过建设"3123"工程，打造高水平，高智能，高可靠的平安渔业。

树立乡村数字化治理标杆。借助中国电信云网融合、安全可信、集成交付、自主研发等能力优势，中国电信在数字乡村建设方面开展了一系列积极而富有成效的探索和实践。在重庆永川区朱沱镇，中国电信与当地政府合作开展综治中心建设试点，打造出数字化乡镇的标杆；在湖南长沙县果园镇，村民依托中国电信的数字乡村平台，实现了智慧党建、智慧养殖、水环境监测、交通监控等多项数字化应用；在四川大凉州，中国电信构建了"天虎云商＋益农服务网＋益农社＋信息员"的综合电商扶贫体系，实现涉农综合服务广泛覆盖，从产业政策、技术培训、公益服务、便民服务等方面为脱贫攻坚信息化服务提供有力支持，开拓出一条具有鲜明信息化特色的"乡村振兴、电商扶贫"之路。

安全监控系统助力乡村治理。"魔镜慧眼"是中国电信四川公司自主研发具有自主知识产权，具备百万级大视频接入、汇聚、云存储、视频 AI 分析的能力，是一个可以帮助大家更好地进行安全监控管理服务的软件。基于云计算、AI、5G 等技术，魔镜慧眼不仅仅是监控探头，更是公安机关侦查破案的"天眼"。在乡村振兴过程中，各家各户的"慧眼"编织出了一张监控的大网，实现全村监控"无死角"，为公安机关侦破偷盗、抢劫等一系列犯罪活动提供了有力依据，为村寨的治安防控及村民安全稳定的生活提供了有力保障。

打造"村村享"数字乡村平台。"村村享"是中国电信依托 5G 云网优势、视频 AI 和物联网智能化应用打造的"1+1+4"体系平台，该平台包含 1 张网、1 个大数据平台、4 大应用群，是集省、市、县、镇、村五级一体化的数字乡村大数据平台，助力乡村打通政务服务"最后一公里"，实现产业转型升级、乡村治理能力提升和城市优势资源共享，推动农业农村现代化。该平台已服务全省多个数字乡村试点县，打造了恩施柳家山、燕子坝、武汉蔡甸农力村、十堰竹山西河村村享综合信息服务平台等一系列标杆示范。

## （二）中国联通：数字乡村建设实现高品质发展

中国联通顺应新使命、新空间、新要求变化，传承历史、补齐短板、发挥优势，全面升级升维公司发展的新战略、新定位，在"大联接、大计算、大数据、大应用、大安全"五大主责主业引领下，以"云网＋平台＋X"作为总体策略加速推进数字乡村发展，落实国家数字乡村建设要求，发力数字经济主航道。

2021年6月，中国联通召开数字乡村推进会，正式推出中国联通数字乡村服务云平台（简称"联通数村"）和中国联通数字乡村品牌。以打造"中国联通数字乡村服务云平台"为核心，面向村民、县—乡镇政府、村两委、各类农业生产经营主体等用户提供统一数字化服务入口，通过数字乡村大数据平台汇聚数字乡村各类数据，实现数据贯通，满足乡村数字经济、智慧绿色乡村、乡村网络文化、乡村数字治理、信息惠民服务各领域的应用需求，形成数字乡村的应用服务生态体系。一年来，联通坚持"云网＋平台＋X"发展策略，持续推动乡村信息基础设施建设，推动数字乡村服务云平台应用落地，以数字化手段赋能治理模式创新、生产方式升级和生活方式改善。

农村信息基础设施持续完善。中国联通持续加大农村信息基础设施建设投入，有序推进第七批、第八批普遍服务农村试点工程和联通专项扶贫网络工程建设，提升农村网络覆盖水平，优化网络服务质量，为乡村和边远地区架起信息高速路。移动网络方面，不断强化5G/4G共建共享，因地制宜部署局域WiFi，移动网络乡镇点覆盖率达到100%、行政村覆盖率达到93%；宽带网络方面，加大社会化合作，聚焦移网优势区域迅速提升固网网络能力，宽带覆盖行政村32.7万个，其中北方10省覆盖行政村24.4万个，覆盖率达到98%。同时，加强边远贫困区域的网络渠道建设，让服务更贴近农村生活，农村及边远贫困地区渠道数量近23万。

数字乡村服务云平台快速推广。中国联通从乡村实际应用场景出发，结合数字乡村发展战略指导要求，依托联通云网资源优势，融通5G+平台基座能力，打造了数字乡村服务云平台。围绕乡村数字经济、智慧绿色乡村、乡村网络文化、乡村数字治理、信息惠民服务五个方面开发了数十款应用，基本实现了数字乡村基层应用场景全覆盖。同时，数字乡村服务云平台支持跨平台数据对接，实现第三方生态服务能力的无缝接入，聚全社会之力助力数字乡村建设。截至2022年6月，中国联通数字乡村服务云平台累计服务行政村22万个，平台渗透率达到42.8%，累计注册用户1984万，数字乡村激活用户350万人。平台已在117个国家数字乡村试点区县中的108个区/县获得推广应用，平台覆盖率92%。

赋能乡村治理模式创新。中国联通数字乡村服务云平台可快速帮助乡村实现基层治理数字化，提供标准化应用服务。村两委干部和村民通过手机就能进入本村的数字乡村平台，直接使用党建引领、智慧村务、乡村治理、便民服务等各项功能。在重庆市酉阳县苍岭镇，中国联通数字乡村服务云平台"一张图"可实时监测农业产业信息情况，从农村人居环境、农业产业态势、植物生长情况，到病虫害监测数据……所有动态数据尽收眼底。一旦有应急情况，便会出现报警信息。苍岭镇借助数字乡村平台实现了对乡村农业产业态势、烟油草生长环境监测、乡村自然灾害应急管理、乡村公共安全防控、农村养老信息化等内容的统筹管理。

助力乡村产业发展，驱动乡村民生改善。中国联通数字乡村服务云平台通过集成农业物联网、大数据等能力，为农业生产经营管理主体在产业各环节更好地运用数字化、智能化技术，提供了低门槛的接入机会。结合物联网应用，实现农、林、渔、牧等涉农产业数字化升级，为其提供产销数据分析、智慧管理以及供销对接等服务，促进乡村产业降本增效。联通数字乡村服务云平台为农户、农业企业提供的"劳务用工"、"产品集市"、"二手市场"等应用成为数字乡村建设的爆款应用。甘肃、山东、黑龙江、重庆等地的数字乡村用户通过这些应用解决了农作物抢收、农产品滞销、企业招工难等问题。通过开放平台电商服务能力，引入头部互联网企业，孵化培育本地化电商服务商，加速推动农产品上行，构建乡村商业数字化服务生态，有效拓宽增收渠道，进一步推动了乡村产业发展。中国联通数字乡村服务云平台集成"美丽乡村"、"村圈"等应用能力，为乡镇、村等各级政府部门、第三方组织提供信息化解决方案和数字化载体。通过信息技术采集农村风土民情、非遗资源、文物遗址等文化资源信息，以数字化形式进行资源存储、管理、分析、利用、展示，成为乡村文旅体验的一个数字孪生空间，助力美丽乡村建设。

## （三）百度：AI 开发大脑助力农业场景深度学习

百度大脑赋能智慧农业。百度依托百度大脑与农业企业提供智慧农业服务，以"技术"为核心帮助传统农业转型和布局"新农具"。如利用百度图像技术，可以观察植物的生长状态，自动识别并分析农作物状态，提供病虫害的预警、检测等；利用知识图谱技术，能够把专家的经验形成专业知识图谱，进而指导农业的育种、播种等。百度与合作伙伴中化农业推出"MAP 智农"现代农业技术服务平台，在内蒙古正蓝旗农场的马铃薯种植基地，"MAP 智农"能够基于马铃薯生理模型，在异常天气提前推送针对性气象灾害发生概率、持续时间等信息给种植户，提供未来 3 小时短临降雨提醒；基于马铃薯的物候期需肥水规律，设立相应的生产种植农事历，通过自动抓取关键生理指标，结合种植模型和未来天气，提前推送出最佳适宜施肥和灌溉建议。

AI 植物工厂智能无土栽培解决方案。百度大脑使用视觉技术、EasyDL、PaddlePaddle、EdgeBoard 等 AI 产品技术，打造 AI 植物工厂智能无土栽培解决方案，对京东方植物工厂原有业务进行赋能升级，将农业专家的经验数字化、产品化，使其业务具备规模化的可能性。据报道，这一模型相对于大田种植能够节水 90%，提升产量 10%—15%，成本降低 10%—15%。

面向企业应用开发者打造的零门槛 AI 开发平台。百度 EasyDL 是支持零算法基础定制高精度 AI 模型。EasyDL 提供一站式的智能标注、模型训练、服务部署等全流程功能，内置丰富的预训练模型，支持公有云、设备端、私有服务器、软硬一体方案等灵活的部署方式。不仅在农业领域，目前，EasyDL 已有超过 80 万企业用户，在工业制造、安全生产、零售快消、智能硬件、文化教育、政府政务、交通物流、互联网等领域广泛落地。

EasyDL 图像技术推动农林业虫情识别智能化管理。宁波微能物联科技有限公司使用百度 EasyDL 零门槛 AI 开发平台训练害虫种类识别模型，与虫情测报系统进行集成，开发了一套微能云智能虫情测报系统，实现了对远程和本地抓拍的图像进行害虫种类的识别与计数。这一系统可以帮助农业种植户远程自动化采集虫情信息，准确地预测虫害的发生，也可以给种植户提供科学用药的数据依据，从而调整农药的使用，提高农作物的品质。微能云智能虫情测报系统目前在宁波的水稻田中已有应用，首先，将害虫吸引到灯下进行灭活、拍照，通过虫情监测系统将图片自动保存并上传至云端服务器，通过调用基于

EasyDL 物体检测模型开发的害虫计数与种类识别模型 API 接口，针对六种水稻常见害虫进行分类与统计，通过使用百度 EasyDL 平台中的物体检测技术，可以从拍摄的虫体照片中识别出具体的虫子名称和数量。虫情监测系统可以将获取的虫情图片自动保存下来，并及时上传到服务器端，由服务器返回识别的结果，测报人员即可只需要在控制平台，就可以轻松获取这些数据，并进行智能分析指导水稻田内农药、化肥的使用配比与相关操作。

### （四）阿里巴巴：ET 农业大脑提供智能化生产引擎

阿里巴巴集团旗下的阿里云致力于拓展物联网领域的行业市场，实现万物互联的世界，提供基于云计算、大数据、人工智能、云端一体化、安全的物联网基础平台和内容服务能力平台，目前已经覆盖智慧农业、智能生活、智能城市等多个领域。

开发阿里云 ET 农业大脑。目前，阿里云 ET 农业大脑已应用于生猪养殖、苹果及甜瓜种植，已具备数字档案生成、全生命周期管理、智能农事分析、全链路溯源等功能。阿里云与四川特驱集团、德康集团等合作，为全面实现人工智能养猪投入数亿元打造"特驱猪场"，每一头猪从出生之日起就被打上数据标签，建立起包括品种、天龄、体重、进食情况、运动频次、轨迹、免疫情况等资料在内的数据档案。ET 农业大脑结合声学特征和红外线测温技术，可通过猪的咳嗽、叫声、体温等数据作判断是否患病，预警疫情。猪场内遍布着 ET 农业大脑加持的摄像头，不仅可以自动采集猪的体形数据，还会记录每头猪的运动距离、时间和频率，运动量不达标的猪，会被赶出室外"加练"。据报道，每头母猪提供的出栏生猪收益增加了 10% 以上。在抗疫助农过程中，阿里云与布瑞克农业互联网在全国滞销农产品大数据实时查询及产销对接数据化平台方面进行了相关合作，建立的全国滞销农产品大数据实时查询及产销对接平台上线人民日报客户端、钉钉 APP、农产品集购网等，帮助滞销农户快速建立了数字化供应链。

打造数字农业基地。在阿里"春雷计划"中，阿里云农业板块计划在全国建设 1000 个数字农业基地。基地将通过"共享"打通阿里旗下零售企业的农产品供应链，农产品将陆续供给盒马、大润发、盒马集市等。"淘乡甜数字农场—兴安盟大米标准示范基地"是阿里巴巴首个数字基地。通过电子地图、物联网设施设备、无人机植保飞防以及数字农场 APP 等，实现水稻种植基地、种植品种、种植过程等数字化、可视化。一品一码，每一包米的追溯码都进入阿里数据库，让全国消费者对每一袋米都心中有数，吃上安全米、新鲜米。农村淘宝联合蚂蚁金服，让数字农场每一份农产品都有区块链身份证的缩影。通过溯源体系，可以实现农产品生产、买卖全流程每个环节的可信数据存证，为农产品建立"透明、安全、放心"的农产品信用体系，也为消费者创造"原产地甄选、保鲜直供"的消费体验。

### （五）华为：5G& 沃土云平台赋能智慧农业

华为技术有限公司研发的 5G 技术核心的关键词是"数字化"，通过数字化来串联农业领域几乎所有的创新。这些变化包括农业全产业链的数字建模，信息技术和生物技术、智能制造技术的联合应用，提供更加优质的农业生产资料，优化生产过程，便捷产品流通，改变消费习惯等。5G 新技术的融合应用将改变农业的生产方式和终端消费者对农产品的消费方式，高效、透明、多赢的新型食物系统得以建立。

数字乡村的建设需要充分围绕 5G 新技术，结合机器视觉的前端物联网设备，乡村微云节点，大数据，互联网，云计算等 ICT 技术把乡村安防、综合治理、民生维稳等综合在一起，连接镇、县、市的管理部门，为乡村农民提供一个安全、舒适、便利的现代生活环境，从而建立基于 5G 技术的数字化、自动化、智能化处理的乡村治理的新形态，构建新时代下的数字乡村、和谐乡村。

华为与合作伙伴联合打造的农业农村数字平台"沃土数字平台"。平台以云为基础，集成了 IoT、大数据、视频、融合通信、AI、GIS、区块链等新一代信息技术，旨在完善数据体系建设、实现数据共享交换、提升数据分析治理能力。华为 ModelArts 人工智能平台，为机器学习与深度学习提供海量数据预处理及半自动化标注、大规模分布式 Training、自动化模型生成，以及端—边—云模型按需部署能力，帮助用户快速创建和部署模型，管理全周期 AI 工作流，目前已在农业遥感、病虫害分析、基因测序、作物表型分析等领域开展应用。

### （六）中化集团：中化 MAP 现代农业服务平台

2017 年，中化集团启动 MAP 战略，打造 MAP（Modern Agriculture Platform）现代农业技术服务平台。中化农业 MAP 战略以推动"土地适度规模化"和利用现代农业科技"把地种好"为突破口，以集成现代农业种植技术和智慧农业为手段，提供线上线下相结合、涵盖农业生产全过程的现代农业综合解决方案，全方位提升农业种植水平，逐步实现农产品生产的市场化、专业化和品质化，实现农业产业链价值提升和种植者效益提高，提升我国农业的整体竞争力和可持续发展能力。《MAP2021 年绿色发展报告》显示，MAP 服务农户平均碳排放强度平均降低了 16 个百分点，MAP 种植的水稻甲烷排放总量较周边地区用户降低了 40% 左右（根据 MAP 天津水稻农场的实际种植情况核算）。

线下，中化农业通过在全国范围内建设"MAP 技术服务中心"和"MAP 示范农场"，实现 MAP 战略落地。依托 MAP 技术服务中心，中化农业为规模种植者提供品种规划、测土配肥、定制植保、检测服务、农机服务、技术培训、智慧农业服务、粮食烘干仓储及销售、农业金融和农用柴油供应等在内的"7+3"服务项目；以 MAP 示范农场为展示基地，中化农业通过先进的现代农业集成技术，实现"做给农民看、带着农民干"，吸引更多普通农户加入到现代农业的适度规模化经营中来。未来三到五年，中化农业将在全国范围内建设 MAP 技术服务中心 500 家、MAP 示范农场 1500 家，覆盖 3000 万亩以上的耕地，服务 300 万户种植者，带动农民增收超过 100 亿元。

线上，中化农业搭建 MAP 智慧农业平台，发展现代农业服务 O2O 商业模式。智慧农业平台集成现代农场管理系统、技术服务中心服务系统和精准种植决策系统，依托线下的 MAP 技术服务中心和示范农场服务网络，以及技术服务、农业生产和产品海量经营数据，通过移动互联网和物联网等技术手段，全程跟踪、解决服务中心运营和规模种植者农场管理的效率问题；同时，通过持续数据积累和人工智能技术应用，使 MAP 线下线上服务相互融合、相互促进，实现农业生产从标准化到精准化再到智能化发展。

### （七）农信互联：打造猪联网综合管理服务平台

北京农信互联科技集团有限公司为规模猪场量身打造了猪场综合管理服务平台——猪联网。猪联网包括猪企网、猪小智、猪交易、猪金融、养猪大脑五大核心体系，为生猪产业提供全方位的智能化服务体系。贯穿从生产饲料企业到屠宰场的整个产业链的生产、经营和管理各个环节，通过互联网联接形成闭环，变外部产业链为内部生态链，形成猪友圈，构建智慧养猪生态圈，开创"互联网＋"时代的智慧养猪新模式。

猪企网支持阶段成本核算、批次日龄成本核算、放养模式成本核算等多成本管理模式，满足不同规模、不同模式养猪企业的成本管理需求，核算精准、操作简单，提升企业精细化管理水平；进行猪场 PSY、NPD、窝均产仔数、仔猪成活率等综合数据分析，提供 100+ 的标准分析报表，并生成智能数据分析报告实现数据的深度解析，快速精准找到猪场问题，提高猪场生产效率；多屏数据同步，基于移动端随时随地查看报表分析、接收生产预警、执行任务，连接智能设备，现场录入数据、处理养殖过程，实现了以任务驱动的过程化管理；支持多饲养模式，适合推行不同饲养模式的猪场企业和集团进行生产管理；无缝对接第三方系统，能发挥各自系统的优势，提升系统间的切换效率问题，实现数据打通和高效协同管理。

以猪联网为核心的农业互联网运营平台有效构建了新时期的养猪生态圈，建立"平台＋公司＋猪场"的新发展模式，为农牧业向"互联网＋农业"转型提供了可借鉴案例。猪联网为养猪户和企业提供在线生猪资讯、生猪买卖、生猪及饲料行情、养猪知识、猪病诊断等全方位的信息服务。其中，行情宝提供当日生猪、玉米、豆粕产品的全国价格地图，以及养猪户对于猪价预测和补栏建议的调查结果；养猪课堂提供养猪知识的视频、音频、课件等技术资料的下载，学习交流最新的养猪知识；猪病通依托猪病数据库，养猪户只需输入猪病的简单症状，轻松在线诊断猪病。

猪联网基于互联网平台构建养猪产业生态圈，包括猪友圈、猪管理、猪交易、猪金融等业务，覆盖猪场，饲料、动保、设备厂商，仓储、配送等服务中间商，屠宰场及金融机构等养猪产业各环节。有效整合养猪产业要素与优质资源，提供需求发布和交易平台，实现资源的共享协同，为创新创业者提供支撑和辅导。

# 第三章　农业农村大数据

## 一、概述

大数据已经成为现代农业新型资源要素，是驱动农业农村现代化的新引擎、推动农业农村经济高质量发展的新动力、推进乡村治理能力现代化的新手段。当前，大数据正快速发展为发现新知识、创造新价值、提升新能力的新一代信息技术和服务业态，已成为国家基础性战略资源，正成为推动我国经济转型发展的新动力、重塑国家竞争优势的新机遇和提升政府治理能力的新途径。农业农村是大数据产生和应用的重要领域之一，是我国大数据发展的基础和重要组成部分。随着信息化和农业现代化深入推进，农业农村大数据正在与农业产业全面深度融合，逐渐成为农业生产的定位仪、农业市场的导航灯和农业管理的指挥棒，日益成为智慧农业的神经系统和推进农业农村现代化的核心关键要素。

农业农村大数据在破解农业发展难题方面逐渐发挥重要作用。我国已进入传统农业向现代农业加快转变的关键阶段。运用大数据可以提高农业生产精准化、智能化水平，推进农业资源利用方式转变，突破资源和环境两道"紧箍咒"制约。运用大数据可以推进农产品供给侧与需求侧的结构改革，提高农业全要素的利用效率，破解成本"地板"和价格"天花板"双重挤压的制约。运用大数据可以加强全球农业数据调查分析，增强在国际市场上的话语权、定价权和影响力提升我国农业国际竞争力。运用大数据可以提升农业综合信息服务能力，让农民共同分享信息化发展成果引导农民生产经营决策。运用大数据可以增强农业农村经济运行信息及时性和准确性，加快实现基于数据的科学决策推进政府治理能力现代化。

当前，我国农业农村大数据发展正迎来重大机遇。随着农村网络基础设施建设加快和网民人数的快速增长，农业农村数据载体和应用市场的优势逐步显现，特别是移动互联网、云计算、大数据、物联网等新一代信息技术的快速发展，各种类型的海量数据快速形成，发展农业农村大数据具备良好基础和现实条件，为解决我国农业农村大数据发展面临的困难和问题提供了有效途径。

## 二、发展实践

我国正在建设多层级农业农村大数据资源和平台，推进数据共享开放，加强数据安全管理，推动各类数据功能有效发挥，为农业农村大数据的持续发展与深化应用夯实基础，大数据应用的广度、深度不断提升。

### （一）搭建农业农村大数据业务架构

为贯彻落实党中央、国务院关于促进大数据发展的决策部署，在农业农村部党组和农业农村大数据工作协调推进小组领导下，在总结借鉴国内外先进经验的基础上，农业农村部大数据发展中心会同相关单位，聚焦农业农村大数据发展需要，立足提升农业农村部门数字化治理能力，制定了《农业农村大数据业务架构》，经农业农村部常务会议审议并发布实施，为各方统一思想、锚定目标、齐心协力推进农业农村大数据工作提供了重要依据。

业务架构把握"小数据才是大数据、活数据才是更可持续数据、真数据才是更可利用数据、全数据才是更有价值数据"的工作理念，按照"一体两翼三中心"的总体设计，以农业农村大数据平台为"主体"、以智慧农业和数字乡村为"两翼"，以建设农业农村数据汇集中心、运算中心和服务中心为三大功能定位，汇聚资源、主体、产品三类数据，推进政府、社会、市场三类应用，建设硬件和软件两个支撑，强化标准和安全两个保障，推动大数据在农业产业发展、政府管理和乡村治理等方面的广泛深入应用，为推进乡村振兴提供全面的数据支撑。目前，农业农村部大数据发展中心重点做好建设基础平台、建立目录图谱、完善标准规范、汇聚涉农数据、开展综合分析、创新应用场景和打造发展生态等方面的工作。

一是建设国家农业农村大数据平台，加强数据的融合汇集、运算加工和分类服务。开发统一、开放、包容的国家农业农村大数据平台，汇聚资源、主体、产品三类数据，提供权威统一的"查数据、看数据、用数据"工具。依托大数据平台集成算法模型，打造一批农业农村大数据政务产品、公共产品和市场产品，推进政府、社会和市场三类应用，不断提升数据资源利用水平。聚焦农业农村领域的重点问题，优先做好面向政府部门的农业农村大数据决策、执法、管理服务。以向社会提供农村地理空间信息服务为突破口，支撑网约农机、土地在线托管、农村产权交易等社会化服务开展，不断丰富面向社会公众的农业农村大数据公共信息服务。以大数据支撑解决农业保险投保理赔难和贷款难为切入点，努力开拓面向市场主体的农业农村大数据增值服务。

二是建立数据资源目录图谱，推动形成农业农村全要素"一张图"。建立并不断完善数据资源目录图谱，让数据需求方知道哪些数据存在于哪个主体、哪个环节，哪些数据尚未采集加工。建立统一的分类编码体系，对农业资源和主体进行全国统一赋码，建设基准统一、标准统一、语义统一、管理统一的国家农业农村数据仓库，构筑农业农村全时空四维数字空间，形成全要素"一张图"，做到"以图管地、以图管产、以图智农、以图决策"。

三是完善数据标准规范体系，推进数据公开共享和交易流通。编制修订农业农村数据标准，制定数据管理相关制度，实行数据分级分类管理。切实加强数据安全建设，筑牢数据安全防线，保障数据安全、个人隐私和国家安全。加强数据规范治理，避免利用数据获取不当利益。明晰数据资源产权，同步推进数据公开共享和交易流通，既要有免费的"公共产品"，也要有市场化的"定制产品"。探索开展农业农村数据质量评价，激发各方面主体加强数据资源采集和提升数据服务质量的动力，让数据真正实现生产要素的价值。

四是汇聚全部涉农数据，构建农业农村大数据采集汇聚体系。以"数据应用"为出发点，以"业务融合"为突破口，围绕资源、主体、产品三条主线汇聚全部涉农数据。资源类数据主要包括土地、水、气候、生物等自然资源相关数据，重点通过建立健全遥感、物联网等监测体系、对接相关部门获取。主体类数据主要包括政府、组织和个人相关数据，重点通过服务、监管、补贴、项目等管理创新获取。产品类数据主要包括农业农村投入品和产出品数据，重点通过互联网抓取、物联网采集、交易交换等方式获取。

五是开展综合分析，强化监测分析支撑决策。围绕农业现代化、乡村振兴、共同富裕等重大课题，设计模型算法，形成涵盖农业生产、农副食品加工、农民就业、农民收入、农业投资、农村居民消费、乡村人才流动、乡村休闲、农村电子商务、农产品贸易、农村金融、农村人居环境整治、脱贫地区特色产业发展、农村新业态发展等领域大数据指标体系。实时监测、综合分析大数据指标变化规律，挖掘其与统计数据、业内常用指标之间内在逻辑，感知农业农村经济运行态势，甄别问题及时上报，并定期发布跟踪分析报告。

六是创新应用场景，提升数据资源利用水平。深化涉农数据资源开发利用，推动扩大数据资源应用，开拓数据资源的政府应用、社会应用、市场应用，发挥数据要素作用。按照建设数字政府的现实要求、建设公益事业的社会需要和建设数字乡村的战略需求，采取政府、社会、市场协作的方式，充分发挥大数据量大面广、关联互动、实时精准的特点，打造一批农业农村大数据支持下的决策产品、公益产品和市场产品，持续提升数据资源利用水平。

七是打造农业农村大数据发展生态，形成农业农村数字化发展的全社会合力。农业农村大数据建设各项任务，需要联合社会各类主体，共同推动农业农村大数据产业创新发展。大数据发展中心正在通过组建专家委员会、建立大数据联盟以及双方或多方共同建设农业农村大数据技术应用实验室、研究院等方式开展合作，探讨理论研究，取得关键技术突破，提升大数据技术和应用水平，不断推动农业农村产业数字化和数字产业化，打造农业农村大数据创新发展的良好生态。

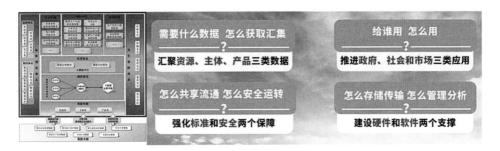

图 3-1　农业农村部制定印发《农业农村大数据业务架构》

## （二）建立系列化大数据标准

标准化和规范化是大数据快速分析应用的基础保证，也是农业进入大数据时代的必然选择。2014 年，全国信息技术标准化技术委员会成立了大数据标准工作组，负责制定、修改和完善大数据标准规范体系，提出该体系应该包括基础标准、数据标准、技术标准、平台/工具标准、管理标准、安全标准、行业应用标准等 7 个类别。2015 年，《农业部关于推进农业农村大数据发展的实施意见》中提出要完善农业数据标准体系。构建涵盖涉农产品、资源要素、产品交易、农业技术、政府管理等内容在内的数据指标、样本标准、采集方法、分析模型、发布制度等标准体系。开展农业部门数据开放、指标口径、分类目录、交换接口、访问接口、数据质量、数据交易、技术产品、安全保密等关键共性标准的制定和实施。构建互联网涉农数据开发利用的标准体系。[①]

农业农村部高度重视农业信息化标准工作，2016 年 12 月，成立了农业信息化标准化委员会，设立了大数据、物联网、网络信息安全、电子商务 4 个标准工作组，制定了《农业信息化标准体系（暂行)》。立项编制了《农业信息基础元数据》、《农业数据共享技术规范》、《农业物联网应用服务》、《农产品市场信息采集产品分级规范》等多项标准。在农田标准化建设方面，通过编制《高标准农田气象保障工程建设》等标准，积极推动农田建设标准化，全国共建成高标准农田超过1.7亿亩，为提升国家粮食安全保障能力发挥了重要作用。

---

① http://www.moa.gov.cn/nybgb/2016/diyiqi/201711/t20171125_5919523.htm.

据统计，农业农村部发布的相关标准和规范累计达到 6575 项，涉及农业基础、农业机械、工艺技术、环境要求、产品标准、等级规格、食品安全、质量检测、疾病防控、标签标志等类别，为农业大数据获取、分析和应用过程提供了方法指导。①

2012 年 2 月，发布《农产品市场信息分类与计算机编码》（标准号：NY/T 2137—2012）；2012 年 2 月，发布《农产品全息市场信息采集规范》（标准号：NY/T 2138—2012）；2014 年 4 月，发布《基于广域网通信的智能农业远程测控应用总体技术要求》（标准号：YD/T 2471—2013）；2016 年 8 月，发布《鲜活农产品标签标识》（标准号：GB/T 32950—2016）；2016 年 10 月，发布《新鲜水果、蔬菜包装和冷链运输通用操作规程》（标准号：GB/T 33129—2016）；2017 年 11 月，发布《农业社会化服务　农业信息服务组织（站点）基本要求》（标准号：GB/T 34804—2017）；2018 年 2 月，发布《农产品市场信息采集与质量控制规范》（标准号：GB/T 35873—2018）；2018 年 3 月，发布《农产品分类与代码》（标准号：NY/T 3177—2018）；2018 年 3 月，发布《农业机械化管理统计数据审核》（标准号：NY/T 3205—2018）；2018 年 7 月，发布《农业气象数据库设计规范》（标准号：QX/T 435—2018）；2019 年 6 月，发布《农业社会化服务　农业信息服务导则》（标准号：GB/T 37690—2019）；2019 年 8 月，发布《农业机械化统计基础指标》（标准号：NY/T 1766—2019）；2019 年 8 月，发布《农业信息基础共享元数据》（标准号：NY/T 3500—2019）；2019 年 8 月，发布《农业数据共享技术规范》（标准号：NY/T 3501—2019）；2019 年 8 月，发布《养殖渔情信息采集规范》（标准号：SC/T 6137—2019）；2019 年 8 月，发布《农田信息监测点选址要求和监测规范》（标准号：GB/T 37802—2019）；2019 年 8 月，发布《冬小麦苗情长势监测规范》（标准号：GB/T 37804—2019）；2021 年 5 月，发布《玉米互补增抗生产技术规范》（标准号：NY/T 3841—2021）；2021 年 10 月，发布《夏玉米苗情长势监测规范》（标

---

① 孙九林、李灯华、许世卫等：《农业大数据与信息化基础设施发展战略研究》，《中国工程科学》2021 年第 4 期。

准号：GB/T 40834—2021）；2021 年 11 月，发布《农业信息资源分类与编码》（NY/T 3987—2021）；2021 年 11 月，发布《农业农村行业数据交换技术要求》（NY/T 3988—2021）；2021 年 11 月，发布《农业农村地理信息数据管理规范》（NY/T 3989—2021）；2021 年 12 月，发布《大田作物物联网数据监测要求》（标准号：NY/T 4056—2021）；2021 年 12 月，发布《农产品市场信息采集产品分级规范　新鲜水果》（标准号：NY/T 4057—2021）；2021 年 12 月，发布《农产品市场信息采集产品分级规范　叶类蔬菜》（标准号：NY/T 4058—2021）；2021 年 12 月，发布《农产品市场信息采集产品分级规范　瓜类蔬菜》（标准号：NY/T 4059—2021）；2021 年 12 月，发布《农产品市场信息长期监测点管理要求》（标准号：NY/T 4060—2021）；2021 年 12 月，发布《农业大数据核心元数据》（标准号：NY/T 4061—2021）；2021 年 12 月，发布《农业物联网应用服务》（标准号：GB/T 41187—2021）等。[1]

此外，山东、湖北、安徽等地方相继发布相关地方标准，如《农业大数据分类与编码规范》、《农业农村大数据应用　乡村基础信息分类》、《农业大数据信息资源目录管理》、《农业大数据　标准体系》、《农业大数据　数据处理基本要求》等。

## （三）建设农业农村数据资源和平台

数据资源和平台建设有序推进。农业监测统计制度基本健全，政务信息系统和数据资源整合共享任务基本完成，数据共享平台开通运行。围绕农业资源环境、农业生产、农产品加工、市场运行等方面，先后建立了 23 套统计调查制度；建设形成以主要农产品产量、价格、进出口、成本收益等为主题的 18 个数据集市。国家农业农村地理信息公共服务平台、农业农村大数据平台和"一张图"建设有序推进，农产品质量安全追溯、种业大数据、农兽药基础数据、农村土地承包信息数据、重点农产品市场信息、新型农业经营主体信息

---

[1]　来源于全国标准信息公共服务平台 http://std.samr.gov.cn。

直报等一批数据综合平台和专题数据库建成运行。中国种业大数据平台整合集成了国家、省、地（市）、县四级种业管理数据，同步汇集了品种审定、登记、保护、推广等行业数据。中国农技推广信息平台集合了全国基层农业技术员 $2.4 \times 10^5$ 名，平台总请求量超过 $3 \times 10^9$ 条。地方也正在大力开展农业农村大数据建设，如贵州省农业农村厅组织建设了农业大数据统一管理平台，上线运行动物疫病监测、土壤资源管理、农产品质量溯源、农情调度、农机购置等农业信息服务系统 20 余个。渤海粮仓科技示范工程大数据平台具有海量数据来源多样性、多因子综合分析决策等功能，有效指导项目区的粮食生产管理和决策过程，覆盖 30 个县、$1.5 \times 10^7$ 亩粮田（1 亩 ≈ 666.67m²）。①

目前，农业农村部依据《国务院关于发布促进大数据发展行动纲要的通知》关于实施现代农业大数据工程的部署要求，正在搭建统一开放的国家农业农村大数据中心，实现数据资源共享、智能预警分析，提高农业农村领域管理服务能力和科学决策水平。(1) 国家农业农村云平台。围绕增强农业农村大数据和农业农村政务业务系统的计算存储能力，构建覆盖中央、省、市县农业农村部门的国家农业农村云。按照统一标准进行数据共享交汇、运算分析等，形成跨部门、跨区域、跨行业的农业农村数据汇聚枢纽。(2) 国家农业农村大数据平台。整合农业农村部门数据信息资源，提升集体资产监管、农业种质资源、农村宅基地等行业数据资源管理能力，汇聚农户和新型生产经营主体大数据、农业自然资源大数据等，构建全国农业农村数据资源"一张图"。建设统一的数据汇聚治理和分析决策平台，实现数据监测预警、决策辅助、展示共享，为农业农村发展提供数据支撑。(3) 国家农业农村政务信息系统。根据国家政务信息化工程建设总体部署，按照"六统一"（用户管理、接入管理、资源管理、授权管理、流程管理、安全审计）要求，构建统一的国家农业农村政务信息系统。建立政务信息系统建设标准规范体系、安全保障体系和运维管理体系，促进实现技术融合、数据融合、业务融合，为农业农村运行管理和科学决策提供支撑。

---

① 孙九林、李灯华、许世卫等：《农业大数据与信息化基础设施发展战略研究》，《中国工程科学》2021 年第 4 期。

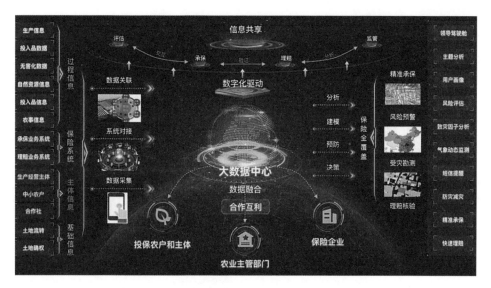

图 3-2　大数据支撑解决农业保险投保理赔难问题

## （四）实施单品种全产业链大数据建设项目

近年来，中央多个文件就农业农村大数据和重要农产品全产业链大数据建设作出部署，农业农村部及时出台指导意见、开展试点建设等，多措并举加快推进落实。在技术驱动、市场拉动、政策推动等多重因素下，我国农业大数据发展取得积极进展。2019 年，在全国范围内以苹果、大豆、棉花、茶叶、油料、天然橡胶等 6 个品种为试点，深入探索单品种全产业链大数据建设路径、模式等。浙江、江西等省市也结合地方实际，开展了一批特色、优势重点农产品全产业链大数据试点项目建设。

1. 苹果全产业链大数据建设

苹果全产业链大数据建设依托已初步建成的国家苹果大数据公共平台，主要从产业链的生产、流通、价格、消费、贸易、成本收益、舆情监测、物联网 8 个关键环节构建数字资源体系，汇聚苹果全产业链数据资源，依托强大的深度挖掘分析系统对数据进行建模分析，形成面向苹果全产业链的监测预警系统，为政府及产业主体提供监测预警服务，并打造面向社会公众的公共数据频道和公共服务 APP 两款产品。苹果大数据建设坚持问题导向，突出大数据的

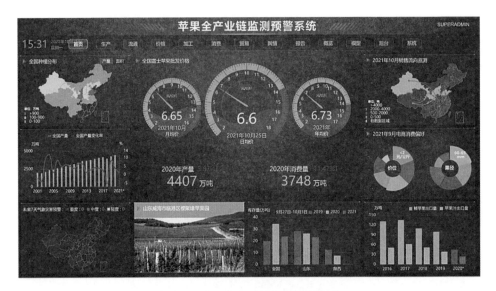

**图 3-3 苹果全产业链监测预警系统**

预测预警和优化配置资源两大核心功能，聚焦辅助科学决策，优化投入要素结构、减轻灾害损失、精准对接产销四大应用场景。国家苹果大数据公共平台正式上线，这是农产品单品种大数据应用的典型样本，从宏观层面展现苹果产业链全景，推进大数据在苹果生产、经营、管理、服务等各环节、各领域的应用。

2. 大豆全产业链大数据建设

大豆全产业链大数据建设主要汇聚基础环境、资源投入、生产加工和流通消费等重要领域和关键环节的大豆全产业链大数据资源为基础性建设工作，推动数据整合集成，形成大豆全产业链数据库系统，着力构建实时、动态的大豆全产业链数据采集体系和数据仓库，建成人工智能等现代信息技术驱动的大豆全产业链大数据监测预警技术支撑体系，构建大豆全方位数据监测网络，打造大豆全产业链大数据平台，建设面向生产经营者、管理者和消费者的系统性、品牌性的数据服务产品。借助大豆全产业链大数据建设，增强大豆数字技术研发应用能力，打造品种示范样板，为全面推进农产品全产业链大数据建设提供可复制、可借鉴、可推广的机制、模式和经验，示范引领农业农村大数据建设，促进提升农业生产经营和管理服务数字化水平，助推农业农村现代化。

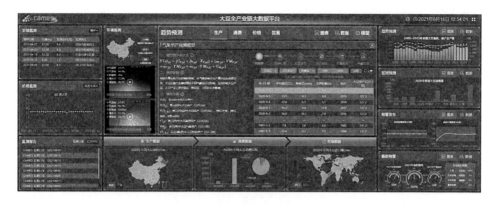

图 3-4　大豆全产业链大数据平台

**3. 生猪产业链大数据建设**

国家级生猪大数据中心是农业农村部培育和支持建设的国家级农业生猪单品种大数据平台。该中心运用大数据、物联网、云计算等强有力的信息技术手段，开发了生猪产业数字监管平台——"容易管"，联动荣昌区21个基层畜牧服务中心，全面核查全区15000余户生猪养殖户、212名动物防疫和检疫人员、210个生猪贩运主体和16家屠宰企业信息，已实现生猪养殖、贩运、屠宰"一网式"实时监管；搭建生猪智能养殖平台——"容易养"，在形成全国、全市、全区、全行业、全链条监管数据和市场数据的数据采集网络渠道的基础

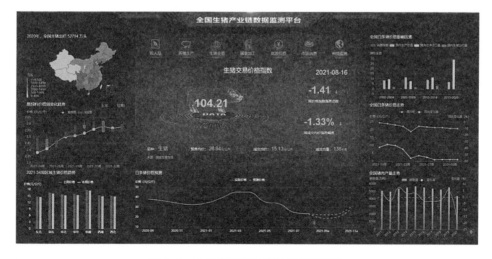

图 3-5　全国生猪产业链数据监测平台

上，加快生猪大数据分析，提供生猪补栏、出栏、疫病防控等信息预测预警，为生猪行业生产指导和稳产保供赋予了导航；开设生猪线上交易平台——"容易卖"，目前开发建设的国家级生猪交易市场线上"猪交易4.0"模式，已覆盖全国30个省区市；开设生猪金融服务平台——"容易贷"，通过生猪大数据实现数字资本化，拓展"生猪大数据+"新业态，为生猪全产业链用户提供贴心、专业、高效的数据查询、数据保险及数据金融服务。

4. 油料全产业链大数据建设

油料（油菜、花生）全产业链大数据建设是深入实施国家大数据战略的一项大型系统工程。油料全产业链大数据建设内容包括搭建大数据应用系统所需的基础支撑建设环境，充分整合油料全产业链数据资源，搭建油料全产业链大数据仓库，进行深度分析挖掘，开发大数据应用服务体系。能够实现中国油料产业的数据资源掌控能力、技术支撑能力、产业价值挖掘能力和宏观调控科学决策能力全面提升，有效推进我国油料产业数字化、网络化、智能化，培育发展油料数字经济，促进国内油料产业振兴，加快现代农业发展。

5. 天然橡胶全产业链大数据建设

天然橡胶是重要的战略物资和工业原料，已成为世界最重要的战略性产业之一。天然橡胶全产业链大数据建设主要包括以下三方面的内容。一是加快橡胶大数据关键技术研发，发挥企业创新主体作用，整合产学研用资源优势联合攻关，研发橡胶大数据采集、传输、存储、处理、分析、应用、可视化和安全等关键技术。二是加强算法模型、遥感面积监测模型等关键技术研发。三是结合橡胶产业应用，实现大数据分析、理解、预测及决策支持与知识服务等智能数据应用技术在橡胶消费、贸易、期货交易等方面的重要应用，满足重点行业应用需求，形成垂直领域成熟的橡胶大数据解决方案及服务。

6. 糖料蔗全产业链大数据建设

建立和完善覆盖糖料蔗全产业链的种质种苗资源、生产环境、生产要素投入、砍收运输、加工流通及价值精算等关键环节的数据感知/获取体系，能够增强产业大数据挖掘应用能力，为推进经济作物全产业链大数据建设提供可复制、可借鉴、可推广的数字农业建设模式，有效提高数字农业创新能力。目前已完成广西全区共 20 套设备的硬件安装和软件部署；已完成覆盖广西约 24 万平方公里的 2m 高分卫星数据处理以及若干种植基地的航飞数据获取；完成 1 期覆盖 4 省区的中分卫星数据收集，已完成部分数据处理和信息提取工作；已完成广西、海南、广东、云南 4 个省份的外业调查，共获得作物样点 5 万多个，测量数据 400 余份；已完成大数据中心机房软硬件设备、大屏展示系统的采购、安装和调试；已完成糖料蔗大数据分析模型体系与子系统建设约 50% 的分析模型研发。

7. 棉花全产业链大数据建设

联合政企产学研各体系力量，建设高品质棉花全产业链数据资源体系，全面汇聚棉花生产、加工、运输、仓储及销售等数据，构建实时、动态的高品质棉花全产业链数据采集体系和数据仓库，实现高品质棉品的可追溯系统，能够有力提升我国棉花在全球棉花产业的话语权。建设高品质全产业链分析技术体系，运用大数据、云计算等技术开展棉花大数据关联分析、分布式计算和多维度展示，构建决策知识库、模型库、方法库，实现通过模型进行分析决策，提升发展数据支撑能力，为棉花生产、加工、流通和制衣各环节优化提供数据支持；建设棉花全产业链监测预警体系和服务产品，建立健全棉花监测预警体系和重要信息发布机制，通过先进人工智能算法和图像识别算法，搭建棉花生产加工环境预警系统和农作物病虫害预警系统，通过终端溯源平台，获取消费者使用信息，优化终端销售策略，从而实现从销售终端倒推至生产加工产业链的整体资源配置优化，全产业精准动态监测，引导棉花产业经营决策、协调区域发展、支撑联动调控。

## （五）大数据应用领域不断增加

农业大数据与互联网、云计算、AI 等信息技术融合，改变了传统农业模式，同时也促进着智慧农业的发展。在农业高效育种方面，应用大数据挖掘、人工神经网络、深度学习等 AI 技术与现代生物技术的深度融合应用，发掘优异基因，加快育种全链自主创新。在农业生产管理方面，对生产过程中采集的环境因子、动植物生长等大量数据进行分析处理，实施科学精准控制，优化农业生产，达到提高效率、增加收益的目标。在农产品市场监测方面，大数据支撑的农产品全产业链信息的采集、分析、发布、服务技术体系，为农业生产经营主体提供了有效的市场信息服务，促进农产品的产销精准对接。在乡村管理服务方面，农业大数据与共享经济结合，通过"互联网＋"大数据平台实现资源的整合、交换，将农村资源与乡村旅游消费需求进行最大化、最优化精准匹配，促进休闲农业和乡村旅游的高质量发展。此外，智能决策系统、信息推送服务、移动智能终端等数据服务软硬件载体和相关大数据服务应用，在农业领域逐渐深入推广。

1. 农业农村部网站数据频道

农业农村部网站数据频道于 2018 年 1 月上线，目的是集聚农业农村部数据服务资源，打造一站式数据服务窗口。2020 年 3 月，农业农村部网站新版数据频道正式上线运行，进一步满足用户对农业农村数据的应用需求。新版数据频道以数据集约化、定位快速化、查询智能化为目标，为广大公众提供大量权威、及时、可机读、可再加工利用的数据，公众可利用开放的数据开发丰富的数据产品，更加充分发挥数据的价值。

在服务内容上，新版数据频道加强了数据开放共享，除了进一步丰富原数据频道提供的农业农村宏观经济数据，种植业、畜牧业、渔业、农机等行业生产数据，农产品进出口贸易数据、农产品价格数据外，还增加了"三区三州"贫困县基础数据、主要国家重点品种数据等公开数据，对农业农村部农产品质量安全监管、农兽药、新型经营主体、重点农产品市场等在互联网上为公众提供服务的平台也进行了数据关联，提供统一链接服务，更方便用户查询。在服务方式上，新版数据频道充分运用现代信息技术、发挥互联网优势，提供多种数据查询检索方法，包括关键字模糊查询、热词云查询、按时间频率快速查询、资源导航查询等，使用户能够方便、快速定位所需要的数据，并能将查询的数据下载进行再次开发利用；同时将农产品批发价格 200 指数、农业农村主要经济指标进行可视化展示，提供形象直观的信息服务。此外，还根据用户需求增加了分析报告等特色服务。

2. 新型农业经营主体信息直报系统

2017 年 9 月，由农业部举办的金融服务农业现代化高峰论坛上，新型农业经营主体信息直报系统正式上线运营。针对家庭农场、专业大户、农民合作社等新型经营主体贷款难、贷款贵、风险高，而金融机构面对巨大的农村市场需求却找不到、找不准服务对象的问题，农业部开发建设了新型农业经营主体信息直报系统。利用信息化手段，构建了包括手机 APP 端、政府管理端、银行业务端、保险业务端和社会化服务业务端在内的前后台业务系统。通过主体直连、信息直报、服务直通、共享共用，为新型经营主体全方位、点对点对接信贷、保险、培训、生产作业、产品营销五大服务，向金融服务机构精选推送优质规范新型经营主体有效需求，并运用大数据手段，实现政府动态精准掌控农业生产经营，在线直接监管政策落实情况，推动农业管理理念和治理方式的重大创新。直联直报系统注册用户数已达 13.5 万家，认证主体 4.7 万家。其中，家庭农场 2.5 万家，农民合作社 1.6 万家，国家级、省级、市县级示范类主体占比超过 50%。19 家银行（包含邮储银行 2330 家分支行）、22 家省级农担公司、10 家保险公司入驻，提供量身定制的 377 款产品。

3. 农产品市场应用

建设了重点农产品市场信息平台。一是形成农业大数据资源池，初步构建了多源数据资源体系。利用现有批发市场数据，在完善批发市场监测点以及接入电子结算实时数据等渠道的基础上，对接农业农村部政务信息资源共享平台部分系统，梳理重点农产品市场信息资源。通过数据整合共享，平台汇聚粮、棉、油、糖、畜禽产品、水产品、蔬菜、水果等 8 大类 20 个重点农产品数据资源池，能够提供覆盖生产、流通仓储、加工、消费、贸易、价格、成本收益和舆情等全产业链 8 个关键环节 596 个指标的数据展示与查询。创新利用国内外传统统计数据资源，抓取电商、舆情等互联网数据，开辟果园物联网数据采集渠道，精准获取卫星遥感气象信息，积极推动实验室和检测机构的数据共享，构建了天空地多源立体数据资源体系，多渠道多种类多频度采集数据资源。目前平台已接入各类数据超过 20 亿条，数据容量超过 600G，每天新增数据 10 万余条。二是建立数据资源共享频道，打造客观权威的数据平台。平台

**图 3-6　重点农产品市场信息平台**

图片来源: http://zdscxx.moa.gov.cn:8080/misportal/public/agricultureMessageTypeList.jsp.

突出信息化、实时性、公开性的要求,实现了数字在线查询分析、共享开放及可视化展示等多样化功能。自上线运行以来,平台年访问量超过 5000 万次,涉及 50 余个国家,各方对平台数据高度关注。三是客观分析指导产销,推动单品种全产业链大数据建设。围绕市场变动情况及价格趋势,做好监测预警分析,通过平台发布价格日报、周报、市场分析和市场动态等,及时引导农产品市场运行。

4. 农药基础数据平台

农药基础数据平台已初步实现了"五个一"的农药数字化和信息化管理。一是建成了一个农药管理门户网站。正式运行以来主要功能运行良好,31 个省(区、市)通过门户网站初步实现了业务办理、数据共享和信息交流。二是汇聚了一个农药基础数据中心。按照数据资源整合管理的要求,初步建成了农药基础数据库，配置了数据管理服务器9台，由农业农村部信息中心统一管理。三是构建了一个网上行政审批平台。按照国务院"放管服"的要求，构建了行政许可平台。从部级层面看，农业农村部已通过本平台办理农药行政许可2.3万个。从省级层面看，各地利用此平台进行农药登记试验备案、传输农药生产经营许可信息，已办理生产许可证711个、经营许可证约16.8万个，备案登记试验7000余个，提高了农药管理服务系统的工作效率。四是建成了一个农药质量追溯系统。利用本系统加快推进农药标签二维码追溯管理，实现农药标签"一瓶一码"和质量可追溯。目前，已有615家农药生产企业应用二维码35亿多条，13.3万家经营单位使用本追溯系统。在农药经营环节，通过扫描标签二维码建立电子经销台账。五是绘制一张农药数字管理地图。利用地理信息系统，初步绘制了农药数字管理地图，初步实现了化工园区、生产企业、经营门店、试验单位等方面的区域分布和产销信息的数字化与可视化。

5. 兽药基础数据平台

一是分步推进兽药产品追溯监管。按照先易后难原则，对不同品种兽药确定了不同的实施时间节点；按生产—经营—使用等环节逐步推进，最终达到全过程追溯监管目标。二是落实监管责任和企业主体责任。制定发布兽药追溯实施方案，并将兽药追溯工作量化目标列入延伸绩效考核管理。组织实施兽药生产企业全覆盖检查，对经营企业进行抽查，落实企业主体责任。目前，国家兽药追溯系统覆盖了1814家兽药生产企业、5.25万家兽药经营企业、2443家基层监管单位，用户累计申请兽药追溯码104.92亿个，每日访问达1000万次，99.9%的数据都能在1秒内完成处理，用户体验和口碑都比较好。兽药基础数据库共有35.48万条信息，面向社会公众开放动态查询，每月查询量达1万余次。三是强化培训指导。对兽药生产经营企业开展全覆盖培训和技术指导，确保操作人员学懂、会用。四是实现部省数据互联互通。与江苏、福建、浙江等15个省级平台实现对接和信息共享。五是完善追溯监管规章制度。修订《兽药标签和说明书管理办法》、《兽药生产质量管理规范》、《兽药经营质量管理规范》等3个部门规章，明确兽药追溯是兽药生产、经营活动的重要内容，兽药产品必须标注二维码实现电子追溯才能上市销售。

6.国家农产品质量安全追溯管理信息平台

国家农产品质量安全追溯管理信息平台全面推广运用，总体设计存储量47.5TB，可登记140万个生产经营主体。同时还配套建成了指挥调度中心、移动专用APP、监管追溯门户网站、国家追溯平台官方微信公众号等。2020年以来增设了企业主体注册分类指标，开通了食用农产品电子合格证打印功能，推动实现"一码两证、一码通用"。国家追溯平台的功能在不断完善。截至2021年11月底，国家农产品质量安全追溯管理信息平台农产品生产经营主体注册申请规模达29.5万家，监管、检测、执法机构近8000余家。与29个省级农产品质量安全追溯平台和农垦行业平台实现对接，基本实现了业务互融、数据共享。同时，农业农村部出台了《农产品质量安全追溯管理专用术语》等11项标准规范和《农产品质量安全信息化追溯管理办法（试行）》及5项配套管理制度，基本形成了较为统一的追溯标准规范管理体系。

7.农田建设"一张图"

耕地是我国最为宝贵的资源。党中央、国务院历来高度重视农田建设工

图 3-7  国家农产品质量安全追溯管理信息平台

图片来源：http://www.qsst.moa.gov.cn.

作。通过建立农田管理大数据平台把相关信息集中统一上图入库，建成全国农田建设"一张图"和监测监管"一张网"，全面、准确掌握高标准农田建设信息，通过"以图管地"、"有据可查"和数据资源互联共享，实现农田建设的全程监控、精准管理。农业农村部组织各级农业农村部门对"十二五"以来各级建设的各类高标准农田开展了清查评估工作，基本实现了"十二五"以来高标准农田建设项目空间坐标上图入库，初步建成了全国农田建设"一张图"。同时，农业农村部正积极推动建设全国农田建设综合监测监管平台，通过存储和管理高标准农田数据、耕地质量数据、土地利用现状数据等，构建全国农田建设大数据中心、农田建设服务平台和农田建设业务系统，实现农田建设工作的数字化管理。监测监管平台建设完成后，将对接省级农业农村部门，按照有关要求共享农田建设相关数据。

图 3-8　大数据支撑农业农村基础地图服务

## 三、典型案例

农业农村大数据在农业各领域各地区的实践，形成了多类型的建设经验与应用模式。从政府层面初步构建农业农村资源和主体大数据，建设农业农村大数据发展中心，推进单品种全产业链大数据建设项目的实施；在乡村产业发展方面，利用大数据对名特优品种开展产业分析，提升特色产业价值，有效促进产业升级破局；在乡村建设方面，将大数据建设与应用融入农村生产、经营、管理等方面，节省人力成本，实现绿色发展，让数字化、智能化为乡村治理赋能增效。

## （一）农业农村部大数据发展中心：初步构建农业农村资源和主体大数据

### 1. 总体情况

党的十八大以来，在农村综合性改革和农业供给侧结构性改革不断深入推进的大背景下，依托全国农村土地承包经营权确权登记颁证、农村集体资产清产核资、粮食生产功能区和重要农产品生产保护区（简称"两区"）划定、新型农业经营主体培育等重大工作，农业农村部大数据发展中心通过积极参与谋划顶层设计、研究制定并出台相关标准规范、承担数据汇总和信息系统建设任务等，在有关司局的委托和指导下，先后建设了全国农村土地承包信息数据库、全国农村集体资产监督管理平台、全国"两区"划定成果数据库和全国家庭农场名录系统。汇聚了包括农村承包地、集体资产、"两区"等资源，以及承包农户、集体经济组织及其成员、家庭农场等主体的详细信息，并通过开展数据打通和关联分析等，初步构建了农业农村资源和主体大数据，为下一步全面推进农业农村大数据建设和应用奠定了坚实的基础，同时也积累了宝贵的经验。

### 2. 主要做法与成效

（1）开展技术攻关，建设全国农村土地承包信息数据库

根据业务工作需要，开展了数据库结构、数据质量检查、大数据存储与计算架构等关键环节的技术攻关，开发了全国统一的数据质量检查软件，建立了覆盖全国的数据质量检查技术服务体系，解决了一系列技术和工程难题。制定和发布了1项国家标准、4项行业标准和9项规范性技术文件，建立了

一套比较完整的标准规范体系，为全国统一的数据库和信息平台建设奠定了技术基础。根据各地工作进度，科学制定数据汇交计划，完成了2838个县级数据库的成果汇交、数据质检和集成，建设了覆盖全国的农村土地承包信息数据库。实现了全国农村承包农户、承包地块和土地承包关系信息的集中管理，形成了全国农村承包地空间分布图，能够进行"以人查地"、"以地查人"以及全面的统计分析，已经成为农村土地承包管理与改革工作开展的重要技术支撑。

（2）围绕业务需求，开发全国农村集体资产监督管理平台

根据全国农村集体资产清产核资工作需求，建设全国农村集体资产清产核资系统，并承担了资产清查数据、统计年报数据、村级组织债务数据的监测、校验和统计等工作，建立了全国农村集体资产信息数据库。完成了农村集体资产监督管理平台的可行性研究、项目设计等工作，组织开展平台开发建设并指导上线试运行，推进农村集体经济组织有关信息填报，实现了全国农村集体经济组织、成员、资产资源等信息的全口径管理。此外，将集体资产与承包地、宅基地等数据的融合作为建设内容，逐步实现农村集体产权大数据的整合。首次建立全国农村集体经济组织成员库，实现了农村集体经济组织和集体资产的规范化、精细化管理，为农村集体经济组织动态监管和精准画像提供了重要基础，已经成为体现集体产权制度改革成果、提供科学决策依据的重要支撑手段。

（3）发挥技术优势，完成全国"两区"划定成果汇交建库

在汇集全国农村承包地确权登记数据成果、建设全国农村土地承包数据库的成功经验基础上，充分发挥积累的技术优势，通过开展实地调研、研讨论证等工作，制定了"两区"划定技术规程、数据库规范、成果检查验收办法、数据汇交办法等一系列标准规范，明确了成果数据质量检查规则并开发了全国统一的数据质量检查软件。2019年开始汇集全国各地的"两区"划定数据成果，在审核确认地方汇交成果的基础上建设全国"两区"划定成果数据库，绘制了"两区"布局"一张图"，并开展了相关数据统计分析等工作。通过"两区"划定成果汇交建库，全面掌握了全国"两区"的数量和分布情

况，部分统计数据和图件成果被国务院办公厅、农业农村部、发展改革委等在有关会议和文件中采用，为开展"两区"建、管、护提供了重要的数据基础和决策依据。

（4）探索业务模式，建设运行全国家庭农场名录系统

在探索家庭农场名录管理制度的基础上，开发全国家庭农场名录系统，用于填报全国家庭农场基本信息，结合工作实际研究制定填报指标。在系统中预留应用拓展模块和接口，可根据实际需要增加系统功能、与其他相关系统实现数据互通。开展全国家庭农场抽样调查，分析了全国家庭农场发展现状，形成了全国家庭农场抽样调查报告。制定家庭农场线上示范评定方案，在条件成熟的地区开展家庭农场线上示范评定试点，并逐步把符合条件的种养大户、专业大户等规模农业经营户纳入系统，正在探索"以图管场"的业务模式。依托全国家庭农场名录系统，实现了家庭农场规模经营的精细化管理，为家庭农场进行了精准画像和评价，并为农业农村部"信贷直通车"活动提供了信息校验等服务，推动了家庭农场融资难问题的解决，已经成为家庭农场监督管理的重要手段。

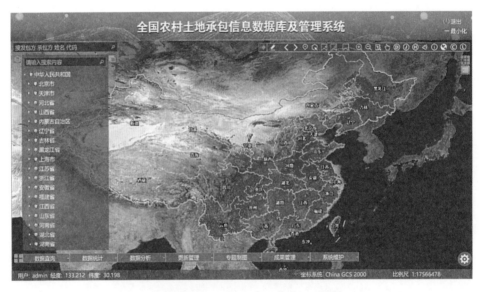

图 3-9　全国农村土地承包信息数据库及管理系统

## （二）农业农村部信息中心：建设国家苹果大数据公共平台

### 1.总体情况

为贯彻落实国务院《关于发布促进大数据发展行动纲要的通知》和农业部《关于推进农业农村大数据发展的实施意见》精神，大力发展数字农业，2017年以来，农业农村部信息中心以国家大数据公共平台建设为抓手，推进苹果单品种全产业链大数据发展应用工作，以此为农业农村大数据打造应用探索方法和路径。农业农村部信息中心联合有关大数据企业研发了苹果大数据信息系统，建设了数据资源池，实现了苹果全产业链数据的收集、传输、存储、挖掘、分析和可视化展示。通过可视化平台，可实时监测国内主产县（市）气象变化对苹果生产的影响、各省之间苹果流通数量和价格、进出口国别、数量和价格、苹果果径和价格消费偏好、滞销舆情事件等，可查看主产县生产布局迁移和成本收益构成变化，全球苹果生产、贸易流向、国际竞争力比较分析等信息，形成苹果大数据一张图。

### 2.主要做法与成效

打造生产模块，实现苹果产量动态预测。在汇聚全球及中国苹果生产历史演变的基础上，对中国苹果产量进行预测预报，构建苹果种植一张图。一是实现了全球主产国苹果面积和产量分布，变化趋势及增减幅排名的历史数据上图。二是在 GIS 地图上显示全国 25 个省 122 个苹果主产县历史苹果面积、产量分布，变化趋势及增减幅排名。三是动态掌握主产区年度苹果套袋量及各物候期日气象条件，对 122 个主产县苹果的气象灾害进行监测预警。四是构建单产预测动态模型，根据不同生长期气象条件的变化情况实时更新河北、山西、辽宁、山东、河南、陕西和甘肃 7 个主产省 111 个县的产量预测预报数据。

打造流通模块，有效监测苹果销售情况。汇聚全国部分批发市场和电商平台苹果销售流向、销量以及主产区库存等数据，通过数据挖掘和建模分析，初步构建全国苹果流通一张图。初步实现对部分主产省红富士苹果销售去向、主销区苹果来源的监测；基于抓取的部分电商在线数据，对鲜苹果电商销售分布、电商销量趋势、电商渠道销售特点进行初步分析；对部分主产区部分苹果冷库库存变化进行统计。

打造价格模块，实现苹果价格监测预警。汇聚展示了部分主产区苹果收购、出库、批发、零售、进出口和期货等环节的价格信息，对日度、周度、年度批发价格、价格走势分析、涨跌幅预警、价格季节性波动规律、区域间价格传导机制、各环节价格比较、价格影响因素分析、短期和中期价格预测预警、期货价格监测等方面进行了初步研究。

打造消费模块，分析苹果消费需求。研究分析了苹果消费趋势、消费结构、人均消费水平，并基于部分电商在线数据，分析苹果电商消费产地偏好，果径规格、包装重量价位水平偏好，通过模型研究分析国内消费需求影响因素。

打造对外贸易模块，研究苹果贸易特征。基于海关总署数据，对全球和中国鲜苹果、苹果干、苹果汁的贸易量、贸易流向、贸易价格、贸易季节性特点、主要出口国竞争力比较进行了初步研究分析。

打造成本收益模块，分析苹果种植利润。基于年度成本收益调查统计数据，对全国及苹果主产区苹果种植成本、净利润、成本利润率、成本结构、苹果主产区人工成本变化趋势、苹果主产区土地成本变化趋势、苹果主产区物质与服务费用变化趋势、苹果主产区化肥用量及金额变化趋势进行了初步研究分析。

打造舆情监测模块，把握苹果舆情动态。初步汇聚新闻媒体、微信、微博、论坛、博客等主流媒体苹果舆情数据，以及主产省 12316 专家库和知识库数据，监测苹果滞销事件舆情声量走势、苹果气象灾害舆情声量走势、苹果产量舆情声量走势、苹果病虫害舆情声量走势、苹果行业发展舆情声量走势。

打造物联网模块，对接智慧果园。已与山东 3 个智慧果园的数据实时对接，监测果园的空气温湿度、降水量、光照强度、紫外线强度、光合有效辐射、风速风向以及不同深度的土壤温湿度等变化情况。①

---

① 孟丽、李想：《国家苹果大数据公共平台实践与思考》，农业农村部信息中心编著：《2018 苹果大数据发展应用报告》，中国农业科学技术出版社 2018 年版。

图 3-10　2018 年 11 月，首届全国苹果大数据发展应用高峰论坛在江苏南京举行

图片来源：农业农村部网站 http://www.moa.gov.cn/xw/zwdt/201811/t20181116_6163169.htm.

## （三）中国农科院信息所：建设大豆全产业链大数据

### 1. 总体情况

中国农业科学院农业信息研究所作为全国农业信息科研机构，建立了大豆全产业链大数据，助推农业农村数字化转型，受农业农村部大豆全产业链大数据建设试点项目支持。借助于该项目的建设，可汇聚基础环境、资源投入、生产加工和流通消费等重要领域和关键环节数据资源，增强大豆数字技术研发应用能力，打造品种示范样板，为全面推进农产品全产业链大数据建设提供可复制、可借鉴、可推广的机制、模式和经验，示范引领农业农村大数据建设，促进提升农业生产经营和管理服务数字化水平，助推农业农村现代化。

### 2. 主要做法与成效

（1）推动数据整合集成，形成大豆全产业链数据库系统

通过采集、对接、整合等方式，汇聚了统计年鉴数据、气象数据、遥感影像数据、物联网数据、海关贸易数据、农信采价格数据、现货 / 期货数据、网

络数据和其他第三方数据等多类数据资源，形成了大豆面积数据库、大豆产量数据库、大豆消费数据库、大豆市场数据库、大豆贸易数据库、大豆生产投入数据库、大豆供需平衡数据库、大豆农业气象数据库、大豆遥感监测数据库、大豆农情农事数据库、大豆长势长相数据库、大豆环境监测数据库等。数据处理系统将所有来源数据进行汇聚、分类、梳理和清洗，最终实现数据的自动转换、归类和入库，供广大用户查询使用。

（2）加强模型的设计开发，建立大豆全产业链预测预警体系

从面积、产量、消费、价格、贸易五大环节入手，研发了竞争作物面积预测模型、政策效应面积预测模型、气象单产预测模型、投入单产预测模型、管理产量预测模型、食用消费预测模型、压榨消费预测模型、种用消费预测模型、其他消费预测模型、总消费预测模型、短期价格预测模型、中长期价格预测模型、进口量预测模型、出口量预测模型等模型算法系统。实现了模型数据可管理、模型过程可展示、模型系数可调整、模型参数可扩展、指标权重可定义。通过以上预测模型可对大豆产业进行全方位、时序性的各项预测，对大豆产业的宏观调控具有重要意义。

（3）推进应用软件开发，构建大豆全方位数据监测网络

在价格采集软件"农信采"、气象信息对接系统、全国1万多套环境数据采集设备的基础上，结合全国大豆产业技术体系综合试验站的工作需求和全国几十万家分布在农村的益农信息社，开发了大豆产业体系应用软件，大豆种植面积测定仪应用软件，大豆农情采集应用软件，发挥大豆科研体系和广大农民的力量，将大豆种植信息、面积信息、农情农事信息、天气信息、产量数据、价格数据等进行报送和汇集，供大豆全产业链大数据平台使用。

（4）推进平台集成开发，打造大豆全产业链大数据平台

平台集成了大豆实时农情监测数据、实时价格行情监测数据、物联网环境监测数据、长势长相监测数据、生产监测数据、消费监测数据、贸易监测数据等。通过对生产数据、消费数据、价格数据、贸易数据的历年变化分析，结合面积预测模型、产量预测模型、消费预测模型、价格预测模型、贸易预测模型，以及大豆预警阈值在不同时间尺度下的波动率进行预警信息发布。平台既

可以查询阅览历史数据，也可以应用模型对各个环节进行实时预测，还可以查看由平台生成的监测和预测日报、周报、年报等。

（5）推进模型管理系统开发，构建标准化的模型资源库

为进一步鼓励模型的研发和对已有模型扩大应用，解决模型基础建设薄弱、缺乏规范的一体化建模工具以及有效管理服务等问题，开发了模型管理系统，该系统以构建模型体系和相关建模标准为牵引，由算子模块、模型模块组成，通过将算法实现定义为 API 接口或运行脚本的算子方式提供给调度引擎，配合访问接口提供可视化建模交互界面，为模型构建和模型验证提供支撑。未来，广大科研工作者和开发者可将自己开发的各类模型接入该系统，供广大用户应用。广大用户无需再研究模型，只需找到适合的模型，在系统内拖拽，即可由模型生成各种直接使用的图表等，大大简化了模型应用的难度。

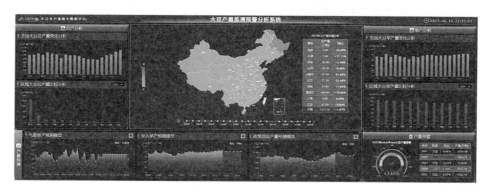

图 3-11　大豆产量监测预警分析系统

图片来源：中国农业监测预警系统 CAMES。

## （四）重庆荣昌区：打造国家级生猪大数据中心

### 1. 总体情况

重庆市荣昌区拥有全国首个农牧特色国家高新区，是国家现代农业示范区、国家现代畜牧业示范区核心区。近年来，荣昌区着力构建以生猪大数据为关键要素的农牧数字经济，打造国家级重庆（荣昌）生猪大数据中心，充分调动生猪全产业链数据资源，引导调节生猪市场运行，维持生猪市场产供销平

衡，助推生猪产业数字化发展。

2. 主要做法

国家级重庆（荣昌）生猪大数据中心打造"荣易管"、"荣易养"、"荣易买"、"荣易卖"等创新平台，利用区块链技术实现猪肉产品全程溯源，确保生猪养殖、贩运、屠宰"一站式"实时监管，有效解决生猪交易链条过长、公平缺失、质量难溯、成本难降等一系列问题。

一是助力精准监管。研发全国首个生猪数字监管平台"荣易管"。基于检疫出证业务流程和实名管理，关联免疫、检疫、贩运、屠宰、保险等环节动态数据，通过大数据分析，对各环节市场主体、监管主体行为进行痕迹化管理，提高市场调控和疫病防控能力。建设的重庆市生猪监管电子签章平台，统一对生猪防疫检疫等证明文件签署进行管控；开发生猪产品溯源系统"荣易买"平台，按先后顺序将养殖到销售每个环节信息存证在区块链上，实现人、物、信息相互印证，不可篡改，一猪一生一码，保障食品安全。

二是提升生产水平。搭建智慧养殖管理系统"荣易养"，通过赋予示范场远程监控、精准饲喂、环境控制等设备，实时监控分析生猪活动行径和健康状态，提高养殖效率、减少死亡风险。推动生猪大数据应用、模型算法、资源管理、共享交换平台等系统建设，以全链条数据共享模式大幅降低散养户养殖信息流转成本，将需求更加直接地反馈到生产端，缓解产销对接信息不对称问题，引导散养户实现不同规模、模式的品牌化、差异化发展。

三是优化产业调控。一体化打造国家级生猪大数据中心和国家级生猪交易市场平台"荣易卖"，围绕生猪活体、白条、肉制品交易三大核心业务，创新开展自营、撮合、联营等多种交易模式，实现生猪活体线上交易＋线下交收。联合川渝农业农村部门编制川渝能繁母猪存栏指数，提供生猪价格"晴雨表"，用数据提高生猪产业宏观调控的科学性。

3. 取得成效

截至 2021 年 7 月，国家级重庆（荣昌）生猪大数据中心已成功接入全国 200 个农贸市场、622 个种猪场和全国进出口贸易涉猪数据，构建起覆盖全国

图 3-12　国家级生猪大数据运营中心

图片来源：http://lifeforever.cn/index.php?c=newsdetail&a=index&id=966266.

各区域、产业全链条的多维度数据采集体系；全面收录 15000 余户生猪养殖户、212 名动物防疫和检疫人员、210 个生猪贩运主体和 16 家屠宰企业信息，实现 18.5 万头生猪全链条"一站式"实时监管；成功打造生猪全链条、全过程溯源的地方品牌；逐步形成生猪养殖的荣昌示范。①

## （五）广西横县："数字茉莉"大平台打造数字经济新引擎

### 1. 总体情况

横县是世界茉莉花都、中国茉莉之乡。横县以数字经济为抓手，着力打造"数字茉莉"全产业链大数据平台，加快推进农业农村现代化建设，构建形成一二三产融合发展的供给侧安全体系、全过程监管体系、全产业加工体系和

---

① 《数字乡村建设指南 1.0》。

现代化服务体系。积极发展乡村数字经济新业态，建成"数字茉莉"大数据平台，使茉莉花种植过程精准化、标准化和可追溯，解决农产品产业链上各级经营主体的融资难问题，实现农民、企业、买家之间的供需互通，为横县茉莉花产业升级破局再出发提供了"新引擎"，有效拓展了农民增收空间，在助力乡村振兴发展的道路上彰显更大作为。2020 年，横县茉莉花和茉莉花茶综合品牌价值达到 206.85 亿元，成为广西最具价值的农产品品牌。

2. 主要做法与成效

横县在数字乡村方面坚持先试先行，特别是在电子商务发展和数字茉莉花大数据平台建设方面主动作为，打造了"数字茉莉"全产业链大数据平台，为产业升级破局再出发进行了有效探索。

（1）建设茉莉数字大棚，以物联网技术实现源头把控，升级供给侧安全体系

横县自主投资了 370 万元，建设了 20 亩的数字茉莉大棚，在种植环节利用物联网和大数据技术来实现智慧种植。一是提高单产。利用物联网传感器采集空气和土壤温湿度、$CO_2$ 浓度和光照强度等信息，利用大数据技术分析出最适合茉莉花生产的科学模型，建立全套科学的标准化种植大数据库，使茉莉花种植过程精准化、标准化和可追溯，实现提高单产的同时保障好产品的质量安全。数字大棚里的花，花期普遍延长了 1—1.5 个月，增产 100 斤，能帮助花农每亩增收 2000 元。二是降低成本。利用物联网传感器收集光照和温湿度，并自动优化控制灌溉和施肥，科学优化农业投入品减量使用，降低生产成本。帮助花农用智能手机记录历史浇水、施肥、施药情况，再利用大数据技术分析历史数据，指导剪枝、施肥和灌溉，提供最优决策、提升效率的同时，每亩能降低管理成本（含人工）400 元。

（2）打造"数字茉莉"交易平台，以数据智能实现智慧市场，升级全过程监管体系

横县与中国建设银行合作，推进"数字茉莉"电子交易平台，让茉莉花的交易更公正、更便捷、可溯源。花农和花贩通过扫描关注"横县数字茉莉"公众号，即可登录使用。

实现智慧交易。横县统一为花商制作了与"数字茉莉"电子交易平台配套使用的电子秤，花农将需要售卖的花放到秤上，一方面，可以马上自动生成交易金额，通过"数字茉莉"平台显示在花商和花贩的手机上，花商只需要扫描花农的收款二维码，交易即可实时到账，杜绝了短斤少两，消除了以往现金交易的不便性。另一方面，通过"数字茉莉"平台，记录了每个农户实名购买农药、花田管护等有关信息，可以实现对农户所交易鲜花的分级定价和溯源，对于7天内有农药喷洒记录的花农的鲜花，"数字茉莉"平台系统会通过支付时对花农信息的识别，自动提示不允许交易。而每一笔成功交易的信息，都能溯源到花农具体的管护记录，交易过程也自动生成电子台账，并自动合成完整的溯源链，确保可追溯。

实现科学定价。"数字茉莉"交易系统汇总了大量的交易数据，实现了对茉莉花价格进行实时预测，形成更精准的交易指导价，每日根据天气和供求信息进行发布，科学规范市场定价，改变了由少部分花贩掌控定价、随意压价的行为，保护农民利益，并形成真正权威的农产品价格指数。同时，交易大数据也帮助花农每天能按市场需求开展收花，还为政府决策提供数据支撑，科学规划产业布局和发展战略。

促进全程监管。通过"数字茉莉"交易平台，进一步完善农产品交易市场"双随机、一公开"智能监管体系，使得政府对农产品从种植、交易、生产、销售全程可控可监督。

（3）延伸"数字茉莉"供需系统的研发，以工业智能提升附加值，升级全产业加工体系

一是逐步实现订单种植。本地的龙头企业通过"数字茉莉"平台，发布企业供应信息，包括对花品质的要求和欲收购价格等，花农可以根据企业的订单接单组织采摘，或者按品质要求开展管理，实现分类定价、分级收购。二是倒逼改进产业链。"数字茉莉"大数据平台提供了数据分析和挖掘功能，帮助企业更精准地预测市场和计算产能、成本和利润空间等，实现产品的差异定价，以市场倒逼企业自身进一步延伸产业链。目前除了茉莉花茶外，横县的龙头花（茶）企业都逐步开发出了茉莉精油、护肤品、茉莉香米等高附加值产品，初

步形成智能化生产、网络化协同、个性化定制、服务化延伸等新模式。三是升级工业链。"数字茉莉"大数据平台还能实现企业之间的供需互通,包括原材料的互通和工业"废料"再利用的互通等,实现了茉莉花渣、茉莉花枝的二次利用,提高供应链效率,降低库存,节约成本。

(4)推进大数据平台建设,以平台搭建加快产业融合,升级现代化服务体系

强化供应链金融支撑。在"数字茉莉"交易系统中引入评价与信用机制,创新金融服务方式,在手机上提供"一键式"普惠金融服务,即:银行可以通过市场主体在"数字茉莉"交易情况开展信用评估打分,对信用良好的市场主体可以实现2分钟内放贷,一方面解决农产品产业链上的种养户、合作社、收购商、加工企业、物流等主体的融资难问题,缓解了花茶企业的资金压力,一方面又能将更多金融资源配置到农村经济社会发展的重点领域和薄弱环节,更好满足乡村振兴多样化金融需求。强化科技创新。加强与中国科学院等科研院所的合作,开发茉莉研究云平台,实现柔性引智,打造茉莉花专家智库,推动多领域融合型技术研发与产业化应用,共享研发和科技成果,提升整体行业核心竞争力。目前已经汇聚了2名中国科学院院士和10多名相关行业学者,就5个重点课题进行攻关。

强化电商物流支撑。借助全国电子商务进农村示范县创建契机,横县正在将所有物流公司、企业ERP等信息端口全部接入大数据平台,优化物流运输和配送方式,构建智能物流体系,增强农产品上行力度。横县目前已经建设完善了县、乡、村三级电子商务公共服务体系、物流服务体系,共建设有150个村级电商服务站,1个县级物流中心,快递服务费从几年前的首重每单8—10元降到了4—6元,处于广西县域较低水平。

助推新型服务业的全域发展。发展借助大数据平台,横县同时在逐步整合全域旅游智慧系统、电子政务等各类便民事项在线申报系统等,将这些服务业都接入大数据平台实现智能管理。

打造融媒体信息中心。利用横县融媒体中心,整合"数字茉莉"大数据平台全系统信息,形成县城治理的智慧指挥中枢,同时帮助打造"横县茉莉花"

这一国家级农产品区域公用品牌，提升茉莉花整体品牌价值，在自带流量的同时，更带动出本土的"流量网红"，汇聚宣传横县的数字力量。

助推"双新"孵化。横县积极培育新经济新业态，加快建设茉莉花产业新城，构建茉莉云经济生态圈，打造集线上线下交易、产品展示、产品检测、物流冷链、大数据分析、价格发布、双创孵化等服务于一体的全国茉莉花集散中心、全国茶叶信息小镇。同时，横县一直加强对数字经济的招商，已经成功引入总投资超过 40 亿元的人工智能大数据项目，中国—东盟大数据产业园也将落户横县六景工业园区，这一系列举措将全面推动横县在电子信息、大数据等新兴产业由点及线到面的集群式发展。

通过数字经济的助力破局，横县茉莉花（茶）产业综合总产值开始高歌猛进，自 2018 年突破 100 亿元大关后，2020 年综合年产值突破 125 亿元大关，综合品牌价值达到 206.85 亿元，是广西最具价值的农产品品牌。横县走出了一条少数民族地区数字乡村建设的样板之路。[①]

## （六）江苏丰县：打造"八大数字平台"赋能数字乡村建设

### 1. 总体情况

丰县总面积 1450 平方公里，其中全县粮食复种面积 147.8 万亩；总人口 121 万，其中农村人口 92.1 万。丰县农业产业特色鲜明，是享誉中外的"中国苹果之乡"、"牛蒡之乡"和"毛木耳之乡"，一产在三次产业中占比 19.4%。为了实现从传统农业大县向现代农业强县转变，丰县坚持抓数字赋能、抓产业富农，勇于喊响、牢固确立抢占全国数字乡村建设制高点的目标，扎实推进，久久为功。近年来，丰县紧扣时代发展脉搏，抢抓数字经济发展机遇，积极探索具有丰县特色的"11358"数字乡村建设路径，建设优化"八大平台"，赋能数字乡村建设。

---

① 中央网信办信息化发展局、农业农村部市场与信息化司：《数字乡村建设典型案例汇编》。

2. 主要做法与成效

建设农业大数据归集共享平台。已归集农业种质资源大数据、农村集体资产大数据、农村宅基地大数据 3.4 亿条。未来，将构建全县农业农村数据资源"一张图"，建设统一的数据汇聚治理和分析决策平台，实现数据监测预警、决策辅助、展示共享，为农业农村发展提供更加精准的数据支撑。

建设农业"三资四化"管理平台。规范化建设集体资产登记、保管、使用、处置等管理电子台账，完善农村集体资产监督管理平台功能，全县 363 个涉农村居已实现"三资"监管平台全覆盖。下一步，将通过强化监督、加强服务，逐步形成产权明晰、经营高效、监管到位的管理、经营机制，推动农村集体"三资"管理的制度化、规范化。

建设数字农牧场管理平台。丰县已建成果树试验站、乐源牧业、立华牧业、汉羊牧业等一批数字农牧场管理平台，采用 3S 技术（遥感技术、地理信息技术、全定位技术）和智慧农场四化（生产标准化、管理可视化、作业智能化、过程透明化）标准进行管理。下一步，将加快构建"一场（企）一码、一畜（禽）一标"动态数据库，加快发展智能"车间农业"、数字牧场，进而实现种养、生产、流通等各环节信息互联互通。

建设农产品安全溯源监测平台。大力推进农产品可溯化，截至目前，已通过审核纳入 83 家溯源企业，建立溯源产品 145 个。下一步，将加快建立食用农产品合格证制度，推进农产品质量安全信息化监管，建立追溯管理与风险预警、应急召回联动机制。

建设农村人居环境智能监测平台。建立农村人居环境数据库。目前，利用监控视频数据对全县 15 个污水处理厂、23 个垃圾中转站、10 个规模养殖场、2 个河湖断面监测点、20 个空气质量监测点已实现远程监测，对城乡公共空间治理、秸秆禁烧、疫情防控等重点工作，已实现线上监管巡查和线上实时调度。农药、农膜、医疗废弃物、工业固废处置等"无废城市"监管平台正在加快建设。

建设农村电商培育平台。实施"互联网+"农产品出村进城工程，全面打通农产品线上线下营销通道。丰县被评为全国电子商务进农村综合示范县、阿里巴巴集团江苏省第二家"千县万村"工程试点县。2019年全县电子商务企业110家,个人网商3510家,快递发件量4000万件,电子商务交易额48.5亿元。今年以来,阿里巴巴淘宝镇(村)运营中心、京东农业数字促进中心相继落户丰县,这必将加快推动数字丰县高质量发展。

建设数字农业农村服务平台。利用大数据分析挖掘等技术,加快建立健全科技信息服务、就业创业信息、农业气象预警服务、价格监测预警、普惠金融等农业农村服务平台。其中,丰县与蚂蚁金服、网商银行合作的普惠金融项目,已为20.3万农民提供贷款27.4亿,已还款24.3亿,贷款余额3亿多。

优化乡村数字治理平台。目前丰县县级城市大脑已基本建成,110、120、12345、12319、962518、政法委网格办、安委办等20多家单位已实现集中脱产办公。县镇村三级干部职工2100余人已在"丰县在线"钉钉办公平台协同办公。全县1026名网格员已在"互联网+"综合治理平台上线,视频监控、网络舆情等八大信息源反映的问题初步实现第一时间上报、第一时间分拨、第一时间处置。近期,将结合审批服务综合执法一体化改革要求,加快镇级平台建设,全面提升乡村数字治理能力水平。

丰县被省工信厅评为"2019年江苏省大数据开放共享与应用试验区"。在

**图 3-13 丰县数字乡村平台**

图片来源:丰县人民政府网站 http://www.chinafx.gov.cn/001/001004/20211214/0942fa77-8f8a-493d-b9b6-3c759074baac.html.

此基础上，丰县将继续践行数字乡村"11358"发展路径，积极申报全国"互联网+"农产品出村进城工程试点县、争创全国数字乡村试点县，推动丰县农业高质量发展取得更大突破。①

## （七）上海左岸芯慧：打造上海数字云平台

### 1.总体情况

上海左岸芯慧电子科技有限公司（以下简称"左岸芯慧"）成立于2010年，是国内领先的数字农业、智能装备及农业农村信息化整体解决方案供应商。2021年起，在上海市农业农村委的领导下，左岸芯慧建设开发了"上海数字农业云平台"。以农业数字底图、农业数据资源库为数字底座，以"神农口袋"作为信息直报系统，实现全市全口径生产数据的动态可视化监管，打破条线分割数据孤岛，编织农业生产管理"一张网"，为上海农业实现"一图知'三农'、一库汇所有、一网管全程"的目标提供了数字化抓手。左岸芯慧积

图 3-14　上海数字农业云平台

① 中央网信办信息化发展局、农业农村部市场与信息化司：《数字乡村建设典型案例汇编》

极参与构建的数字农业架构，成为上海市推进农业数字化转型、赋能都市现代农业发展的典型，并入选2022年度上海"三农"十大新闻。

2. 主要做法与成效

（1）打造上海农业数据底座，摸清家底。对全市230万亩农业生产用地、100多万个地块进行"一地块一编码"，汇聚地理空间、土壤环境、遥感与光谱影像等多源数据，形成上海农业一张"数字基础底图"。

（2）以数据反哺农业，农业生产提质增效。全市178万亩农用地，9013家规模化农业主体依托"神农口袋"入网直报，年采集农事档案记录1500万余条，实现全市农业生产全产业的动态实时更新。左岸芯慧"神农口袋"，是为农场提供的一套轻量级的，围绕农业产前、产中和产后各环节，构建集农场数字化管理、物联网管理、农药闭环管理、农机调度、金融保险、灾情预报、农产品溯源、仓储物流、订单管理和品牌营销等于一体的农业产管销一体化综合服务平台。上海的农业生产经营主体依托"神农口袋"，实现了以地块为单元的农场可视化与精细化管理，减少农场用工成本10%，农场产量提高15%。助力打造了一批新型职业农民队伍，目前已覆盖上海全市1200位信息指导员和9000家农场基地。

（3）通过"数据透明"，让消费更有保障。通过农产品生产经营主体与田块信息关联，形成动态实时更新的电子档案，实现一码通查，解决农产品优品优价，在原有基础上提升10%品牌溢价。将农业主体的电子码与鱼米之乡等电商平台打通，促进农产品线上产销衔接，让消费者购买农产品时可选择、可辨识、可追溯。

（4）利用云计算完善农村金融精准服务，让管理更有效。打通了政府监管、保险机构和农业主体，带动全市种养殖主体实现基于地块的无纸化精准投保与理赔，提高管理效率；实现政策性保险的精准服务，节约政府补贴资金5%。"神农口袋"端已开通"农业保险"和"金融贷款"版块。与农业保险机构的业务系统打通，农户可基于作物的种植档案和地块信息，批量一键在线投保和自动化理赔申请。2022年起，上海绿叶菜价格险在神农口袋开放唯一线上投保，累计保单额超5000万，覆盖投保面积超30万亩。

（5）打造农业辅助决策系统，助力政府精准管。整合各类涉农数据打造农业生产辅助决策系统，将系统嵌入"上海数字农业云平台"中。对接上海市"一图"、"一库"，采集全市地产农产品生产过程全口径数据，构建全市农业农事活动、生产经营全流程的数据展示场景。为区域蔬菜生产保供、重要农产品生产计划优化、市场供应调配、预警预报分析、投入品超量分析预警、保险补贴精准施政等提供科学决策指导。

（6）以数据为基础，构建"申农码"体系。为农业经营主体赋码，将其作为上海全市农业主体的唯一数字身份标识和从事农业生产经营活动的数字凭证，纳入了市随申码体系，实现亮码买药、扫码溯源和扫码监管等试点应用。

（7）构建农业主体精准画像，实现政策找人。基于农业生产档案实时有效的数据，融合农业主体基础信息、风险监测、涉农补贴等信息输出全面立体的经营主体信用评价报告，完善农业主体精准画像，构建新型农业主体评级体系及信用评级机制，为农村金融、农业政策扶持等提供赋能。

（8）实现"滴滴叫农机"，满足农民实际需求。利用神农口袋打通了区域农机指挥调度平台，农户在神农口袋端可一键勾选作业地块预约农机，最大限度解放农业生产力，促进农业增效农民增收。

图 3-15 神农口袋——上海农业信息直报系统

# 第四章　智慧农业发展

## 一、概述

作为信息技术与农业深度融合的产物，智慧农业是以信息、知识、装备为核心要素的现代农业生产方式，成为各国现代农业科技竞争的制高点、未来农业发展的新业态。我国高度重视智慧农业发展，开展了系列部署，实施了一批重大应用示范工程，农业专家系统、农业智能装备、北斗农机自动导航驾驶等科技取得了突破，智慧农业技术在育种、大田种植、设施园艺、农机装备、畜禽养殖、水产养殖等各领域广泛应用。

"十三五"期间，农业农村部组织江苏、吉林等9省份持续开展农业物联网区域试验示范工程，征集发布426项节本增效农业物联网产品、技术和应用模式，带动各地启动实施了一系列农业物联网项目，认定全国农业农村信息化示范基地106个，支持4.5万台套农机具加装智能终端，对20.6万台加装信息采集终端的农机进行作业监测，植保无人机年度作业量近3亿亩。一批智慧农业示范基地和园区在天津、安徽、上海、宁夏等地破土而出，甘肃、青海、西藏、新疆等西部地区因地制宜探索物联网试验应用。启动实施数字农业建设项目试点，先后支持各类数字农业试点项目100个，形成了一批典型案例和应用模式，为推进数字农业农村建设探索了转型路径，积累了实践经验。通过这些工程、项目的示范带动，物联网、卫星遥感、大数据、人工智能等现代信息技术在种植业、养殖业等行业得到推广应用，在轮作休耕监管、动植物疫病远程诊断、农机精准作业、无人机飞防、精准饲喂等方面取得明显成效。建立了天空地一体化的作物氮素快速信息获取技术体系，可实现省域、县域、农场、田块不同空间尺度和作物不同生育时期时间尺度的作物氮素营养监测。研制的基于北斗自动导航与测控技术的农业机械，在新疆棉花精准种植中发挥了重要作用，研制的农机深松作业监测系统解决了作业面积和质量人工核查难的问题，得到了大面积应用。[①] 吉林率先建设农业卫星数据云平台；黑龙江垦区建成全球主粮作物规模最大的超万亩无人化农场；湖北全省新型农业经营主体应用物联网技术实现节本增效约 8%，年增收益近 5 亿元。

　　总体上，智慧农业推动农业生产数字化水平不断提高，信息化技术全面赋能农业细分行业。数字化育种平台成功应用，种业大数据管理基础不断夯实；种植业信息化建设成效明显，物联网、AI、5G 网络、大数据、机器人等新技术在生产中不断融合应用，数据开放共享服务更加完善；养殖场直连直报系统实现横向互联、省部互动，养殖技术线上指导服务广泛开展；渔业信息系统建设不断加快，设施装备水平显著提升，渔政管理信息化、网络化水平不断提升；农机装备数字化步伐不断加快，农机装备正加速向智能化、无人化方向发展，农机作业数字化服务深入推进。

## 二、发展实践

　　数字农业技术正加快从实验室走进田间地头，推动农业生产方式变革。农业物联网区域试验示范工程、数字农业等项目深入实施，物联网、大数据、人工智能、卫星遥感、北斗导航等现代信息技术与农业生产加速融合，精准播种、变量施肥、智慧灌溉、无人机作业、精准饲喂等开始大面积推广应用。

---

　　① 赵春江：《智慧农业发展现状及战略目标研究》，《智慧农业》2019 年第 1 期。

## （一）智慧育种

我国是农业大国和用种大国，历来高度重视种业发展，采取系列有效措施促进种业绿色发展，为农民提供良种服务。一是注重加强种质资源普查保护，种质资源保护体系不断完善，资源保存能力显著提升。二是注重加快培育优良品种，良种覆盖率达到96%。三是注重健全良种繁育体系，良种生产供应保障能力显著增强。四是注重推进种业市场法治建设，加强种子市场监管执法，全面提高种子质量水平。五是注重强化国际合作交流，积极发展种子国际贸易。我国现代种业创新体系不断完善提升，农业用种得到有力保障。目前，主要农作物自主选育品种面积超过95%。培育推广超级稻、节水抗旱小麦、抗虫耐除草剂玉米和耐除草剂大豆等一大批优良品种，第五期超级杂交稻"超优千号"超级稻多次创造水稻高产世界纪录，玉米单倍体育种技术取得突破，品种对单产提高的贡献率达到45%以上。育种效率问题是制约农业现代化的一个核心问题之一，随着性能测定、分子育种、计算机技术应用、AI养殖技术等的不断进步及育种规模的扩大，我国种业也面临着前所未有的机遇与挑战。现代信息技术和生物技术，是构建现代化作物育种平台的根本方法，数字化、信息化是育种的主流趋势和必然选择。

### 1.数字化育种云平台成功应用

国内首个作物育种云平台（金种子云平台）建设完成，平台由国家农业信息化工程技术研究中心攻关研发，集成应用计算机、人工智能等技术，通过大数据、物联网等现代信息技术与传统育种技术的融合创新。该平台面向全国育种企业和科研院所提供种质资源管理、试验规划、品种选育等育种全程可追溯服务，可有效解决育种材料数量多、测配组合规模庞大、试验基地分布区域广等带来的工作繁重、效率不高等问题，为商业化育种提供了完整的信息化解决方案，有助于推动我国由传统育种向商业育种、由经验育种向精确育种转变。平台覆盖玉米、水稻、大豆、棉花、小麦等作物的多种育种模式或技术体系，大幅提升了育种单位的管理效率和市场核心竞争力。平台面向大型育种企业、育种科研单位、作物品种区域试验站、联合测试体、绿色通道单位、种子站等

**图 4-1　金种子育种云平台**

图片来源：金种子育种云平台 http://www.ebreed.cn/main.jsp.

用户，提供全程信息化管理，在隆平高科、北大荒垦丰种业、全国农业技术推广服务中心、中国农业科学院等育种企业和科研单位成功应用。

2. 种业大数据管理基础不断夯实

育种过程中产生的表型数据和实验室产生的基因型数据每年都以几何倍数增长，育种将在遗传评估和育种方案制定过程中面对海量数据，科研人员亟须通过信息化手段进行数据存储、管理和分析，缩短育种周期，提高育种效率。"十三五"以来，特别是 2016 年《种子法》修订后正式实施，种子生产经营许可、品种审定等政策工作作出了重大调整，《农业部电子政务业务应用信息系统整合数据对接实施方案》也对种业信息平台提出了要求。2017 年 9 月，中国种业大数据平台在四大作物良种重大科研联合攻关现场会上正式上线。该平台由农业部种子管理局牵头，会同全国农业技术推广服务中心、农业部科技发展中心、中国农业科学院农业信息研究所共同打造，汇集了品种审定、品种登记、品种保护、品种推广等各项种业行业数据。

种子行业管理者、企业或农民都可以通过该平台的数据库实现一站式的信息查询和业务办理。目前，种业大数据平台建设长效机制初步建立，平台生产

**图 4-2 中国种业大数据平台**

图片来源：中国种业大数据平台 http://202.127.42.145/bigdataNew/.

经营管理、品种管理、种情监测调度等关键业务子系统得到优化，底层数据实现部分板块互通；种业大数据平台业务系统与国务院、各部委、省级、基层体系等政务系统完成了有效对接，形成了《数字种业数据描述规范（草案）》，推动种业数据规范化不断增强。

3. 种业大数据服务能力显著增强

种业大数据平台是以信息公开、强化监管、优化服务为宗旨，按照统一数据格式、统一数据接口、统一数据应用的原则，对国家、省、地市、县四级的种业管理数据信息进行整合，打通品种审定、登记、保护以及种子生产经营许可、种子市场监管等种业管理相关信息，通过种业信息互联互通、数据共享公开，实现品种可追溯、种子质量可追溯、市场主体可追溯，为全面提升种业管理水平提供技术支撑。

种业大数据平台支撑产业发展成效明显，通过共享节水、高抗、机收、稳产高产品种信息数据推动种业和农业高质量发展，大大提升了执法效率，优化了种业发展环境。平台实现了品种、主体和种子信息链的综合查询，推进了信息数据实时动态可视化展示，品种智能化分析辅助决策功能初步成型。信息服务手段升级,各类智能终端(种业通 APP)为种业多元主体提供种业数据、技术、服务、政策、法律的一站式综合服务。

4. 数字技术与育种交叉融合

种质资源管理。传统种质资源管理耗费大量人力物力,信息数据收集缓慢,资源库信息传递易受种质管理人员流动的影响。采用信息技术对种质资源进行管理,可以实现种质资源快速查询、高效利用。上海农业生物基因中心建立的种质资源库管理信息系统,为农作物准入、品种权执法提供技术支撑。

育种数据采集。育种亲本性状调查与比较、后代室内考种,以及实验室检测等各个环节,都要大量采集数据。传统数据获取的方法劳动强度大、时间长、操作要求高,在短时间内很难准确对试验点数据进行分析和比较,易受主观因素影响,限制育种规模化发展。将现代信息技术、传感技术、自动化技术,应用到育种中,依托信息化智能化产品设备,可以降低劳动强度、减少投入成本,提高育种效率,加速育种进程。同时数字图像处理技术在病害诊断、籽粒发芽监测等方面,应用日益广泛,采用先进的图像扫描技术,可以准确地获得农作物的形貌特征数据。

系谱分析。系谱图记载了家族各世代成员及亲属关系,是指导杂交育种和亲本选配的基础信息。在传统育种中,系谱图通过手绘或普通电脑作图软件查询绘制,繁琐且费时费力。利用信息化数据设计系谱图绘制软件,可快速轻松获得系谱图,为杂交育种和亲本选配提供详细资料。

参试进程管理。农作物品种审定,需要经过申请和受理、品种试验、审定与公告等环节,品种参试步骤繁多,且涉及知识产权责任重大。面对诸多的作物类型和大量涌现的新品系,迫切需要专业的信息化平台,对品系参试进程进行记录、审核、跟踪管理。

遗传解析和生理学解析。随着基因芯片技术的发展,植物的生长发育、胁迫应激、品质和质量形成等过程中整个基因组基因表达水平的差异已逐渐清晰地展现给科研工作者。基因表达谱分析、抗逆基因检测、基因突变检测、新基因发掘等功能使遗传背景解析和生理学解析的结果已经非常可靠。全基因组关联分析(genome-wide association study,GWAS)应用基因组中单核苷酸多态性（single nucleotide polymorphism，SNP）为分子遗传标记，进行全基因组水平上的对照分析或相关性分析从而发现影响复杂性状的基因变异，也广泛地应用到农作物研究中。[1]

未来，在种质资源保护和利用方面，需要利用大数据等信息技术全面开展种质资源调查、收集、保存、鉴定、评价等研究；在农作物、动物和高端蔬菜良种培育方面，需要应用大数据挖掘、人工神经网络、深度学习等人工智能技术与现代生物技术深度融合应用，发掘优异基因，加快育种全链自主创新。

南京农业大学等研发了一批拥有自主知识产权的作物表型组学信息化装置设备，包括田间大型移动表型舱、室内高通量表型获取系统、集装箱式移动表型舱和表型应用管理平台等。通过运用无人机、拍照机器人及物联网传感器对作物表型信息进行收集；自研基因—环境—表型关系分析平台，通过运用机器视觉技术获得植物的结构、株高、颜色、体积、枯萎程度、鲜重、花／果实的

**图 4-3 南京国家农业高新技术产业示范区田间大型移动表型舱**

图片来源：农业农村部网站 http://www.moa.gov.cn/ztzl/xxhsfjd/sfjdfc/scx/202111/t20211123_638
2779.htm.

---

[1] 《大数据背景下的信息化育种》，《农学学报》2021 年第 3 期。

数目等重要指标，实现高通量表型精准获取、环境精准模拟；通过优化遗传算法，将对象的遗传数据进行对比，将基因型—表型进行关联分析，筛选优良品种基因，从而达到高效遗传育种的目的。目前，作物表型组学整体技术可快速高效地监测作物表型、筛选作物品种，实现育种过程的设计性、预见性和可控性。

## （二）智慧大田种植

大田生产数字化是数字技术在农作物大田种植各环节的应用，通过获取、记录大田生产各环节数据，并计算分析得出应对方案，为种植各环节流程提供智能决策，提高生产效率。

### 1. 农业物联网大田应用

农业物联网正在掀起一场农业科技革命浪潮，新农民开始放弃传统耕作模式，用传感器和物联网系统与农作物进行"交流"，开启智慧农业新时代。近年来，我国高度重视农业物联网建设与应用，农业物联网实践应用已经取得初步成效，特别是在大田"四情"监测、设施园艺、农产品质量追溯、畜牧养殖和水产养殖等方面形成了一批"节水、节肥、节药、节劳力"的农业物联网应用模式，对促进农民增收、农业增效、农村发展发挥了先导示范作用。随着物联网技术的不断发展，农业物联网正在改变农业生产方式，农业领域正在经历广泛深刻的变革。

我国农业物联网在理论创新、技术创新、产品开发、推广应用等方面取得了一系列成果。国家物联网应用示范工程在农业领域深入实施，先后推动北京、黑龙江、江苏、内蒙古、新疆5省（区、市）国家物联网应用示范工程项目建设。农业物联网区域试验工程扎实推进，天津、上海、安徽3省（市）农业物联网区域试验工程取得重要成果。在农业物联网应用示范工程项目的带动下，许多科研教学单位和相关企业积极投身农业物联网的技术研发和应用示范，研制了一批硬件产品、熟化了一批软件系统，催生了一批产业应用模式，培育了一批市场化解决方案。

农业部发布了426项节本增效农业物联网产品、技术和应用模式，示范引领信息技术在农业生产上广泛应用。运用物联网技术，典型棉花种植项目区肥料利用率提高20%以上，土地利用率提高8%，综合效益每亩增加210元。物联网监测设施加速推广，应用于农机深松整地作业面积累计超过1.5亿亩。无人驾驶农机、无人植保机、无人收割机等智能装备在大田开始试验应用。光明食品集团上海农场万亩无人农场示范基地技术实现无人飞防、无人飞巡22万亩全覆盖，推广应用智能灌溉3万亩、水肥一体5万亩，初步形成无人农场示范区，建成上海高标准粮田数字化转型新模式，可节约劳力80%、节水节电20%、减肥10%，增产5%，保证粮食绿色、优质、健康、安全。

**图4-4　光明食品集团上海农场万亩无人农场示范基地**

图片来源：农业农村部网站 http://www.moa.gov.cn/ztzl/xxhsfjd/sfjdfc/scx/202111/t20211123_6382780.htm.

2. 数字化"四情"监测

农业传感器不断发展。传感器是信息监测的基础，是智慧农业的信息之源，在推动智慧农业发展中具有基础性重要作用。目前，农业传感器主要包括农业环境信息传感器、动植物生命信息传感器、农产品品质与安全信息传感器、农机工况与作业传感器等。近年来，农业传感器新原理、新技术、新材料和新工艺不断突破，已由简单的物理量感传走向化学、生物信息的快速感知，纳米等新材料技术的发展使得传感器向着微型化、智能化、多样化的趋势发展。

"四情"监测应用不断深化。利用农业传感器和物联网等技术手段对墒情、苗情、病虫害、灾情等"四情"和气象进行预测预报，精准指导生产决策。农业四情监测预警系统由无线墒情监测站、苗情监控摄像头、可视化自动虫情测报灯、灾情视频监控摄像机、预警预报系统、专家咨询系统、用户管理平台组成。农业生产经营主体可依托"四情"一体化监测平台，获得作物生长过程中的墒情、气象信息、生长情况等实时监测数据，并基于算法分析，得到农作物的全周期生长曲线，及时获得预警信息和生产管理指导建议。用户可以通过移动端和PC端随时随地登录自己专属的网络客户端，访问田间的实时数据并进行系统管理，对每个监测点的环境、气象、病虫状况、作物生长情况等进行实时监测。结合系统预警模型，对作物实时远程监测与诊断，并获得智能化、自动化的解决方案，实现作物生长动态监测和人工远程管理，保证农作物在适宜的环境条件下生长，提高农业生产力，增加农民收入。

农情监测体系数字化建设不断完善。统一的全国农情信息调度平台有效支撑种植业全程精准管控。完善省级农情调度远程视频会商系统，提高了农情信息的时效性。开发数据分析功能，开展小麦、玉米和水稻长势分级指标和标准图谱制定，提高了田间定点数据自动化比对分析水平。与中国气象局完成部分信息共享对接，实现了基础监测数据传输共享。完善花卉产业综合统计系统。实现了各省、自治区、直辖市农业农村部门对花卉保护地栽培情况、花卉产销情况、花卉生产经营实体情况等产业数据的网上填报。升级完善全国农作物重大病虫监测预警信息系统，开发草地贪夜蛾监测预警与指挥功能，实现了草地贪夜蛾监测数据网上填报、一张图管理和展示。

种植技术数字化指导成效显著。各地农业农村部门积极探索利用现代信息化手段，建立了县域科学施肥专家查询系统，为农民提供科学施肥信息服务的有效模式。各省依托手机自动定位、田块编码查询、电子商务系统等信息化手

**图 4-5　农业农村部农情信息调度系统**

图片来源：农业农村部网站 http://202.127.42.179:8080/Login/LoginView.

段不断提升测土配方施肥技术入户率，扩大测土配方知识覆盖面。

我国传感器研究与应用虽然取得进展，但与发达国家相比仍然存在较大差距。总体上，美国、德国、日本等国家在农业传感器领域处于大幅领先地位，垄断了感知元器件、高端农业环境传感器、动植物生命信息传感器、农产品品质在线检测设备等相关技术产品。未来 5—10 年，研发准确、精密、便携的传感器和生物传感器将是各国农业传感器创新发展的重点任务。这类传感器不仅可以实现一次连续监测多个环境参数和动植物生命信息的特征参数，也可以对环境、生物及非生物胁迫等进行持续监测，具备在植物病害和动物发病之前的检测能力。比如，柔性纳米传感器能够简单便捷地贴附安装于动植物组织不规则表面进行信息的精准监测；微纳米尺度的传感器可植入动植物等生物体内，并进入生命体新陈代谢的循环系统中，实时监测动植物生命体的生物信息；纳米传感器阵列具有多功能探测能力，能够匹配强大的数据处理、存储以及传感网络，具备复杂数据远程分析处理能力，让监测结果更加精准。[1]

3. 农资管理平台数字化

加强种植全程肥料、农药的精准管控力度，实现农业投入品的安全追溯。

---

[1]　赵春江：《智慧农业的发展现状与未来展望》，《中国农业文摘·农业工程》2021 年第 6 期。

完善肥料登记审批系统，实现了肥料登记全程网上审批，确保资料受理、技术审查、行政批准、数据公布、数据交换等环节信息通畅，提高审批效率。加强肥料登记信息公开，及时在农业农村部网站"有效肥料登记信息发布"模块，公开肥料登记证审批通过的相关信息，方便社会公众查询和监督。完善数字农药监管平台，制定实施方案，综合利用物联网、3S技术、移动互联、大数据、云计算等现代信息技术，加强数字农药监管平台建设。大力推动农药登记数据、市场执法监管数据互通共享，优化农药市场监管，为基层开展农药执法监管提供支撑服务。推进高毒农药追溯系统建设，强化农药生产经营企业主体责任，推动企业建设电子追溯码体系，完善农药追溯信息查询、真伪认证和安全预警功能。

4.智能农机作业

农机智能装备应用进入快速发展期。以农机北斗自动导航系统为代表的农机智能装备出现快速增长势头，农业环境监测、温室大棚控制、农机自动导航、激光平地、卫星平地、变量播种（施肥）、变量喷雾控制、联合收割机智能测控、圆捆机自动打捆控制、水肥一体化等其他农机智能装备也在规模经营程度比较高的地区开展广泛的推广应用。农机装备正在加速向无人化、机器人化方向发展。智能农机、无人化农场、智慧农业成为社会关注的热点，农业现代化进程出现加速发展态势，物联网、AI、5G网络、大数据、云平台、机器人等高新技术在农业生产中不断融合应用。多个无人农场示范项目在全国陆续实施，中国一拖、华南农业大学、国家农业智能装备工程技术研究中心、丰疆智能、雷沃重工等国内单位研制的无人驾驶收割机、新能源智能拖拉机、水稻秧机器人、无人驾驶收割机、无人果园割草机等新型智慧农机开展无人化精准作业，基于智能农业机械、农业物联网、全产业链云平台、行业管理行业组织信息平台技术，实现在规模化农场的耕种管收农业生产全过程无人化。[1]

农机作业数字化服务深入推进。2020年，"互联网+农机作业"模式推进农机社会化服务提档升级，"全程托管"、"机农合一"、"全程机械化+综合农

---

① 李道亮：《中国农业农村信息化发展报告·2020》。

事服务"等专业性综合化新主体、新业态、新模式正在快速发展。积极发展"互联网＋农机作业"服务，在做好疫情防控的同时最大限度提高农机利用率，减少人员流动，降低作业成本，对保障农业安全生产起到重要的支撑作用，同时创新了组织管理和经营机制，进一步提升了农机合作社的发展动力和活力。通过开通"春耕农机线上服务站"，组织地方创新农机化技术指导方式，为农机骨干提供针对性的网络培训指导服务。组织线上作业供需对接。积极引导各地利用全国农机化信息服务"农机直通车"平台，服务组织在线对接作业需求，强化机具合理调度，做细生产安排，保障了"春耕"、"三夏"作业顺利高效完成。推行"无接触"农机化作业。多地通过手机 APP 就近就快为小农户开展代耕代种、一条龙、一站式"全程机械化＋综合农事"等服务。广东惠州、福建南平、浙江余姚、湖南鼎城、山东巨野等地采用滴滴农机模式开展农机作业"无接触"服务，在线下单、远程监测、线上结算，帮助农户"足不出户"完成作业。①

黑龙江省七星农场于 2019 年在水稻生产全程智能化示范区率先开通了黑龙江农垦首个 5G 基站，大力开展 5G 应用场景下的无人农机作业技术研究，加快推进水稻生产智能化建设进程。现已实现无人搅浆、无人插秧、无人机巡田、无人收获、无人整地。农场打造了 500 亩试验田作为载体，将已经成熟、完善的各环节智能化单项技术进行集成组装、展示。建设水稻"无人农场"示范区，重点开展智能叶龄诊断、智能节水灌溉、全程轨道农业、农机全程无人化作业、无人农场智能采集系统、农业大数据系统、无人农场调度系统等 7 项技术模式集成示范。

## （三）智慧设施园艺

近年来，随着工程技术、生物技术、信息技术的不断发展，工业化生产方式与设施农业深度融合，尤其是新一代信息技术和大数据的迅速发展，设施园

---

① 农业农村信息化专家咨询委员会：中国数字乡村发展报告·2020》。

艺的内涵越来越丰富，科技含量越来越高，集约化生产越来越高效，已成为现代农业的重要标志。设施园艺是一种集约化程度较高的现代农业，由环境设施和技术设施相配套，具有高投入、高技术含量、高品质、高产量、高效益等特点，是高活力的农业新产业。

1. 设施大棚数字化

园艺产品因其生产周期短、产量高、效益好、市场需求量大等优势，使得我国设施园艺产业快速发展，并成为现代农业的典型代表，呈现出机械化水平不断提升、生产领域不断扩展、承载功能日趋丰富、标准化取得长足进步、低碳节能和生态友好型生产得到重视、资源利用效率逐步提高的好势头。我国已经成为全世界设施园艺面积最大的国家，占世界总面积的 85% 以上，在农业和农村经济发展、乡村振兴中发挥着越来越重要的作用。[①] 我国已初步形成了较为完整的产业体系和生产体系，设施园艺产量和效益都获得巨大提升。目前中国的温室类型与温室承担的功能十分丰富，技术装备的系统性、完整性大大提高，特别是现代化大型温室的建造、运营技术得到长足进步，自建和引进规模异军突起，引起了行业内的广泛关注。

设施园艺已发展成为生物、工程、环境、信息等多学科技术综合支持的高技术密集型产业，以高效、集约、可控以及可持续发展为特征。随着物联网在设施园艺中的温室环境监控、作物生理监测、水肥一体化管理、病虫害精确防治、自动控温、自动卷帘、自动通风、工厂化生产等方面的技术水平不断提升，设施园艺类农业物联网应用和推广效益明显。具有自动化调温、调湿、补光、通风和喷灌功能的设施不断增多。智能感知、智能分析、智能控制技术与装备在设施园艺上集成化应用，形成立体农业、植物工厂等现代化设施农业模式。随着人工智能技术与农业领域融合发展，以"信息感知、定量决策、智能控制、精准投入、个性服务"为特征的数字化农业设施技术体系正在形成。

---

① 孙锦、高洪波、田婧等：《我国设施园艺发展现状与趋势》，《南京农业大学学报》2019 年第 4 期。

2.种苗生产智能化

种苗生产可分为播前处理、播种、育苗、嫁接、移栽、定植几个过程。在智能化方面的研究与应用主要集中在通过在线监测技术和机器视觉反馈，进一步提高设备作业精度和稳定性。

温室播种。温室播种育苗装备是面向温室内集中化、规模化的特定操作环境的农业装备，采用流水线播种和水肥控制的方法，基于模块化组装技术，实现播种、灌水和施肥等功能的组合，达到一体化作业的目标。随着农业信息化的快速发展，国内外温室播种育苗装备的研究朝着智能化、自动化和轻简化的方向发展，通过精准化、变量化和工业化手段，研究成果得以规模化生产、成本大幅度下降，为温室种植产业的规模化生产提供了科技支撑，这些装备的规模化应用将实现温室产业与智能装备产业的深度融合。农业农村部和科技部先后将穴盘育苗技术研究列为重点科研项目，温室育苗播种装置也成为了主攻对象。目前，国内的科研单位也研制出了一些育苗播种机的成品。播种育苗设备的物联网管控技术不断创新，基于 Web 的移动端管控技术已成熟应用于温室播种装置中。我国的温室播种育苗装备取得了一定的成果，但和国外相比播种育苗装备利用率、设备稳定性、农机农艺结合等方面还存在一定的差距。[①]

智能嫁接。蔬菜嫁接机器人是工厂化育苗发展的迫切需要和必然趋势，被公认为是能够最先投入实际生产应用的设施园艺机器人。目前，人工嫁接仍是国内外育苗企业普遍采用的生产方式，说明机械自动化嫁接的难度大。据测算，嫁接作业占蔬菜种苗生产全过程用工量的 20%～30%，属于劳动密集型工种，对精细化作业和时间节点要求非常高。嫁接机器人是现代机器人和自动化技术在农业领域中的集成创新，融合了机械、电子、计算机、智能控制、园艺等多领域交叉学科的技术知识。嫁接机器人在解决用工短缺、提高种苗生产质量和效率、保障嫁接生产的时效性等方面具有重要意义，其市场需求潜力巨大，应用前景非常广阔。北京农业智能装备技术研究中心等单位研发了一种四

---

① 马伟：《国内外温室播种育苗装备研究存在问题及建议》，《农业工程技术》2020 年第
10 期。

手爪柔性夹持搬运机构，能够实现上苗、切削和对接工位同步作业，以及秧苗柔性夹持与快速搬运，结果表明，选取白籽南瓜苗和黄瓜苗为测试对象，柔性夹持手爪平均夹苗成功率为 98.5%，机构嫁接平均速度为 1052 株/h，是同类型单手爪嫁接机作业效率的 1.72 倍，嫁接成功率为 96.67%，大幅提高了嫁接机器人生产效率，能够满足工厂化嫁接育苗生产需求。[①]

智能移栽。植株移栽智能装备主要是针对分阶段育苗开发的专用装备，通过定位、抓苗、分苗、对准、放苗等步骤实现育苗植株的精准调节作业。国内开发了一种结合自动化输送装置的并联移栽机器人，具有刚度大、精度高且累积误差小的特点。将 128 孔穴盘黄瓜苗移栽至 72 孔穴盘中且移栽加速度高于 20mm/s 时，仍能保证较好的移栽精度。江苏大学研制出了一款新型的空间三自由度并联移栽机器人，移栽效率为 1865 株/h，移栽成功率在 95.3%。江苏大学还设计了一种轻简型自动移栽机，利用成熟的直线模组和无杆气缸组合设计出自动移栽机械臂，移栽效率分别达到 1221 株/h 和 1025 株/h，多种穴盘苗移栽成功率平均达到 90.70%，苗钵夹取破碎率低于 5%，自动取苗移栽效果较好。[②]

3. 园艺生产智能化

设施环境控制。环境控制是设施园艺智能化的重要前提，结合叶片温度、径流、茎直径、称质量等原位生理监测传感技术，通过无线传感网络、物联网技术，融合 AI 技术实现信息通信传输，结合模糊理论、遗传算法等数学工具建立精细的环境控制模型与植物生长模型相适应。同时，在智能算法方面，逐步由单因素控制向多因素耦合控制过渡，不断丰富环境控制专家系统，形成自适应学习的设施环境控制"大脑"。热泵技术、相变材料、LED 补光、纳米技术及清洁能源等新型技术与设备在设施农业的推广应用实现了设施环境参数的精确控制。结合作物水分与养分快速诊断技术、无损检测技术和装备以及作物

---

① 姜凯、陈立平、张骞等：《蔬菜嫁接机器人柔性夹持搬运机构设计与试验》，《农业机械学报》2020 年第 51 卷增刊第 2 期。

② 张梅、邹承俊：《温室智能装备系列之一百二十三　国内外植物工厂蔬菜植株移栽智能装备研究进展》，《农业工程技术》2020 年第 25 期。

生长模型与决策模型研究成果，逐步实现了基于作物真实需求的环境精确控制目标，相应技术与设备的应用大幅度提高了设施作物生产的资源利用效率与生产管理效率。

智能化喷药。近年来的智能化移动喷药设备以及无人机喷药设备也在生产中开始使用。目前作物病虫害防治方向由单纯注重作物植保向注重作物健康演进。随着数字农业的快速发展，一些地方正抓紧推进农机装备智能化发展。据测算，每架植保无人机一天可以达到300—400亩的作业量，是传统人力的20倍。根据农业农村部的调查，2021年全国植保无人机保有量97931架，同比增长了39.22%。预计未来我国年飞防作业面积将达到50亿亩次，全国将需要约30万架植保无人机，带动8万名以上新型农民创业，提供20万个以上就业岗位，由此带来的无人机植保服务及专用药剂市场规模将超过千亿元人民币。

智能机械作业。目前，全国农作物耕种收综合机械化率超过72%，近10年提高15个百分点，我国小麦、玉米、水稻三大粮食作物耕种收综合机械化率分别超过97%、90%和85%，农机装备对粮食丰产丰收贡献率显著提高。粮食生产各环节基本实现均衡发展，各地因地制宜加强水稻机械化育插秧、高效植保、产地烘干、小麦机播等短板环节农机装备与技术推广和指导工作，均衡提升粮食生产全程机械化水平。提高农机装备的自主研发能力至关重要。目前丘陵山区仍然是我国农业机械化发展的薄弱区域，小型小众机械供给不足，"无机可用"、"无好机用"问题依然存在。2022年中央一号文件提出，全面梳理短板弱项，加强农机装备工程化协同攻关，加快大马力机械、丘陵山区和设施园艺小型机械、高端智能机械研发制造并纳入国家重点研发计划予以长期稳定支持。

水肥一体化智能控制。水肥精准控制在设施农业中的应用成效显著。通过精准灌溉监测系统、变量施肥系统、精准施药系统，对土壤、环境、作物进行实时监测，定期获取农作物实时信息，并通过对农业生产过程的动态模拟和对生长环境因子的科学调控，实现水肥药的精确施用，达到节水、节肥、节药，显著降低生产成本、改善生态环境，提高农产品产量和品质的效果。据测算，用上喷灌机一亩地能省 200 多元人工成本，水肥喷施均匀，节水 50%，增产 20%。

智能采摘。设施作物收获是智能农业机器人技术集中呈现的领域。自动导航、机械手臂与视觉识别技术的日渐成熟提高了作物自动收获的可行性。近年来，在果蔬收获方面开展了探索性研究，针对不同外形、颜色的番茄、黄瓜、草莓等果蔬采摘机器人开展研发工作。在软件方面，训练不同目标识别模板，运用双目视觉、高光谱以及荧光成像技术并结合电子鼻技术，获取采摘果实的位置、尺寸、损伤、成熟度、品质等信息。在识别算法方面研究不断升级，多卷积神经网络、模糊决策、遗传算法的联合运用攻克背景噪声分割、复杂果实外形识别、消除叶片遮挡和重叠影响等方面不断进步，结合 AI 技术建立自适应学习算法，提升识别模型的精准性。在执行机构方面，为提高采摘效率，开展了机械臂—手—眼协调研究，关节型多轴机械手臂已广泛应用于采摘机器人，针对草莓等柔软易损对象在末端执行器和拾取手方面展开研究，采摘方式包括夹持或吸持后切割的方式和更加仿生的柔性扭动采摘方式等。果蔬采摘机器人目前还未能商品化，但大量的研究成果展示出这一领域巨大的发展前景。

植物工厂加快发展。我国设施园艺的发展趋势呈现温室建设大型化、操作技术机械化、设备技术集成化、覆盖材料多样化、设施品种专有化和多样化、

图 4-6　重庆市中敖镇加福社区柠香果业益农社成功建设智慧农业应用

图片来源：农业农村部网站 http://www.moa.gov.cn/ztzl/xxhsfjd/sfjdfc/fwx/202111/t20211110_6381843.htm.

栽培技术无土化以及病虫害防治综合化的趋势。园艺产品综合生产能力和现代化水平不断提高，依靠科技创新，优化结构性能，健全标准体系，提高质量效益，实现科学发展，设施园艺技术创新正在向节能、低碳、高效方向拓展。太阳能热利用、高光效覆盖材料、热泵节能调温技术、主动式蓄放热等逐渐成为研究热点，针对植物需求的环境营养调控技术受到重视，植物工厂技术取得突破，都市农业成为设施园艺重要拓展方向。如今，中国设施园艺在低碳节能温室、物联网管控、智能 LED 植物工厂以及生态型无土栽培等方面均取得了长足进展。目前，我国的植物工厂总数约 250 座，成为数量仅次于日本的植物工厂大国，植物工厂生产的产品已经进入电商或超市平台。近年来，植物工厂全流程作业的智能化以及无人植物工厂智能装备研发等研究领域竞争激烈，已成为全球植物工厂研究热点。福建省中科生物股份有限公司研发出 UPLIFT AI 自动化垂直农业生产系统，率先实现除采收外的全流程无人化作业，生产系统在陕西杨凌农高区智慧农业示范园商业化落地，占地 2400m²，种植层架达到 10 层。江西上饶投资 3000 万元建成的 20 层人工光植物工厂位于上饶国家农业科技园内，为目前亚洲最高（总高 12m）的全自动封闭式人工光植物工厂，

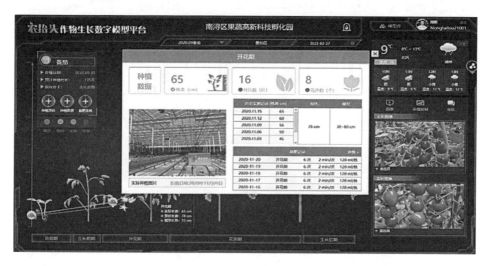

**图 4-7 浙江省湖州市南浔区果树高新科技孵化园数字化番茄工厂**

图片来源：农业农村部网站 http://www.moa.gov.cn/ztzl/xxhsfjd/sfjdfc/fwx/202111/t20211110_638 1849.htm.

采用全程无人化生产模式，可稳定供应多品种绿叶蔬菜 2t/ 天。2021 年，中国农业科学院都市农业研究所研发的"无人植物工厂水稻育种加速器"实现水稻生育期减半、63 天收获，开辟了植物工厂快速育种新方向。

4. 农产品分级分选智能化

随着消费升级，消费者对农产品品质的要求也不断提高。在自由竞争的市场中，只有优质果蔬才能卖出好价钱，因此提升农产品商品化处理能力，按大小、质量、色泽、形状、成熟度、病虫害等指标对农产品进行等级评定，对农产品增值减损具有重要意义。针对人工挑选存在分拣效率低、品质参差不齐、内部品质无法鉴别的问题，有关单位研发出的水果智能分选机可以根据水果的重量、尺寸、色泽、表面瑕疵等外部品质，以及糖酸度、硬度、内部缺陷等内部品质进行无损检测分级。随着视觉传感元件的升级，识别精度和速度都在提升，算法模型更加精准、稳定。中国关于果蔬品质智能识别分选所研发的设备多聚焦在蔬果的外部品质检测，如国内有关企业已实现了赣南脐橙、猕猴桃、柠檬、蜜柚等的分级分选，分选技术包括重量分选、颜色分选、密度分选、直

图 4-8　江西绿盟脐橙全自动化分选线

图片来源：https://www.reemoon.com/industry/335.html.

径分选、瑕疵分选、内部品种分选等，四通道电子果蔬分选机处理量达到 20t/h。未来重点是进行多传感器测量信息集成，采用机械、光学与机器视觉、传统计算和 AI 等实现实时自动检测与分级，同时基于大数据的深度学习应用于果蔬的分选也将成为热点研究 [①]。

## （四）智慧畜禽养殖

智慧畜禽养殖是综合运用现代信息技术和智能装备技术，将畜禽养殖管理和技术数字化，利用互联网平台，实现畜禽养殖数字化智能化管理，推动畜禽养殖由传统粗放式向知识型、技术型转变。物联网、大数据、空间信息技术、移动互联网等信息技术在畜禽养殖的在线监测、精准饲喂、数字化管理等方面得到不同程度应用。畜禽、奶业、疫病等信息服务平台相继建成，信息服务延伸到了养殖场户。

1. 动物疫病监测数字化

针对重大动物疫病诊断与监测需要，围绕禽流感（AI）、口蹄疫（FMD）及其他重要动物疫病鉴别诊断，研制了诊断方法和试剂，创制的 H7 亚型核酸检测技术及产品对于该新发疫病的迅速控制、保障公共卫生安全和家禽产业发展做出重大贡献。针对口蹄疫感染与疫苗免疫动物鉴别的需要，创制鉴别 FMD 感染与免疫动物的单抗阻断 ELISA 试剂盒，可检测牛、羊、猪和多种野生动物 FMD 野毒感染，不受动物种属限制，达到国际领先水平。针对非洲猪瘟研发了普通 PCR 方法、荧光 PCR 方法、荧光 RAA 方法、高敏荧光免疫分析法、夹心 ELISA 抗原检测方法、间接 ELISA 抗体检测方法、阻断 ELISA 抗体检测方法、夹心 ELISA 抗体检测方法、间接免疫荧光方法等诊断技术方法，为有效降低非洲猪瘟传入和扩散风险，提高防范和处置能力提供有力技术支撑。

---

① 齐飞、李恺、李邵等：《世界设施园艺智能化装备发展对中国的启示研究》，《农业工程学报》2019 年第 2 期。

利用网络数字技术、智能感知技术和监控设施设备对规模化养殖场进行疾病监测和疫病传播跟踪，提高动物疫病防控能力与处置效率。建立动物电子免疫档案，实现动物疫病强制免疫信息化管理。省级层面建设动物疫病监测数字化平台，对疫病的发生、发展及流行趋势进行分析、模拟和风险评估，确定重点的防控地区，推荐合理的防控措施并进行预警发布。县级层面推广应用动物疫病监测数字化平台，组织建立养殖场、权威专家和兽医主管部门"三位一体"的疾病快速诊断联动机制，及时发现、处理动物疫病，减少养殖场的经济损失和重大疾病的传播和扩散。

2.畜禽养殖监管数字化

利用物联网、大数据、区块链等技术，对畜牧养殖过程进行全程监控，实现要素合理调配、养殖条件优化，提高监管能力，提升产品品质。依托畜牧养殖大数据监管平台，记录全环节畜牧养殖流转信息，形成环环相扣的信息链条，有效防范不法分子违规开具检疫证明、违规调运等问题。省级层面开展畜牧养殖大数据监管平台建设，利用"养殖场直联直报平台"、"全国数字奶业信息服务云平台"、"兽医卫生综合信息平台"、"国家兽药产品追溯平台"等信息化管理平台，实现养殖、屠宰、加工、物流、销售直到终端消费者全产业链无缝监管，提升对溯源信息的采集、智能化处理和综合管理能力。县级层面鼓励畜牧企业、养殖企业、屠宰企业、流通企业推行信息化经营管理，按照畜牧养殖监管要求上报数据。

养殖环境监控技术、发情监测技术、个体识别技术、精准饲喂技术、智能机器人技术等畜牧养殖监管数字化技术已逐步推广应用。[1] 养殖环境监控是运用特定的传感器（如摄像头、温湿度传感器、光照传感器、气体传感器等）采集养殖环境信息数据，通过蓝牙、Wi-Fi、Zig Bee、Z-Wave、移动互联网等将采集到的信息数据传输到云平台服务器，监测养殖环境实时图像以及风速、温湿度、光照强度和 $O_2$、$NH_3$、$H_2S$、$CO_2$、$CH_4$ 等气体浓度指标，并进行精确控制，

---

[1] 刘继芳、韩书庆、齐秀丽：《中国信息化畜禽养殖技术应用现状与展望》，《中国乳业》2021年第12期。

确保养殖环境的最佳状态，达到增产和节约成本目的。发情监测技术是通过实时采集动物活动信息，将动物正常和发情时的不同活动曲线和数据进行对比分析，再通过互联网及短信平台将信息发送给牧场管理者，以达到适时配种、减少漏情漏配、提高动物繁殖效率的目的。监测牛只发情的数字化管理系统有：加速度感应器发情监测系统，基于发情期耳温、阴道温度变化设计的发情监测系统，通过视频纪录结合数字化算法分析的自动视频分析技术及产品等。

畜禽个体识别技术目前主要面向牛、猪、羊等动物，主要采用的方式有射频识别技术和机器视觉技术。精准饲喂技术目前在欧美奶业发达的国家以及亚洲的以色列、日本和韩国的奶牛场普遍使用了全混合日粮技术，中国大部分规模奶牛场也采用了该饲养技术。

奶牛精准饲喂技术通过压力传感器、红外传感器等实时获取奶牛个体生理状态的数据（体重、耳标号），结合奶牛精细饲喂模型，分析最佳采食量，对奶牛饲料配方进行科学配比，把进食量分量、分时间传输给饲喂设备为该奶牛下料。针对不同个体的不同生长状态（如体况、体重、年龄、体温、环境因素等），采用适合不同个体生长的饲料配方和最佳采食量，指挥喂食机自动配给饲料和统计，有效实现对养殖动物的科学饲喂。2018 年在山东济南 1 个 200头的规模化养殖场推广应用全混日粮饲养技术。通过对该养殖场奶牛的生产情况进行认真细致的检查发现，在整个泌乳期每头奶牛的平均产量为 821kg，同时牛乳的成分也得到极大的改善，乳脂率增加 0.09%，乳脂固形物增加 0.1%。扣去饲料费用支出，每头奶牛增加收入超过 3900 元，经济效益显著。[1]

养殖智能机器人包括清洁机器人、消毒机器人、推料机器人、挤奶机器人等。挤奶机器人系统包括挤奶位、乳头检测、机器手臂、乳头清洗、控制系统和挤奶系统，通过传感技术快速、准确和正确进行乳头识别、套杯、清洗、烘干，实现自动清洁乳房，高效挤奶，整个过程自动化、智能化，使奶牛更加健康舒适，并能有效控制牛奶品质，节约时间和成本，有些系统还能识别奶牛乳

---

① 李原、张磊、牛洁：《奶牛全混日粮（TMR）饲养技术》，《畜牧兽医科学》（电子版）2021 年第 1 期。

腺炎的发病情况。① 使用挤奶机器人可以提高奶牛产奶量 20%~50%。②

　　内蒙古蒙牛乳业（集团）股份有限公司打造了数字化工厂项目，以智能制造提升蒙牛生产效益，形成了良好的示范效应，获得国家工信部认可成为中国制造 2025 与德国工业 4.0 对标的智能制造企业。蒙牛数字化工厂以车间生产运营管理的制造执行系统为核心，依托 5G、物联网等技术，与企业自动化生产设备及企业其他经营管理信息化系统集成，实现设备互联、系统互通。在提升企业生产效率、技术与质量控制能力、保障乳品质量的同时，也实现了降低能源资源消耗、降低生产运营成本，对乳制品生产加工企业制造过程的智能化和绿色化发展具有重要意义。蒙牛数字化工厂推动了乳品制造业由传统模式向

图 4-9　蒙牛数字牧场

图片来源：农业农村部网站 http://www.moa.gov.cn/ztzl/xxhsfjd/sfjdfc/scx/202111/t20211112_638 2034.htm.

---

　　①　Francisco Rodriguez、赵新茂：《大型牧场的机器人挤奶解决方案》，《中国乳业》2016 年第 9 期。

　　②　李源源、许桢子、陈蕾：《我国挤奶设备的应用现状与发展分析》，《农业科技与装备》2013 年第 9 期。

自动化、信息化、高度集成化升级，形成了有效的智能化建设经验与模式，为迈向全球化打下良好基础。

3.养殖场直联直报

利用信息技术和互联网对养殖场（户）进行点对点信息采集和信息服务，高效提取、直观展示畜牧生产中有价值的数据信息，实现畜牧生产过程的数据采集、计算和结果展现，为畜牧业管理、生产调控提供科学依据。养殖场直联直报信息平台与地方政府、龙头企业、社会机构的开放数据对接，具有养殖场基础信息及联网备案、生产和市场监测、畜禽粪污资源化利用管理、视频监控、统计分析、大数据决策支撑等功能。养殖场（户）通过网站和 APP 自行填报数据，可实现集养殖场备案、生产效益监测、价格监测、畜禽粪污资源化利用监测、畜牧信息发布、绩效考核、信息统计监测分析和预警等一体化管理。

养殖场直联直报系统不断完善。全面推进畜牧兽医信息化工作，扩大养殖场数据采集范围，实现畜牧兽医监管精准动态监测，信息横向互通、省部互联。加快完善了养殖场直联直报系统功能，扩大了线上填报范围。督促养殖场户通过"掌上牧云 APP"自行填报数据，实现了畜牧业监测预警信息进村入户，在指导养殖场户恢复生猪生产过程中起到促进作用。截至 2021 年 10 月，养殖场直联直报信息模块累计完成 72 万个"畜牧业生产经营单位信息代码"的登记备案赋码工作；数字奶业信息服务模块打通了奶牛养殖、生鲜乳收购运输和交售等环节信息，奶业监管模块将全国 4200 多个生鲜乳收购站和 5300 多辆运输车全部纳入监管，实现精准化、全时段监管；"数字奶业信息服务云平台"试点省已达到 11 个，实现了奶牛的饲喂、产奶、配种、健康状况等信息实时采集，同步传输，显著提高了饲养管理水平。

4.数字牧场建设

通过对牧场（养殖场）全场设备数字化和网络化控制，收集环境指标、饲料消耗、环保指标等关键传感数据，实现畜禽养殖全过程的数据采集、数据分析、过程优化、智能控制和信息追溯，通过精细化养殖，提升效益。畜禽养殖主体建设智慧牧场管理系统，集成环境智能调控、精准饲喂、疫病防控、产品智能收集等设施设备，实现养殖全过程的统一集成管理与智能化控制，降低生产成本、提高养殖效率。

牧原股份近年来大力发展智能化饲喂系统和云服务平台等信息智能化系统，加快物联网、区块链、人工智能、5G 等现代信息技术运用，以信息化带动农业现代化。公司自主研发的智能装备覆盖了生猪的饲料、智慧养殖和屠宰、无害化等全流程业务。公司围绕规模化生猪产业一体化和种养一体化的发展路径，通过畜牧物联网技术的应用，打造一个统一的基础服务平台（统一设备接入、统一数据标准、统一对外服务），实现对猪舍采集信息的存储、分析、管理；提供阈值设置、智能分析、检索、报警功能；提供权限管理功能和驱动养殖舍控制系统，实现整个场区的饲喂、环控、巡检、原粮灭菌、水务、清洁生产和电力系统等数据的互联互通，打造一二三产业融合的畜牧业数字化管理中心。采用数字化智能养猪系统后，智能化猪舍能根据猪舍内的温度，自动调节热交换风机的开启功率、定频风机的开启数量、滑窗开度。使得以最小的用电额度达到猪舍内温度恒定。无人过磅、刷圈机器人等大大提高了人工效

图 4-10　牧原智能饲喂系统展示

图片来源：农业农村部网站 http://www.moa.gov.cn/ztzl/xxhsfjd/sfjdfc/scx/202111/t20211112_638 2033.htm.

率，降低了人工成本。以 10 万头商品猪全线厂为例，可以减少人员 40 人左右。技术应用后提高劳动效率 35%，1 名饲养员年饲养商品猪出栏达 10000 头，是行业平均数的 2 倍，达 115kg 出栏日龄 ≤ 160d，母猪年提供断奶仔猪提高 1.2 头，促进了生猪产业转型升级。

## （五）智慧渔业

智慧渔业以渔业养殖为应用场景，将现代信息技术、装备技术与养殖技术有效结合，促进水产养殖产业集约化、信息化、智能化，提升渔业生产和渔业管理决策的能力与水平。数字化技术逐步应用于水体环境实时监控、饵料自动投喂、水产类病害监测预警、循环水装备控制、网箱升降控制等领域，水产养殖装备工程化、生产集约化和管理智能化水平大大提高。

1. 水产养殖智能化不断深入

近年来，依托国家物联网应用示范工程智能农业项目和农业物联网区域试验工程等深入实施，苏、鲁、津、桂等 23 水产养殖重点区域开展了陆基工厂、网箱、工程化池塘养殖、海洋牧场等水产养殖信息技术应用，形成了不同的应用模式。利用物联网、大数据、人工智能等现代信息技术，集成应用水体环境实时监控、饵料自动精准投喂、水产类病害监测预警、循环水装备控制、网箱升降控制等技术装备，实现渔场水产品生长情况监测、疫情灾情监测预警及养殖渔情精准服务等功能，水产养殖的机械化、自动化和智能化水平大大提高。2011 年在江苏建设了我国首个物联网水产养殖示范基地。2012 年全国水产技术推广总站开发应用水生动物疾病远程辅助诊断服务网，为基层水产养殖户提供及时在线的水生动物疾病防控技术咨询和辅助诊断，有效解决了基层水产养殖渔民"看鱼病难"的问题。

养殖信息化水平不断提升。中国水产养殖的生产模式已由粗放型向集约型转变，生产结构不断调整升级，生产水平不断提高。物联网感知设备如水质参数传感器、水下机器人、水下相机、水下摄像头和气象站等不断应用。在水产养殖过程中，最受养殖户和研究者关注的是溶解氧含量、水温、酸碱度、电导率和氨氮等水体环境参数，主要通过传感器获取。其次是水产养殖动植物水产品个体／群体参数和水产品个体／群体行为参数，主要是通过采集图像和视频获取，利用计算机视觉技术识别其形状特征、纹理特征和颜色特征等进而对其行为进行估计。再次是水产养殖装备状态参数，主要通过传感器和射频装置获得。[①] 近年来，通过技术创新和集成应用开发，已经形成了多种有效的信息采集装置和采集方法，初步建立了养殖信息多维度实时获取技术体系。基于物联网技术构建了多种养殖环境、操作过程监测技术和系统，可以稳定实现对温度、溶氧、pH 等养殖水质和气象环境的连续在线监测。在养殖生产智能决策和精准管控模型开发方面，构建了涵盖气候、养殖水质和设备状态等关键因子的养殖水质调控模型，且部分模型已经应用到实际养殖生产中。[②]

水下养殖机器人逐渐开发应用。随着技术进步和制造成本的降低，水下机器人应用于水产养殖业日益受到人们的重视。水下机器人—机械手系统（UVMS）是一种新型的作业型水下机器人，通过软硬件的优化设计，它可以替代人工实现对水产品的捕捞。弱光照、多扰动、强耦合、非结构化海洋环境下，UVMS 的精准捕捞作业涉及水下目标识别、导航与定位、UVMS 动力学模型、作业优化控制等几个方面的关键技术问题。多传感器信息融合技术，复杂环境和扰动条件下目标动物的快速准确识别算法，水产养殖水下作业机器人目标识别速度和准确性提高是未来研究方向。[③]

渔业装备升级改造不断加强。我国渔业在智能化技术、装备及其应用方面取得一定的代表性成果。各地海洋渔船通导与安全装备项目实施积极推进，截至 2021 年底，沿海 11 省和大连、青岛、宁波、厦门 4 个计划单列市完成海洋渔船通导与安全装备升级改造超 14 万台（套），建设数字渔业岸台基站 240

① 段青玲、刘怡然、张璐、李道亮：《水产养殖大数据技术研究进展与发展趋势分析》，《农业机械学报》2018 年第 6 期。

② 刘世晶、李国栋、涂雪滢、孟菲良、陈军：《水产养殖生产信息化技术发展研究》，《渔业现代化》2021 年第 3 期。

③ 李道亮、包建华：《水产养殖水下作业机器人关键技术研究进展》，《农业工程学报》2018 年第 16 期。

座。研发新一代"插卡式 AIS"设备终端，开发渔业无线电综合服务平台，推进实现"一船一码一设备"监管目标，形成了一套规范化的渔业无线电设备及识别码管理模式。推进水产养殖装备机械化、自动化、智能化，数字化技术逐步应用于水产养殖环境监控、饵料自动投喂、养殖病害监测预警、循环水装备控制、深水网箱远程监控等领域。

伴随新一轮信息技术革命，我国渔业发展方式将加速向标准化、智能化转变，传统田间塘边水产养殖户、新兴工业化循环水养殖从业者纷纷兴起智慧渔业，带来从田间塘边到"指尖"的变革：点点鼠标，开启增氧机服务到屏幕，什么时候增氧、投料更心中有数；打开手机，水产市场信息即时畅通，解开了渔农"养什么对，卖什么贵"的纠结；打开电脑，智能监控温度、湿度和光照，缺啥补啥，让田间塘边和工厂化养殖管理更精准；大数据评价访客、折扣敏感度，让线上水产品更畅销。在养殖技术优化创新，集中集约水平显著提升和养殖模式丰富多样的基础上，特别是深远海大型网箱养殖、工厂化循环水养殖等产业形式和模式广泛推广应用，我国水产养殖智慧化水平将不断提升。

图4-11 福建连江深海智慧养殖"福鲍一号"平台

2. 渔业渔政信息化建设持续推动

海洋渔业已经深度依赖信息技术提供支撑,渔船作为其中最重要的节点,更是搭上了信息技术迅猛发展的快车。应用卫星遥感技术,分析海洋表面温度、叶绿素和海洋动力环境等信息,掌握渔场时空大致分布;卫星导航和卫星船舶自动识别系统(AIS)设备普遍得到应用,精确得知自身船位和周边船舶航行情况,安全、快速奔赴渔场得到保障;声呐和电液控制捕捞设备大量配置,能够精准瞄准鱼群、合理控制捕捞设备作业工况;海事卫星通信系统(INMARSAT)等多种卫星通信、渔业专用频段通信和北斗等设备的普遍应用,渔船在茫茫大海中不再是信息孤岛;船舶远程监控管理系统(VMS)的不断构建和完善,组成了船舶终端、通信网络和岸台监控中心三位一体的指挥网络。

渔业应急监测管理体系已经基本建立。中国渔政管理指挥系统、全国渔港建设信息管理系统、渔船渔港动态监控管理系统异地容灾备份中心等一批覆盖全国业务的重大渔业渔政信息平台建成,大幅压缩了渔船审批、渔港建设、船员资质认定等业务审批流程,有力支撑了各级渔业渔政部门开展日常业务和管理改革,业务辐射影响力不断加深,充分满足各级渔业渔政管理部门的电子政务和监督管理需求。

中国渔政管理指挥系统大幅提高了我国渔业现代化治理水平和行政执法管理效率。中国渔政管理指挥系统建有 32 个子系统、60 余项业务模块,涉及船网工具指标、渔船登记、渔船检验、捕捞许可、渔政执法、安全应急等全流程管理环节,支撑从中央到县市 3000 余个渔业部门机构对 33 万艘渔船和 84 万渔业船员开展综合管理,系统运行 15 年来累计数据量超过 1 亿条、办件量超过 860 万件,助力对全国海洋渔船的位置监控、安全救助、轨迹查询以及数据分析等应急安全救助服务,实现了以渔船管理业务为核心的渔业渔政管理全流程电子化,有效地保障了海上渔船安全作业生产,提升了渔业管理部门的应急救援能力和指挥监管水平。

渔船渔港动态监控管理系统异地容灾备份中心实现了沿海各地渔船渔港动态数据的集中备份、实时交换与统计分析,扭转了沿海各省间的动态数据"跨省不可见"的被动局面。中心进入试运行阶段，妥善储存了沿海各地渔船渔港动态数据，为渔船管理、渔政执法、应急安全等渔业渔政管理提供了有效支撑。截至 2021 年 9 月，该中心保存数据总量 5.9TB，累计动态船位数据 15.5 亿余条，累计向沿海各地区推送数据 42.2 亿余条，日均渔船终端报位数据量达 450 万余条。依托渔船渔港动态监控管理系统平台，可在渔船进港、在港、出港航行过程中对渔船进行自动识别、安全预警、联动跟踪和历史记录等。渔船所有人、涉渔企事业单位、执法船等终端用户通过业务功能模块，实现渔船业务各类数据的采集上传。

渔业生产大数据平台建设稳步推进。渔业基础数据库是渔业信息资源开发利用的重要环节，是实现渔业信息共享的基础，包括渔业组织机构数据库、渔业自然资源数据库、渔业生产信息数据库、渔业文献档案数据库和国外渔业数据库等。渔业资源环境动态监测体系建立健全，利用遥感技术开展渔业资源评估和养殖水域空间监测。疫情期间指导搭建全国水产品产销对接平台，开展产区销区对接，推动各地开展"鱼你同行"水产品驰援一线、爱心助力水产品销

■ 中国渔政管理指挥系统    ■ 渔船渔港动态监控管理系统异地容灾备份中心

■ 渔业船联网    ■ 国家农业科学数据共享中心

图 4-12　渔业渔政管理信息化应用

图片来源：农业农村部网站 http://www.moa.gov.cn/ztzl/xxhsfjd/sfjdfc/glx/202111/t20211111_638 1907.htm.

售等行动。①

3. 长江"十年禁渔"监管信息化

长江流域重点水域"十年禁渔",是党中央"为全局计、为子孙谋"的重大决策,是推动长江共抓大保护和长江经济带绿色发展的重要举措。针对非法捕捞发现难、取证难、追捕难等痛点,有关部门运用信息采集设备、高速传输、AI智能、雷达扫描、实景融合等技术手段,有效打击非法捕捞、垂钓等行为。通过信息采集、系统集成、5G、大数据、人工智能等现代科技手段,在长江流域建设统一的长江渔政执法远程监控指挥调度系统,实现对渔政执法管理工作的智能化监控和指挥调度,全面提升长江流域渔政执法数字化、信息化、网络化水平。有效解决长江管辖水域点多面广岸线长、执法力量不足、执法环境恶劣、发现难取证难执法难等问题,推动合理调度执法管理,为长江"十年禁渔"实现全天候的渔政执法监管工作提供坚实保障。

武汉打造天网工程赋能长江禁捕,构建渔政执法监管新格局。武汉市农业农村局在全面摸排沿江高点资源,结合禁捕执法监管工作实际的基础上,建设武汉市长江禁捕渔政监管信息化系统,打造武汉市长江禁捕天网工程。2021年10月,武汉市长江禁捕渔政监管信息化系统正式上线并投入运行,在沿江重点水域架设22个高点监控,配合高空无人机巡航、江面快艇巡查、沿岸机动巡检,构建"空天水岸"的立体执法监管体系,实现了对长江汉江中心城区水域全天候、全覆盖。禁捕天网工程运用先进的视频感知、人工智能、大数据、热成像联动识别,配合无人机等技术实现监管水域无缝覆盖、违法行为智能识别、预警信息精准推送、网格化巡查处置、人防技防统一调度的新型执法监管模式,实现动态信息可视化、目标监控多元化、水域监管智能化。同时,系统还兼具生态保护功能,常态化监测长江流域水生生物,在天兴洲、白沙洲等长江江豚频繁出没的水域设置高点监控,适时开启"江豚在线"直播互动,让广大市民群众实时观看江豚嬉戏长江的美好画面。

---

① 农业农村信息化专家咨询委员会:《智慧农业新技术应用模式》。

## （六）智能农机装备

智能农机是装备有中央处理芯片、各种传感器和通信系统等信息技术和系统的现代化农机。农业机械化和农机装备是转变农业发展方式、提高农村生产力的重要基础，是实施乡村振兴战略的重要支撑。我国高度重视农业机械化发展，先后编制《农机装备发展行动方案（2016—2025）》、《国务院关于加快推进农业机械化和农机装备产业转型升级的指导意见》、《"十四五"全国农业机械化发展规划》等文件。近年来，我国农机制造水平稳步提升，农机装备总量持续增长，农机作业水平快速提高，农业生产已从主要依靠人力畜力转向主要依靠机械动力，进入了机械化为主导的新阶段。

### 1. 农业机械化转型升级取得重要成效

"十三五"以来，我国农业机械化取得了长足发展，形成了向全程全面高质高效转型升级的良好态势，为保障粮食等重要农产品供给安全、打赢脱贫攻坚战、全面建成小康社会提供了强有力支撑。全国农机总动力达到10.56亿千瓦，比"十二五"期末增长17%。农作物耕种收综合机械化率达到71.25%，比"十二五"期末提高7.4个百分点，其中小麦、玉米、水稻三大粮食作物耕种收综合机械化率分别达到97%、90%和84%，分别比"十二五"期末提高3.5个、8.6个和6.2个百分点，创建614个主要农作物生产全程机械化示范县，畜牧水产养殖、设施农业、农产品初加工、果菜茶机械化稳步发展。全国农机服务组织19.48万个，其中农机专业合作社7.5万个；农机户3995.44万个、4751.78万人，其中农机作业服务专业户420.6万户、588.75万人。全国乡镇农机从业人员4966.1万人。农机服务收入4781.48亿元，其中农机作业服务收入3615.03亿元，为保障粮食等重要农产品供给、促进农民增收、打赢脱贫攻坚战提供了强有力支撑。

我国农机装备产业正在向高质量发展迈进，科技创新能力持续提升，新技术、新产品、新服务、新模式、新业态不断涌现，信息化、智能化、数字化技术加快普及应用，产业链供应链自主可控能力稳步提升，为充分满足农业生产各领域对机械化的需求创造了良好条件，加快推进农业机械化将为农机装备产业做大做强注入持久的动力。① 研制出小麦、水稻、玉米等主要农作物的耕种管收全程机械化作业装备，农业遥感技术成功应用于灾害监测预警、产量评估、农业环境要素监测，北斗导航支持下的无人耕地整地技术、小麦无人播种收获技术、水稻无人机插秧技术等取得突破性进展。基于北斗、5G 的无人驾驶农机、植保无人飞机等智能农机进军生产一线。目前已有超过 60 万台拖拉机、联合收割机配置了基于北斗定位的作业监测和智能控制终端。农业生产各领域加快"机器换人"稳生产、提效率、降成本、增效益，农业生产方式加速向机械化生产转变，农业机械化的广度与深度都发生了深刻的变化。在产业方面，从主要作物的耕种收环节向植保、秸秆处理、烘干等全程延伸，从粮食作物加速向棉油糖等经济作物扩展，快速向养殖业、加工业拓展。在区域方面，北方平原和旱作区等农业机械化水平较高的地方，正在加快提档升级，向全程化、大型化和智能化转变。

2. 智能农机装备技术创新加快

2020 年 11 月，在 2020 中国农业农村科技发展高峰论坛暨中国现代农业发展论坛上，"十三五"农业科技 10 大标志性成果正式发布，其中"玉米籽粒机收新品种及配套技术体系集成应用"和"油菜生产全程机械化取得重大进展"两项涉农机项目入选，彰显农机化转型升级新成就。

2021 年，中国科协智能制造学会联合体开展"智能制造科技进展"研究，中国一拖集团有限公司等研发的"主粮生产作业全程无人化解决方案"、江苏大学研发的"绿色高效温室装备与环境智慧管控技术"、北京市农林科学院智能装备技术研究中心研发的"航空施药精准作业管控技术装备与系统"等三项农机成果入围 2021 中国智能制造十大科技进展。

由华南农大和雷沃重工等开展"基于北斗的农机定位与导航技术装置研究"项目，研发的智慧农机自动导航精度为 5cm，接近国际先进水平，批量应用的无人驾驶拖拉机，在保证质量和性能的前提下，价格至少比国外便宜 1/3，有效扭转了我国高端智能农业装备长期依赖进口的状况，对于解决我国农机导

---

① 农业农村部：《"十四五"全国农业机械化发展规划》。

航精度不高、产品稳定性差和集成应用水平低等问题有重大意义。

基于北斗自动导航与测控技术的农业机械在农业耕种管收全程得到广泛应用，自主产权技术产品成为市场主导。通过安装农机北斗终端，使农机具成为农业物联网数据采集终端，运用大数据、云计算生成数字化作业路径图，实现农机自动化精准化作业，为农业管理部门、农场、合作社提供及时准确的信息化服务。进入 5G 时代，农机天联北斗、地接终端，彻底改变农业生产方式，农民种地蓝领变"白领"，手机轻松种田不再是梦想。农机深松作业监测系统解决了作业面积和质量人工核查难的问题，得到了大面积应用。农业无人机应用技术达到国际领先，广泛用于农业信息获取、病虫害精准防控。

"5G+智慧农机"取得进展。结合 5G 技术大带宽、低延时等优势，智能农机能全方位、高速度地探查周边环境，将提升安全性与可操作性，实现更精准的定位服务，通过全面机械化、智能避障、远程遥控、无人驾驶等方式，逐步实现对农业生产中耕、种、管、收等环节的全方位支撑。5G+无人智慧农机可根据规划路径实现自主作业、自动调头、自动提升和放下机具，配合角度传感器后还可实现实时监测作业质量、统计有效作业面积等功能。2019 年 11 月，

图 4-13 "5G+智慧农机"在崇明区万禾有机农场千亩有机稻田里演示

图片来源：http://www.moa.gov.cn/xw/qg/201911/t20191108_6331581.htm.

国内首个"5G+智慧农机"示范应用场景在崇明区万禾有机农场千亩有机稻田里演示，这片区域率先实现 5G 信号全覆盖，活动现场展示了新能源智能农机、农业植保机器人、无人驾驶收割机等最新型智慧农机。在北京市密云区无人作业试验示范基地开展的 5G+ 无人智慧农机示范会上，在密云区河南寨陈各庄村的 500 亩农田里，五台拖带着不同作业机具的无人驾驶拖拉机各司其职，配合默契、精准、有序、自主开展作业。它们不仅能区分作业区域和边界区域、会自动控制机具动作，还能实现 U 字形和原地鱼尾式掉头，作业直线精度只有 2.5 厘米左右的误差。

广州极飞、深圳大疆等公司的无人植保飞机和山东永佳等公司的自走式高地隙喷杆喷雾机，加载北斗终端后，可实时监控有效喷幅、流量、作业亩数等数据，为政府监管提供了有力支持。上海联适、上海华测、上海司南、黑龙江惠达、约翰迪尔等公司的农机自动驾驶系统都已广泛应用生产，能够自动避障，自行转弯调头，实现 24 小时不停机作业，抢农时农机作业产生颠覆性改变。中国一拖、雷沃重工、中联重机等农机企业已联合相关北斗企业，前装自动驾驶系统。

湖北省北斗现代农业应用示范项目实施取得"地上用好"的明显效果，通过北斗信息化手段对作业面积、作业质量、作业效果进行在线监控审核，保证了作业质量和面积统计精度，4 年累计节省人工审核成本约 4000 万元。北斗+深松监测作业技术的推广应用，能有效改善土壤质量，提高土壤肥力和保墒能力。2017 年至 2018 年，湖北省连续两年在随县和襄州区对小麦、玉米、大豆、花生等作物进行了测产对比分析，增产幅度为 4.3%—7%。①

新疆的北部 95% 以上棉田已实现全程机械化。截至 2020 年底，新疆棉花的播种面积达到 2419.66 万亩，其中机械采棉模式种植面积达到了 1689.63 万亩，机采棉种植面积占棉花播种总面积的 69.83%。随着人工成本的提高以及机械化成本的降低，特别是我国本土农机品牌技术和可靠性的快速提升，有效

---

① 苏孟忠：《北斗赋能，让农机更智能》，《农机科技推广》2021 年第 1 期。

促进了我国棉花全程机械化的进程。①

3.农机生产作业数字化管理

新型经营主体加快发展，农业机械化与规模经营加快融合，由产中向产前、产中、产后全程配套。新型经营主体更加注重获取高质量的全程机械化解决方案，更加注重延伸机械化的价值链，更加注重高效率的作业服务和组织管理，农机±农艺＋农事、互联网＋农机作业服务等加快发展。荣成市农机发展中心围绕重点工作任务，充分认识发展农机社会化服务对于推动解决"谁来种地、怎样种地"问题的支撑引领作用，通过扶持农机合作社建设和运营，整合机具、技术、人才，实现小农户和规模农业发展有机衔接。

荣成市宝丰农机专业合作社成立于2014年6月25日，至今拥有20公斤植保无人机8架，大型水旱自走式喷杆喷雾机15台，以及小麦收割机、播种机、深耕深松机等农业机械15台套，社员内大型农机具30台套，农机手30人。建有农机大院，粮食烘干仓储中心，开展大田作物"保姆式"、"菜单式"农机托管服务。合作社做到了服务链条向耕种管收、产地烘干等"一条龙"农机作业服务延伸，服务内容向农资统购、技术示范、咨询培训等"一站式"综合农事服务拓展，取得了群众认同的服务效果。

# 三、典型案例

近年来，各地积极探索信息技术在智慧农业生产各环节的应用创新，以信息化引领驱动农业农村现代化发展，一批智慧农业示范基地和园区在天津、安徽、上海、宁夏等地破土而出，甘肃、青海、西藏、新疆等西部地区因地制宜探索物联网试验应用。智慧育种、数字托管、无人农场、全域空间种植、工厂化养殖等一批新技术新模式创新应用，智慧农场、智慧牧场、智慧渔场在北大荒建三江、广东佛山等地落地见效。

---

① 赵弢：《2020年农机行业10大新闻》，《农业机械》2021年第2期。

## （一）北大荒垦丰种业：数字化赋能农作物品种创新

### 1. 总体情况

北大荒素有"中华大粮仓"之称，是保障国家粮食安全的"国家队"、"排头兵"。北大荒垦丰种业股份有限公司（以下简称垦丰种业）聚焦玉米、水稻、大豆、麦类等农作物的种子领域，是育繁推一体化大型国有控股种业公司。近年来，垦丰种业通过数字化手段打造以商业化育种为核心的研发创新体系、以全程质量控制为核心的生产加工体系、以全方位终端服务为核心的市场营销体系和支持与服务型总部的"3+1"体系。

垦丰种业正加速推进商业化、信息化育种进程，其必要性主要表现在以下3个方面：一是随着公司育种规模的不断扩大，育种站和试验站点的增加，育种材料、测配组合和田间小区的极速扩增以及数据采集量的加大，迫切需要提升育种工作效率。二是田间性状数据采集时，不同团队、不同场景、不同人员的记录方式差异很大，使得数据采集标准、记录形式不一致，不利于数据在团队内和团队间的共享利用。三是在以往的育种过程中，材料（即种子）由各课题组负责，数据记载不全不准不规范情况普遍，有时也可能会流失，给公司造成了不可逆的损失。迫切需要一个平台将材料数据统一保存，将数据与实物对应。

### 2. 主要做法

打造"3+1"体系。垦丰种业以运营系统化、资本市场化、发展国际化作为战略路径，积极开展"以商业化育种为核心的研发创新体系"、"以全程质量控制为核心的生产加工体系"、"以全方位终端服务为核心的市场营销体系"和支持与服务型总部的"3+1"主体架构搭建工作。公司全面构建商业化育种体系，实行首席育种家制度，推行集约化、专业化、信息化、规模化、自动化商业育种程序，随着金种子育种平台、LIMS 实验室管理系统、种质资源管理系统等信息化系统正式上线应用，程序化、流水线式的商业化研发管理机制已经建立。

将信息化、智能化全面融入公司各项工作中。一是完成公司信息化顶层设计。依据总体架构和战略规划、信息规划及业务流程规划蓝图，搭建了企业业务流程及数据总线平台，实现了全公司范围内的业务协同以及信息采集自动化、信息记录数字化。二是信息系统全面落地。全面推进全渠道营销平台+ERP（JDE）项目落地，搭建了供应链、仓储、物流、客户关系管理、电子商务等多个系统，金和与BPM完成集成，OA管理办公系统升级，邮件系统、双向追溯系统等投入应用，云桌面、企业统一通信等系统全面应用，实现了"工作空间随你走，领导同事在身边"的目标。三是硬件设施达到国际一流水平。选用IBM一体机等先进设备，搭建了垦丰私有云平台，宾西园区内部已实现了"万兆到楼宇，千兆到桌面"，网络安全达到信息安保三级标准。四是智慧化园区系统平稳运行。一卡通安防平台、信息发布系统、会议系统、访客系统、楼宇自控系统、环幕剧场、大屏广播等系统已正式投入使用，实现了门禁、梯控、消费等智能园区管理。

应用金种子育种平台赋能商业化育种技术体系升级。针对玉米、常规稻、杂交稻、大豆四类作物的商业化育种技术体系和管理模式的特点，垦丰种业采用金种子育种平台赋能商业化育种技术体系的升级。平台实现了对育种材料、亲本组配、品种选育、品种测试、系谱追溯、田间性状采集、多年多点数据分析等常规育种全流程管理。性状采集信息化、田间操作标准化、数据分析自动化，使得垦丰种业在育种流程上实现了科学管理、专业分工、流水化作业，助力垦丰种业整个育种工作由传统育种向商业育种、由"经验育种"向"精确育种"转变。2019年4月份，垦丰种业金种子育种平台正式上线，完成了2年4个育种季的育种操作，并受到了育种者和管理者的一致好评。

3. 取得成效

垦丰种业金种子育种平台成功实施以来，实现了育种研发的数字化升级，取得了以下5个方面的成效：一是基于RFID的田间性状数据移动采集、实时传输、自动汇总，提高了采集的规范性和准确性，降低了试验误差。二是育种软件与小区精量播种机、收获机、考种设备实现数据在线互通，各育种环节业务数据高效无缝对接。三是制定并落地实施了统一的作物育种性状数据采集等企业标准，为企业育种大数据资源建设提供了基础保障。四是标准化的试验设

图 4-14　北大荒垦丰种业农作物生物育种研发实验室

图片来源：垦丰种业 http://www.kenfeng.com/tx/yfcx/kyxm/.

计和数据分析方法，提升了数据利用效率。五是育种全程信息化管控，有利于企业全面掌握公司研发能力、研发规模和研发进度，为团队绩效考核和育种技术路线调整提供数据支撑，做到精准施策，大幅提升了公司管理效率。①

## （二）中信农业：数字技术赋能生物育种

### 1.总体情况

中信农业科技股份有限公司（简称"中信农业"）依托中信集团综合性大型企业集团整体优势，践行央企使命责任，打造隆平高科、华智生物、隆平发展等现代种业企业和科技创新平台，是我国生物育种迈向 4.0 时代的引领者，是国家种业振兴的主力军，也是乡村振兴战略的践行者。华智生物技术有限公司（简称"华智生物"）是在农业农村部支持下，由中信农业联合行业内十余家龙头企业、专业机构共同出资 4.74 亿元组建的新型研发机构，是专注于构

_____

① 《数字乡村建设指南 1.0》。

建智慧育种 4.0 大系统的种业关键共性技术平台。华智生物秉承 BT+DT 的核心技术路线，拥有国际一流的分子育种、生物信息计算和生物智能大数据平台，具备种业领先的数智化技术实力，拥有国际化的高层次专家团队，承担国家级分子育种创新服务平台改扩建项目，现已全面入选农作物、畜禽、水产三大领域国家种业阵型企业，是我国种业专业化平台的主力军。由中信集团作为第一大股东的袁隆平农业高科技股份有限公司（简称"隆平高科"）是我国第一大农作物种业企业，位居全球前十，在我国杂交水稻、杂交玉米、杂交谷子、蔬菜等种业领域处于领先地位，为稳产保供发挥主力军作用，是农业农村部发布的国家农作物种业阵型企业主力军。湖南隆平发展股份有限公司（简称"隆平发展"）在巴西玉米种子市场份额居于第二位，是我国种业走出去的成功范例，为我国引进国际种质资源、利用国际国内两种资源两个市场发挥了主力军作用。

2. 主要做法

品种是"农业芯片"，关系到国家的粮食安全。粮食产量高不高，农艺性状好不好，品种和种子质量是关键。华智生物在种业领域按照 BT+DT（生物技术 + 数据技术）的核心技术路线，通过 AI 技术赋能，研制"种谷大脑"，开发集成基因型、表型、环境互作的"资源—数据—技术—算法"一体化生物智能大数据分析决策系统，引入区块链技术推出生物育种产业化全程追溯的华智生物链系列产品，深入推进生物育种关键支撑技术攻关。华智生物自主研发的 mGPS、cGPS 等液相生物芯片，突破了国际上固相芯片制造的技术垄断，成为我国生物育种领域重要的高通量基因分型工具。华智生物设计的"育种管家"——华智生物育种信息管理系统，以数据为核心，以市场需求为导向，围绕作物、水产、畜禽等多物种进行育种全流程信息化管理。

传统育种主要依据性状的表型进行品种选育，每年只能从大量可用材料中选出有限的组合进行试验，再种到地里反复尝试，偶然性高，育种周期长，投入成本较高。隆平高科和华智生物通过检测覆盖全基因组的高密度遗传分子标记，结合精准的表型性状鉴定，运用深度学习人工智能的机器学习方法，结合基因组学、转录组学、蛋白质组学、代谢组学等多组学技术，构建基因组选

**图 4-15　华智生物育种信息化系统——"育种管家"**

图片来源：华智生物。

择模型，提高预测精准度；通过对育种个体进行遗传评估，计算个体的育种值
（Genomic Estimated Breeding Value，GEBV），在保证较高预测准确性的同时
提高计算速度，整合多种影响因子，提高 GEBV 估计准确性，依据 GEBV 对
后代进行选择。与传统育种相比，基因组选择具有精准预测、定向选择、高效
低成本等优点。

　　"好种"的诞生背后是一整套数字化的智慧种业系统做支撑。华智生物打
造的 BT+DT 育种集成技术体系，通过智慧农场、智慧渔场、智慧牧场的天空
地立体感知体系，将田间与实验室有机融合，对基因型、表型以及环境型数据
进行规模化采集，并汇聚到现代种业信息决策系统——"种谷大脑"中，通过
智能模拟和决策，实现育种加速器的作用。华智生物已在浙江、北京、河北、
重庆等多地建设 100+ 智慧农场，编织"种谷大脑"的网络体系。

　　华智生物在生物技术和数据技术的基础上，又进一步注入物联网及人工智
能等交叉技术，持续不断地推进种谷大脑、智慧农场、育种加速器等系统开
发，现已为超过 500 家各级监管部门、科研院所、高等学校、国内外企业执行
超过 1000 份技术支撑服务委托项目合同，提供一站式综合解决方案。

3.取得成效

通过引入分子育种技术，华智生物资源创制团队将多个经过功能表型验证的抗病、抗虫、抗逆和优质基因导入到遗传背景优良的材料中，结合经典的综合农艺性状大田表型选择技术，实现多基因聚合、多性状集成创制新种质。采用分子与常规育种技术相融合的途径，可大幅度提高育种效率，除了目标性状可以精准选择以外，新材料定型时间缩短一半，从传统的8—10年缩短到3—4年；田间种植规模下降70%以上，显著降低了劳动强度和人力成本。

此外，采用分子标记辅助的目标基因前景选择和全基因组背景选择方法，融合经典的综合农艺性状大田表型选择技术，还可实现对品种或材料特定性状的快速精准高效定向改良。受袁隆平院士委托，华智生物对袁院士团队选育某超级稻品种进行稻瘟病和白叶枯病抗性定向改良，通过2年10个月时间完成交付，经两年多省多点同田对比试验和人工接种抗性鉴定表明，改良后稻瘟病

**图 4-16 超级稻"玮两优 8612"示范片**

图片来源：隆平高科。

和白叶枯病的抗性显著提升。该项成果得到了袁隆平院士生前多次肯定，形成的两篇相关学术论文先后发表于国内著名杂志《杂交水稻》和国际高影响 SCI 期刊《Frontiers in Plant Science》。

隆平高科将分子育种与常规育种有机结合，开发利用数字化育种工具，加快品种创制成效。其选育的杂交稻新品种"玮两优 8612"在超级稻百亩示范方测产验收中，平均亩产干谷为 1158.8 公斤，经受住了持续高温、干旱的考验，再创湖南省一季稻高产纪录。

华智生物开发的 mGPS、cGPS 等液相生物芯片，目前已在农作物、畜禽、水产、林草等领域超过 30 个物种中开发应用。华智"育种管家"作为自主开发的育种全流程信息管理系统，已成功在我国 40 余家科研院所、高等学校和龙头企业安装应用，覆盖水稻、玉米、小麦、油菜、烟草、棉花、辣椒、食用菌、水产、畜禽等众多物种。

图 4-17　华智生物自主研发的液相育种芯片

图片来源：华智生物。

## （三）黑龙江龙江县：数字托管促农业全链条数字化转型

### 1. 总体情况

龙江县奋勇村位于黑龙江省齐齐哈尔市龙江县西北，地处半丘陵地带，全村土地 35000 亩，积温 2450℃—2550℃，是黑龙江西部干旱区砂石土地村屯典型代表。2021年，该村引进黑龙江农智云科技有限公司、北京爱科农科技有限公司及齐齐哈尔金丰公社农业服务公司，着眼乡村振兴战略稳步实施的现实需求，加快促进村集体经济发展与农业社会化服务有机结合，大力发展数字农业，实现小农户和现代农业有效衔接，积极探索村集体经济发展运营模式，努力实现农业全链条、农村全领域数字化转型。

2. 主要科技创新

打造农业超脑，挖掘智能潜力。2021年4月，奋勇村引进黑龙江农智云科技有限公司与北京爱科农科技有限公司，成功开发了"爱耕耘"大田农业超脑，通过卫星遥感、无人机巡田、手机监测，改变了依靠物联网传感器遍布田间的传统形式，实现天空地一体化，全天候监测管理，一部手机完成农业生产。2021年，奋勇村数字农业实现整村覆盖，以屯为单位，手机APP圈地上线。"爱耕耘"农业超脑经过智能分析判断，向农业设施智能作业装备发出操作指令，村民获得遥感在线、精准作业、数据管理、灾变预警等数字化服务，村委会统揽本地农业一览表、作物分布情况、长势监测、土壤分析、气象预测、灾害监测、灾后评估、智能决策等信息，通过农业超脑精准化种植、可视化管理、智能化决策，农业作业更加简单、便捷。播种前根据爱科农大数据平台分析，预测全年积温、降雨，计算出地块土壤信息，土壤温湿度等实时数据，帮助农民按照不同地块自然条件，推荐种子、化肥等农资产品。播种后基于"作物—土壤—大气"连续体数字模型，爱耕耘APP为种植户推荐从种到收全程智慧化预测，包括最优水肥方案、生育期预测与病虫害防治、产量预测等精准到每一天的全程种植方案。

建设数字农场，加强示范引领。奋勇村与企业合作，建设"爱耕耘"数字农场4个，开展智能分析提速升级试点，大田农业种植领域综合管理效率国内领先。一方面，为农户提供全生育期快速种植指导服务，缩短决策时间。数字农场实现线圈地后1秒获取天气及土壤报告，4秒获取最优水肥方案，即时的病虫害预测与精准防治，及时的作物长势和产量预测，24小时自动更新最优方案。通过人工智能种植决策系统，农民可以及早选择合适熟期的品种、确定最优播种时期、所需肥料，预计当年度产量等一整套方案建议。另一方面，为政府决策分析提供支持。2021年5月，根据全村整体作物生长情况，精准预测玉米最佳除草期，协助技术人员科学指导，减少药害。6月—8月，利用卫星遥感及无人机巡田，监测作物生长情况，病虫害情况，旱涝灾害情况，倒伏情况，发现生长异常，村委会第一时间通知农户，及时采取定向措施，提高农作物产量。9月，根据全年积温统计和近期天气变化情况，预测最佳收获期和产量。

**图4-18　奋勇村智慧农业规划及数字乡村园区建设**

图片来源：数字乡村建设典型案例·2021。

3.取得成效

探索双社协作，凝聚落地合力。村集体经济股份合作社与金丰公社联合，应用数字农业技术，不断巩固脱贫攻坚成果，积极探索乡村振兴有效手段，形成"统一经营、带地入社、保底收益、股份分红、集体受益、生产托管、产业发展"模式。双社通过数字化手段，集中脱贫户和小农户的土地，统一托管。农民无需资金和人力投入，每亩土地年收入800—1200元，破解了农户因缺少劳动力、资金、技术而不能种地或种地亏损的问题。齐齐哈尔金丰公社有限公司与村集体经济合作社共同入股，成立金丰公社奋勇村农业发展有限公司，共同经营生产托管。金丰公社总部指派专业人员担任总经理，村级集体经济组织负责人任董事长。村集体出土地资源，金丰公社提供资金和技术、订单，共同经营。同时，为托管地块投保收入保险，锁定托管地块最低收益，降低农业种植风险。金丰公社通过"良机"、"良技"、"良药"、"良肥"、"良种"，实现亩产增收"多打200斤、多收200块"的目标。

拓展应用领域，全面提升服务。与齐齐哈尔市乡村广播联合建设农民服务中心，利用媒体的广泛社会资源，建设线上、云上农民之家，为农民解决子女教育、医疗、法律、融资、产品销售、文书代写等农民自身难以解决的问题，同时为农民开办农技课堂，引导农民推进现代农业。利用"0452新农人"微信公众号，举办联席会议，掌握村情村况，协助当地招商引资，梳理产业，形成乡村振兴新引擎。①

**图 4-19　龙江县奋勇村大规模农机作业**

图片来源：数字乡村建设典型案例·2021。

---

① 《数字乡村建设典型案例·2021》。

## （四）广东佛山高明区：打造无人水稻农场

### 1.总体情况①

更合镇位于广东省佛山市高明区西部，辖3个社区、19个行政村，区域总面积347.02平方千米，是广东省乡村治理示范镇。2021年，高明区更合镇吉田村集约零散耕地，联合中科智慧农业创新研究院、广东高明产业创新研究院、高明区供销合作社等单位共建"高明吉田智慧农业园区"，依托5G、北斗卫星导航、无人驾驶等技术建设无人水稻农场，实现水稻耕、种、管、收全流程无人化操作。

### 2.主要做法与成效

一是推广使用无人智慧农机设备。该农机设备采用中国工程院院士、华南农业大学教授罗锡文团队基于北斗的农业机械自动导航作业关键技术，可以高

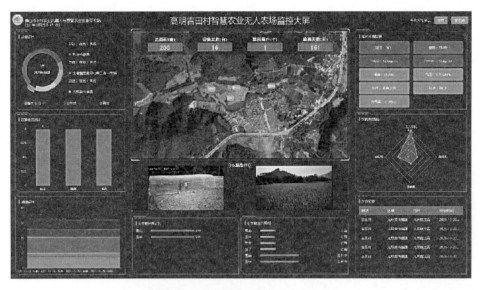

图4-20　吉田村无人农场中控系统

图片来源：https://www.intelagri.cn/newsinfo/2119799.html.

---

①　央广网：《村子里的无人农场"满岁"了，一年来收获了什么?》，（2022-03-30）[2021-12-27]．http://www.cnr.cn/gd/guangdonglueying/20220330/t20220330_525781040.shtml.

效完成水稻的旋耕、激光平地、播种、管理及收割作业，产量相比之前提高了200～300公斤/亩。农民动动"指尖"，就可以完成收割、脱粒、禾草粉碎、颗粒入仓，每亩收割只需耗时8分钟。

二是应用5G、云计算、数据控制、物联网等技术打造吉田村智慧农业大脑。农民可在PC端、平台端和手机端迅速掌握农田的酸碱度、降雨量、温度、风速等条件，并操控采摘机器人、拖拉机、喷雾机和运粮车等农机，实现智慧种田。

### （五）新疆尉犁县：为棉田插上智慧的翅膀

1. 总体情况①

尉犁县，隶属新疆维吾尔自治区巴音郭楞蒙古自治州。位于天山南麓，塔里木盆地东北缘，总面积5.92万平方千米，下辖5乡3镇50个行政村、12个社区，有第二师驻县团场及州直驻县单位5个，是"国家级优质商品棉基地"、"全国棉花生产百强县"和"全国农作物生产全程机械化示范县"。近年来，随着地膜覆盖、高效节水、物联网、无人驾驶等技术应用，高标准农田建设、生产全程机械化等政策推进，尉犁县从播种、植保、施肥到采摘全部实现科技化、精准化作业。同时，尉犁县全面推进"标准棉田、优质良种、高产创建、绿色植保和全程机械化"五大工程，推动棉花产业向更高水平的规模化、机械化、智慧化、现代化发展，打造尉犁原棉品牌。

2. 主要做法

一是智能化灌溉施肥。尉犁棉田水肥一体化智能灌溉系统采用高精度环境信息采集设备，远程自动控制灌溉设备以及视频监控设备、云平台，实现农业生产的智能化、自动化。它也可以通过电脑或者手机远程操作，定时定量输送到作物根系最集中的土壤区域，满足需求，从而减少因挥发、淋洗而造成的水肥浪费。农民只需在地里安装一个土壤传感器，就能实时监测土壤湿度、酸碱

---

① 尉犁县人民政府：《科技赋能让农民种地从"凭经验"到"科技化"》，（2022-04-28）[2021-12-27］．http://www.yuli.gov.cn/Item/108112.aspx.

度、微量元素等，系统精准调节水肥比例，水分和养分经由管道输送到棉苗根部，让其"渴了就喝、饿了就吃"。

二是机械化播种收获。基于机采棉标准体系，利用棉花生产物联网技术综合应用平台和北斗自动导航播种、精量喷药技术，集成应用了棉花大田农机精准作业智能系统，为农民整地、播种、收获提供全程机械化技术服务，提高了农机作业服务的精准度和效率，降低了作业成本。

三是无人机高效植保。无人机在尉犁棉花喷洒脱叶剂和打顶方面发挥了重要作用。传统脱叶剂施药方式，采用大型机车，会碾压3%—5%的棉，1000亩棉田至少需要3天，而通过无人机喷施脱叶剂，不会碾压棉株，1000亩棉田只需1天时间即可完成，节省人工，方便高效。棉花打顶是棉田管理的重要环节，通过物理或化学方式摘除顶心，消除棉花顶端生长优势，达到棉花增产的目的。据统计，无人机打顶每亩价格在25元左右，而雇佣人工作业，每人每亩成本在75～80元。

3. 取得成效

2020年，尉犁县以农业公司、农机公司为引领，引进龙头企业，建设高标准农田34万亩、高标准棉花良种繁育基地23万亩，棉花主打品种控制在3个以内；机采棉突破95万亩，智慧农业增加至3万亩，农业机械化率达96.7%，棉花综合种植成本每亩下降570元，籽棉亩均增产100公斤，释放农村劳动力15000人，实现100%就业。[①]

## （六）安徽长丰县：打造数字草莓新模式

1. 总体情况

长丰县是全国著名的优质草莓生产基地，草莓种植已有近40年的历史。近年来，长丰县大力实施草莓产业提升工程，不断推进草莓产业科技进步和品

---

① 尉犁县人民政府：《2020年尉犁县政府工作报告》，（2021-02-19）［2022-6-4］. http://www.yuli.gov.cn/Item/107384.aspx.

牌创建，先后荣获"中国草莓之都"、"中国设施草莓第一县"、"国家地理标志商标"等荣誉称号。截至 2020 年，全县草莓种植面积达 21 万亩，年产量 36 万吨、总产值 61 亿元，从业人员 18 万人，受益农民 36 万人，全县农民收入近一半来自草莓经济，形成了"乡乡有莓园"、"村村有种植"的良好局面，每年集聚全国各大中型城市 500 多家客商进行线上线下分销，小草莓已经成为长丰对外宣传展示的一张亮丽名片。

近年来，长丰县按照数字赋能草莓产业思路，大力实施"互联网 +"农产品出村进城试点工程，建立了全国领先的以草莓为主题的草莓文化博物馆，初步建成数字草莓病虫害大数据平台，建设博士草莓园、合肥艳九天、长丰县莓味道等一批数字草莓园区，全县数字草莓发展基础较好、前景广阔。

2. 主要做法

长丰县利用物联网、大数据、区块链、人工智能等技术，建设"数字草莓"大数据中心、草莓园区智能管理、草莓品质品牌数字管理等数字化系统，构建长丰草莓"产业布局、病虫害识别、肥水管控、农产品质量安全追溯、销售网络"一张大图，实现草莓生产温、光、气、土、肥、药可视化和联动控制，打造草莓资源数字化、生产智能化、管理精准化、服务远程化、质量监管网络化"五化"体系，形成可复制、可推广的数字农业应用场景模式。

建设"数字草莓"大数据中心。依托建立的草莓品质品牌数字管理、草莓园区智能管理系统，对草莓资源数据进行梳理、整合、分析，为全县草莓产业优化升级提供决策参考。大数据中心采集和汇聚全县草莓基地在农业产业化、农业物联网、农产品质量安全、病虫害防控、草莓市场销售等方面的数据资源，按照安徽省农业大数据综合信息服务平台建设数据规范要求，实施数字草莓全量数据集成。

建设草莓园区智能管理系统。推动草莓大棚数字化升级，配备自动气象站、土壤环境和植物本体传感器、视频监控、水肥药一体化综合管理等设施设备，采集土壤水分、土壤温度、空气温湿度、光照、二氧化碳浓度、高清图像等信息，借助大数据、图像识别、可视化等技术，依托建立的智能水肥一体化、病虫害智能化识别、草莓专家等远程服务系统，为农事管理、病虫害防御提供科学依据，实现温室大棚的自动化运行管理。

建设草莓品质品牌数字管理系统。在示范园区温室大棚内部安装智能巡检机器人，通过运用 AI 识别传感器和 AI 算法，对草莓生长果形、裂果、成熟度等表型信息进行动态采集。结合各类传感器采集的资源数据，利用 AI 技术构建专业的本地化草莓大数据模型，形成标准化草莓 AI 品质控制模型。通过构建统一的"长丰草莓"溯源标识，接入溯源的扫码系统，使经销商和消费者在购买农产品时可以了解该农产品的质量等级，进一步提升长丰草莓国家地理标志农产品的品牌影响力。

打造草莓之都中国·长丰草莓文化旅游节。草莓小镇规划面积 3.96 平方公里，总投资 16.34 亿元，由长丰县乡村振兴公司负责投资和规划建设。小镇立足长丰草莓产业优势，以创建国家级现代农业产业园为契机，深入推进草莓产业年总产值、品牌价值"双百亿"提升，围绕科研、营销、文创和绿色生产、精深加工、冷链仓储、品牌运营等一二三产融合发展，近期重点建设草莓观光大道、高新技术示范园、农产品交易中心、文化博物馆提升、核心区产业设施配套等项目。

未来"十四五"期间，重点开展"乡村电商创客中心、草莓品牌运营中心、草莓食品加工园、冷链仓储物流园、草莓主题民宿、草莓观光工厂、草莓主题餐厅、湿地公园、乡村产业社区、草莓欢乐谷"等方面的招商引资和配套建设，实现以草莓农旅融合为主导，以文化创意为衍生的"草莓全产业链企业

图 4-21　中国长丰草莓小镇

图片来源：数字乡村建设典型案例·2021。

总部"和"全国草莓产业科技创新高地",打造4A级乡村旅游景区,实现"生产、生态、生活、生意"四生融合发展,助推长丰北部率先实现乡村振兴。

3.取得成效

通过数字赋能、科技加持,推进草莓产业数字化转型升级,数字草莓经济新动能加速汇聚。一是草莓绿色发展水平大幅提高。通过病虫害智能识别系统和水肥药智能管控系统,实现精准化施肥、施药,草莓生产节肥30%、节药45%。二是草莓产业降本增效显著增强。通过数字化实现草莓平均产量提高15%,每亩节省农资、人力等费用800元,亩均增产增收3600元,经济效益增长15.2%。三是草莓线上销售发展迅速。依托数字化技术,草莓农产品质量安全追溯覆盖率达到99%以上,长丰草莓电商销售占比从过去的10.1%增长到19.2%,草莓线上年销售量超7万吨,有力提升了长丰草莓品牌影响力和美誉度,成为全县乡村振兴的支柱产业[1]。

图4-22　长丰县数字草莓监控大屏和草莓大棚

图片来源:数字乡村建设典型案例·2021。

## (七)中国航天系统科学与工程研究院:全域空间种植技术

1.总体情况

中国航天系统科学与工程研究院—北京中农俊景科技有限公司研发了全域

---

[1]　《数字乡村建设指南1.0》。

空间种植技术，即利用植物大数据和智能控制系统，通过水肥气一体化技术，达到种菜生长期不需用人管理、不会种菜也能种好菜。植物能在人工智造的任何空间环境下健康快速生长，适宜种植蔬果、粮食、药材、烟茶、花草、树木等植物。

2.主要科技创新

全域空间种植技术通过国家技术检测，硒、有机产品指标达到国家标准。该技术目前处于国际领先水平，已获得19项专利。

通过多年实践表明，气雾培作物与土壤栽培产量相比平均高达3—5倍，如果一些小株型作物（如叶菜、特菜或药草等），再结合梯架式或立柱式雾培，综合产量与平面的土壤栽培相比，提高至5—10倍，甚至更高，同时靠全域空间种植技术生产出来的蔬菜质量好。无农药残留，无重金属，具有十六种氨基酸，维生素，矿物质比土地种植高百分之三十以上，是建设垂直农场与垂直农业打造都市农业圈的重要支撑技术。

3.取得成效

全域空间种植技术在青藏高原、西沙永兴岛、酒泉卫星发射基地、苏山岛

图 4-23　全域空间种植技术

图片来源：《智慧农业新技术应用模式》。

图 4-24　全域空间种植工厂

图片来源：智慧农业新技术新模式 V10。

兴安盟阿尔山等地成功试行全域空间种植。在房山区国家现代农业产业园已建成面积 5000 平方米蔬菜种植工场①。

## （八）中国移动：打造智能农机管理平台

### 1. 总体情况

中国移动智能农机管理技术包含后台管理平台及智能终端，融合 5G 通信技术、高精度卫星定位技术和人工智能图形学算法，结合农机电脑板工况状态读取技术，实现了农机作业管理、实时视频监控、运行轨迹跟踪、作业质量监控等农机信息化管理功能。农机管理平台包括物联网消息队列 MQTT、管理平台 web 端和算法服务几部分组成，智能终端通过 5G 通信技术将农机工作状态数据发送至 MQTT，管理平台 web 后端定时将 MQTT 的数据进行处理、存储，并请求算法服务获取作业质量和耕地面积亩值，供管理平台 web 前端进行视频监控、运行轨迹、工况状态、作业质量数据等展示。

---

① 农业农村信息化专家咨询委员会：《智慧农业新技术应用模式·2020》。

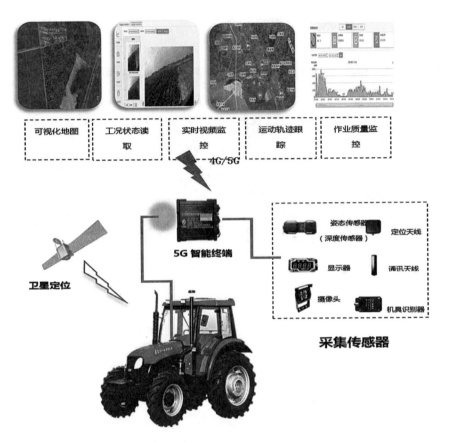

| 可视化地图 | 工况状态读取 | 实时视频监控 | 运动轨迹跟踪 | 作业质量监控 |
|---|---|---|---|---|

图 4-25　中国移动智能农机管理平台及智能终端

图片来源：智慧农业新技术新模式 V10。

2. 主要科技创新

中国移动智能农机管理平台使用了目前主流的分布式 web 后台方案和算法微服务方案进行开发，并加入 MQTT 物联网消息队列实现终端到后端的可靠连接，通过前、后端、算法端和终端的业务解耦，实现了一套具有高性能、高并发、低时延的农机管理和面积测算服务平台。

中国移动智能农机管理平台的核心算法及其创新点主要包括定位滤波算法、轨迹压缩算法、耕种区域去重算法、耕种区域去噪算法这几个方面。定位滤波算法，主要作用是对 GPS 数据和农机电脑板数据进行数据融合及其相关异常数据过滤，以提高轨迹跟踪和面积测算的精度。轨迹压缩算法主要基于 DP（Douglas Peucker）算法进行改进，创造了一种循环距离评估算法，通过将不在起点和终点之间的点到直线的距离改为点到起点或终点的距离，在起点和终点之间的点到直线距离计算方法不变，解决了传统 DP 算法重复线段无法过滤的问题。耕种区域去重算法采用动态画布打点建模的方式。耕种区域去重算法采用动态画布打点建模的方式，根据路径所占长宽动态设置画布大小，画布分辨率可根据内存大小设置，一般可设置为厘米级别。然后根据路径和农机具幅宽将路径宽度进行膨胀，并将膨胀后的路径在画布中打点。由于基于画布打点，所以有效解决了重复耕地面积计算去重的问题。耕种区域去重算法主要解决由于 GPS 噪声偏移等问题，基于连通域检测，将所有连通域进行面积、长宽比、区域面积与边界框面积比进行过滤，减少实际已耕种但打点漏掉的噪点，提高面积测算的精度。

3. 取得成效

目前中国移动智能农机管理平台已在建三江农场落地，实现了农机的网络化管理、作业的可视化监控、数据的智能化审核，极大地提升了农场农机的综合利用效率。[1]

## （九）广州极飞科技：用机器人和 AI 技术为农业赋能

1. 总体情况

广州极飞科技股份有限公司成立于 2007 年，2013 年开始深耕农业领域，以"提升农业生产效率"为使命，研发制造机器人 +AI，深度应用于农业生产，为数字化智慧农业提供技术装备。极飞科技员工超过 1400 人，其中研发人员占超过 60%，截至 2021 年底，极飞科技申请专利 2107 项，其中发明专利超过 943 项。极飞科技连续四年被评为广州独角兽企业，其智能精准农机在 2020 年的农交会被农业农村部认定为中国十大数字农业技术应用之一；同年世界粮农组织评定极飞的农业人工智能为全球十大农业人工智能技术之一；2021

---

[1] 农业农村信息化专家咨询委员会：《智慧农业新技术应用模式·2020》。

年 11 月极飞科技因"创新改变农业、改变世界"获《哈佛商业评论》第五届管理实践全场大奖。

2. 主要做法

极飞科技始终致力通过创新技术和产品，提升农业生产效率，助力中国现代农业建设，实现农机产业的高质量发展。极飞科技的产品涵盖三个方面。

一是农业生产数字基础设施，包括 RTK 导航网络、无人机绘制的农田高清数字地图和电子围栏、农业物联网系统。截至目前，极飞科技与政府、合作伙伴在全国建设的、基于北斗的 RTK 导航网络，已覆盖 1500 多个市县、35000 多个农村，实现了高精度农田作业；基于极飞科技高精度遥感无人机的大规模应用，今天中国农民已经可以轻松获取精准高清的农田地图，并结合农业物联网，构成农田的数字空间叠加作物和生产要素的数字孪生，为智能化、无人化农田作业和管理提供数字化底座。

二是智能精准农机，包括极飞农业无人机、极飞农业地面机器人、改造传统农机的极飞农机自驾仪等。极飞农业无人机集睿喷、睿播、睿图功能于一体，可灵活搭载不同的作业模块，通过手机或智能遥控器，在不同地形农田上轻松高效地开展播种、撒肥、施药、测绘等作业。根据农作物生长状态，进行差异化变量精准植保，大幅减少农药使用量、节约水资源，保护生态环境。作业完成后，各项数据自动储存云端，一键即可生成作业报告，为用户提供智能、精准、高效、灵活的生产解决方案。

三是智慧农业生产操作系统即农业 PaaS 和 SaaS。极飞智慧农业系统，建立在极飞农业生产数字基础设施之上，形成物联网数字层、时空数据库、人工智能算法建模、多种应用创建等，并连接智能农机，可通过极飞农业生产操作系统导出作业图谱给农机自主作业，具有开放性和可定制等优势，可适应各种作物和多种农业经营主体。

通过数字农业基础设施、精准农业智能装备及农业生产操作系统，软硬件协同，实现全面感知、自主决策、自动执行的数字化智慧农业生产系统，贯穿耕种管收全过程，实现农业生产的降本增效，使种地从经验型走向数字化知识型，解决谁来种地的难题，并可应用于无人化农场建设、高标准农田的数字化

**图4-26　极飞科技产品系列化智能农机**

管理和水肥一体化、农业托管服务平台建设、政府农业宏观管理可视化驾驶舱等。

3.取得成效

极飞科技的数字化智慧农业系统是解决国内农机"两融合"难题即农机农艺融合和机械化信息化融合的良方，也是实现中央一号文件所要求的"发展智慧农业，建立农业农村大数据体系，推动新一代信息技术与农业生产经营深度融合"的有效途径。从极飞科技的产品应用效果看，截止到2020年底，极飞科技的技术装备累计部署使用了6.6万台，作业耕地7.8亿亩次，作物增产647万吨，如果按每亩产量1000斤计相当于增加耕地1294万亩，农药减施4.09万吨，节水945万吨。极飞科技的智慧农业系统被国内众多农场广泛采用。以苏北的大中农场为例，其7.6万亩粮田在2019年引入极飞智慧农业系统生产，当年就降本增效400多万元。

极飞科技与广东省农业农村厅合作，专门为省农业生产托管服务打造了广东粤农服平台，面向小农户、家庭农场、农民合作社等各类农业生产经营主体，线上匹配各类农业社会化服务资源，线下采用智慧农业系统实施，为农业生产者提供高效的一站式、普惠性、全产业链服务的托管服务解决方案，帮助传统农业生产通过数字化转型走向现代农业发展之路。自粤农服平台上线至今五个月，服务28个县，涉及农服组织175个，累计服务农田近45万亩，产生

图 4-27　无人机正在生产作业

订单金额近 8 千万元，有效解决了农业小生产面对大市场的难题。

## （十）新希望六和：建设肉禽数字化养殖基地

### 1.总体情况

新希望六和股份有限公司建设的"肉禽数字化养殖技术"以全数字化的视角，实现从生产现场到管理决策的全数字化闭环过程。该技术利用现场数据自动感知采集端、智能分析技术、本地智控端、远程控制端、大数据平台等实现智慧养殖。该技术将养殖场所有环境（舍内外温度、湿度、二氧化碳、氧气、PM2.5/10、风速、光照、负压等）、生产（采食量、饮水量、体重、水料比、料肉比等）、经营数据（毛利、生产费用、净利等）上云形成大数据中心，通过数据挖掘不断探索建立数字化的最优生产曲线模型及养殖现场最佳管控参数，同时在养殖场配套智能控制设备，自动执行优化后的管控参数，实现养殖现场管理的智能化，且实现养殖过程远程精准监测、养殖风险实时预警和生产指标偏移纠正。

### 2.主要科技创新

该技术除了常规的数据采集、储存、显示、查看、超限报警、断电报警外，其创新点表现在：采集家禽养殖全周期中养殖环境、动物健康、生产性能、管理操作等数据，基于大数据挖掘、人工智能、统计建模等技术建立养殖场生产管理平台和智能监控优化系统，实现适用于我国不同养殖环境、不同养殖模式的自动化分析决策，生产远程实时监测，生产现场智能化、精细化控制及风险预警。具体表现在：

通过数据挖掘，建立全场景生产管理标准曲线，并不断优化。针对目前养殖现场存在大量数据，但并未成为有效信息的现状，我司在养殖场重点区域敷设温、湿度传感器外，还配置了二氧化碳、氧气、风速、PM2.5、PM10、照度等传感器，获取全面、真实的环境大数据。通过数据挖掘、统计建模、人工智能等方法分析养殖效率与温度、湿度、二氧化碳、照度等的内在联系，对养殖最优管理参数曲线进行不断优化。

生产数据自动搜集，反馈管理模式的合理性并实时纠偏。引入自主研制的称重系统，实现了体重数据的实时自动搜集，结合采食量、饮水量的自动监测，使养殖过程中每日的生产性能数据能够实时反馈。此类数据是现场管理操作是否合理、家禽健康状况的最终体现，通过对此类数据的及时知晓，可以让养殖者及时纠偏过程管理操作程序。同时，此类生产性能数据上云，经过大数据分析，不断优化不同模式下的生产性能曲线模型，使参考对比更具科学性。

养殖场本地智能控制，降低人为经验性管控，养殖指标更稳定。养殖场本地端的智能控制设备，在养殖管理者授权的情况下，可以参照大数据平台优化后的管理参数，自动控制风机、小窗、导流板、湿帘、加热、雾线、光照、饲喂（计量）等设备，异常情况实时报警、分体式灯光控制、粪带控制、行车自动加料。例如：通过大数据分析得出不同日龄段的最优光照时长与光照强度，智能控制系统自动控制光照系统的开启与强度。

植入肉鸭封闭式立体养殖管理标准，为管理者提供依据。肉鸭的养殖模式在过去均为开放式或半开放式，而肉鸭的立体养殖成为趋势，由于缺乏肉鸭封闭式立体养殖的管理标准及管理人才，目前很多立体肉鸭养殖场都养不出好成绩，更有甚者建了养殖场但不敢养，极大的浪费了资源。经过三年长期跟踪本公司立体养殖的全面数据，建立了肉鸭立体养殖生产、管理标准曲线，包含：

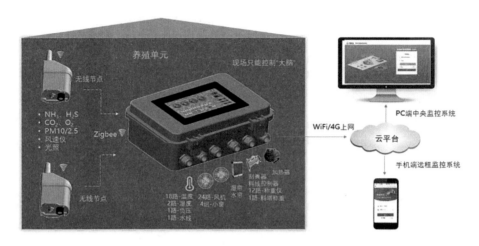

**图 4-28　养殖场本地端的智能控制设备**

温度湿度管控曲线、采食量标准曲线、饮水量标准曲线、体重标准曲线，将该曲线录入本地智能控制设备、PC 端及手机端，为用户提供了可靠参考。

3. 取得成效

目前养殖日渐趋于规模化与集约化，个人养殖经验已不适用于新型养殖模式，养殖现场的标准化管理成为必须，以确保每批养殖成绩的稳定。该系统利用后台大数据对现场设备进行智能控制，随着应用增多，数据量扩大，各标准参数将更加精准，养殖端控制将更加精细化，不断提高养殖效率。此套系统已在新希望六和部分自养场进行应用，增强了现场的数据对标，提高了现场的管理效率，实现了远程对现场状况的实时监测。[①]

### （十一）中国农业大学：工厂化高效鱼菜共生系统精准测控

1. 总体情况

中国农业大学、重庆市农业科学院等研发的工厂化鱼菜共生系统，是一项新型高效生态绿色的种养殖模式，如何实时精准测控鱼菜协同生长是产业界面

---

① 农业农村信息化专家咨询委员会：《智慧农业新技术应用模式·2020》

临的关键难题。该技术充分利用鱼、菜的生物特点，突破了工厂化鱼菜共生系统水质、营养、鱼菜生长等关键参数精准感知技术，构建了鱼、菜最优生长协同控制模型和多能源互补和能耗优化调控模型，研制鱼菜动态平衡循环水调控、精准投喂、鱼菜营养调配的智能装备，开发了工厂化鱼菜共生系统云管控平台，突破了 5000 平米年产 100 吨鱼和 160 吨菜的高效生产，显著减少了液废、固废，提高了土地利用率，实现了节本增效、节能减排和水产养殖绿色发展。

2. 主要科技创新

发明了基于多元信息融合的鱼菜共生水体营养盐精准感知技术，突破了鱼菜循环水体氨氮、硝氮、亚硝氮在线精准监测难题。发明了一种氨氮智能变送系统及氨氮原位高频检测方法，氨氮检测精度 ±0.01mg/L，免维护周期长达90 天；发明了一种适用于鱼菜共生营养盐智能传感器，采用电流电压四环电极和温度探头的复合结构，测量精度达到 ±1%；发明了一种适用于鱼菜共生的智能pH测量方法，采用电化学高频调制计轭抑制和异步间歇式脉冲供电方法，消除了传统 pH 电极应用过程中的钝化效应，电极填充液的消耗速率是传统电极的1/3，传感器平均校准维护周期由原来的 2 个月变成 8 个月。

创建了鱼菜共生系统关键参数的预测、预警、优化与调控模型和鱼菜最优生长精准调控系统，实现了同一个系统里鱼菜的差异化最优生长。构建人工智能和计算智能融合的鱼菜共生关键参数预测控制模型，模型预测准确率达95%以上；发明了鱼菜共生动态营养平衡和关键环境因子精准调控系统，环境二氧化碳和养殖水体溶解氧预测控制精度在 ±5ppm；鱼菜共生装备集群的故障诊断预测准确性达 90%—94%；建造了太阳能、生物能等多能源互补供热供电模式，换热效率达 96%以上。

创建了工厂化高效鱼菜共生精准测控体系和装备，实现了鱼菜共生产业化和标准化。发明了多种循环水处理与水培工艺融合的鱼菜共生数字化装备，包括数字化微滤机，生化反应装置，循环水管路，营养液调控装置，智能投饵机等，节省饵料 30%，增氧效率提高 30%，节省人工 80%以上。创建了集传感器、数字化终端和综合云平台于一体的高效精准工厂化鱼菜共生测控体系。探

图 4-29　工厂化高效鱼菜共生系统

索了不同区域、模式下的产业落地。实现了 5000 平米年产 100 吨鱼和 160 吨菜的高效生产。

3. 取得成效

本技术设施化、智能化水平高，养鱼、种菜不对耕地和土壤肥力有依赖，水、废、气等循环利用，可以实现周年不停歇的工厂式生产，生态循环可持续性强，推广应用价值高，尤其适合资源环境约束下的离岛和深远海场景，解决农产品生产补给的问题和淡水回收的问题。

2014 年，研究团队联合寿光蔬菜产业集团有限公司在山东寿光市，建立了工厂化鱼菜菇共生系统 V1.0 版本，占地 1890 平方米，打造了精准生产测控技术体系。2017 年，团队联合天津中农晨曦科技有限公司，在天津武清区，打造工厂化鱼菜共生 V2.0 版本，占地 5000 平方米，扩展了产业链条，在重庆农科院打造了 5000 平方米年产 100 吨鱼和 160 吨菜的高效生产纪录。2019 年，团队联合江西中农晨曦科技有限公司在江西会昌县，进一步打造工厂化鱼菜共生 V3.0 版本，总占地面积 10 万平米，融合了生产、加工、流通、文旅，创造了每立方米水体养殖 150kg 澳洲墨瑞鳕的纪录，引领了产业化鱼菜共生模式。本技术在北京通州区、江苏常州市、浙江温州市、山东潍坊市等十几个省市开

**图 4-30　工厂化鱼菜共生系统各地开展应用**

展了大规模推广应用。①


## （十二）山东长岛海洋生态文明综合试验区：打造现代化海洋牧场示范区

### 1. 总体情况

现代化海洋牧场是在坚持绿色发展理念前提下，将海洋新技术、新产业、新模式充分聚集的现代化渔业综合体。海洋牧场改变了以往单纯捕捞、设施养殖为主的渔业生产方式，有效保护和恢复海洋生态系统，实现渔业的可持续发展。长岛是全国最早开展海洋牧场建设的地区之一，全区现有省级以上海洋牧场12处，其中国家级6处，省级6处，海洋牧场总面积达到34.9万亩。

### 2. 主要做法

一是推动产业向绿色化方向发展。在海洋牧场建设中，始终把环境承载力作为硬约束，腾退、拆除近岸筏式养殖区1.77万亩，投入财政资金近1亿元，推进养殖环保浮球、海水池塘和工厂化养殖升级改造等工作。

二是推动产业向规模化方向发展。示范推广"海工＋牧场"、"陆海接力"、

---

① 农业农村信息化专家咨询委员会：《智慧农业新技术应用模式·2020》

"大渔带小渔"三种模式,将全区水产种业、海水增养殖业、海工装备、水产品精深加工等多家大型龙头企业纳入雁阵型集群,推动现代化海洋牧场建设全产业链融合发展。

三是推动产业向工程化方向发展。一方面,支持和保障"百箱计划"首批4座智能网箱年内建设完成;另一方面,协助相关企业先后通过参股、项目合作等形式与海洋牧场展开合作,实现优势互补、互利共赢。全区共建成海洋牧场平台5座、深水智能大网箱8座,通过多年发展,长岛现代海洋牧场建设初具规模,装备化、信息化、规模化水平率先走在了省市前列。

四是推动产业向智慧化方向发展。搭建海洋综合管理大数据平台,用好信息化手段,打造"智慧牧场"。实施6个海洋牧场观测网项目,完善海洋生态环境在线监测、海洋牧场观测和海洋经济运行监测网络,将5G技术与海洋牧场装备深度融合,实现养殖数据实时传输,基本实现海洋牧场水下作业可视、可测、可控、可预警。

3.取得成效

海洋牧场建设明显改善了局部海域生态环境,牧场生物多样性大大提高。全区海洋牧场示范区投礁规模突破130万空方,增殖放流恋礁型鱼苗3000余万尾,重点海洋牧场区域渔业资源得到明显改善。2020年,全区近岸海域水质优良比例达到100%。"大渔带小渔"模式为渔业发展开辟了新道路,全区渔民合作社快速发展,总数达到49家,辐射带动3600多户渔民实现了共同致富。以海洋牧场为载体的新型"渔家乐",进一步拉长了海上休闲旅游产业链,年接待游客超过300万人次,成为渔民增收新亮点。[①]

## (十三) 江苏中洋集团:数字渔业的探索和实践

1.总体情况

江苏中洋集团是一家以现代渔业为主导产业的民营企业,是国家级农业重

---

① 《数字乡村建设指南1.0》。

点龙头企业，是中国渔业协会副会长单位暨河豚鱼分会会长单位。江苏中洋工厂化循环水数字农业建设项目简称中洋数字渔业项目，被列入 2017 年国家农业部数字农业项目。项目建设地点为中洋集团江苏总部养殖基地。项目分为在线监测系统，包括浮标水质监测系统、区域视频监控系统和水下视频监控系统；生产过程管理系统建设，包括现场自动控制系统、手持式移动生产管理系统和生产运营管理系统；综合管理保障系统建设，包括鱼病远程诊断系统和质量安全可追溯系统；公共服务建设，包括公共信息资源库、疫情灾情监测预警系统、养殖渔情精准服务系统、机房物理环境系统。

中洋数字渔业项目构建了能自主学习、自主优化的水产精准养殖标准模型，建设了在线监测系统、生产过程管理系统、综合管理保障系统和公共服务系统四大系统，可实现水质在线监测、区域视频监控、水下视频监控、现场自动控制、移动生产管理、生产运营管理系统、鱼病远程诊断、质量安全追溯、公共信息资源数据库查询、疫情灾情监测预警、养殖渔情精准服务、试验示范成果展示等诸多功能。

**图 4-31　中洋集团养殖基地**

2. 主要做法及成效

(1) 编制一体化渔业系统软件, 构建水产精准养殖标准模型

中洋数字渔业项目将水质在线监测系统、生产过程管理系统、综合保障系统和公共服务系统一体化编程设计, 通过一体化控制模块实现管控一体化。项目通过水质在线监测系统中的设备与生产过程管理系统中的设备联动控制, 实现投饵、用药、增氧、水环境整治精准控制, 不会对水环境造成不必要的污染; 根据动态养殖情况与仓储生产物料数据自动匹配, 提示安全库存, 做到合理库存以及疫病疫情关联预警。项目软件系统将长期进行数据记录, 实现大数据分析, 在三到五个周期的养殖过程中, 会形成适合本企业的养殖基本模型。在未来的养殖过程, 系统还将实现自主学习, 养殖模型自主优化, 从而实现更为精准渔业现代化养殖。且该软件在信息系统安全保障和智能控制保障管理规范支持下, 建立相对独立的区域网络化、集成化、移动化, 还在产业的前端、后端留下接口, 让整个系统具有较好的拓展性。软件直接复制、扩展和推广。项目系统软件将原始的水产经验养殖转变为现代工业的数据化标准养殖, 最终实现养殖过程的统一标准、养殖产品的统一品质, 实现中国渔业现代化的转型升级。

(2) 系统应用推动现代渔业科研、生产及管理过程的简化

中洋渔业建立了专门的物联网中心, 汇聚生产过程中所有的图像和数据, 实时显示、实时分析处理, 长期记录各种参数及历史运行值, 优化完善养殖模型。首先解决了科研过程中大量基础数据采集的工作量、实时性和准确性; 二是所有设备全部可以远程控制且系统设置自动控制和人工移动控制等功能, 实时了解设备运行状态, 控制设备起停, 大量减少巡塘、投饵、翻池转池等日常常规性生产管理工作量; 三是在管理上将原先的人工分配任务变为系统自主提示, 现场完成扫码, 自动上传任务完成情况。系统利用物联网现代信息技术, 将水产经营中的"产"和"管"有机融通, 由原先的人为管理提升为系统管理, 简化工作程序, 精准有效直接管理, 大幅降低渔业生产中繁重辛苦的工作强度, 改变渔业人的工作状态。

(3) 研发与数字渔业相匹配的渔业新技术

为了提供与新建的数字渔业系统相匹配的养殖技术, 中洋渔业在新品种培

**图 4-32 中洋数字渔业项目在线监测系统**

育高效环保饲料研制、生态养殖系统构建、养殖过程中的病害防治方面都进行了创新性研究。传统的鱼类养殖，大多采用粉状饲料，摄食快、易转化，但投喂过程中散失率高，容易污染水体，使水体富营养化，造成疾病的频繁发生。进入数字渔业系统后，要求实施清洁养殖，这对投饲饲料的剂型和投喂技术提出了较高要求：易摄食、营养合理、易转化，同时实现水体少污染或不污染。中洋渔业新建大型饲料生产线，组织科技团队进行高效环保膨化饲料配方进行研制，目前一阶段膨化颗粒饲料已用于养殖试生产。传统的暗纹东方鲀养殖采用的是三段模拟江海洄游动态环境的养殖方法，每一个阶段都会换到新的适合暗纹东方鲀生物学变化要求的环境中去养殖。但在数字渔业系统中，整个生长阶段都在同一温室池中度过，水体环境相对静态，中洋渔业在这一水体环境中通过盐度变化、增氧变化、水流控制变化的调节，对应暗纹东方鲀品种生长发育的不同阶段，进行分析和配对研究，从而创新出静态水体中相对动态的暗纹东方鲀仿江海洄游生态环境，构建暗纹东方鲀生态养殖系统。

（4）创新提升现代渔业的公共服务内容及水平

系统通过多年的大数据累积，一方面建立产品数据库，实现企业产品的养殖全周期、全过程质量追溯；同时系统预留了对应接口，与上游投入品质量，与下游产品深加工，标准对接，实现全产业链质量追溯。另一方面，建立鱼病防治的数据库，未来可向公众开放系统，让所有养殖人员进行自主查询鱼病，并进行自主诊断，匹配对症用药防治，也可通过开放的专家库，寻找相应的专家，点对点进行针对性咨询服务。此外，系统还可根据区域性的气象条件，对公众进行可能爆发的疫病疫情进行疫情、灾情预警提示。同时应用养殖模型，结合其他养殖单位自有的水质采集设备，个性化提示可能爆发的疫病疫情。

中洋渔业形成新型生态工厂化循环水养殖设施投入生产后，显著提高了渔业劳动生产率和综合效益，有力促进了渔业现代化的转型升级。年养殖存池量提升64%，养殖周期缩短22%，人工效能提升35%，经济效益明显提升。实现水循环利用率达到93%，节约电源35%，鱼病发生率降低68%，稳定和保护水资源，节约能源，生态效益明显。

中洋数字渔业项目是中国渔业现代化具有标志性的科技创新项目，促进了国家产业战略的优化，加快了养殖业转型升级，推进了数字化养殖，提升了绿色渔业发展动能，提高了渔业可持续发展能力，有着一系列的创新意义。

## （十四）福建闽威实业：打造水产品信息化养殖模式

### 1. 总体情况

福建闽威实业股份有限公司是一家集鱼类育苗、养殖、加工和销售于一体的农业产业化国家重点龙头企业、国家首批水产种业阵型企业。闽威实业养殖基地位于港阔水深的天然良港沙埕港海区，通过"花鲈生殖调控育种方法"发明专利的转化，将鲈鱼一年一次产卵发展为一年三次，年培育苗种超1亿尾，育苗技术行业领先，具有市场话语权，荣获"国家高技术产业化示范工程"。养殖基地采取国内先进的信息化管理模式，对养殖区进行多层次、多方位和全覆盖的信息化管理。基地曾获得"国家级水产健康养殖示范场"、"国家花鲈繁育标准化示范区"、"农业国际贸易高质量发展基地"等荣誉。

2.主要做法

为了适应现代数字信息化时代发展需求，闽威实业从传统养殖模式迭代更替为信息化养殖模式。主要采取以下措施：

（1）水产养殖生产信息化管理

一是搭建物联网数字渔业综合服务平台。我国水产养殖历来以传统养殖模式为主，近年来随着众多新型技术和模式的出现，传统模式下"劳动投入多、环境污染大、养殖风险高"等问题逐渐得到解决。是随着"物联网"技术的迭代升级，闽威实业引入了汇集养殖户、鱼资供应链、水产供应链、金融机构等相关方的物联网数字渔业综合服务平台，从养殖、销售、金融、风险管控等环节重构和赋能渔业生态；同时将物联网、大数据、区块链等技术融入传统渔业，实现了科技与传统产业的创新融合，有效减少传统养殖所带来的管理风险、养殖风险、自然灾害风险、病害风险等，彰显了农业数字化升级发展的强大魅力。

二是采用食品安全信息溯源系统。闽威实业采用"一鱼一码"食品安全信息溯源体系，实现产业上中下游协同贯通。目前各类食品安全事故频发，水产品质量安全监管和溯源技术越来越受到人们的重视，闽威实业按照食品安全信息追溯流程进行追溯，一旦产品出现问题，可以实现从预制菜到鱼苗的全程追溯。食品安全信息溯源系统能够对水产品的生产养殖、加工运输、销售及售后的全过程进行追踪，在水产品的包装中植入相应的电子标签代码，通过相关系

图 4-33　物联网数字渔业综合服务平台

统进行扫码查询，可以获取产品从包装销售、物流运输到消费者购买进行全过程的数据信息。此外，水产品养殖的全过程也被全部记录在溯源系统内，各级水产品质量安全监管单位均可登录溯源系统实时查询养殖水产品的质量管理措施与处罚条例，消费者也可以自行进行产品质量溯源。

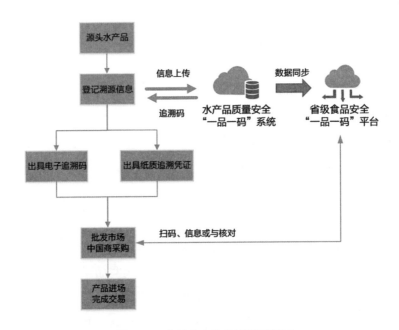

图 4-34　食品安全信息追溯流程图

（2）水产养殖信息化技术应用

养殖环境信息实时获取技术。在水产养殖生产过程中，水质环境的优劣直接影响着水产品的产量、质量及经济收益。闽威实业配备了水质监测系统，该系统能够对水环境中的各项参数进行准确测定，如温度、溶氧、pH 值等。该系统能够在数据不完全的前提下，合理分析区域水质，对水域存在的各种水质问题进行提前预警。

水产养殖智能投喂技术。饲料投喂过量或不足不仅会影响水产品的生长速度，还会影响到水质。闽威实业使用的养殖智能投喂技术能够由智慧水产养殖系统直接控制。系统基于养殖品种、之前投喂饲料的剩余量等数据，计算得出最佳投饵量和投饵时间，并控制智能投喂机进行投饵。不仅可以降低每次投饵需要的人力成本，还能够提升饵料的转化率，降低饲料成本，并且最大程度地降低了养殖业对环境的污染风险，保护生态环境的可持续性。

疾病预警与诊断技术。闽威实业通过智慧水产养殖疾病诊断系统，根据鱼类的生理和行为变化、病原微生物等指标以及幼苗病变部位所表现出的症状，参照水产疾病大数据库中的数据来进行智能诊断，并提供相应的治疗方案供养殖人员参考。此外，养殖人员还可以通过系统直接联系水产疾病方面的权威专家，通过上传图片、视频的方式与专家沟通，听取专家的建议。该技术能够降低水产疾病暴发扩散的风险，为养殖安全提供保障。

3. 取得成效

信息化模式的实施推动闽威快速成长，实现质量管控升级，在经济效益、管理效益、社会效益等方面均取得显著的效果。

（1）经济效益

通过信息化技术及工具的使用，减少了养殖鱼类病害发生，提高了养殖效率和生产效率，年养殖商品鱼超 7000 吨，年产加工产品近 5000 多吨；同时有效减少了生产各环节的劳动力使用人数，使养殖产业由劳动密集型逐渐向技术密集型转变。

（2）管理效益

闽威融合信息化技术，严把质量关口，实施 ISO9001 质量管理、ISO22000 食品安全管理、HACCP 危害分析与关键控制点等标准体系管理，采用食品安全信息追溯，确保食品从"海洋到餐桌"的安全；以二维码实现对产品包装上溯源，消费者或管理者通过手机扫码获取生产信息、产品介绍、加工方法及有关图片等信息；溯源服务的提供能够提升企业的品牌美誉度。此外，信息化技术的应用提高了企业管理效率，减少了企业管理成本。

（3）社会效益

通过智能化管理、智能环境监控、智能数据分析等手段，促进农业生产向规模化、集约化、智能化转型，提高农业生产的质量和效益，不仅能够提高养殖业的经济效益，还可以促进养殖相关产业的发展，带动农村经济的增长和农民收入的提高。闽威实业已累计带动 4860 户渔民实现增产增收和脱贫致富。

# 第五章　农产品电子商务

## 一、概述

　　农产品电子商务是互联网条件下农产品销售、流通、服务的新型商业方式，农户通过农产品电子商务能够十分便捷、快速地完成信贷、担保、交易、支付、结汇等环节。农业电子商务是打破交易时空壁垒的新途径。农产品电子商务通过线上商店进行销售，其销售空间具有很强的延展性。此外，交互式的销售方式，使农户能够及时得到市场反馈，提供个性化服务，建立稳定的顾客群，从而提升市场份额。农业电子商务是拓展农产品营销渠道的新手段。在电子商务蓬勃发展的大趋势下，农产品渠道结构发生了变化，在新经济和网络经济背景下，信息技术为异地交易提供了物质基础，便利的交通运输也大大提高了农产品物流的速度。电商新业态不仅为农村地区增收、脱贫、致富带来更多的机遇和动能，还促进了贫困地区农村人口的生活方式和生活态度发生积极转变。

　　2020年4月，习近平总书记在陕西省商洛市柞水县小岭镇金米村考察时指出，电商，在农副产品的推销方面是非常重要的，是大有可为的。我国农村电商发展如火如荼。一根网线，连通城乡，让分散的小农户对接大市场，畅通了从田间到餐桌的产业链，推动了农业的转型升级。电商销售成为农产品销售的重要渠道，也成为农民增收的新支撑，助力巩固拓展脱贫攻坚成果与乡村振兴有效衔接。随着人流、物流、资金流进一步向农村地区延伸，乡村振兴的潜能正被不断激发。近年来，"互联网+"农产品出村进城、农产品仓储保鲜冷链物流设施建设等重大工程深入实施，农产品电子商务主体不断壮大，农业产业链不断延长，农产品销售渠道不断拓，有效促进了农民增收。农产品电商特别是生鲜农产品连续多年以高于电商整体增速快速增长，成为电子商务发展新的增长点。农产品电子商务在促进农产品产销衔接、推动农业转型升级、助力农民脱贫增收等方面，发挥了显著作用。直播电商、社区电商等新型电商异军突起，有力支撑了农产品电子商务快速发展。以直播电商为例，直播带货的电商模式蓬勃兴起，手机变成了"新农具"，流量变成了"新农资"，直播变成了"新农活"，直播电商成为脱贫致富新工具。据统计，2021年全国农产品网络零售额达6265亿元，近6年年均增速27%。农产品电子商务成为农村数字经济的突破口和领头羊，为打赢脱贫攻坚战、有效应对新冠疫情助力农产品稳产保供，发挥了不可替代的作用。

## 二、发展实践

我国对发展农产品电子商务十分重视，政府通过出台政策加强基础设施建设，不断改善农产品电子商务发展环境。"互联网＋"农产品出村进城等重大工程的大力实施，培育和壮大了电子商务主体，促进了农户与市场的有效对接。农产品电子商务与快递业务蓬勃发展，为农民提供了更多就业岗位，增加了农民收入。农产品仓储保鲜冷链物流等基础设施建设日趋完善，延长了农业产业链，拓宽了农产品销售渠道，助力农民增收。垂直电商、直播直销等新产业新业态成为引导农村创新创业的重要抓手。

### （一）农产品电子商务发展环境持续优化

农业电子商务的起步离不开政府的帮助，电子商务的健康发展也离不开政府的引导。近年来，各级政府部门出台了相关的政策与措施，营商环境不断改善，推动农村电子商务起步与发展。

近年来多个"中央一号"文件强调发展农村电商，如 2020 年中央一号文件提出："有效开发农村市场，扩大电子商务进农村覆盖面，支持供销合作社、邮政快递企业等延伸乡村物流服务网络，加强村级电商服务站点建设，推动农产品进城、工业品下乡双向流通。"2021 年中央一号文件提出："全面促进农村消费。加快完善县乡村三级农村物流体系，改造提升农村寄递物流基础设施，深入推进电子商务进农村和农产品出村进城，推动城乡生产与消费有效对接。促进农村居民耐用消费品更新换代。加快实施农产品仓储保鲜冷链物流设施建设工程，推进田头小型仓储保鲜冷链设施、产地低温直销配送中心、国家骨干冷链物流基地建设。"2022 年中央一号文件提出，"实施'数商兴农'工程，推进电子商务进乡村。促进农副产品直播带货规范健康发展"。此外，《中共中央　国务院关于实施乡村振兴战略的意见》、《乡村振兴战略规划（2018—2022 年)》、《数字乡村发展战略纲要》、《数字农业农村发展规划（2019—2025)》等一系列重要文件都强调促进农村电子商务发展。

2019 年 1 月 1 日起，《中华人民共和国电子商务法》正式施行，电子商务发展迎来了"有法可依"的时代。《中华人民共和国电子商务法》均衡地保障了消费者、电子商务经营者、平台经营者三方主体的合法权益，适当加重了电子商务经营者，特别是第三方平台的责任义务，适当加强了对电子商务消费者的保护力度，电商市场开启法制元年。2019 年 10 月 20 日，《电子商务交易产品质量网上监测规范》正式发布，初步构建了"网上查找、源头追溯、属地查处、诚信管理"的电子商务交易产品质量监管新机制，为电子商务交易产品质量监督等相关标准化工作奠定了基础。2019 年 8 月，国务院办公厅发布《关于促进平台经济规范健康发展的指导意见》，提出"要创新监管理念和方式，完善平台经济相关法律法规，强化平台经济发展法治保障"。2019 年 10 月，国务院审议通过《优化营商环境条例》，明确指出对各类市场主体一视同仁，对新产业、新业态、新技术、新模式要采取"包容审慎"的监管方式，通过强化监管，推动社交电商健康有序发展。这一系列文件、法律法规的出台，使全国统一标准、统一制度、统一平台、统一市场的设想落地生根，有利于推动各类市场主体平等、有序地发展。

## （二）"互联网 +" 农产品出村进城工程成效显著

"互联网 +" 农产品出村进城工程是党中央、国务院为解决农产品"卖难"问题、实现优质优价带动农民增收作出的重大决策部署，作为数字农业农村建设的重要内容，也是实现农业农村现代化和乡村振兴的一项重大举措。目前，"互联网 +" 农产品出村进城工程已完成 110 个试点县的工程建设任务，建立了适应农产品网络销售的供应链体系、运营服务体系和支撑保障体系，推动构建了以市场为导向的现代农业产业体系、生产体系和经营体系。实践表明，这项工程抓住了农村产业的痛点问题，发挥了信息技术与条件优势，为农村产业高质量发展建立了一条有效途径。

1. 以特色产业为依托，打造优质特色农产品供应链体系

结合特色农产品优势区等建设，以县为单位，聚焦优质特色农产品，因地制宜打造特色产业，推动形成区域公用品牌、企业品牌、产品品牌，将"特

**图 5-1　湖北宜昌秭归县鲜橙通过电商平台产地直发送达全国各地**

图片来源：国家互联网信息办公室网站 http://www.cac.gov.cn/2019-12/03/c_1576907735486528.htm.

色"转变为市场优势、经济优势。依托农业龙头企业、合作社、产业协会、信息进村入户运营商、电商企业等各类企业组织，建立健全县级农产品产业化运营主体，引导其牵头联合全产业链各环节市场主体、带动小农户，打造优质特色农产品供应链，统筹组织开展生产、加工、仓储、物流、品牌、认证等服务，生产、开发适销对路的优质特色农产品及其加工品，及时调整优化生产结构和供给节奏；加强供应链管理和品质把控，统一对接网络销售平台和传统批发零售渠道，积极开拓线上线下市场，提高优质特色农产品的市场竞争能力。

在特色优质农产品资源丰富、农村电商基础良好的福建，5 个试点县一方面确定了茶叶、葡萄、蜜柚、芦柑、银耳等主导产品，以点带面壮大产业规模，一方面围绕仓储冷链、质量标准、品牌创建等多重内涵，打造产业化运营主体，同时融合益农信息社与乡村振兴综合服务点，打通村级物流最后一公里。

2. 以益农信息社为基础，建立健全农产品网络销售服务体系

信息进村入户工程是数字农业农村的基础性工程，"互联网 +"农产品出村进城工程是在此基础上的提升应用。充分利用益农信息社以及农村电商、邮政、供销等村级站点的网点优势，以及县级农产品产业化运营主体的生产、加工、仓储能力，统筹建立县乡村三级农产品网络销售服务体系。为没有进入优质特色农产品供应链的其他农户和产品，以低成本、简便易懂的方式，有针对性地提供电商培训、加工包装、物流仓储、网店运营、商标注册、营销推广、小额信贷等全流程服务。加强优质特色农产品全产业链大数据建设，健全农产品监测预警体系和信息服务机制，引导各类市场主体及时了解市场信息，合理安排生产经营，市场需要什么就生产什么，需要多少就生产多少。大力发展多样化多层次的农产品网络销售模式，构建优质特色农产品网络展销平台，推动在县城、市区设立优质特色农产品直销中心，综合利用线上线下渠道促进优质特色农产品销售。

3. 以现有工程项目为手段，加强产地基础设施建设

实施"互联网 +"农产品出村进城工程不是另起炉灶，而是针对工程实施需要，在现有工作基础上查缺补漏、改造提升。充分利用现有标准化种植基

图 5-2　江苏省南京市益农信息社开展茶叶电子商务和日用品代购服务

地、规模化养殖场、数字农业农村等项目，推进优质特色农产品规模化、标准化、智能化生产，切实提升优质特色农产品持续供给能力。利用产地初加工等项目，加强产地预冷、分等分级、初深加工、包装仓储等基础设施建设，推进设施设备共建共享，提升产地农产品商品化处理能力。结合农产品仓储保鲜冷链物流设施建设工程，加强冷链物流集散中心建设，完善低温分拣加工、冷藏运输、冷库等设施设备，构建全程冷链物流体系。推动整合县域内物流资源，完善县乡村三级物流体系，提高农村物流网络连通率和覆盖率，降低物流成本。

4.拓展工程服务功能，带动发展农村互联网新业态新模式

推进优质特色农业全产业链数字化转型，打通信息流通节点，形成从田间地头到餐桌的信息流通闭环，提高数字化水平，提升优质特色农产品供给效率。推进优质特色农产品田间管理、采后处理、分等分级、包装储运等各环节标准研制，细化标准化生产和流通操作规程，提高农产品品质和一致性。围绕乡村五大振兴和数字乡村发展战略布局，拓展"互联网+"农产品出村进城工程服务功能，带动发展农村互联网新业态新模式。优先选择贫困地区开展试点，形成一批可复制可推广的典型模式。鼓励供销、邮政、电信等系统和各方

社会力量积极参与，推进农村站点以及基础设施、物流体系、网络平台等软硬件的共建共享、互联互通，形成强大推进合力。充分尊重农民自主权，不搞"一窝蜂"，更不搞"一刀切"，循序渐进，用市场化方式、以经济利益为纽带，团结农民一起干。2021 年各试点县农产品网络零售额均值近 10 亿元，同比增长 47%，与 2021 年全国农产品网络零售额 7%的同比增速相比，高 40 个百分点。①

### （三）农产品仓储保鲜冷链物流设施逐渐完善

国务院办公厅印发《"十四五"冷链物流发展规划》，对冷链物流网络作出全方位、全链条的规划布局。农业农村部编制印发《"十四五"全国农产品产地仓储保鲜冷链物流建设规划》，提出构建"一个网络、五大支撑"融合联动的产地冷链物流体系。20 多个省（区、市）制定了相关规划，形成了上下衔接、统筹推进的"十四五"农产品冷链物流发展规划布局。工作推进机制方面建立了中央统筹、省负总责、市县抓落实的工作机制。目前，省级农业农村部门基本都成立工作专班。安徽、广东、重庆、四川、甘肃等地建立分管省领导联系机制。天津、山西、江西、山东、湖南等地将项目建设列入领导干部推进乡村振兴战略实绩考核。

农业农村部、商务部等部门高度重视农产品市场流通发展，积极推进农产品产地市场体系建设，促进农产品冷链物流畅通，加快农产品流通现代化进程。2020 年，农业农村部会同财政部发布《关于加快推进农产品仓储保鲜冷链设施建设的实施意见》，安排中央财政资金 50 亿元，在河北、山西等 16 个省（区、市），选择鲜活农产品重点县（市），按照"自主建设、定额补助、先建后补"的原则，支持新型农业经营主体新建或改扩建贮藏库、冷库、气调库等农产品仓储保鲜冷链设施，按照不超过仓储保鲜设施造价 30%的比例给

---

① 《"互联网 +"农产品出村进城工程取得阶段性进展》，http://www.moa.gov.cn/ztzl/ncpc-cjcgc/zcwj_28765/202202/t20220215_6388755.htm.

予补贴，解决农产品出村进城"最初一公里"问题。国家发展改革委 2020 年公布了北京平谷等 17 个国家骨干冷链物流基地。2019—2020 年，商务部会同财政部在广西等 15 个省（自治区、直辖市）开展农商互联项目，支持建设具有集中采购和跨区域配送能力的农产品冷链物流中心，累计新增冷库库容 600 万吨。①

农产品仓储保鲜冷链物流设施建设工程实施两年多来，农产品产地冷藏保鲜设施建设进展顺利，取得阶段性成果。围绕农产品主产区、特色农产品优势区，中央财政以"先建后补"的方式共支持 2.7 万个农民专业合作社、家庭农场和集体经济组织建设产地冷藏保鲜设施，并支持整县推进，2 年共支持建设约 5.2 万个设施、新增库容 1200 万吨以上。产地冷藏保鲜设施短板加快补齐，产业链供应链基础不断夯实。项目建设增强农产品产地仓储保鲜、商品化处理和初加工能力，有效降低产后损失，实现择期错季销售，增强主体议价能力和产业抗风险能力，成为供应链的"稳定器"、"蓄水池"，成为农民增收的新平台、新渠道。同时，项目建设坚持向脱贫地区倾斜，两年累计覆盖 545 个脱贫县，占实际总补贴资金约 50%，成为巩固拓展脱贫攻坚成果的有力抓手。②

## （四）电商进村综合示范项目取得积极进展

自 2014 年开始，国务院扶贫办、商务部、财政部联合开展电子商务进农村综合示范工作。2018 年，商务部、工业和信息化部、生态环境部、农业农村部等 8 个部门联合下发《关于开展供应链创新与应用试点的通知》，优先选择粮食、果蔬、茶叶等重要农产品，在全国范围内开展供应链创新与应用试点。2019 年，全国 269 个企业，55 个城市继续推进供应链创新应用试点，探索产业链、供应链、价值链、区块链四链合一的做法。2019 年电子商务进农村综合示范工作着力打造综合示范"升级版"，对已经支持过的示范县进行第

---

① 农业农村部网站 http://www.moa.gov.cn/govpublic/SCYJJXXS/202109/t20210917_6376737.htm.

② 农业农村部网站 http://www.moa.gov.cn/xw/zwdt/202207/t20220715_6404915.htm.

二轮支持，重点是建立农村现代市场体系，提高流通效率，加强品牌、品控和标准体系建设，强化益贫带贫利益联结机制，促进脱贫攻坚与乡村振兴衔接。

商务部会同财政部、国务院扶贫办持续推进电子商务进农村综合示范，支持建设完善农村电商公共服务体系和县乡村三级物流体系，着力补齐农村流通基础设施短板，整合邮政、供销、商贸流通企业等资源开展共同配送，支持建设和改造县级物流配送中心，提高物流配送自动化和信息化水平。截至 2020 年底，综合示范累计支持 1338 个县，示范地区建设县级电商公共服务中心和物流配送中心 2120 个，村级电商服务站点约 13.7 万个，示范地区快递乡镇覆盖率近 100%。全国农村网商（店）达 1520.5 万家，70% 的网购商品可在 3 天内送达村级服务点，综合示范带动农村就地创业就业 3600 万人，累计带动 618.8 万贫困农民增收。2014 至 2020 年，农村网络零售额从 1800 亿元增长到 1.79 万亿元，扩大了 8.9 倍。①

村级电商服务能力不断增强。各地供销合作总社积极引入电子商务、大数据等现代信息技术，推进连锁超市、村级便利店、综合服务社等农村实体

图 5-3　河南省鹤壁市益农信息社中心站产品展示台

---

① 商务部网站 http://ltfzs.mofcom.gov.cn/article/rdzx/202110/20211003208585.shtml.

网点的信息化改造，拓展经营服务功能，提供代购代销、代收代发、物流配送、电子支付等电商服务，推动传统物流业态加快转型升级，形成线上带动线下、线下促进线上的融合发展格局。目前，全国供销合作系统不断推进线上线下融合，重点促进脱贫地区农副产品销售，不断提升"832 平台"（脱贫地区农副产品网络销售平台）建设运营水平。中国供销集团统计数据显示，截至 2022 年 6 月，"832 平台"累计注册供应商近 1.6 万家，上线农副产品超过 20 万款，采购单位近 60 万家，累计实现销售额 230 亿元，助推 832 个脱贫县的 230 万农户巩固脱贫成果。2022 年上半年，平台交易额超过 35 亿元，同比增长 37%。

## （五）农产品电子商务模式不断丰富

近年来我国大力推进农产品电子商务，引导电子商务健康发展，加强电子商务基础设施建设，提高市场效率，促进"线上线下"双线融合服务，形成了多种农产品电子商务模式。

### 1. 合作社电商

基于合作社的农产品电子商务模式把个体化农业生产与农产品销售、流通过程联系起来，成为一个有效的系统。在生产环节，合作社根据市场需求组织农户统一进行生产，合作社接受企业的订单，从而根据订单安排生产，合作社提供技术支持，帮助农户建立统一的生产管理流程与栽培养殖规范，注重农产品质量，近些年生态农业及其产品大受欢迎。在销售环节，合作社以联合体身份对外，在网上进行洽谈、签订购销合同等。有一定经济能力和技术基础的合作社经常自建网站，以特色农产品吸引客户。通过在中介平台上发布供给信息、查询需求信息、进行网上洽谈，进行农产品交易甚至出口农产品到国外。网上交易诚信和安全性是保障农业电子商务的重要方面，认证中心则能提供较为安全的交易环境。在物流环节，合作社负责按照质量要求将农产品分拣、包装，然后在网上寻找第三方物流公司完成送货服务。在支付环节，合作社可在县城的银行开立账户并开通网上银行，每次交易后的货款由买方直接网上转账。

近年来，合作社电商规模不断扩大，欧特欧监测数据显示，2020年，全国开展网络销售的农民合作社数量达2473个。从省市情况看，安徽省有68个合作社开展了电子商务业务，网络零售额占比达19.52%，排名第一；紧随其后的山东省共有364个农民电商合作社，网络零售额占比达14.10%，排名第二；广东省共有农民电商合作社173个，网络零售额占比达8.23%，排名第三。"农户＋合作社＋电商"模式不断发展，农业农村部与淘宝、滴滴橙心优选等平台积极合作，探索电子商务与农民合作社的合作模式，在农产品采销、冷链仓储、品牌推广上进行对接，推动合作社产品进城，增加农民收入。合作社通过与电子商务平台、农业龙头企业、县域网商、农村电商服务商等建立多种形式的利益联结机制，融入农村电商生态，引领小农户与现代农业有机衔接、融入国内消费大市场。[①]

拼多多的"多多农园"模式是合作社与电商企业合作的典型实践。"多多农园"以建档立卡户集合的合作社为主体，构建建档立卡精准帮扶、源头把控、农货上行、品牌培育为一体的"新农商机制"，打通贫困地区农产品上行通道，让农民享受更多产业链利益。项目初期，拼多多可提供产业扶持和营销扶持；中期形成较为稳定的第三方"代服务"机制；后期逐渐退出，合作社全权掌控，由当地政府确保利益分配依规进行。[②]

2. 第三方平台电商

基于商业平台的农业电子商务模式主要为农业生产企业或从事农产品销售的企业，通过使用第三方综合平台，由第三方平台在线上和线下进行推广，从而可以实现在线搜索农产品需求信息、报价、洽谈、合同签订、资金转移、选择物流供应商、结算等事宜。农业经营主体借助第三方平台能够整合特色农产品资源，有效拓宽销售渠道，完善线上线下相结合的农产品销售体系。依托第

---

① 农业农村部信息中心、中国国际电子商务中心：《2021全国县域数字农业农村电子商务发展报告·2021》。

② 徐持平、徐庆国、陈彦塑：《"互联网＋"背景下农村电子商务助力乡村振兴的模式》，《乡村科技》2021年第2期。

三方综合平台的模式把参与交易活动的商家和客户交易的部分或者全过程转交给第三方平台，提高了透明度和公平性，能够让更专业的人来指导交易完成。在这种模式下，由第三方平台发布商品的供求信息，实现在线进行相关交易过程。通过这样的模式，将一些很有特色、很有价值、但是欠缺广泛宣传的农产品汇集起来，产生一定的聚合效应，增加影响力。[①]

阿里巴巴、京东、拼多多、苏宁易购等平台是目前主流的第三方电商平台。随着国家扶持政策的力度加大以及农村互联网普及率的不断提升，电商渠道加速下沉，阿里、京东、拼多多等电商企业纷纷聚焦县域农村地区，发展县域电商市场的同时，助力农业农村发展。阿里通过聚合体系中涉农业务板块（如淘宝、天猫、蚂蚁金服、菜鸟物流、聚划算、淘宝直播等）的力量，加速推进农业数字化发展。2019 年，阿里集团设立了数字农业事业部，通过开展"基地直采"模式，在农业源头端建立数字化基地，打造数字农场；同时，携手中华农业、北大荒等中央企业，加速布局农业领域。京东在 2014 年初提出针对县域经济发展的"3F 战略"，包括工业品进农村战略（Factory to Country），农村金融战略（Finance to Country）和生鲜电商战略（Farm to Table）。同时，通过与产业源头合作，在县域农业农村落地平台、运营、生态等，赋能农业产业链三大环节。拼多多通过"拼模式"，深入农业主产区及"三区三州"深度贫困地区，帮助农户搭上社交电商"快速通道"，助力农产品上行，打开县域电商市场；通过"多多农园"模式重塑农业产业链条，实现消费端"最后一公里"和原产地"最初一公里"直连，以农户利益为核心，创新扶贫助农模式。乐村淘、美菜网、一亩田、本来生活等垂直电商平台通过"源头直采"模式，在农产品细分领域深耕细作，推动农产品产业链升级，加速发展冷链物流体系。字节跳动、快手等社交平台通过场景化、原生态的直播卖货模式，打破了时间和空间限制，提升消费者的参与度与信任度，真正实现了精准的产销对接。美团、饿了么等本地生活电商平台以"生鲜电商"和"社区化服务"为切入口，布局社区"菜篮子"市场，通过前置仓模式，缓解农产

---

① 唐珂：《"互联网 +"现代农业的中国实践》，中国农业大学出版社 2017 年版。

图 5-4 2017 年全国"互联网 +"现代农业新技术和新农民创业创新博览会

品损耗、时效性等问题,实现菜场的数字化运营。盒马鲜生、超级物种等新零售企业主要围绕"超市 + 餐饮 + 物流配送"模式,通过线下"超市 + 餐饮"体验模式引流线上购物,增强用户粘性,带动线上线下协同发展;通过产地直采、基地直供等形态,上游农产品实现了标准化、品牌化和可溯源。①

3. 纵向垂直电商平台的模式

第三方电商平台经营方式灵活,但也存在功能受限、扩展性低、需向第三方平台缴纳佣金或保证金等缺点。农业经营主体也可以选择自建农产品网站、平台,进行搜索引擎注册推广,即依托纵向垂直电商平台的模式。该模式是指某一类农产品品种或某一类农产品市场专业经营电子商务的交易平台,是具有特征化、专属化农业电子商务的完整解决方案。在这种模式下,相关有能力的企业自建农产品垂直电子商务平台,能将整个产业链整合,能够提供强有力的营销及品牌推广渠道,利用电子商务影响广、传播快、成本低的特点,为全产

---

① 农业农村部市场与信息化司、农业农村部信息中心:《全国县域数字农业农村电子商务发展报告·2020》。

业链服务。

知名的垂直电商平台有乐村淘、美菜网、一亩田、本来生活等平台。乐村淘以 B2B 模式为主，同时积极拓展 C 端个人用户市场，主要经营初级农产品和加工农产品，物流采用"自营物流 + 第三方"的模式。美菜网专注餐饮原材料采购服务，仓储、物流均为自建，打造餐厅食材供应 B2B/B2C 平台，采用"两端一链一平台"模式整合农产品供应和用户需求。美菜网推出的"美菜 SOS 精准扶贫全国采购计划"遍及 26 个地区，采购总量 2653.4 万斤，产值达到 2401.8 万元。一亩田聚焦农产品的原货市场，打造农产品 B2B 电子商务平台，积极拓展新业务：飞鸽业务（产地找货）和豆牛业务（市场代卖）。在助力扶贫方面，一亩田提出了"新疆千人亿元"新农人网红培育计划方案，开展主播网红培育，推动农业电商精英扶持计划和"中国农业直播大联盟百县行—县长走田间"活动。本来生活是垂直类生鲜公司，以自营为主，没有商家入驻，具备农产品全程化管理能力、品牌孵化能力、物流服务能力。本来生活搭建"全产业赋能平台"实现"政府 + 电商 + 帮扶企业 + 合作社 / 龙头企业 + 贫

图 5-5 2017 年全国"互联网 +"现代农业新技术和新农民创业创新博览会

困户（农户）"五方联动的帮扶模式。本来生活主导的"百县百品"农产品赋能计划上线了 101 个国家级贫困县的 1174 个规格的农产品，涉及 110 个品种；疫情期间，集合多家合作企业，采购贫困地农产品 600 多吨驰援武汉。

4.跨境电商

跨境电子商务是指分属不同关境的交易主体，通过电子商务平台达成交易、进行支付结算，并通过跨境物流送达商品、完成交易的一种国际商业活动。十八大以来，中国奉行互利共赢的开放战略，不断推动农业对外合作，成功举办"一带一路"国际合作高峰论坛、第三届中国国际进口博览会等重要会议，推动进一步降低农产品进口的制度性成本，扩大农产品市场准入，促进跨境农产品电子商务发展，优化进口产品和国别结构，提升农业贸易便利化水平。随着跨境电商发展，农产品跨境电商交易规模持续扩大，天猫国际、淘宝全球购、京东海囤全球等都是农产品跨境交易依托的主要平台。

2020 年，新冠疫情在全球蔓延，传统的线下贸易渠道受阻，农产品海外销售渠道加速向线上迁移，跨境电商平台、跨境直播、在线展会等成为县域企业展示产品、开拓海外市场、寻找客户的新途径，农村电商与跨境电商联动发展效应逐步显现，来自中国的优质农货借助跨境电商渠道走出了国门。如甘肃省陇南市宕昌县通过"请进来、走出去"的方式，为甘肃琦昆中药材发展公司引进跨境电商团队，开通阿里巴巴国际站，2020 年完成 1 万美元淫羊藿海外订单、300 公斤蜂蜜海外订单，带动脱贫县农产品走向国际市场。广东省湛江市遂溪县创新跨境电商直播营销模式，在中国（广东）香蕉国际网络文化节期间，通过 Lazada、LazLive 以及南方+、春丰天集、一亩田等国内外线上直播平台向国内外消费者推介广东优质香蕉制品，促进香蕉制品跨境电商销售。

河南省西峡县双龙镇积极发展跨境电商。双龙镇有全国最大的香菇交易市场，辖区内有香菇深加工企业 20 多家，个体商户 60 多户。党委政府致力于生产企业向电商方向转型，引导企业线上线下销售同步进行，推动跨境电商发展，积极引导辖区内大量的香菇出口企业借助 B2B 平台向跨境电商方向发展——采用线上寻找订单、线下报关发货的方式，大力发展跨境电商。目前，

**图 5-6　广东农产品跨境电商论坛启动仪式在佛山里水镇举行**

图片来源：广东省农业农村厅网站 http://dara.gd.gov.cn/mtbd5789/content/post_3185275.html.

家家宝、盛煌、九顺达、福森康等出口企业均开展了跨境销售业务。

5. 直播电商

直播带货的电商模式蓬勃兴起，手机变成了"新农具"，流量变成了"新农资"，直播变成了"新农活"。依托低成本、便捷操作、直观化等优势，直播电商成为脱贫致富新工具。新冠疫情加速推动了数字经济与实体融合，拉动农村电商迭代创新提速，直播电商、网红带货、社区团购、农旅直播等新业态模式掀起热潮。

在疫情防控关键时期，电子商务凭借其特有的线上撮合特点和配送渠道优势，在缓解农产品滞销难卖、保障市场供给等方面发挥了重要作用。针对突发疫情和防控需要，电子商务突出展现了创新快、应对及时的特点，推出直播卖货、移动菜篮子、"无接触配送"等新模式。直播电商由于进入门槛低、传播快、受众广等特点，在后疫情时期继续发挥强大的带货能力，阿里、京东、拼多多等各大平台均开辟了助农直播间，成为引领农产品网络营销的新模式。依托新兴的直播、短视频、流媒体等技术手段，抖音、快手等也进入农产品电商领域，农产品网络销售的渠道、平台和方式更加多元化。①

2019 年，农业农村部信息中心会同相关省份农业农村信息中心联合字节跳动开展了"110"网络扶贫创新活动，打造 10 个核心示范县，辐射带动 100 个县，重点打造了湖北来凤藤茶、重庆巫山脆李、四川盐源苹果、云南怒江草果、甘肃礼县苹果、西藏青稞、河北万全玉米、河北涞源白石山景区等多个特色农产品品牌和乡村文旅品牌，活动品牌传播量达 30 亿次，新媒体人才培训近万人次，通过创新网络扶贫模式，促进了农业品牌建设、农产品销售和乡村旅游发展。尤其是在新冠疫情防控期间，农产品线下流通渠道受阻，淘宝、拼多多等多个电商平台通过"直播带货"模式拓宽线上销售渠道，极大降低了疫情对农产品销售的影响，保障农民的收入稳定，凸显了社交电商助力滞销农产品上行方面的潜力。"110"创新活动也持续深入实施，开展了供需信息匹配、线上产品推广、县长直播、达人产地直播等多种形式的扶贫专卖活动。②

尽管电子商务的发展已取得积极进展，但农产品电子商务发展仍存在不少短板和弱项。农产品网络零售额占农业总产值的比例还较低，农产品电商的潜力还没有充分释放，与农民发展生产、市民消费升级的需求相比还存在较大差距。当前制约农产品电商发展的瓶颈，主要是初级农产品向适合网络销售的农商品转化困难，以及农产品物流成本偏高，需要加大力度推进"互联网 +"农产品出村进城工程与电商进村综合示范项目等政府项目工程。另一方面，内容电商、视频电商、直播电商等新业态、新模式不断创新发展，由此带来的监管问题也日益凸显，直播电商在方便购物的同时，存在虚假宣传、货不对板、假冒伪劣、售后维权等问题，需要政府部门与电商平台协作，加强对直播人员的培训，加大对直播主体的监管，为农产品电子商务涵养良好生态。

---

① 农业农村信息化专家咨询委员会：《中国数字乡村发展报告·2020》。
② 农业农村部市场与信息化司、农业农村部信息中心：《全国县域数字农业农村电子商务发展报告·2020》。

# 三、典型案例

电子商务在各地区的探索应用形成了具有地方特色的实践路径与方法，提供了可复制可借鉴的经验，开辟了电商扶贫新路径。在政府的政策支持下，形成"政府引导、部门实施、行业监管、全社会共同参与"的电子商务发展格局；立足当地特色农产品，充分利用互联网与平台拓展销售渠道，实现规模效应，提升品牌价值，促进产业发展与农民增收；加强电商人才培训，吸纳专业人才投身农产品电商行业；扩大政企合作，实现产销对接，助力消费升级和区域经济发展。

## （一）甘肃陇南市：陇南电商模式激活乡村全面振兴新动能

### 1. 总体情况

陇南是全国唯一的电商扶贫试点市，面对山大沟深、交通不便、全市 8 县 1 区全部属于国家级贫困县的困难，陇南人发扬自强不息、敢想敢干、追求卓越的奋斗精神，牢固树立抓电商就是抓脱贫、抓产业、抓经济、抓发展的思想理念，不断探索实践、开拓创新，"把空间上的万水千山变为网络里的近在咫尺"，开辟了电商扶贫新路径。陇南电商的生动实践积累了类似地区可复制可借鉴的经验，在脱贫攻坚转向全面推进乡村振兴的关键时期，总结推广陇南电商经验有助于示范带动各地特别是脱贫地区农村电商发展，激活乡村全面振兴新动能。

### 2. 主要做法与成效

陇南模式，是陇南克服各种困难发展电商，并以电商为切入口引领经济社会全面发展的实践路径与方法。当前陇南模式呈现出以下几个方面的鲜明特色。

（1）政府引导、全民参与，打开思想总开关

陇南市委市政府清醒地认识到思想观念落后才是真正落后，坚持"扶贫先

扶志"、"扶贫先扶智",持续在电商这一领域发力,促进干部群众学会运用互联网思维进行创业创新,并形成了广泛的社会共识。陇南始终把发展电商作为党政"一把手"工程,层层建立电商扶贫领导机构、工作机构和电商协会,各部门齐抓共管、协调联动,逐级研究制定加快电商发展的实施意见和具体方案,相继出台系列政策举措,设立电子商务财政专项扶持资金,从制度、机制和资金上全方位保障电商发展。经过这几年发展,陇南电商已经从无到有、从小到大、从弱到强,不仅成为陇南经济发展的一张靓丽名片,更是成为一种理念、一种精神,融入干部群众日常的工作生活当中。目前全市共开办网店1.4万家,平均每200人就拥有一家网店,每13人中就有一个人在电商产业链条上就业。

(2)因地制宜、勇于创新,电商模式持续迭代

陇南电商生于大山、立于脱贫、成于创新,陇南模式的内涵并不是固定不变的,而是不断与时俱进、迭代升级。2013年陇南市政府将电商确立为"433"重点工作"三个集中突破"之首,形成"五位一体"的电商发展模式,2015年提出"1333"总体思路,2018年打响电商发展整体战、融合战、质量战、全域战,2020年以来进一步抢抓新兴产业布局,大力开展同城配送、直播带货和跨境电商。陇南八区一县地理区位、资源禀赋各有不同,在电商发展的具体路径上也八仙过海、各显其能。成县紧盯内容电商、体验电商和媒体电商,引领电商发展新潮流,开办网店、微店1127家;礼县发力跨境电商,2020年实现跨境销售1.9亿元;西和县积极打造电子商务双创园,孵化入驻企业33家;武都区大力发展花椒、油橄榄、中药材等特色产业,以产业推动电商形成良性运行机制。

(3)以销促产、提升质量,倒逼农业产业转型升级

陇南以电商为桥梁,以市场为导向,以销促产,倒逼农业产业转型升级、提质增效,形成电商与产业联动发展的良性循环,探索走出了促进小农户与现代农业有机衔接的宕昌道路。宕昌县以贫困户为基础、村办合作社为单元、乡镇联合社为纽带、县联合社为主体、股份公司为龙头,将单打独斗的农民有效组织起来,提供产前、产中、产后服务,形成规模化生产经营主

体，有效对接大市场。公司统一销售，并根据市场需要，制定年度生产计划，拨付产业发展资金，组织村办合作社开展标准化生产，建立产销联动机制，从"种什么卖什么"转变为"市场需要什么就种什么、市场需要多少就种多少"。利用电商发展机遇，全县构建了以中药材、蔬菜（食用菌）、中蜂、养鸡为主的四大产业体系，形成了集生产、加工、销售等环节于一体的完整产业链。

（4）全域推进、深度融合，"电商+"赋能各领域

陇南积极探索电商跨界融合之路，不断拓展和延伸电商应用范围，"电商+"赋能各产业各领域"触网蝶变"，"电商+文旅"、"电商+劳务"、"电商+电竞"、"电商+康养"等如雨后春笋般涌现，电商溢出效应显著。同时，陇南高度重视大数据应用，建立了"陇南乡村大数据"、"陇南电商同城配送"平台，并与拼多多等平台企业合作，汇聚农业产业、加工仓储、平台销售、物流配送、社区村点、市场反馈等各方面数据，做到用数据管理、用数据决策、用数据创新，让数据成为陇南电商的"隐形"财富。

图 5-7　陇南电商企业建立城乡物流配送分拨中心、电商供应链仓库

（5）健全机制、联农带农，助力实现增收致富梦

陇南不断优化创新电商扶贫带农机制，形成了电商网店带动、产业带动、创业带动、就业带动、入股带动和众筹带动等多元化综合带贫模式。全市累计帮扶贫困户开办网店 285 个，电商产业链吸纳贫困人口就业超 2 万人，电商对贫困人口人均增收贡献额从 2015 年的 430 元增长到 2020 年的 930 元。礼县良源电商公司采用"入股分红、代销代购、创业就业、公益促销"等多种带贫帮扶路子，与 10 个农民专业合作社签订带贫协议，带动 943 户贫困群众稳定增收，户均增收 3000 元以上。成县鑫园中药材专业合作社的扶贫车间吸纳老人和妇女为主的 46 人就业，入股带贫 573 户，累计分红 830 多万元。①

图 5-8　陇南电商产业服务中心

图片来源：https://mp.weixin.qq.com/s/md1qXM6MKjfKAlUwaJboxw.

———————

① 《借鉴陇南电商模式，激活乡村全面振兴新动能——陇南市电商专题调研报告》。

## （二）北京平谷区："互联网＋"平台做强果品营销体系

### 1. 总体情况

北京市平谷区刘家店镇利用"互联网＋"平台推动产业发展，基于"电商管理"平台、"三资管理"平台驱动产业，助力支柱产业——大桃产业规模化、网络化发展。通过优化原有丫髻仙桃、碧霞蟠桃质量，使品牌与果品、旅游、文化有机结合，拓展微信、抖音、快手等新媒体营销渠道，建立多元化果品营销体系，做强"丫髻果品汇"电商平台，打造全产业链闭环可溯源生产体系，走出一条高科技含量、高品质富裕路。

### 2. 主要做法及成效

大力实施互联网＋大桃工程。全面推行"平谷国桃"标准，优化品种结构，健全服务体系，强化信息支撑，创新销售模式，加强品牌建设，有效促进大桃产业转型升级，打造大桃全产业链，形成对其他果品产业的带动作用，发展精品农业，实现丰产丰收富民。围绕"一核、二产、三线、四品、多平台"，即一核：振兴大桃产业促进老百姓增收致富；二产：农业与休闲文化产业互融互动互促互补；三线：大桃全年不离线、大桃全链不断线、大桃全员不掉线；四品：立品行、优品种、提品质、树品牌；多平台：互联网＋大桃、龙头企业带动平台、合作社经营平台、品牌营销平台、农民培训平台、土地管理平台、农业社会化服务平台、育苗育种技术发展示范平台，提升果品产业发展，促进果农增收，用"好路子"鼓起"钱袋子"过上"好日子"。

建立多元果品营销体系。刘家店镇与京东物流进行大桃销售对接，联系桃娃等企业，与线上电商渠道、生鲜平台合作，积极配合相关部门建立物流揽收点，提高大桃物流效率。加大对果农线上培训的力度，邀请新农人讲师团到田间地头讲课，组织诚信果农、"国桃"示范户、好桃户发挥带动作用。着力做强"丫髻果品汇"电商平台，打造全产业链闭环可溯源生产体系，坚持"四品"战略，开展"一生一世百里桃花"活动，举办大桃认购，共计5549人参与诚信果园微信扫码及线上平台认购，认购大桃5.6万斤，收入48万元，企业认购大桃362万斤，预计收入1500余万元。刘家店开启"直播带货"新模

图 5-9　平谷农村管理一张图

式，举办第五届丫髻山"蟠桃会"、第二届丫髻山太极文化节等文化活动，将大桃销售搭载文化活动，镇村领导、国桃种植户、诚信之星、新农人在活动中直播销售大桃，央视新闻、北京时间、今日头条等 21 家直播平台进行直播，单日销售量 3000 多盒，新华社、工人日报、BTV 等 10 余家媒体宣传推广。[1]

## （三）陕西柞水县：小木耳大产业助推县域数字经济发展

### 1. 总体情况

柞水县地处陕西南部、商洛西部，总面积 2332 平方公里，总人口 16.5 万，辖 9 个镇办 81 个村居，县域区位优越、生态优良、资源富集，是一个发展潜力巨大、竞争优势明显、赶超动能强劲的县份，同时也是一个地理条件差、贫困程度深的国家扶贫开发重点县、陕西深度贫困县、革命老区县和秦巴山区集中连片特困地区。近年来，柞水县委、县政府坚持把发展数字经济作为贯彻五大新发展理念、坚守发展与生态两条底线、坚持高端化绿色化集约化发展的重

---

[1] 《数字乡村建设典型案例·2021》。

要举措，大力推动社会经济数字化，出台了《关于加快发展数字经济的实施意见》，以数字化促进经济发展，助推经济结构调整和新旧动能转换，推动柞水经济向更高质量、更可持续的方向发展。

2. 主要做法

（1）强化数字支撑，推动木耳产业发展

聚焦为柞水木耳插上"信息化翅膀"目标，充分借力科技部项目资金和阿里云公司技术支持，以打造全国首家"木耳产业数字经济服务平台"为目标，建成了柞水科技资源统筹中心、木耳大数据中心（全国唯一），以大数据为链条为支撑，开展以物联网科技、云计算和大数据为新引擎的智能化生产、供销、金融、扶贫等工作，将柞水木耳产前、产中和产后串起来，形成了以产供销一体化数字经济体系，建立木耳产品溯源系统，提高柞水木耳知名度，推进木耳科学规范种植，实现了小木耳与大市场无缝对接，解决了木耳产业"种多少"、"如何种"和"怎么卖"等瓶颈难题，不断扩大柞水木耳的影响力和市场占有率。

（2）强化电商引领，充分挖掘发展优势

聚焦打造政府主抓安排部署、主管部门具体实施、各相关部门配合的联动机制和"政府引导、部门实施、行业监管、全社会共同参与"的电子商务发展格局，建立了柞水电子商务中心，入驻企业 25 家，孵化电商个体 180 家，新增个体网点 60 家，带动掌上柞水、新锐文化等传统自媒体实现年营业额 200 余万元，初步建成了镇村级电商服务站，设立县级物流仓储配送中心 1 个、村级服务站点 43 个，发展村级淘宝服务站 30 个、淘宝网店 22 个、电商平台 81 个，组建了农产品电商物流服务团队，完善了农产品供应链体系，实现了全县 9 个镇办全覆盖，有力推动柞水县农产品上行网络销售促农增收。围绕"政府＋合作社＋农民＋电商＋网红"五方联动的营销思路，成立由分管副县长任组长，县农业农村、经贸、市监、科技、供销社、邮政、电信、移动、联通、广电网络及各镇办负责人为成员的木耳电商销售领导小组，积极与阿里巴巴、京东、拼多多、人民优选等电商平台对接，扎实开展网红直播等销售活动，今年以来累计实现柞水木耳线上销售 25 万单 17000 余万元，销售额占去年全年线上销量的 150%。

（3）强化精准施策，大力发展智慧旅游

瞄准智慧旅游建设试点县、秦岭国际生态旅游目的地、秦岭国家中央公园核心区、丝绸之路连接带、"三大会客厅"的宏伟目标，秉承精华，革故鼎新，加快大数据中心建设与旅投公司运营步伐，推进景区升级，做大做强旅游产业。深度开发牛背梁、溶洞、县城、凤凰古镇、金米村五大旅游板块，大力实施智慧景区倍增、特色小镇培育、旅游度假区建设、全域旅游示范县创建、基础设施提质、旅游特产增效等工程，全力加快终南山大峡谷等高端旅游项目建设，带动旅游产业蓬勃发展。全面加快旅游产业智慧化、数字化发展步伐，建设一批民间博物馆、美术馆、书画院、展览馆、体育馆等数字旅游文化项目，打造具有柞水地域、文化、民俗特色的旅游产品体系。加快精品景区、精美城镇和美丽乡村"三大会客厅"建设，以朱家湾等中国最美休闲乡村、秦岭美丽乡村为依托，建设了一批智慧服务型都市农庄、农业公园，着力打造精品"乡村游"旅游产品，全面唱响柞水"秦岭闺秀、天然氧吧"品牌。

**图 5-10　柞水县杏坪镇开展木耳种植技术培训**

图片来源：http://www.snzs.gov.cn/html/zwyw/zhbd/113255.html.

3.取得成效

近年来，柞水通过物联网、大数据及人工智能等新兴技术深度应用，实现木耳产业发展智能化，生产过程精细化，支持柞水木耳从生产端到销售端，让柞水木耳实现质量可控、品质过硬、追溯有源，实现了全产业链条的数据化、在线化、工具化和智能化。特别是 2018 年柞水县作为陕西省唯一县区纳入国家首批创新型县建设名单以来，柞水县积极搭建载体，引进人才，全力推动数字经济发展，构建乡村产业发展数字化平台，以促进产业提档升级。2020 年 4 月 20 日，习近平总书记来柞视察时点赞了柞水木耳，并称赞电商在农副产品的推销方面是非常重要的，是大有可为的。为落实习近平总书记的重要指示，柞水县向科技部申报了"柞水县数字经济产业园"项目，大力推广"公司＋合作组织＋农户"创业孵化模式，搭建"农民＋互联网＋快速物流"的电商平台，坚持实体经济与电子商务产业相结合，积极引进木耳大市场、仓储物流、市场营销项目，制定形成"电子商务＋现代工业＋特色农业＋旅游服务业"的全产业链项目清单，不断完善数字经济体系，形成良性的效益增值循环，目前柞水木耳数字产业、智慧旅游发展和电子商务等新业态蓬勃发展，数字经济发展态势强劲。①

## （四）上海浦东新区：创新"田头直达餐桌"产销对接模式

### 1. 总体情况

"浦农优鲜"平台作为浦东新区农业农村委指导、浦东农发集团主办、浦东新区农协会支持的公益微商城，整合全区优质地产农产品资源，搭建展示浦东现代农业建设成果，真正架起了浦东地产农产品与市民朋友的服务桥梁，有效促进与扩大了浦东地产农产品的产销对接与品牌效应。

受新冠疫情的影响，2020 年 1 月下旬，市民恐慌囤菜，造成一时市场蔬菜紧缺。与此同时，因受疫情影响蔬菜贩子大多未回沪，地产蔬菜没人来收。为有效保证市场蔬菜供给，同时解决蔬菜生产基地销售渠道不畅问题，浦东农业农村委第一时间通过"浦东三农"微信公众号向市民公布浦东 28 家蔬菜生产基地直供配送到小区的几十到一百元不等的蔬菜套餐。该信息发布后，3 天内阅读量超过 4 万。2 月 3 日信息发布至 3 月 12 日，共配送社区 5257 区次，

---

①　中央网信办信息化发展局、农业农村部市场与信息化司：《数字乡村建设典型案例汇编·2020》。

蔬菜 9.3 万余份,交易金额达 890.6 万余元,有效缓解了市民买菜难的问题。此外,有不少小区与直送基地签订了长期供货协议。青浦、嘉定等区也参照浦东模式,公布了蔬菜基地直送社区信息。市农业农村委也及时将各区公布的信息,整合成了"上海地产农产品直达配送套餐"查询平台。

2. 主要做法

为了更好地改进居民消费体验,同时也解决基地根据生产情况及时调整套餐问题,区农业农村委及时组织力量,积极推进开发基地直送微商城,"浦农优鲜"平台因此应运而生。

转变思路,注重消费者体验。为了更好营造消费者体验,积极转变销售与经营思路,"浦农优鲜"平台引导农业经营主体根据消费需求及时调整农产品包装,由原来的注重机构客户向瞄准家庭客户转变。如:"南汇水蜜桃"联社包装标准,原来"南汇水蜜桃"多以 8 个装、12 个装的礼盒形式,增加了 4 个装的包装,以此更好适应家庭客户需求;自发渔业合作社的海鲜,也由原来的整箱的海鲜礼盒改成了处理、清洗好的盒装小海鲜,3—4 种海鲜组成的家庭套装,价格不贵而且"常买常鲜"。

充分对接,确保田头直送餐桌。"浦农优鲜"平台,致力于实现地产农产品产销信息的充分对接,没有任何中间环节,农业经营主体在平台接收到订单后,直接从基地快递发货,真正实现了"田头直达餐桌",经营主体的基地,就是平台的仓库,市民下单时间就是农产品的生产时间,确保了农产品的优质、新鲜。同时,为了降低农产品物流成本,浦东农业农村委主动与中国邮政、京东物流等物流公司沟通,达成战略合作,给浦东农业经营主体提供优惠的农产品物流价格,降低了小件农产品物流价格。通过产品规格优化、物流协议价格等方式,"浦农优鲜"平台的地产农产品都做到了"一件包邮",让市民们购买更加方便。

加强培训,引导拓展电商销售。浦东农业农村委紧紧把握时代脉搏,积极支持鼓励各类农业经营主体利用"浦农优鲜"电商运营经验,做电商、搞直播。浦东农校专门举办"浦东新农人直播电商培训班",邀请网红孵化基地的培训师为浦东农业经营主体"量身定制"抖音小视频制作、直播引流技能等课

**图 5-11 公益微商城"浦农优鲜"上线试运行**

图片来源：https://www.pudongtv.cn/APPneirongguanli/minsheng/2020-02-20/107994.html.

程，让更多的新型职业农民掌握直播技能，在做好"浦农优鲜"平台同时，拓宽在淘宝、京东、拼多多等平台电商销售，为浦东地产农产品走出去与品牌影响力奠定基础。

3. 取得成效

2011 年，浦东开启品牌瓜果建设之路，以品牌化推进的形式，引导品牌合作联社成员单位"抱团做精"。"浦农优鲜"平台充分抓住疫情期间市民形成的线上购买农产品的消费模式，及时布局打造后疫情时期优质地产农产品展示展销平台，为浦东农产品品牌宣传打开了一个新的渠道。2020 年 4 月 17 日平台上线至 9 月底，"浦农优鲜"平台已有 170 家浦东及对口援助地区农业经营主体入驻，销售产品达到 800 余个，累计销售额 450 余万，活跃客户 7 万余名。[1]

## （五）海南海口市：石山互联网农业小镇引领产业转型升级

1. 总体情况

国家提出"互联网＋"行动计划后，石山镇按照农业部信息进村入户工作

---

[1] 中央网信办信息化发展局、农业农村部市场与信息化司：《数字乡村建设典型案例汇编·2020》。

部署，在省、市、区三级党委政府的正确领导和海南省农业厅的大力扶持下，以"互联网＋"农业为突破口，于2015年5月在全省率先启动建设了首个"互联网农业小镇"。建设以来，主动扛起责任担当，用互联网思维和技术，以镇为中心，以镇带村，村镇联动，引领农民火速"触网"，通过"链锁反应"倒逼农业产业结构转型升级，2016全镇农民人均收入10380元，同比增长20%，为全省互联网农业小镇发展探索了新路子，示范带动了全省10个互联网农业小镇的建设。为此中央电视台新闻联播对石山互联网农业小镇建设进行了专题报道；2016年9月7日在全国"互联网＋"现代农业工作会议暨新农民创业创新大会上石山互联网农业小镇作为典型代表介绍发展经验；2016年12月11日—12日成功举办全国农业物联网大会；2017年8月22日，石山镇入围第二批全国特色小镇名单；2017年10月10日，农业部办公厅发布《关于开展农业特色互联网小镇建设试点的指导意见》（农办市〔2017〕19号）推广海南省互联网农业小镇发展模式。

图 5-12　石山互联网小镇

**2.主要做法及成效**

创新管理模式，探索发展新路子。在实践中，海口市秀英区石山镇积极探索提出了"1+2+N"的互联网农业小镇新模式。"1"是指构建一个互联网农业综合运行平台，集产业平台、运营平台、管理平台、服务平台、创新平台于一体的整个互联网农业小镇的运行体系。"2"是建设运营管控中心和大数据中心两个中心，形成了对整个互联网小镇的管控和服务。"N"是指若干个参与互联网农业小镇的企业、机构、组织以及具有生产运营能力的农户等，形成了石山互联网农业小镇最具活力的生产要素。同时，按照"以镇带村、镇村融合发展"的思路，建设了镇级运营中心，加大对全镇的产业管理服务辐射；在各村（居）委会建设村级服务中心，将互联网向农村、农户延伸，为农产品销售推广、购物、技能培训等提供全方位的服务。石山镇还通过建立互联网小镇旅游服务中心，将石山特色农业同石山旅游产业深度融合，实现了农业和旅游产业的相互促进、相互推动、共振发展。

加大基础投入，让农民搭上"互联网快车"。石山镇与中国电信、中国移动、中海网农等单位合作，投入5000万元用于互联网基础设施建设，开展互联网进村入户工程，建设基站115个覆盖全部12个村（居）委会，光纤入户共7490户，入户率达77%，基本实现了"4G到村、光纤到户、终端到人、重点区域WiFi全覆盖"，将互联网引入农民生产生活。

建设现代化农业园区，夯实产业支撑。以特色产业为核心，依托物联网技术和电商，改变传统的生产及管理模式。一是大力发展智慧农业，应用先进的传感监测、远程遥控、智能水肥一体化等技术建设了火山石斛、石山壅羊、农馨火山南药园等6个产业园区。二是以"石山互联网农业小镇"为支撑，整合社会资源，成立海口市秀英区互联网农业协会，实行"抱团"发展，提升石山特色农产品市场竞争力。三是成立了黑豆、壅羊、石斛、民宿等产业合作社，实行"协会＋龙头企业＋种养大户＋农民"的产销一体化模式，带动特色农业产业发展。四是运用互联网思维，按照电子商务标准，打造了一批石山互联网农业小镇名特优产品。五是同海南拍拍看等企业合作开发了农副产品防伪标识系统、溯源管理系统，聘用23名检测员对农产品生产、加工各个环节进行监控管理，确保食品安全。

发展农村电子商务，为农产品"插上双翼"。以互联网综合运行平台为依托，成立秀英区农村电子商务服务协会，将原来难以整合的各类农产品资源组织起来，实行统一品牌、统一包装、统一质量管理、统一保险和统一在线支付等"五个统一"。打造了"火山公社"电商平台与"海岛生活"、"优电联盟"等电商及海南顺丰、海南邮政等第三方物流合作，发挥蚂蚁兵团的集聚效应，带动农村电子商务的快速发展，通过现场竞拍、期货订单、股权众筹等模式，开展线上线下联动销售，近一年半销售额超2亿元。石山互联网农业小镇的展销合作交流平台影响力不断扩大，互联网经济效益初步显现。

搭建创业创新平台，培育新农民，实现"致富梦"。搭建石山互联网农业创业创新示范基地（市级小微企业创业创新基地项目）、海南农馨火山南药科技产业园星创天地（海南省星创天地项目）等一批创业创新平台，并扶持打造了海口施茶石斛种植专业合作社及海口美社仕星互联网民宿专业合作社两个农村专业合作社创业创新项目，助力农民创业者实现创业梦想。营造创业创新的浓厚氛围，已有近50家不同创业主体活跃在石山，带动产业发展，积极培育新农民，引导农民转变观念，促进农业生产方式转型。石山互联网农业小镇已吸引返乡创业大学生达到300多名。

推进农旅融合发展，加速火山风情全域旅游建设。一是点线面结合，推进以火山口地质公园、古村落游、美丽乡村、农家乐、特色民宿等为核心景点的全域旅游项目，推进镇墟旅游化改造，打造世界级花园小镇。二是以旅游标准改造现有生产示范基地，建设火山石斛园、农馨火山南药园等休闲农业示范点。三是多次举办火山文化活动，通过民俗文化展演、环火山风情旅游带骑行、各休闲产业园区活动、石山黑豆千人宴等活动，推进旅游、文化、农业的深度融合，打响了火山旅游品牌。四是以火山口地质公园及火山特色文化为依托，打造了人民骑兵营、美社有个房、火山石坞、雅秀学堂等一批特色民宿产业。

图 5-13　石山火山风情旅游小镇

## （六）四川大邑县：打造"稻乡渔歌"现代田园综合体

1. 总体情况

大邑县祥龙社区（原祥和村）位于成都西部城乡融合发展试验区大邑东部，距离大邑县城 25 公里。总面积 7.89 平方公里，辖 22 个农业生产合作社，全社区农户数 1919 户、人口 6500 人、党员 171 人，耕地面积 7394 亩。祥龙社区于 2018 年引进朗基尚善公司共同建设稻乡渔歌田园综合体，打造"田园＋教育＋商业＋民宿＋旅游＋文创"的新型田园综合体的发展模式，形成了吃、住、行、游、娱、购等完整的产业链条，为村集体经济发展引入更多"源头活水"。借助国家数字乡村试点县建设，通过建设"稻乡渔歌"产业生产数字化、智慧旅游服务、一站式电商服务、互联网新型社区支持农业四大创新场景，探索打造"稻乡渔歌"农商文旅体融合数字经济新业态。

2. 主要做法

"稻乡渔歌"现代田园综合体，是以农业生态为基底，农商文旅体融合发展的现代田园综合体，项目围绕"三区、一园、一中心"功能布局，以旅游助力农业发展，促进三产融合，为区域经济发展注入新动能，共享新型城镇化发展成果，实现乡村振兴的战略目标。

打造"稻乡渔歌"产业生产数字化场景。一是建设园区农业生产环境可视化系统。引入有线及无线网，在全园区已建立 20 个点位的可视化系统，实时监控作物生长状况、病虫害发生情况、生产人员管理、园区安防管理等情况，同时还将生产地块的数据、图像传到手机上，通过手机控制生产地块的一些设备来调节生产环境，从而提高整体管理效率。二是建设园区农业生产环境智能监测系统。在园区内建立 13 个点位的环境智能传感系统以及气象系统，获得作物生长的环境条件数据，为环境精准调控、测土配方施肥提供科学依据和数据支撑。通过数据分析启动对生产环境包括灌溉、施肥等的管理，最终达到增加作物产量、改善品质、调节生长周期、提高经济效益的目的。三是建设园区进销存线上管理系统。系统实现了生产经营中的物料流、资金流进行全程跟踪管理，从接获订单、物料采购、入库、产品加工、分拣、交货、款项管理等每一步实现线上数据录入和自助查询、分析，有效帮助公司解决业务管理、分销管理、存货管理、营销计划的执行和监控等方面的业务问题。四是建设无人机植保及播种。采用无人机进行全程植保，提高园区农业生产的作业效果、节药节水、作业安全、作业适应性以及应急突发灾害等方面的管理效率。

打造"稻乡渔歌"智慧旅游服务场景。以"大邑县全域智慧旅游大数据中心"为依托，提供旅游资讯、产品预订、导游导览、电子讲解、720°全景、出行服务、在线投诉、一键报警、分享评价、厕所查询等功能，突破传统旅游服务方式，从吃、住、行、游、购、娱各方面为游客提供一站式智能服务，游客可通过手机等移动端，实现查询、预订、自助导游导览、报警、投诉评价等各项需求，为游客提供全面的旅游信息服务，满足游客个性化、定制化的旅游需求，从而有效提升旅游体验以及旅游整体品质。

打造"稻乡渔歌"一站式电商服务场景。建设"朗基绿农美好家"——田园市集商城，将稻乡渔歌自有基地为主生产的优质农产品上线入驻商城。以仓配分拣中心为物质依托，利用已有社会圈层和农贸销售资源，构建"传统＋电商＋新媒体"的综合营销手段，搭建线上营销平台。以举办相关活动和宣传健康生活等为抓手吸引游客聚集人气，推动田园体验项目销售，从而实现线上和线下营销并举的营销模式。

　　打造"稻乡渔歌"互联网新型社区支持农业场景。搭建"朗基绿农美好家"——认种平台首期直销系统，构建城市社区与田园农户维持信任和长期的合作关系，以互惠原则共同决定价格，共担风险，订单直配。后期平台将完善新型社区支持农业的模式，消费者可通过平台在线租赁地块、挑选农民合作伙伴、指定种植方式、打理土地，远程安排农民翻地、施肥、播种、浇水、除草、治病、采摘等工作。

图 5-14　"稻乡渔歌"产业生产数字化场景

　　3.取得成效

　　实现农业生产数字化。"稻乡渔歌"田园综合体已完成 20 个点位的可视化系统，13 个点位的环境智能传感系统以及气象系统建设；完成约 1500 亩油菜、5000 亩小麦种植收割，总产量约 260 万公斤；完成约 7000 亩水稻种植，园区实现无人机植保 7000 余亩，打造园区智慧农业生产管理数字化。

　　推动销售数字化。一站式电商服务平台降低农产品 20%—30% 的流通成本，目前园区超过 60% 的特色农产品销售额通过"朗基绿农美好家"田园市集商城完成。

推进农旅融合数字化。运用数字技术、智慧平台，形成了川西林盘、田园景观、乡村休闲旅游融合发展，2021 年休闲农业乡村旅游接待 36 万人次，其中上半年接待研学人数约 1.7 万人次，调研人数约 1200 人次。

稻乡渔歌在产业融合、生态保护、人才返乡、品牌孵化、模式创新、集群发展等方面进行了有益探索。先后完成 3000 亩高标准农田、2000 亩鱼稻共生立体种养示范区、"膳食研究所"饮食文化区、青农创业孵化中心、民宿院落、西江月湿地公园等建设内容和产业，实现上半年经营收入约为 2800 万元，其中农业收入约为 1000 万。

祥龙社区获得农业农村部授予"中国美丽休闲乡村"称号、四川省农业农村厅授予"省级示范田园综合体"称号、列入成都市 2020 年重点项目计划、成都市农业农村局"市级现代农业园区"、成都市文化广电旅游局"成都市第二批 AAA 级林盘景区"、"大邑县中小学研学旅行基地"、"大邑县科普教育基地"授牌认证等多项荣誉。①

图 5-15 "稻香渔歌"田园综合体

---

① 中央网信办信息化发展局、农业农村部市场与信息化司：《数字乡村建设典型案例汇编·2020》。

## （七）江西安远县：富硒农产品电商助力产业兴旺

**1. 总体情况**

赣州市安远县鹤子镇坚决贯彻关于新型城镇化示范镇建设工作决策部署，坚持"小城镇大战略"发展理念，创新思路、科学谋划，压实责任、担当实干，扎实推动示范镇建设各项工作，取得了阶段性成效。

**2. 主要做法及成效**

鹤子镇紧紧围绕打造"水墨鹤子，电商名镇"的目标定位，狠抓"一区两园一平台"重点项目建设（一区：对接粤港澳大湾区的现代化精品住宅小区；两园：乡村体验电商公园、客家文体公园；一平台：富硒农产品展示销售电商运营平台），集中力量、集中资源、集中政策，群策群力细谋划，稳扎稳打抓建设，全心全意育产业，抓常抓长严管护，逐步提升城镇功能品质，为推进乡村振兴奠定了坚实基础。示范镇建设项目共 26 个，2020 年项目开工率 100%，项目已完工 24 个，完工率 92.3%，2020 年项目计划总投资 3.09 亿元，已完成投资 3.413 亿元，项目投资率 110.45%，2021 年项目计划总投资 3.527 亿元，已完成投资 2.482 亿元，项目投资率 70.37%。2020 年县电商集团全资子公司安远数字小镇商业运营管理有限公司作为项目承接主体向中国农业发展银行申报鹤子数字小镇项目建设融资贷款 2.9 亿元，企业自筹建设资金 1 亿元。

（1）稳把"方向舵"，统筹谋划群策群力

作为"书记工程"，高规格成立新型城镇化示范镇建设工作领导小组并下设办公室，由县委、县政府主要领导亲自挂帅、牵头调度。指挥部运转顺畅，2021 年度召开工作调度会 26 次，对规划设计、项目推进、产业布局、电商业态、数字小镇、环境整治、土地问题等重点工作进行了详细研究、谋划和部署。

（2）立好"风向标"，发展定位精准精彩

充分发挥赣深高铁开通后，鹤子镇是全县 18 个乡镇中距离粤港澳大湾区最近（约 80 分钟）的区位优势、土壤既富硒又富锌的生态优势、电商异军突起的业态优势，将鹤子示范镇发展目标定位为"水墨鹤子、电商名镇"。为科学谋划、从容建设示范镇，我们坚持"规划先行、谋定后动"的原则，高质量完成了示范镇总体规划及控制性详细规划局部调整工作，还创造性地开展示范镇建设专项规划、电商专项规划和富硒农业产业发展规划等三个专项规划编制工作，为进一步壮大电商产业、打造富硒品牌、做旺城镇人气提供科学指导。

（3）牢筑"压舱石"，项目建设稳扎稳打

通过推进项目建设，补短板强弱项，有效推动镇村融合、新老城区融合发展，促进公共服务设施大提升。其中：新时代文明实践所设施建设、全民健身中心附属设施建设、安置点及教育路市政工程、交通服务站配套设施、乡村体验电商公园、阳佳河生态护岸及游步道建设工程、入户公园、国道市政提升、圩镇污水设施建设、教育桥、阳佳桥、教育路、滨江西路等市政公用项目均已完工，酒泉大道扩建项目正在进行交工检测，镇客运站已完成三层楼面浇筑，农贸市场正在进行地圈梁施工。

图 5-16　乡村振兴示范点阳佳村

（4）唱响"主打歌"，产业振兴富硒富民

紧紧抓住产业振兴这个"牛鼻子"，适应农业供给侧结构性改革需要，鹤子镇大力发展脐橙、红薯、洛神花、金线莲、大棚蔬菜等特色产业，深入推进"五个千亩富硒产业兴旺计划"，构建出了"山上果，田间薯，林下药，庭院花，大棚菜"的产业兴旺格局。同时巧借电商东风，探索"党组织＋合作社＋基地＋农户"的农民利益联结新模式，与浙江大学和中国科技大学合作，通过发展精深加工，延伸产业链，实现了从简单地卖红薯到卖更高级的红薯粉、红薯叶饲料，从简单地卖洛神花干到卖更高级的洛神花饮料、洛神花果脯，从过去传统种养收入 1.0 到了加工增值 2.0 的阶段，推动"一二三产"深度融合，打造出了村集体经济收入、农民收入"双增长"的升级版。经专业机构检测，与中国科技大学合作生产的富硒大米硒含量达 0.292mg/kg、富硒春薯硒含量达 0.914mg/kg，完全达到了富硒产品的认定标准，"水墨鹤子"品牌富硒农产品在"格力·中国造"全国巡回直播第一场——"新长征　再出发"大型直播活动中大放光彩。举办的规模盛大的"水墨鹤子富硒农产品品鉴暨品牌直播推介会"上，约 7 万人观看直播节，全镇在打造富硒品牌上再发力，为把鹤子镇建设为全国有名的富硒产业聚集地和电商名镇奠定了坚实的产业发展。"村红计划"持续推进，已举办 10 期 5G 电商直播培训，让手机成为新农具，让直播成为新农活，全镇近 320 名"草根"青年回乡加入电商大军圆了创业梦。①

图 5-17　鹤仔镇智运快线机器人索道穿梭忙运输

---

① 《数字乡村建设典型案例·2021》。

### （八）京东：品牌助推农业优质、优价、优品"正循环"可持续发展

1. 总体情况

京东集团高度重视服务"三农"，2014年提出助力农村发展的3F战略；2016年投身国家脱贫攻坚事业，与国务院扶贫办签署战略协议，通过产业扶贫、消费扶贫、用工扶贫、创业扶贫、公益扶贫、金融扶贫、科技扶贫、健康扶贫等方式，为脱贫攻坚积极做出贡献。围绕服务落实国家乡村振兴战略，京东以数智化社会供应链为基础，不断深化拓展自身的供应链优势，通过持续向农村下沉和共享扎实的基础设施、创新的技术服务，构建农产品现代流通体系，促进高品质农产品正向循环，蹚出了一条以供应链健全产业链、提升价值链的乡村振兴"全链条"路径，带动更多农民实现共同富裕。

2. 主要做法

（1）聚焦品牌打造，助力产业带农产品上行提速

京东以品牌化为核心，改变农业产业长期徘徊于低附加值的现状，提升产品溢价，促进农民增收。2021年10月，京东启动乡村振兴"千县名品"专项，京东零售"乡村振兴·京东千县名品"项目，通过聚合京东全面的品牌化营销优势，塑造有影响力的IP，助力优质农产品品牌打造。2021年京东生鲜携手全国21省地标协会，助力各农特产地和产业带建立生产标准、扩大市场销路，推动当地地标产品取得销量和品牌声量双赢。江苏宿迁霸王蟹、福建宁德大黄鱼、贵州修文猕猴桃、新疆伽师西梅和库尔勒香梨、宁夏盐池滩羊等众多地方特色农产品实现规模化、优质化、品牌化发展。例如，宁德大黄鱼、盐池滩羊在入驻京东后，市场份额分别提升了500%、200%。此外，京东零售还联合百余家品牌商家、35家权威检测机构成立"京东品质联盟"，以农产品质量的提升来确保农业综合效益的提升，促进形成高品质农产品与消费升级的正向循环。

2021年12月，京东集团与中央广播电视总台央广网共同开启"云遇中国"县域原产经济带振兴计划，共建高标准、原产地标品牌"央苗.京觅"，将为优质的原产地标产品进行品牌赋能及品牌认证，通过"地方政府＋优质媒体＋

优质电商"全体系融合传播，计划在两到三年共建 100 个县域产业带，重点打造 30 个地标农产品品牌，全面助推乡村振兴。双十一期间，"全国农产品地理标志"湖北松滋鸡销售额同比增长 500%；"中国国家地理标志产品"新疆阿克苏苹果销售额同比增长 345%。

（2）基础设施下沉，推动农产品流通提速

物流基础设施建设是乡村振兴的关键。从 2007 年自建物流开始，京东物流用 10 年时间完成了在大陆地区几乎 100% 区县的全覆盖，自营配送服务覆盖了全国 99% 的人口，服务触达超过 55 万个行政村。截至 2021 年 9 月 30 日，京东物流运营超过 1300 个仓库，生态云仓超过 1600 个，仓储总面积约 2300 万平方米；已经拥有及正在申请的自动化和无人技术相关专利和版权超 2500 项。

作为消费下沉和产业上行的双重载体，京东持续推进基础设施下沉，一是为全国消费者，尤其是四到六线城市消费者享受同等时效的极致物流服务提供便利。京东"千县万镇 24 小时达"时效提升计划，已实现全国 92% 的区县和 83% 的乡镇可以享受到京东 24 小时收货。另一方面，通过完善基础设施建设、深化物流服务渗透，在产地和产业供应链升级中进行了诸多模式创新，进一步拓宽农产品上行渠道，有效对接产销端，助力消费升级和区域经济发展。

陕西周至县是全国猕猴桃主产区，全县共有猕猴桃栽植面积 43.2 万亩，猕猴桃种植合作社 1000 余家，相关产业的人员就有超过 30 万。但由于产地仓、冷藏保鲜、冷链运输无法匹配等问题，严重制约了猕猴桃的市场销售。今年 9 月，在距离周至县 10 公里的武功县，京东与当地政府联合打造了西北首家集果品采购、冷藏、加工、分选、包装、物流配送，一件代发于一体的产地智能供应链中心。从武功向西北区域辐射，新疆阿克苏、库尔勒、甘肃天水、平凉、庆阳等地农产品产业带的果品加工、供应和销售均可前置到该中心，实现特色农产品的集聚效应。新疆阿克苏香梨从原产地到达上海市民的家中，只需要 2—3 天，且保质保鲜。

图 5-18　京东武功产地仓内部与外部实景图

(3) 向生产端延伸，促进数智农业发展提速

京东深入田间地头，在生产端携手当地生态共创高品质生产基地生产体系标准化，推进管理数字化建设，搭建从种子到筷子全程可视化溯源体系。京东先后委派 52 名技术专员驻守在河北、广西、贵州、新疆、西藏、宁夏、内蒙古等 22 个省区的 52 个村进行技术帮扶。2021 年，京东数字化农场在山东省莱西市河头店镇落地 100 个圣女果智慧大棚，技术专员在数字化农场现场进行传感器等设备的铺设，网络连接、系统调试，并在当地开展技术培训，实现自动灌溉、土壤墒情实时监测等多种功能。数字化农场种植的圣女果出果率提高了 30% 以上，节约总成本 20% 以上。100 个智慧大棚全部建成投产后，扣除人工、育苗、肥料等投入后年可获利 1400 余万元。江苏丰县的京东数字农场使用无人机、遥感等数字化技术，助力农田减肥控药 25% 以上，提升施肥率 30%；苹果商品化率提升 20%。2021 年政府扩大合作规模到 2000 亩，5 年内建设全县万亩数字化农场。

另一方面，京东依托农产品流通大中台和全国动态消费趋势大数据，输出反向定制能力，提升了产地农产品的质量等级和安全标准，同时带动当地企业优化产品结构及包装风格。以烟台招远苹果产业带为例，招远市大户陈家村以苹果为主要果品产业，其果品原先通过批发市场、商超等渠道销售，高品质果品难以打开销售渠道。通过上线京东平台，实现了高品质果品的种植和销售。目前陈家村累计种植苹果 5000 亩地，单亩高品质苹果产量 7000—8000 斤，亩产值 1.5—2.4 万元。与京东合作后产品附加值提升了 25% 以上，全村年收入提升到 1500 万以上，成了名副其实的"奔富村"。

图 5-19　烟台招远陈家村苹果丰收季景象图

3.取得成效

过去 5 年，京东在全国 832 个贫困县上线商品超 300 万种，累计销售 3 亿件农产品，销售产品覆盖全国超 800 个农业产业带、近 2100 个贫困村。农村地区实现农产品交易 5800 亿元，其中帮助全国贫困县实现扶贫销售额超 1000 亿元，直接带动超 100 万户建档立卡贫困户增收。2020 年 10 月，京东启动乡村振兴京东"奔富计划"，计划三年内带动农村实现 10000 亿产值。截至 2021 年底，"奔富计划"已覆盖全国 28 个省级行政区，实现农产品销售 3200 亿，开设助农馆和特产馆达 753 个，其中 240 家特产馆年收入过百万。下一步，京东将在国家乡村振兴和共同富裕的重大战略下，充分发挥全渠道营销、数字科技、物流及供应链等领域的优势，围绕现代农业提质增效，围绕生产、生活、生态"三生融合"，围绕富民增收，全面推进现代农业优质、优价、优品的"正循环"可持续发展。

### （九）拼多多：电商助力脱贫攻坚和乡村振兴

1.总体情况

拼多多创立于 2015 年，是中国领先的农产品上行平台之一。拼多多的发展，得益于国家的强农、富农、惠农政策，得益于中国"三农"的发展。作为"腿上有泥"的新电商平台，拼多多以农产品零售平台起家，深耕农业，开创了以"拼"为特色的农产品零售新模式，逐步发展成为以农副产品为鲜明特色的全品类综合性电商平台，在推动农产品大规模上行、助力脱贫攻坚和乡村振兴等方面进行了探索和尝试。

2. 主要做法与成效

（1）农地云拼：推动农产品大规模上行

在传统农产品销售渠道里，由于供需信息碎片化，生产端和消费端难以精准匹配，农民往往无法根据市场需求来合理安排种植生产。为此，平台通过大数据、云计算和智能算法，打造了"农地云拼"模式，将分散的农业产能和农产品需求"拼"在一起，形成一个虚拟的全国市场。用"产地直销"打破层层分销的模式，在农田和城市之间，建立起一条覆盖全国的农产品上行超短链。该模式可以在短时间内汇聚大量消费者的需求，并将消费端的需求快速传递给生产端。借助这一模式，能够快速消化农产品，减少农产品滞销、损耗的问题，让曾经不好卖的农产品成为百姓餐桌上的"香饽饽"，丰富了消费者的"菜篮子"、"果盘子"，鼓足了农户的"钱袋子"。

2020 年，平台农产品交易额达 2700 亿元，规模同比翻倍，约占平台总交易额的 16%。截至 2021 年 12 月 1 日，平台上单品销量超 10 万单的农产品达到 6000 余款，单品销量超 100 万单的农产品达到 50 余款。目前，平台直连1000 多个农产区，带动 1600 多万农业生产者参与到数字经济中。公司在农产品上行和扶贫助农方面的努力也得到党和国家的认可，2021 年 2 月，被党中央、国务院授予"全国脱贫攻坚先进集体"。

（2）多多买菜：农产品上行的延伸和发展

新冠疫情以来，线上下单、线下无接触配送的生鲜配送模式，逐渐为广大消费者所接受。为更好地满足消费者需求，拼多多启动了多多买菜业务，在延伸农产品上行的同时，赋能线下，对包括零售店等自提点在内的现有各个环节做增量和数字化改造。消费者通过拼多多 APP 或者多多买菜微信小程序下单，平台通过全链路仓储物流体系配送，消费者次日即可在就近网点自提，进一步提高了农产品流通效率，也能够实现更好的品控和需求预测，降低损耗。

多多买菜也成为平台履行社会责任的重要途径，有效发挥了保供稳价的作用。比如，2021年8月，在河南洪灾期间，郑州地区多多买菜将所有网格站点的食品、药品等救急物资，用于保障周边市民救灾及生活需求。同时，紧急开辟绿色通道，将河南、山东和安徽等省份的多多买菜仓库全部打通，短时间内向受灾地区输送了超4倍仓储量的救援物资。2021年12月，西安暴发疫情后，多多买菜西安中心仓所有蔬果、粮油、肉蛋等民生物资以及口罩、消毒液等抗疫物资，均在地方政府统一协调下，优先用于保障社区居民日常生活。

（3）多多课堂：新农人成为农村电商发展的生力军

人才是乡村振兴的关键。具有现代电商意识和技能的职业新农人，是打通农产品上行通道、完善农产品电商产业链的重要一环。为此，平台开设多多课堂，建立专业性的农产品上行与互联网运营课程，大力培养既熟悉生产者又亲近消费者的"新农人"。这些新农人在很大程度上担当着电商拓荒的角色：一方面，他们对农产区的产品集聚、分级、加工、包装等生产和流通环节进行梳理整合；另一方面，他们也是地方致富的带头人，吸引更多农民加入电商大军的行列。

目前，1995年之后出生的"新新农人"，已成为农产品电商的生力军。过去两年，平台"新新农人"的数量呈现爆发式增长，由2019年的29700人增至2021年的12.6万人，两年增长了近10万人。据田野调查发现，每位"新新农人"平均可以带动5至10位95后参与到电商创业中，平均带动当地就业岗位超过50个，有效推动各农产区实现产业本地化、人才本地化。

（4）多多农研：致力于农业科技研究

对农业的长期投入是拼多多的核心战略。为搭建"更开放、更前沿、更实用"的农业科技创新平台，激发全球农业科研工作者积极性和创造性，平台发起举办"多多农研科技大赛"，探索更加本土化的食品和农业解决方案。2020年，平台联合中国农业大学举办了首届大赛，利用先进的人工智能与园艺种养技术，在云南挑战草莓种植。赛后，许多参赛队伍尝试推动科研成果的商业化运营和探索。2021年，平台联合中国农业大学、浙江大学共同举办了第二届大赛。目前，4支决赛队伍正在云南的多多农研基地，就番茄的产量、品质、环境，以及算法策略、商业可行性等方面进行比拼。

## （十）江苏连云港市：海头镇海前村海鲜电商直播产业园

### 1. 基本情况

赣榆区海头镇海前村海鲜电商直播产业园起建于2016年，一期工程占地近百亩，于2017年正式落成，建筑面积约3万平方米，其中办公面积约8000平方米，现已入驻121户商家，2020年营业达10亿元。现在一期产业园已形成了一个完整的电商产业链，包含食品批发企业、电商孵化公司、物流企业等相关配套产业；冷库设施、冷链物流设施、电商展示大厅（跨境海鲜展示区、产品体验区）、网红直播大厅、网红公众厨房等电商配套设施，邀请知名网红直播，把本土的特色海产品通过直播的形式推向全国。

### 2. 主要做法

第一，依托海产品市场打造电商直播园。依托海产品综合市场打造电商直播产业园，将企业、服务商、电商户相融合，以电商服务中心为载体，打造农民创业平台，并在淘宝、快手、京东等各电商平台设立服务网点，引进百万粉丝网红，设立阿康工作室、青创空间、网红直播间等功能室，为村民提供实训平台。为进一步壮大电商经济发展，给电商经营户提供更为优质的服务。通过孵化中心搭建的平台，近4年来园区共带动200余名创业青年跨入电商发展快车道。

第二，加强物流配套服务。先后引进顺丰、京东、邮政、中通等多家物流企业入驻园区。2019年，与顺丰洽谈成立顺丰海鲜物流处理中心项目，建成集中转、网点、冷藏、打包、代发货于一体的处理中心，中转承接整个苏北以及鲁中地区海鲜快递件，满足每天20万件快件中转，成为顺丰集团全国第一个海鲜发运中心，有效帮助电商户降低运营成本。

第三，开展扶贫帮扶。为提高贫困人口的收入水平，促进残疾人就业，电商孵化中心与海前村共同打造"红色电商联盟"，采用"电商＋贫困户"的模式进行精准扶贫。针对残疾人特点开设培训班，免除学员培训费、伙食费等相关费用，增加残疾人的就业渠道，实行一对一帮扶。对年龄较大的贫困户，给予优先帮扶原则，安排他们进行一些力所能及的市场分拣工作，减轻家庭负担，帮助解决生活上的难题，取得了良好的扶贫效益.

3.取得成效

将企业、服务商、电商户相融合，以电商服务中心为载体，海前村为村民搭建起了低成本的创业平台，加强产业配套服务，进行创业培训、品牌共建、成立电商协会、网店企划等，同时鼓励和吸引电子商务企业、销售大户入驻电商产业园，形成办公、仓储展示、孵化、培训、接待、休闲娱乐为一体的电商产业园。大力支持电商园建设，整合优势资源，对入驻园区的企业给予相应的政策扶持，为电商产业发展提供后勤、平台支持，从规划上为电商产业的发展铺平了道路，实现了电商户抱团经营，形成了产业链的规模化发展。海前村电商户达到了近300余户。其中：年销售过千万元电商户10家.全村日均发货量30000余件，带动加工、包装、物流等从业人员3000余人，年线上销售额近4亿元，海前村在短短几年时间里，形成了产业集群、规模效应，实现了"买全球 卖全国"的目标。

## （十一）深圳优合集团："优合模式"打造综合型农业产业互联网平台

1.总体情况

深圳优合集团打造了商流、物流、信息流、资金流"四流合一"的温控食品产业O2O（即线上到线下）全链全球服务平台"全球食网"系列。该平台覆盖肉类、水产、蔬菜、水果等温控食品农产品。"优合模式"通过打造4.0版综合型农业产业互联网平台，通过扁平化和去中间环节，提升了我国农产品流通体系的现代化水平，有利于增强我在农产品领域的议价能力和国际话语权，通畅我国农产品流通的国际国内双循环。"优合模式"为我国提高农产品流通体系效率、提升在农产品领域的话语权提供了一个可供借鉴的解决方案。

2. 主要做法与成效

为实现农产品流通体系的现代化，畅通我国农产品流通内外双循环，"优合模式"通过搭建农业产业互联网平台，对我国农产品流通体系进行脱胎换骨式的变革。

(1) 全面搭建支撑体系

一是引领行业标准化体系。通过相关行业协会，联合行业龙头企业，建立并优化产品标准、服务标准。在销售渠道端提高流通效率、降低交易成本、破除市场割据，形成更充分竞争的市场；在货源端破除货源差异，形成统一货源，打破货源垄断、扭转卖方市场的被动局面。二是建立信用体系。建立以市场主体评级、征信等为核心的信用体系。三是完善风控体系。基于标准化体系、信用体系，把控上下游风险以及相关风险，形成标准流程。

(2) 引导建立产业平台

参照"优合"模式，打造4.0综合型农业产业互联网平台，把产业各要素、各环节数字化、网络化，推动生产方式的变革重组，进而形成新的产业协作、资源配置和价值创造体系。推动全产业链优化升级，减少中间环节，压减流通层级，降低全社会交易成本，畅通国际国内双循环。

(3) 引导企业做好生态

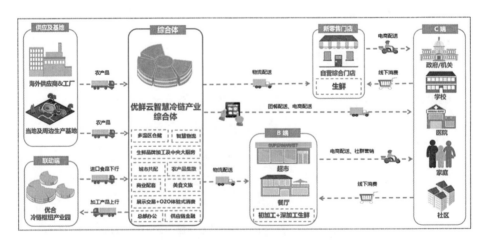

图 5-20　优合集团 4.0 版综合型农业产业互联网平台示意图

一是强化企业自营仓储物流能力。在全国范围内布局冷链仓储，完善仓储服务能力，打通全国运输网络，提高货物下沉至终端的效率。二是支持企业建设冷链产业园。延展供应链上下游，在销地开发冷链综合体产业园，革新地方生鲜食品供应链，打造地方冷链生鲜产业集群，树立一二三产业融合发展标杆。

## （十二）新希望集团：食品安全追溯系统

### 1. 总体情况

新希望集团有限公司是一家以现代农牧与食品产业为主营业务的民营企业集团，随改革大潮奋斗至今，是中国最大的肉、蛋、奶综合供应商之一。

食品安全是人民群众安居乐业、经济社会平稳发展的基础保障。建设食品溯源系统符合国家战略和政策要求，是运用现代信息技术，推动食品生产、流通企业业务流程再造，促使业务信息上链，优化食品流通交易和管理方式；是促进食品企业转型升级，对食品领域的高质量、健康快速发展有促进作用。新希望集团多年来大力推进数字化转型工作，数字化基础布局完善，为食品溯源奠定了坚实的基础。食品溯源是新希望主推的集团级、战略性灯塔项目。

### 2. 主要做法与成效

新希望食品产业具备产品覆盖面广、形态丰富等特点，涵盖畜禽肉食品、乳制品、休闲食品及调味品，每个环节以自建为主，具备真正源头追溯条件。在智能设备环节，引入生产环节的养殖耳标、自动挤奶、智能屠宰分割设备；在流通环节，自建冷链物流体系中的 GPS 跟踪、温湿气振环控设备，基本实现了数据的自动采集、实时上传，降低了人为操作空间；信息化方面，产销储运环节的业务信息系统搭建完毕，功能较为完善；农业智能装备方面，投资了多家智能机器人企业，正面向智能饲喂、智能注射、物流搬运、食品炒制等生产场景开展设备的研发实验。多年的数字化建设基础，确保了在生产经营各环节的数据采集、抽取过程的智能便捷，减少人为干预。更为重要的是，从饲料原料、饲料工业、养殖屠宰、食品加工、冷链物流到终端销售，每一行业领域背后国内都包含数以万计的相似行业主体，项目建设完成后，具备在不同行业的可复制性。

基于新希望集团跨链条、大体量的食品产业场景，瞄准"无链、断链、假链"行业痛点，集成大数据、人工智能、物联网技术，建设"1142"为架构的食品溯源平台体系，形成一整套可复制、易监管、重落地的全链条食品溯源应用解决方案。一是建设 1 个基础平台，即面向食品安全的数字化溯源管理平台；二是建设 1 个业务中台，即连通仓、干、配的数字化冷链物流中台；三是建设 4 大应用系统，结合食品生产领域现有信息化基础，建设肉、奶、休闲食品和调味品产业的数字供应链应用系统；四是建设 2 大体系，包括安全与管理技术体系、标准化体系。最终形成一整套可复制、易监管、重落地的全链条食品溯源应用解决方案。推动供应链主体的效率协同变革和政府监管方式变革，构建可信赖的食品区块链产业生态。

食品溯源系统建成后的效果如下表所示：

表 5-1　食品溯源系统建设效果对比

| 分类 | 具体指标 | 建设前 | 建设后 |
| --- | --- | --- | --- |
| 效率 | 追溯周期 | 4 小时 | 3 分钟 |
| 成本 | 集团对食安管控成本 | / | 降低 50% |
| 流程优化 | 供应链流转效率 | / | 提升 10% |
| 节约人力 | 产品检测人员投入 | / | 降低 15% |
| 产业化指标 | 接入上下游生产流通企业 | ≤ 500 家 | ≥ 1000 家 |
| | 覆盖人口 | 3000 万 | 1 亿人 |
| | 覆盖范围 | 部分地区 | 全国 |

# 第六章　农业监测预警

## 一、概述

农业监测预警是现代农业管理的高端工具，农业的高风险性决定了农业监测预警与现代农业发展相伴相行。农业监测预警是对农业生产、经营、管理等全产业链过程中的要素、资源环境要素以及生物本体要素等在不同维度、不同尺度进行特征值提取，信息流向追踪，数值变化分析模拟，并对农业未来运行态势进行科学预判，提前发布预告，采取防控措施，防范风险发生的全过程。随着农业信息技术的发展及在农业领域的应用不断深化，农业监测预警的地位和作用凸显，对调控农业生产水平、提高农产品数量及品质、提升风险与突发事件应对能力，以及保障国家食物安全、提高农产品国际竞争力等都将起到重大支撑作用。加强农业监测预警尤其是农产品监测预警工作，对于加快形成更高水平农产品供需动态平衡，在更高层次上保障国家粮食安全具有重要意义。①

党中央、国务院高度重视农产品市场监测预警工作，将开展农产品市场监测预警作为增强政府宏观决策针对性、及时性与精准性，增强掌控农产品供需平衡态势能力，以及提升农产品国际市场话语权的重要抓手。《中共中央国务院关于推进价格机制改革的若干意见》提出"加强农产品成本调查和价格监测，加快建立全球农业数据调查分析系统"。《乡村振兴战略规划（2018—

---

① 许世卫：《中国农业监测预警的研究进展与展望》，《农学学报》2018年第1期。

2022 年)》提出"加强农业信息监测预警和发布，提高农业综合信息服务水平"。新时期要坚决贯彻落实党中央决策部署，做好农产品市场形势的前瞻性预警预判，为政府开展宏观调控和市场调节提供决策依据。

随着我国进入新发展阶段，经济社会发展将面临一系列新机遇新挑战，对未来农业农村发展必将产生深刻影响。农产品市场监测预警工作要适应形势变化的新要求，对标对表"十四五"规划和 2035 年远景目标纲要，立足新发展阶段、贯彻新发展理念、构建新发展格局，通过市场预警信息统筹农业供给侧结构性改革和需求侧管理，充分发挥市场价格的"导航灯"作用，实现"以生产监测稳预期、以市场预警畅循环"，为全面推进乡村振兴、加快农业农村现代化提供有力支撑。

## 二、发展实践

近年来，我国农产品市场监测预警工作取得明显进展。监测预警体系更加健全、机制进一步完善，多类型的监测预警技术与系统不断创新，农业展望制度不断发展完善，服务模式不断创新，在服务决策管理、引导生产主体合理调整产能、确保重要农产品供给稳定等方面发挥了越来越重要的作用。

### （一）形成较完整的农业监测预警工作体系

1.农业监测预警工作体系不断完善

联合国粮农组织（FAO）及欧美等发达国家较早建立了较完整的农产品安全监测预警体系。联合国粮农组织于 1975 年率先建立了全球粮食和农业信息及预警体系（GIEWS），将卫星遥感信息与各国农业统计信息、区域农产品市场和气候相结合，重点监测粮食生产与可获得性、粮食市场、粮食缺口、粮食需求、粮食供需平衡及粮食营养与脆弱性等。美国已经建立了相应的农产品安全生产—储备—预测预警—投放保障机制，形成了较为完善的农产品安全预警体系，其开发的多国商品联结模型（Baseline 模型），可以分为国家、分品种对农产品生产、消费、贸易和价格进行预测，涉及世 43 个国家和 24 种农产品。[①] 农业农村部制定了《关于完善国内外农产品市场监测分析和预警体系的方案》，对"十四五"和未来一段期间农产品市场监测预警工作进行了总体谋划，明确了农产品市场监测预警工作的主要目标和重点任务。

与欧美等发达国家相比，中国农业监测预警研究起步较晚，但发展较为迅速。建立了诸多监测预警体系，研建了中国农产品监测预警系统（CAMES），为政府、企业、学者以及农户等提供辅助决策信息；建立了农产品价格监测预警体系，推出"农产品批发价格 200 指数"，每天采集全国 200 多家批发市场 300 多种农产品批发价格，在部分主销区、主产区组建覆盖生产、加工、流通、零售环节的全产业链分析预警团队，引导市场预期。此外还形成了动物疫病监测预警体系、农业种质资源鉴定评价及种质安全监测预警体系、农作物生长过程及病虫害监测预警体系等监测预警体系。[②]

多年来，农业农村部市场与信息化司牵头组织部属相关科研院所、研究机构，不断推进我国农业监测预警工作，形成并不断完善农业监测预警工作体系。自 2003 年起，农业部开始不定期对外发布农产品监测预警信息，逐步建立农产品市场监测预警信息月度发布制度，构建形成多元化分析研判体系和分析平台。2009 年，农业部将农产品监测预警覆盖面扩大至 18 个品种，2012 年将所有重要农产品品种都纳入预警范围，并开展重要农产品产地与市场信息的即时监测。在地方层面，通过建立部省联动农业监测预警体系，使各省农业信息监测预警体系建设逐渐迈向制度化、常态化、规范化。同时，各省针对省情积极开展农业监测预警工作，如辽宁省开展了畜牧业监测预警、浙江省强化监测预警服务产销决策、湖北省利用监测预警数据支撑决策驱动创新发展、湖南省利用监测预警掌控农业经济运行状况等。

---

① 许世卫：《农业监测预警中的科学与技术问题》，《科技导报》2018 年第 11 期。

② 来源于农业农村部网站，http://www.moa.gov.cn/govpublic/SCYJJXXS/202109/t20210903_6375595.htm.

2.专业化的农业监测预警队伍逐渐形成

在农业农村部的领导下，经过多年积累，目前我国农业监测预警领域已培养出一支系统性、分层次、多学科构成的专业化监测预警队伍。2011年，农业部成立市场预警专家委员会，建立沟通交流机制，及时研讨农业农村经济及农产品市场运行情况，开展国内外市场研判预警工作，跟踪、研究农业农村经济发展中的重大和突发性问题，依托专家跟踪和研究农产品市场运行热点、焦点和难点问题。

农业农村部不断加强农产品市场分析预警团队建设，提升农产品市场分析预警能力和水平。团队由首席分析师、省级分析师、行业分析师、会商分析师、产业信息员共千余人组成，专业背景涵盖农学、计算机科学、经济学、管理学、数学和系统科学等多个学科领域。同时，以产品为主线，围绕稻米、小麦、玉米、大豆、棉花、生猪、牛羊肉、蔬菜等品种的全产业链，面向河北、内蒙古、辽宁等14个主产区、主销区，遴选了1061名分析师，组建了全产业链分析预警团队，在生产、加工、流通的各个环节进行监测预警工作。[①]

2019年农业农村部市场与信息化司组织开展了农产品市场分析预警团队首批首席分析师遴选工作。首席分析师的主要职责是跟踪农产品品种供给、需求、贸易、库存、价格、成本收益等方面动态变化，科学分析国内外农产品供需状况、市场运行和产业发展形势，及时发布信息引导市场预期，研究提出市场调控政策建议。

## （二）建设较为科学的监测预警技术系统

在大数据背景下，数据处理与分析能力将成为未来重要的核心竞争力。当前，我国的农业监测预警技术不断取得进展，形成了农业监测预警技术体系，

---

① 许世卫、张永恩：《农业展望：推进信息化时代农业管理方式创新》，《农业展望》2017年第3期。

形成了一系列农业监测预警技术与产品，搭建了现代化农业监测预警分析平台，构建了中国农产品监测预警模型系统。

1. 形成了农业监测预警技术体系

近年来，我国农业监测预警技术研究取得了重要进展。一是构建形成中国农业监测预警理论与方法体系。经过多年发展，农业监测预警的方法逐步系统化、集成化、专业化，在农业信息流理论、农业全息信息理论、农业信息定量理论、农业信息预警理论等的基础上建立了以评估、预测、预警、展望为主体的多种方法相融合的方法体系。农业信息流理论反映信息表征在生产、流通、市场等环节变化过程中形成的流动轨迹，为开展监测预警"早期发现、早期预警、早期干预"提供基本理论支撑。农业全息信息理论是指最大限度地涵盖信息要素，从多维度综合表达各种要素信息，完整描述了农产品全产业链的主要显性和隐形信息要素。研究提出的农产品全息信息的表达方法，制定了农产品产地、交易时间、交易地点、价格、交易量等 13 个维度的农产品全息信息监测标准，推动了我国农产品全息信息的科学分类与规范采集，为开展精准预测预警提供了基础数据支撑。农业定量预警理论针对农产品全产业链风险因子多、早期发现难、预警精度低的问题，提出风险因子随机概率分布的早期识别方法，采用非参数方法精准拟合不同环节的各种风险因子在时间和空间上的发生概率，创建了警情智能感知、警度自主计算的风险预警核心算法，为农业产业风险早期预警提供了基础。

二是研究形成了一系列农业监测预警技术与产品，研发了现代化的农业监测预警先进设备。在生产环节信息监测方面，集成创新了土壤、气象、动植物生命信息等各大类几十种系列化传感产品，在全国各地多个监测点部署应用。建立了卫星遥感与地面传感联合监测的生产信息获取平台，实现了广域产量的高精准监测。基于先进的传感器技术以及多种数据采集技术和手段相结合所搭建的农业物联网平台，研制了一批作物—环境信息快速监测设备、畜禽生长监测设备、水产养殖监测设备，实现了动植物生长—环境信息的快速获取，为支撑农业监测预警工作打下坚实基础。在市场环节信息监测方面，建立了市场全息信息即时获取关键技术，研发了农产品市场信息采集设备"农信采"，部署建立了农产品市场信息实时采集示范点，2012 年以来先后在全国 12 个省（市）推广应用。研建了农业信息监测预警大数据资源库，建成了资源、生产、流通、市场、贸易等 8 个方面的数据资源集群，为农产品全产业链动态分析提供了扎实的基础数据。在农业信息分析预警技术方面，创建了系列化农产品预测分析预警关键技术，建立了农产品产量自适应估测、消费量关联分析、价格智能仿真预测模型等核心算法。在建模方法方面，针对传统建模方法外生变量纠缠、内生变量耦合以及单品种单环节建模效率低的难题，创建了"因素分类解耦、参数转用适配"的农产品多品种集群建模技术，构建了主要农产品的生产类、消费类、价格类、贸易类多品种多类型模型集群，显著提升了集群模型分析计算的精准度和多场景广适性。

三是搭建了现代化农业监测预警分析平台，其中，中国农业科学院农业信息研究所研建的农业监测预警研究空间，已成为农产品在线全国会商的良好平台，是农业监测预警、农业信息分析等学科研究的重要平台。

2. 建立了中国农产品监测预警阈值表

阈值表是农产品监测预警的重要基础工具，由系列化反映农产品生产、消费、价格等预警对象的警度数值构成。农产品监测预警阈值表是发现和判定农业发展形势警情、警度的基准表。基准的确定，即预警阈值尺度的选择是个十分重要的问题。基准的正确与否关系到整个预警工作是否具有科学性与合理性，如果预警阈值的尺度选择过大（过松），会使农业发展形势出现潜在隐患而未能发出警报，达不到预警的作用与效果；如果预警尺度选择过小（过严），则会导致在农业发展形势不该报警时却发出了警报，使相关部门做出错误的决策与选择。

中国农业科学院农业信息研究所监测预警团队经过多年积累，构建模型方程，确定了模型参数，并以我国农产品的生产、消费和价格情况为对象，从增加和减少两个维度研究和建立分年度、季度、月度、周度、日度的农产品监测预警阈值表，刻画出无警（绿色区域）、轻警（蓝色区域）、中警（黄色区域）、重警（红色区域）的边界。研究团队根据不同农产品生产量、消费量和价格等多年来的历史数据，综合数据的变化规律和特征，采用分位数法、聚类法等多种统计学方法确定的农产品监测预警警度，并结合德尔菲法对农产品监测预警警度进行修正，最终建立了16种农产品不同时间尺度下的监测预警阈值表。阈值表的预警对象为生产量、消费量和价格，其中生产量为该产品的年生产量，消费量为该产品的年度、季度、月度、周度和日度消费量，价格为该产品的年度、季度、月度、周度和日度价格。

中国农产品监测预警阈值表的研制为中国农产品市场警情及警度的标定、分级和触发提供了参照和依据，是实现中国农产品监测预警过程程序化、标准化和数据化的重要工作手段，对中国农产品监测预警工作在预见性、可操作性、规范性及自动化性等方面是一个重大推进。农产品监测预警阈值表的研究与建立，对于判断我国农业发展形势、指导农业生产规划及粮食安全建设与管理具有重要的科学意义和实践价值。

中国幅员辽阔，区域性农产品的信息特征与全国情况会有差异，因此不同地区的农产品信息预警阈值表要因地制宜，根据各自情况，结合全国农产品信息的关联性进行调整。未来，随着研究数据的不断积累和研究方向的不断拓

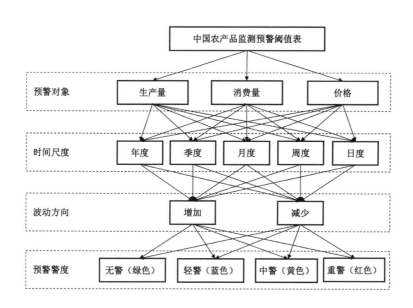

**图 6-1　中国农产品监测预警阈值表的结构**

图片来源：《中国农产品监测预警阈值表的研究与建立》，《农业展望》2020 年第 8 期。

展，农产品将依据品种特性不断细化，并相应构建其生产量、消费量和价格的阈值表。①

3. 建立了中国农产品监测预警模型系统 CAMES

以智能决策模型分析系统为支撑的个性化、可视化信息服务取得重要进展。中国农业科学院农业信息研究所监测预警团队研究突破了农产品生产、消费、价格、贸易短中长期预测预警关键技术，创建了多品种集群建模关键技术，研建了"中国农产品监测预警系统"（China Agricultural Products Monitoring and Early Warning System，CAMES）。CAMES 系统涵盖 11 大类 953 种农产品，应用经济学、农学、气象学及计算机等多学科知识，实现生物学机理和经济学机制融合，可以实现全天候即时性农产品信息监测与信息分析，用于不同区域不同产品的多类型分析预警，显著提升了农业全产业链智能监测预警能力，为掌控产业动态、防范风险、保障国家食物安全提供了重要技术支撑，推动中国农业信息监测预警体系建设向前迈进了一大步。

CAMES 是一个动态的、多品种、多市场和开放的模型集群复杂巨系统，主要集成人工智能算法模型、可计算一般均衡模型、大数据分析模型、数学规划模型和计量经济应用模型等 5 大类模型，具有监测、模拟、展望和预警四大功能，实现了信息实时监测、大数据处理分析、智能预测预警和信息会商发布的规范化和流程化。监测功能表现为实时监测市场变化，动态监测供给需求态势和政策实施效果；模拟功能表现为生产风险模拟、消费替代模拟、价格传导模拟、政策效果模拟；展望功能表现为短期、中长期的生产展望、消费展望和价格展望；预警功能表现为分品种预警和分地区预警。CAMES 涵盖了水稻、小麦、玉米、大豆、棉花、油料、糖料、蔬菜、水果、猪肉、牛羊肉、禽肉、禽蛋、奶类、水产品、饲料等 18 类主要农产品分析预警模型集群，建立了强大的农业监测预警基准数据库，包含了资源环境数据、宏观经济数据、生产数据、消费数据、价格数据、进出口贸易数据、库存数据和国际数据等 8 大类数

---

① 许世卫、王禹、潘月红等：《中国农产品监测预警阈值表的研究与建立》，《农业展望》2020 年第 8 期。

据，监测空间上覆盖全国、大区、省区和县区等不同尺度，预测预警周期可以实现日度、旬度、月度、季度、年度和1—10年的短中长期预测预警，分析对象涵盖大类、中类、小类、细类、品类和重要品种。

CAMES 系统可用于对不同时空维度的水稻、玉米、小麦、肉类等主要农产品供需的长中短期的分析预测，支撑形成了农业展望中的主要农产品平衡表，其中主要农产品全国年度生产量6年平均预测精度高于97%。CAMES从2012年起开始业务化运行，2014年被应用于《中国农业展望报告》进行基线预测，连续9年技术支撑召开中国农业展望大会，发布未来10年《中国农业展望报告》。中国农产品监测预警CAMES系统在服务政府决策、农产品市场产销衔接、农户生产经营决策等方面发挥了重要作用，为农业农村部、国家发展改革委等部门开展农业全产业链监测预警、农产品市场月度会商、农业市场价格监测等提供了业务平台与技术支撑，向中央和国家相关部门提供重要专题分析报告及决策咨询报告。

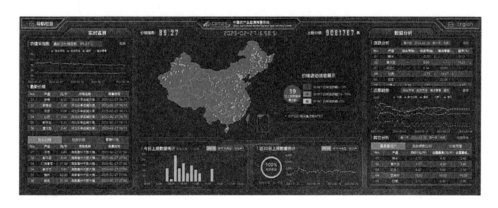

图 6-2　中国农产品监测预警系统 CAMES 界面

图片来源：中国农产品监测预警系统 CAMES。

未来，数据挖掘、数学建模、深度学习等技术将被广泛应用，我国农产品监测预警信息处理和分析将向着系统化、集成化、智能化方向发展。未来农产品监测预警将在信息获取手段、分析方法和结果判断上变得更加智能。智能监测预警系统通过自动获取农业对象特征信号，将特征信号自动传递给研判系统，研判系统自动对海量数据进行信息处理与分析判别，最终自动生成和显示结论结果，发现农产品信息流的流量和流向，在纷繁的信息中探明农产品市场发展运行的规律。最终形成的农产品市场监测数据与深度分析报告，将为政府部门掌握生产、流通、消费、库存和贸易等产业链变化、调控稳定市场提供重要的决策支持。①

### （三）建立中国农业展望制度

农业展望是应用现有信息分析预测未来一段时期农业走势和农产品市场供需形势变化，并通过释放农产品市场引导农业生产、消费和贸易活动的技术工作，也是发挥市场配置资源作用、加强农业管理、引领农业发展的重要手段，更是世界农业强国管理服务农业、调控农产品市场、引导农产品国际贸易的通用工具。召开农业展望大会，发布农业展望报告，是释放权威农产品市场信息的重要手段，是提升国际农产品市场地位的重要举措，是参与全球竞争的软实力。

中国农业展望虽然起步晚，但发展较快。我国目前已经建立了固定展望品种、固定展望周期、固定发布时间、固定发布形式的符合中国国情的农业展望

图 6-3　中国农业展望报告

---

① 许世卫：《农业大数据与农产品监测预警》，《中国农业科技导报》2014 年第 5 期。

制度。每年 4 月 20 日定期发布未来 10 年中国农业展望报告，在国内外产生了重要影响。2013 年 6 月，由 FAO、OECD 联合主办，中国农业科学院农业信息研究所承办的"2013 世界农业展望大会"首次在北京召开，大会专门发布了中国章节报告"养活中国：未来十年的前景与挑战"。2014 年我国首次召开中国农业展望大会，并发布了《中国农业展望报告（2014—2023）》。

自 2014 年举办第一届中国农业展望大会并发布展望报告以来，截至 2022 年已连续举办了 9 届，实现了粮食、油料、糖料、蔬菜、水果、肉类等农产品生产量、消费量、贸易量、价格的短期及中长期系统化分析预测，成为国内外了解我国农产品供需信息的"窗口"和走势"风向标"，为中国农业监测预警工作的发展起到了重要的促进作用。历届大会的成功举办，在国内外引起了广泛关注和良好反响，中国在国际农产品市场的话语权明显提升。中国农业展望大会已经成为与美国农业展望大会、澳大利亚农业展望大会、联合国粮农组织世界农业展望大会同样广受关注的盛会。中国农业展望大会和展望报告打破了我国长期缺乏系统化农产品分析数据的被动局面，实现了中国

图 6-4　2021 年中国农业展望大会

图片来源：农业农村部网站 http://www.moa.gov.cn/xw/bmdt/202104/t20210428_6366817.htm.

农产品预测性信息长期由美国主导到自主发布的历史性转变，提升了中国在国际农产品市场上的话语权和影响力，标志着中国农业监测预警研究能力迈上新台阶。

### （四）推进农业监测预警产业应用

农业监测预警推动农业管理方式由事后管理向事前管理转变、经验管理向科学管理升级，中国的农业监测预警已进入到以信息感知与智能分析为特征的快速发展阶段，在农业领域的诸多方面取得良好应用成效。

1. 农业生产过程监测预警

甘肃省气象局等单位主持完成的"中国西北干旱气象灾害监测预警及减灾技术"项目，丰富和发展了西北干旱预测物理指标和干旱监测指标体系，研制了监测农田蒸散的大型称重式蒸渗计，有效提高了干旱监测、预测的准确度。中国农科院农业资源区划所主持完成的"农业旱涝灾害遥感监测系统"，突破了旱涝灾害信息快速获取、灾情动态解析和灾损定量评估等技术瓶颈，创建了国内首个精度高、尺度大和周期短的国家农业旱涝灾害遥感监测系统。

中国农科院植保所等单位主持完成的"棉铃虫区域性迁飞规律和监测预警技术的研究与应用"和"主要农业入侵生物的预警与监控技术"等项目，建立了覆盖中国棉铃虫发生区的国家棉铃虫区域性灾变预警技术体系，创新了入侵生物定量风险分析技术，提高了对入侵生物野外跟踪监控能力。江苏省农科院植保所主持完成的"长江中下游稻飞虱爆发机制及可持续防控技术"项目，探明了长江中下游褐飞虱后期突发、灰飞虱区域性暴发关键机制，创新了监测防控技术。

南京农业大学等单位主持完成的"基于模型的作物生长预测与精确管理技术"项目，创建了具有动态预测功能的作物生长模型及具有精确涉及功能的作物管理知识模型。上海交通大学机械与动力工程学院主持完成的"土壤作物信息采集与肥水精量实施关键技术及装备"项目，围绕精准施肥目标，在土壤作物信息获取、施肥处方生成、变量施肥耕作等方面攻破了系列核心技术。浙江大学主持完成的"植物—环境信息快速感知和物联网实时监控技术及装备"项目，攻克了农田信息快速感知、稳定传输和精准管控3个技术难题。

2. 农产品市场监测预警

农产品市场监测预警既要为政府管理提供信息支撑和决策参考，也要进一步加强面向主产区种养大户、家庭农场、农民合作社、农业产业化龙头企业等新型经营主体的信息服务。充分利用农业农村部农产品全产业链分析师和信息员队伍，依托中国农业展望大会、新闻发布会、农业农村部网站、益农信息社等渠道，建立涉农信息"取之于民、用之于民"机制，推动改变生产经营者的信息弱势地位。

作为中国农产品市场监测预警的重要成果，中国农业展望在增强农产品市场调控的科学性、提升各类市场主体应对市场变化的主动权和持续扩大国际市场的影响力等方面发挥了重要作用。第一，提供了比较系统的决策支撑数据。发布的展望报告，为制定玉米、大豆、生猪等重要农产品生产发展规划提供了重要参考，在"十三五"全国农业现代化规划制定、粮食生产功能区和重要农产品生产保护区划定过程中，发挥了重要的支撑作用。第二，社会关注程度持续提高。中国农业展望大会规模由2014年的500多人扩大到2019年近1000人。受新冠疫情影响，2020年首次采用"现场会议＋视频直播"方式召开，视频直播实时观看高峰达到50余万人次。2021年实时在线观看直播人数超过146万人次，2022年达到332万人次，社会关注度不断创新高。第三，国际影响力不断扩大。2020年1月16日，时任国务院副总理刘鹤在美国华盛顿与美国总统特朗普签署了《中华人民共和国政府和美利坚合众国政府经济贸易协议》。在协议第三章"食品和农产品贸易"中，将两国政府相互参加对方的"农业展望大会"，作为农业合作的第四条内容列入。美国、澳大利亚、日本、巴西、德国、新西兰、韩国等连续6年派出政府官员和高级专家参会。不少国际专家已经把每年参加中国农业展望大会作为一项重要工作日程。

3. 农业全产业链监测预警

农业全产业链中的监测预警是针对农业生产、加工、流通、市场等全产业链中的信息流开展分析模拟，揭示农业信息流动规律及传导机制，开展预警的全过程。农业监测预警工作最终是要解决农业全产业链的安全问题，包括生产安全、经营安全、管理安全以及消费安全等，实现农业的可持续发展。随着现代信息技术、遥感技术、生物传感器技术等的快速发展以及在农业领域中的深入应用，农业监测预警的研究对象和范围不断扩大，由单一农业要素逐渐扩展到品种尺度、复杂系统以及全产业链等。①

农业农村部按照中央部署，积极开展试点工作，稳步推进全产业链大数据建设，不断提升数据发布服务能力。2016 年，农业农村部在北京等 21 个省（区、市）开展了农业农村大数据建设试点，其中在北京、内蒙古、辽宁等11 个省份重点开展生猪等 8 种农产品单品种全产业链大数据建设。2017 年起，农业农村部和国家发展改革委组织实施数字农业建设试点项目，开展水稻、大豆、油料、棉花、茶叶、苹果、天然橡胶、糖料甘蔗等一批重要农产品全产业链大数据中心建设试点。通过试点示范带动农业农村数字化转型，将重要农产品全产业链数据作为农业农村大数据的重要来源之一，实现重要农产品生产、

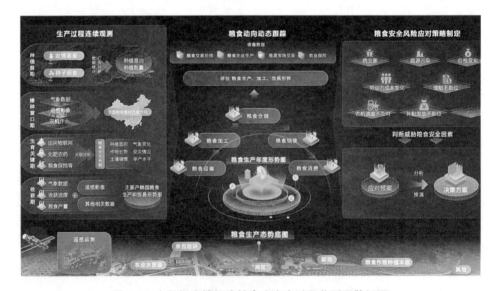

图 6-5 大数据支撑解决粮食生产全过程监测预警问题

① 许世卫：《农业监测预警中的科学与技术问题》，《科技导报》2018 年第 11 期。

经营、管理、服务全链条有效监管、智能决策和科学管理。①

在信息化快速发展的今天，新一代信息技术正在推动农业监测预警工作的思维方式和工作范式不断转变。农业监测预警的分析对象和研究内容更加细化、数据获取技术更加便捷、信息处理技术更加智能、信息表达和服务技术更加精准。伴随大数据等信息技术在农产品监测预警领域的广泛应用，构建农业基准数据库、开展农产品信息实时化采集技术研究、构建复杂智能模型分析系统、建立可视化的预警服务平台等将成为未来农业监测预警发展的重要趋势。

# 三、典型案例

政府部门、高校及科研机构、企业等主体在农业监测预警领域进行了积极的探索。利用科学方法编制农产品批发价格指数，反映农产品市场信息，指导生产、引导市场和服务决策；利用遥感技术摸清农业农村资源家底，为农业高质量发展提供数据支持；组建专业的分析预警团队，设立农业监测预警平台、构建农业监测预警模型、研制农业监测预警设备，为农业监测预警更深层次、更大规模地推广应用提供示范。

## （一）农业农村部信息中心：农产品批发价格 200 指数综合测度市场变化

### 1.总体情况

我国农产品批发市场是联结生产和消费、实现农产品流通的关键环节，承担着 70% 的农产品流通任务，承载着农产品集散、价格形成和信息传递等关键功能，对于指导生产、引导消费、促进流通具有重要作用。随着近些年我国

---

① 农业农村部网站 http://www.moa.gov.cn/govpublic/SCYJJXXS/202009/t20200930_6353722.htm.

农产品生产结构、消费结构和流通格局不断变化，以及新旧批发市场不断更替，对现行批发价格指数在体系结构、数据采集、数据需求等方面进行适应性调整，从而更加全面系统地反映全国农产品批发价格的总体变动水平、变动幅度、变动规律和变动趋势，已显得十分迫切和必要。为此，农业农村部组织相关专家对现有的农产品批发价格指数开展研究和更新，编制形成了农产品批发价格 200 指数。

农产品批发价格 200 指数是综合测度和全面反映我国农产品批发环节价格整体水平及其变化的指数体系。该指数基于全国 200 余家典型农产品批发市场的各类农产品价格数据，重点体现鲜活农产品、粮油产品在流通环节的价格水平。农产品批发价格 200 指数是一个包括农产品批发价格总指数、大类产品指数、小类产品指数、样本产品指数的指数群。无论是多数品种的价格变化，或是某一地区、某一品种批发价格受到某种暂时的、偶然的因素影响，在短时间、局部地区所发生的较大变化，都会对批发价格总体水平产生影响，从而在农产品批发价格小类产品指数、大类产品指数和总指数中及时反映出来。因此，农产品批发价格 200 指数能够更加及时准确全面地反映全国农产品批发价格的变化情况。

2. 主要做法

农产品批发价格 200 指数的编制遵循科学性、动态性、可操作性、相对稳定性、可解读性原则，经过专家认真研究、反复调试，采用科学方法编制而成。具体编制过程包括以下几个方面。

（1）确定指数体系结构

根据全国农产品批发市场的现状和特征，结合未来发展趋势，农产品批发价格 200 指数以农业统计和相关经济学理论及方法为基础，结合信息采集效率和现实需要，构建了包括小类产品指数（蔬菜指数、水果指数、畜产品指数、水产品指数、粮食指数、食油指数）、大类产品指数（鲜活产品批发价格指数、粮油批发价格指数）和总指数（农产品批发价格 200 指数）3 个层级的指数体系。对于蔬菜指数、水果指数、畜产品指数、水产品指数、粮食指数 5 个小类产品指数，在小类产品指数和样本产品指数之间另设一层中间指数，以反映这些重要产品的价格变化。这些指数从个体到类综合，再从类综合到整体农产品的总综合，形成逐步综合的农产品批发价格指数体系，既可以从总体上把握农产品批发价格变动趋势，又可以从产品类别上分析变动成因。纵向上，农产品批发价格 200 指数与原有指数进行了有效衔接，保证指数体系的一致性；横向上，采用开放的指数结构体系，适合农业农村部大数据系统建设，丰富数据来源，增强了指数的包容性。

（2）确定采价样本市场

我国农产品批发市场多、交易品种多，从现实的可能性和成本考虑，农产品批发价格 200 指数不可能采用全面调查的统计方法。比较可行的方案是根据样本数据编制价格指数，进而推断全国农产品批发环节中的总体价格水平。这就需要在全国所有从事农产品批发业务的市场中选择具有代表性的市场作为样本，参与指数的计算。从指数的代表性要求来看，样本市场的选择既要考虑到批发市场在地域分布上的合理性，又要考虑到批发市场的地区的代表性，同时还应兼顾取得统计数据的可能性和统计成本等问题。经过评估和筛选，确定200 余家农产品批发市场作为样本市场。

（3）确定样本品种

我国农产品批发交易品种多，但经常交易的农产品主要是粮食、食用植物油、蔬菜、水果、畜产品和水产品等小类。我国地域广阔，地区间交易品种差异较大，样本产品的选择要充分考虑类别代表性、地区覆盖面和采集可行性。纳入指数的产品都是典型的批发交易产品，具备持续、大量、稳定的交易，并能够按照一定的标准和等级进行规范化数据采集。经过综合评估、筛选，选定111 个交易品种作为指数的样本品种，其中，蔬菜样本品种 32 种、水果样本品种 11 种、畜产品样本品种 7 种、水产品样本品种 49 种、粮食样本品种 7 种、食用植物油样本品种 5 种。

（4）确定基期

为保证指数的可比性，使其能准确反映农产品批发价格的变动趋势，指数计算应有一个相对固定的基期，而且所选基期应具备较好的稳定性，也就是基期农产品批发价格数据来源相对比较稳定、齐全，数据质量较高。结合我国农产品批发市场及其交易的历史与现状，将农产品批发价格 200 指数的计算基期选定为 2015 年，并将 2015 年全年样本产品在各个样本市场的平均价格与原有指数进行拟合，作为基期价格。

（5）确定权重

农产品批发价格 200 指数采用帕氏指数编制方法，即以报告期样本权重加权计算各期综合批发价格指数。权重的确定主要根据批发成交量并参考市场成交额、产量、消费量等数据进行综合测算和评估。

（6）编制指数

农产品批发价格 200 指数群编制是从蔬菜指数、水果指数、畜产品指数、水产品指数、粮食指数、食用植物油指数等小类指数编制入手，其具体编制过程是：首先是确定样本市场，根据各批发市场状况，如报价的品种数量、报价质量、地域代表性等因素，选择样本市场；二是考虑类别代表性、地区覆盖面和采集可行性，确定样本产品种类，并与各样本市场一一对应；三是数据校验和规范化处理，保证数据质量和数据的一致性；四是计算小类产品指数，先计算样本产品指数，以此为基础采用加权平均方式计算出中间指数，再以加权平均方式计算出小类产品指数；五是在小类产品指数结果的基础上，按照权重进一步综合得出菜篮子产品批发价格指数和粮油批发价格指数两个大类产品指数；六是在大类产品指数的基础上，加权综合成农产品批发价格 200 指数。

3. 取得成效

农产品批发价格 200 指数是在新形势下提出的、用于全面记录我国农产品批发价格变化的指数。农产品批发价格 200 指数建立在对农产品批发价格信息的科学采集与科学编制基础之上，它的产生适应了我国市场经济发展的需要。作为分析研究农产品批发价格变化动态、变动程度、变化规律和变化趋势的最主要的统计方法，它的发布能够为社会提供系统完整、准确可靠、时效性强的批发市场数据信息，对准确把握农产品批发价格变化规律以及农产品供给和需求的变化规律，发挥市场信息在指导生产、引导市场和服务决策中的作用，具

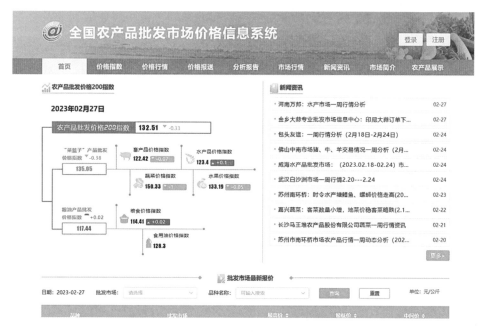

**图 6-6　全国农产品批发市场价格信息系统**

图片来源：全国农产品批发市场价格信息系统 http://pfsc.agri.cn/#/indexPage.

有十分重要的意义。①

## （二）农业农村部大数据发展中心：遥感监测摸清农业农村资源家底

### 1. 总体情况

随着乡村振兴战略的实施和农业农村部职能由"一农"向"三农"的转变，遥感作为对地观测的重要手段，已广泛应用于摸清农业农村资源家底、支撑决策管理、辅助执法监管、服务金融保险等方面，为农业高质量发展和乡村全面振兴提供强有力的技术支撑。

### 2. 主要做法及成效

（1）农业资源调查

---

① 全国农产品批发市场价格信息系统 http://pfsc.agri.cn/pfsc/jgzs/html/reportAnalysis.html.

农业资源调查是摸清农业农村资源家底的基础，也是农业区划的重要基础。利用 2—16 米的国产高分 6 号、高分 2 号、北京小卫星以及 10—30 米的美国陆地卫星、哨兵卫星等遥感图像，综合采用人工智能算法模型、计算机自动分类与人工目视解译等方式，快速、客观地识别耕地、农作物、草地、渔业养殖水域等目标地物，提取其面积、空间分布等情况，形成农业农村资源"一张图"，摸清农业资源家底，为保障粮食安全和重要农产品供给提供基础数据支撑。近年来，农业农村部大数据发展中心利用遥感手段，划定了超 10.8 亿亩的粮食生产功能区和重要农产品生产保护区，建立了全国粮食生产功能区和重要农产品生产保护区划定数据库和电子地图；开展了全国水稻、大豆、棉花种植面积本底调查，制作了大宗作物空间分布图，建立了基础数据库。这些工作，为各级农业农村部门和地方党委政府抓好粮食生产、防止耕地"非粮化"、强化重要农产品稳产保供等提供了宝贵的基础数据资源。

（2）农业生产情况监测

遥感可周期性重访地球表面，对耕地面积、种植面积、森林资源、土壤侵蚀等进行实时监测。采用国内外中高分辨率卫星遥感影像，通过人机交互方式，识别监测区域作物品种、面积和分布，提取监测区域连续两年的农作物种植面积变化情况，利用抽样框外推模型计算当年作物种植面积变化率，基于上年统计数据测算当年作物种植面积。利用两年同期的 250—1000 米国产风云卫星以及美国 MODIS 卫星等遥感图像，结合气象站点、统计和实地调查等数据，构建相应的指标指数综合分析模型，输出农作物与草地长势等级、受灾程度、产量水平等信息。利用 250—1000 米国产风云卫星以及美国 MODIS 卫星等遥感图像，反演海水温度等信息，结合海水盐度、海风等海况数据，分析建立渔情渔场监测模型，提取其空间分布和范围。

其中，国内水稻、小麦、玉米、大豆、油菜、棉花和甘蔗 7 种作物面积、长势、产量等遥感监测实现业务化运行 10 年以上，国外大豆、玉米等品种作物主要出口国的农作物面积、产量监测实现业务化运行 5 年以上，渔情渔场监测已用于指导渔业生产作业。针对去年秋汛导致的冬小麦大范围弱苗现象，配合种植业司先后 2 次绘制了全国冬小麦苗情长势调查监测分析图。通过卫星遥

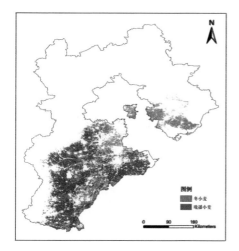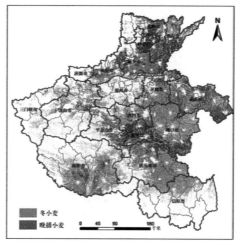

图 6-7　河北、河南晚播冬小麦分布图

感对冬小麦种植区进行连续观测，运用多类数据叠加实现了重点区域冬小麦弱苗到户到地的精准化、可视化监测查询。目前，农作物监测相关成果已纳入农业农村部信息发布体系和农产品供需形势会商体系，为综合分析和科学决策提供了有效支撑。

（3）农业建设监管

利用优于 1 米的航拍图片或国产高景 1 号和国外商业卫星影像等数据，结合适量的高清视频监控等物联网智能感知数据，采用人工智能自动提取、人工目视勾画等方式，提取高标准农田建设田间工程数量等信息，掌握申领补贴的农户是否实施粮豆、稻油轮作以及地下水超采区等农户是否休耕，了解农业园区建设进展、重大规划实施等情况，为完成中央交办的重大任务、重大工程或落实中央领导批示指示精神提供了数据支撑。

（4）乡村管理应用

利用 0.2 米分辨率的航拍图片、0.5 米分辨率的国产高景 1 号和国外商业卫星等遥感影像，可以查清农户承包地块、农村宅基地宗地的面积、形状、空间分布等状况，及时掌握农户宅基地违法建房等情况，为保护农户土地权益、促进土地流转交易等提供数据支撑。目前，利用航片、实地测量、卫星遥感等技术方式，已完成全国 15 亿亩、2 亿农户的承包地块测量，建成了 1∶2000

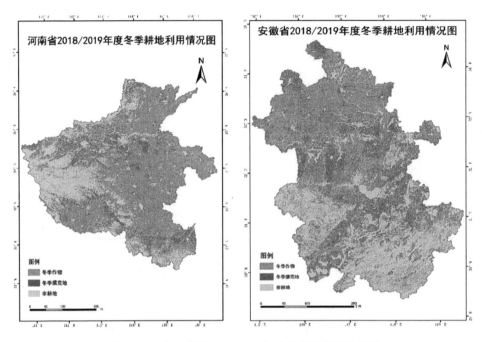

图 6-8　河南、安徽 2018/2019 冬小麦耕地利用情况图

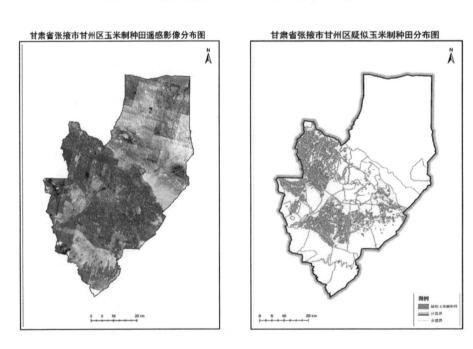

图 6-9　甘肃甘州区玉米种植监测分布图

比例尺为主、详细到具体地块的全国承包地数据库，有效解决了农户承包地面积不准、四至不清、空间位置不明等问题。基于承包地确权影像成果，探索利用深度学习算法等人工智能模型提取了宅基地宗地数量、分布等状况，为支撑农村宅基地基础信息调查提供了技术路径。

（5）农业政策实施效果评估

近年来，利用承包地确权等已有成果，进一步叠加运用高清卫星影像，开展了粮食生产功能区和重要农产品生产保护区目标作物种植、耕地轮作休耕试点、玉米制种田监管、高标准农田建设等方面政策实施效果的监测评估工作，取得了较好成效，为相关政策的精准落地提供了重要数据支持。

## （三）中国农科院信息所：农产品市场全息信息采集助力市场监测预警

### 1. 总体情况

农产品市场全息信息采集技术针对农产品产业链数据采集手段落后与专用设备缺乏等问题，研发了涵盖生产、市场、流通、消费等环节的农业信息采集技术，研制了便携式人机交互农产品市场信息采集设备（农信采），开发了处理系统专用软件。农信采具备精准定位采集、数据规则验证、异常数据自主辨识功能，实现了农产品价格、交易量等13个维度信息的即时采集，弥补了国内同类产品只能实现指定市场单项定位的不足。农信采自2012年起先后在天津、河北、湖南、福建、广东、海南、黑龙江、新疆等12个省、自治区、直辖市推广应用，采集市场包括田头市场、批发市场、零售市场和超市，采集品种包括粮食、蔬菜、水果、肉类等11大类产品100多个品种，在农产品分品种监测预警及国家大豆、棉花价格监测预警中发挥了重要作用。

### 2. 主要做法

提出农产品市场全息信息理论，研制出农业基础数据标准，提高了信息采集的全息性、标准化和规范化。为解决传统农产品市场信息内容不全面、标准不统一、信息兼容性差、采集不规范等影响信息监测和预警精度及可信度的问题，提出了农产品市场全息信息理论架构，实现了对农产品品种类型、外观、产地、价格、交易量等不同属性全息信息的采集和分析。在此基础上研制了农产品全息市场信息采集规范标准3部，构建了可囊括953种农产品的市场信息分类系统，建立了完整的市场信息编码解码体系，明确了农产品全息市场信息的规范表达方法，为农产品市场信息数据资源库建立、农产品市场信息服务与应用系统研建提供了基础技术支撑。

研发了系列化的数据实时采集专用设备与软件，加速推动了我国农业市场信息采集方式发生变革。农信采是移动终端、数据库服务器、系统平台"三位一体"农产品市场监测预警模式的基础构件。通过集成全球定位系统（GPS）、地理信息系统（GIS）和通用无线分组服务（GPRS）、3G/4G移动通信技术，采用组件开发、嵌入式开发等技术，实现农产品市场信息的上传和采集命令的下达，具备简单操作、标准化获取的特征。

创建了农产品市场信息获取自动定位与匹配技术，强化了市场信息的实地采集。创建了包括全国30个省、自治区、直辖市田头市场、批发市场和零售市场的农产品市场地理信息关联表，建立起市场信息与地理信息的映射关系，利用GPS技术将农产品市场地理位置自动定位，并且进行一对一匹配，实现了农产品市场的地理标定。集成4G、GPRS、GSM、Wi-Fi等多种无线通信技术，创立网络优化选择模型，提高不同环境信息采集的兼容性，强化了市场信息的实时、实地采集功能。目前，利用农信采建立的高质量结构化数据，为建立生产、消费、价格等8大类农业监测预警基础数据库、开展农业大数据监测预警提供了坚实的数据基础支撑。

利用数据规则库验证与智能分析处理，实现了采集数据的智能识别与自动纠错技术。针对传统农产品市场信息采集过程中实际操作不准确、数据失真发现难、人员考核不明等问题，研发了采集数据的智能识别与自动纠错技术，重点厘清农产品市场信息采集的流程，根据采集的农产品市场历史数据，结合变化曲率、线性分析和区间调整等方法，建立了市场数据验证规则库、图片采集规则库和品种使用标识规则库，在规则库基础上，构建了异常数据自动识别模型，开发了市场信息采集自动预警系统，实现了数据的自动检测、自动识别、

图 6-10　"农信采"系统

自动警报功能，促进了农产品名称、品种图谱和产品属性信息的辨识，有效减少信息采集过程中的人工错误率。

3. 取得成效

农产品市场全息信息采集技术及设备实现了农产品市场信息的标准化快速采集、即时传递、实时纠错等功能，可为我国开展高水平农产品监测工作提供重大技术支撑；建立了市场信息采集、分析与预警相配套的综合平台，能够实现全国农产品市场行情的监测、动态展示、查询、分析和预警；集成了农产品市场信息采集的标准体系和知识库，具有功能独特、采集效率高、标准化好、使用便捷、数据处理快捷等优点。

农信采通过了专门检测机构的测试，自 2012 年起先后在天津、河北、湖南、福建、广东、海南、黑龙江、新疆等 12 个省、自治区、直辖市推广应用，采集市场包括田头市场、批发市场、零售市场和超市，采集品种包括粮食、蔬菜、水果、肉类等 11 大类产品 100 多个品种，采集了高质量结构化数据，在农产品分品种监测预警及国家大豆、棉花价格监测预警中发挥了重要作用。农信采技术先进，设备性能稳定，数据采集效率高，为更大规模推广应用奠定了良好的基础，符合当前数字乡村建设背景下农产品市场信息监测的需求。[1]

---

[1]　农业农村信息化专家咨询委员会：《智慧农业新技术应用模式·2020》。

## （四）上海农科院信息所：农产品价格分析预测模型助力蔬菜监测预警

### 1. 总体情况

上海是一个拥有 2487 万常住人口的大都市，每年蔬菜消耗量大约在 600 万吨，而地产蔬菜量约为 240 万吨，是蔬菜的巨大销区市场。蔬菜不耐储运，价格波动频繁，但同时又是重要的民生产品。上海市政府高度重视农产品市场保供稳价工作，采取坚持保地产农产品和大市场大流通相结合、长期基地和临时调配相结合、传统菜场升级和新兴市场发展相结合，多策并举做好保供稳价工作，并要求加强市场价格的监测和分析研判。为此上海市农业农村委自2010 年开始蔬菜田头价的采集工作，经过几年的数据积累，2015 年开始了农产品市场价格的分析和预测工作。农业部发布《农业部关于推进农业农村大数据发展的实施意见》（农市发〔2015〕6 号）和《全球农业数据调查分析系统农产品市场分析预警团队建设与管理试行办法》（农办市〔2016〕12 号）以来，上海遴选并聘请了蔬菜、畜禽、瓜果和水产品 4 种农产品的市场分析预警首席分析师，通过定期分析报告和重要时期的提前预警报告相结合的方式，为上海地产农产品生产管理、保供稳价等的科学决策起到了重要作用。

### 2. 主要做法

（1）组建分工协作的农产品市场分析预警团队

在上海市农业农村委的推动下，成立了价格采集队伍、数据管理队伍、数据分析利用队伍和管理决策队伍 4 支队伍，各部门分工协作。价格采集队伍由分布在全市规模农产品生产基地的一批信息员组成，他们经过培训，接收任务分工，然后定期填报信息，保障了农产品价格的实时采集上报，为农产品市场信息分析监测预警工作奠定了基础。数据管理队伍由市蔬菜食用菌行业协会和信息技术公司成员组成，市蔬菜食用菌行业协会对数据的准确性、完整性进行审核，并建立了一套考核指标体系对信息员的工作质量进行评估考核；信息技术公司成员建立数据库，对数据进行汇总、初步统计分析和可视化展示。数据分析利用队伍由蔬菜、生猪、水果和水产品 4 种农产品的首席分析师及其分析师团队组成，其中上海市农业科学院农业科技信息研究所承担蔬菜、生猪两种农产品的分析和预测预警工作。管理决策队伍由市农业农村委市场信息处、蔬菜办、畜牧办、种植业处、渔业水产处等处室的管理人员组成，负责将市场信息分析的结果落实到管理决策中。

（2）建立定期会商和周期性报告制度

为保障农产品市场信息的采集、管理、分析和决策应用工作，市农业农村委制定了数据采集和管理的年度考核培训制度、市场信息分析和决策应用的季度会商制度和农产品价格剧烈波动期的紧急会商制度。上海市农业科学院农业科技信息研究所具体承办农产品首席分析师的季度会商会议和农产品价格剧烈波动期的紧急会议。

首席分析师团队根据农产品田头价、批发价到零售价数据，结合市场调研，周期性发布市场信息分析报告于上海农业网。分析报告包括月报、季报、半年报和年报。新冠疫情的多地散点式发生对不少地区的农产品供应尤其是蔬菜和猪肉的供应产生了影响，为此上海及时将报告周期调整为每半个月发布半月报。

（3）加强数据管理技术和价格分析预测技术的应用

2014年上海市农业委员会发布《关于发布上海市主要农产品价格信息采集与监测实施办法（试行）的通知》，同期开始建设"上海农产品价格监测系统"，将原有采集的价格数据通过信息化的数据管理技术进行管理，通过不断完善，信息员可以以微信小程序的方式采集上报价格，数据上传后被自动校验，实现田头价、批发价、零售价、成交量等的查询、校验、修改、删除等管理操作，以及按年、半年、季、月、周、日等时间维度的统计分析报表及图表可视化展示。

强化数理统计分析方法、计量经济学分析方法在价格分析预测上的应用，在数理统计分析方法对农产品价格波动量和波动时间分析的基础上，采用时间序列分析方法分析农产品价格波动的平稳性、周期性、季节性和不规则性，并建立蔬菜和生猪价格的时间序列模型，用于预测日度价格的变化走向、周度和月度价格的变化，预测数据与采集数据同步在"上海农产品价格监测系统"中显示，方便及时做出预警。此外，采用向量回归方法、因果分析法分析了各影响价格因素之间的关系，采用链合模型分析了蔬菜田头价、批发价和零售价之间的长期均衡关系、短期动态关系、传导路径和效率、传导强度等价格传导机制。

3. 取得成效

长期持之以恒的落实推进促成了价格数据库的系统化完善。数据库中不仅包含有价格数据还有成交量数据和生产信息数据，其中价格数据是 2010 年至今的 43 个采集点 11 种蔬菜田头价数据、7 个批发零售市场 14 个大类农产品批发价数据和上海市发改委发布的零售终端的零售价数据。这些长期积累形成的蔬菜瓜果、粮油、肉蛋奶、水产品等农产品的生产价格、批发价格和零售价格数据为全方位的市场监测、农产品保供稳价等工作奠定了坚实的基础。

时间序列分析模型与年度变化模式结合的方法，及时预测预警市场价格。完善的数据管理系统共享的农产品价格数据，为各类市场信息分析技术的应用提供了"源泉"，上海市农业科学院农业科技信息研究所研究发现全国蔬菜价格一般采用 SARIMA 模型，但上海蔬菜月度价格预测采用 Holt-Winters 指数平滑模型更好，价格"风向标"蔬菜——青菜也是 Holt-Winters 指数平滑模型更好，同时通过分析长期价格波动特征，建立了蔬菜每日价格波动的年度变化模式，以年度变化模式为经验判断结果，结合时间序列分析模型，可较好预测每日价格、周度价格等，当遇到较大波动期时，可通过调运、信息发布等方式及时平抑市场波动及其带来的影响。

年度市场信息会商强有力地影响着来年生产管理决策的科学性。定期会商制度作用显著，而其中年度的会商尤为关键，信息采集队伍将自身参与市场过程中获得的信息、经验形成的信息共享，而数据分析利用队伍从数据和针对性广泛性调研中形成的科学分析结果共享，从而促使管理决策队伍能更全面地获得农产品市场信息，结合其长期管理过程中形成的经验，从而可形成更为科学、客观、合理的生产种类、规模、季节布局、优选品种等方面的引导政策。

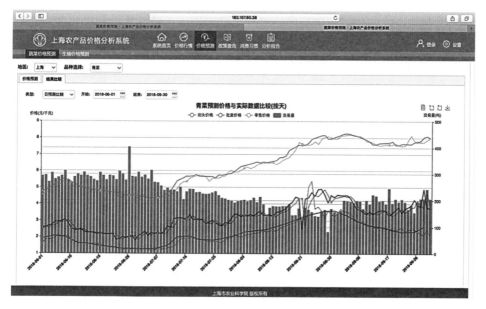

图 6-11　上海农产品价格分析系统

## （五）天津市农委：四类农产品市场信息采集试点示范

### 1. 总体情况

天津市作为京津冀地区超大城市，是农产品主销区，"菜篮子"产品市场价格既关系着市民的"菜篮子"，又关系着农民的"钱袋子"。开展天津市农产品市场价格监测预警工作，建立农产品分析师队伍，研判农产品产销形势，提供积极应对策略，有利于平缓农产品市场价格的异常波动，引导调节农产品市场运行，维持农产品市场产供销平衡，助推农业产业有序发展。

天津是典型的"大都市，小农业"，人口多，消费需求大，"菜篮子"产品市场供给主要依靠外埠进津农产品供应。2018 年实施"菜篮子"市长负责制考核以来，确保鲜活农产品保持一定的自给率成为重要工作目标，天津市加强了蔬菜基地建设，扩大生产规模，畅通供销渠道，地产农产品供给在补充调剂市场、"稳产供保"过程中发挥了重要作用。如何做好天津市"菜篮子"产品市场的"晴雨表"，实现地产农产品有序发展，避免"菜贱伤农"，天津市建立了"菜篮子"产品市场监测预警体系，借助现代化信息服务技术，及时发布"菜篮子"产品市场价格动态信息，有效解决了"菜篮子"产品交易过程中的信息不对称、链条过长、成本难降等一系列问题，确保"菜篮子"产品稳定供应。

2. 主要做法

（1）推广应用"农信采"，实现信息采集点数据的实时采集

与中国农业科学院农业信息研究所合作，在天津推广应用便携式农产品全息市场信息采集器（简称"农信采"），实现农产品价格数据的实时采集。天津市四级农产品市场信息采集点，即：田头市场采集点、批发市场采集点、摊点零售采集点和超市零售采集点。信息员到采集点采集完数据，即可实现数据的实时传输、上报。综合来看，田头市场信息采集点数据采集量相对少，田头市场主要分布在天津市远郊区，大多是结合当地的优势农产品发展起来的，信息采集点每天主要采集当季上市农产品价格信息。批发市场和零售市场采集点数据采集量大，天津市大型批发市场，基本涵盖了全部"菜篮子"产品，每天上报指定农产品市场平均价格信息；摊点零售市场，产品丰富，类型多样，每天上报指定农产品的平均价格信息。

（2）积极开展业务培训，建立一支稳定的信息员队伍

通过农产品市场信息采集点建设，积累了一批信息员，其中，田头市场的信息采集员都是农业生产一线的行家里手，或是当地的蔬菜种植大户、养殖大户，或是科技示范户或是农民专业合作社的社员，这些信息员热心农产品市场信息采集工作，熟悉农村环境、了解农业生产；批发市场的信息采集员都是各大批发市场负责信息报送的工作人员，他们了解批发市场行情，熟悉批发市场的商户；零售市场的信息采集员主要是退休职工，他们具有一定的文化素质，能熟练掌握使用"农信采"，这些信息员了解四类市场信息采集点的价格信息，每天会通过"农信采"及时上报数据。为了规范信息员的管理，还建立了相应的市场价格信息报送考核办法，对报送任务完成好的信息员给予奖励。为了进一步规范信息采集，每年还会举办信息员业务培训会，加强监测预警知识培训，提升信息采集员的业务能力和市场监测的工作能力。

（3）加强热点信息采集，强化热点信息的分析和研判

强化热点信息的采集，建立突发事件及时报告制度。四级信息采集点主要关注季节性等规律性变动的外部因素、农产品市场价格的短期季节性波动及发生的原因，也关注政策变动、自然灾害、疫情疾病等突发事件导致的农产品价格不规则的异常波动。此外，对于田头市场信息采集点还要关注是否有"滞销、卖难"等问题发生，要及时上报，争取把握应对突发市场热点的主动权。建立分析师队伍和定期会商机制，各职能部门在农产品生产、流通、消费等各环节主动作为、形成合力，建立长效保供机制，确保"菜篮子"产品市场供给稳定。

3. 取得成效

四级农产品市场信息采集试点发挥三大作用：一是产销各环节价格信息清晰明确。通过四级采集点上报的信息开展分析，可以实现农产品从产到销，主要节点价格清晰，价格波动环节和波动幅度一目了然。二是有利于各级管理部门及时掌握农产品市场行情变化趋势。2020年新冠疫情暴发，蔬菜价格产销联动，2020年1月底，天津编发《全市"菜篮子"产品监测周报》频率增加，新增《全市"菜篮子"产品价格监测专报》每日一报并在相关网站及时发布，

图 6-12　天津零售市场信息采集

既方便主管部门领导及时掌握农产品市场行情变化，又对市民及时发布信息，让消费者及时了解市场产销动态，坚定农产品供给有保障的信心。三是引导和调节了"菜篮子"产品市场运行，及时发布"菜篮子"产品价格信息，解决了现行价格机制中价格不透明、信息不对称等问题，农户可以随时查看各地的农产品市场价格信息，减少生产的盲目性，合理调整生产周期，实现稳定增收。

截至 2021 年 12 月底，中国农产品监测预警系统（天津分中心）共收集粮食、蔬菜、水产品、禽肉、猪、牛羊肉、蛋类等 6 大类农产品田头市场信息 31.32 万条，批发市场信息 21.23 万条，超市市场信息 24.72 万条，摊点零售市场信息 59.53 万条，为进一步开展天津市农产品市场行情分析打下坚实数据基础。

# 第七章　农业农村数字政务

## 一、概述

农业农村数字政务就是综合运用计算机、网络和通信等现代数字技术手段，在政治、经济、社会、环境等各个领域，数字化获取信息、处理信息和利用信息，并实现农业农村治理组织结构和工作流程优化重组，建成一个精简、高效、廉洁、公平的农业农村现代化治理模式，全方位地向"三农"主体提供优质、规范、透明、高水准的管理和服务。党中央高度重视网络安全和信息化工作。2016 年 4 月，习近平总书记在网络安全和信息化工作座谈会上强调，可以加快推进电子政务，鼓励各级政府部门打破信息壁垒、提升服务效率，让百姓少跑腿、信息多跑路，解决办事难、办事慢、办事繁的问题。要以信息化推进国家治理体系和治理能力现代化，统筹发展电子政务，构建一体化在线服务平台。2019 年 10 月，党的十九届四中全会审议通过《中共中央关于坚持和完善中国特色社会主义制度、推进国家治理体系和治理能力现代化若干重大问题的决定》，从推进国家治理体系和治理能力现代化的战略高度，把创新行政管理和服务方式，加快推进全国一体化政务服务平台建设作为完善国家行政体制、创新行政管理和服务方式的关键举措。2021 年 11 月，国务院常务会议审议通过"十四五"推进国家政务信息化规划，加快建设数字政府提升政务服务水平。

数字政务能够增强政府机构、职能、办事程序等公共信息的透明度和公开性。依托数字政务，群众可以很方便地了解政府的工作进程和工作业绩，行使对政府工作的监督权利，达到改进政府工作的目的。应用数字管理技术实现农村"三务"公开，更加有利于落实广大群众的知情权、参与权、表达权、监督权。政府在制定政策、做重大决策过程中，也可以通过网络让公众参与、让公众发表意见、让公众提出建议，不仅有利于廉政和勤政建设，也便于建立高效、透明、公开与法治化的政府。通过网络和信息系统等数字管理办公手段，可以减少办公过程对人员的依赖性，缩短政府和公众的距离，加强政府的透明度和开放性，有效地抑制传统政务中的腐败和徇私现象。以网上审批便民服务系统为例，全程网上留痕，全程网上公开，为权力装上了"GPS"。在该系统中，每个流转环节都设置审批时限，根据事项规定办结时限，对网上办理事项实施全程监察，办理进程在政府网站公开，根据超期情况分别进行黄牌、红牌警告，并发出短信催办，哪个环节出问题一目了然，用网上监督和网上公开的方式倒逼部门和工作人员"马上就办、办就办好"，从根本上解决工作人员不作为、慢作为、乱作为等问题，转变干部作风，提升服务质量。

发展数字政务能够促使政府削减不必要的机构，厘清人员职责，精简党务政务村务的运作环节和程序，促进基层治理高效便捷。在传统政务方式下，行政信息在上下各级政府的传递要经过繁琐的行政流程。而电子政务等数字管理平台的出现突破了这种界限，上级的政令能够畅通抵达基层，基层的反馈也能迅速地向上传递，使得传统垂直组织中的中间层级信息传递功能被网络所替代，消除了信息源与决策层之间的人为阻隔，使信息传递迅速、及时，有利于避免在信息传递过程中引起的信息失真。在同级政府之间，地理边界和人为的本位观念的限制也会减少，政府内部能实现统一高效的指挥和管理。显然，数字管理技术在政务中的应用，将优化行政管理的组织结构，提高信息传递的速度和效率，大大减少行政运作成本。此外，数字管理技术可以通过信息化手段畅通群众诉求反映渠道，解决一大批群众关注的急事、难事、烦心事，把矛盾问题化解在基层，化解在萌芽状态，确保小事不出格、大事不出村，极大地方便群众日常生活。

当前，新一代数字技术的创新应用已贯穿各领域制度体系建设和治理现代化的全过程，数字政务业已成为国家治理能力现代化的重要支撑和保障。根据《2020 联合国电子政务调查报告》，2020 年中国电子政务发展指数提高到 0.7948，排名较 2018 年提升 20 位，其中，作为衡量国家电子政务发展水平核心指标的在线服务指数上升为 0.9059，指数排名大幅提升至全球第 9 位，国家排名位居第 12 位，达到全球电子政务发展"非常高"的水平。[①] 据农业农村部 2021 年底发布的数据显示，2020 年，全国县域政务服务在线办事率为 66.4%，县级农业农村信息化管理服务机构覆盖率为 78.0%，"雪亮工程"行政村覆盖率为 77.0%。未来，还应进一步提升面向乡村的数字化产品质量和服务水平，不断提高优质资源在乡村治理中的积极作用。

## 二、发展实践

近年来，伴随中国大力推进物联网、大数据、5G、人工智能等新一代数字管理技术在农业农村政务方面的深入应用，数字政务基础不断夯实，平台不断完善，覆盖范围不断扩大，为扩大政务公开透明范围、提高基层治理效能、优化乡村经济环境、增强服务"三农"的能力和水平、实现农业农村现代化打下坚实基础。

### （一）数字政务信息资源整合有序推进

近年来，通过应用新一代数字管理技术，"三农"政策、技术、市场和政务等"三农"信息资源整合应用和互联共享不断推进，社会效益和经济效益得到充分发挥。2016 年 9 月，国务院印发《政务信息资源共享管理暂行办法》，提出要加快推动政务信息系统互联和公共数据共享，增强政府公信力，提高行政效率，提升服务水平，充分发挥政务信息资源共享在深化改革、转变职能、

---

① 中共中央党校（国家行政学院）：《全球电子政务发展与中国实践——〈2020 联合国电子政务调查报告〉解读》，（2020-07-11）［2021-12-31］.http://www.egovernment.gov.cn/art/2020/7/11/art_477_6290.html.

创新管理中的重要作用。2017年5月，国务院办公厅印发《政务信息系统整合共享实施方案》。农业农村部按照"统筹部署、整体推动、试点先行、先内后外"的原则，先后研究制定《农业部政务信息资源共享管理暂行办法》、《农业部政务信息资源目录编制指南》、《农业部政务信息资源共享工作评估考核暂行办法》等，推动各司局、各单位政务信息资源共享利用，率先在农业农村部政务内网实现部内政务信息资源共享，并逐步实现政务信息资源面向社会公众开放。

目前农业农村部系统内已累计整合和建设覆盖农业行业统计监测、监管评估、信息管理、预警防控、指挥调度、行政执法、行政办公等领域的396个业务系统，整合了海量的数据资源，为支撑宏观决策、保障农业农村平稳健康发展发挥了重要作用。此外，通过数字管理技术共享的信息资源具备更易存储、检索和传播，共享范围和数量更大等特点，不仅可以有力支撑各级政府部门数据共享和业务协同，还可以有效支持"三农"主体的相关决策，发挥巨大的社会效益和经济效益。2020年国家发展改革委配合国办电子政务办统筹推进政务信息系统整合共享，印发实施两批部门共享责任清单，制定统一的数据共享标准规范，建立了国家数据共享交换平台，面向全国各级政务部门发布1300余个数据共享服务接口，提供在线数据查询核验超过10亿次，支撑跨部门、跨地区数据共享交换量达997亿条次，初步实现了62个部门和32个地方的网络通、数据通、业务通，有力支撑各级政府部门数据共享和业务协同。①

农业农村部建成面向农业重大自然灾害、重大动植物疫病虫害、植物保护、农产品质量安全、渔业安全、种子质量、草原火灾雪灾生物灾、农机安全、农业资源环境污染等农业突发公共事件的应急管理信息系统，并建立部省地县四级农业突发公共事件接报体制，实现农业突发风险可视化，决策定量化，有力地提升了农业风险日常监管、应急处置的业务能力，为"三农"主体防范和降低农业突发风险冲击发挥了积极作用。

---

① 农业农村部：《对十三届全国人大三次会议第1810号建议的答复摘要》，（2020-11-09）[2021-11-14]．http://www.moa.gov.cn/govpublic/SCYJJXXS/202011/t20201113_6356260.htm.

图 7-1　全国一体化在线政务服务平台

图片来源：http://gjzwfw.www.gov.cn/.

## （二）数字政务服务制度化、标准化和规范化

2017 年，为实现"互联网 + 政务服务"的标准化、规范化、便捷化、平台化、协同化，国务院办公厅编制《"互联网 + 政务服务"技术体系建设指南》。2018 年，农业农村部在已全面公开部级保留的行政许可事项清单的基础上，进一步梳理发布了除行政许可外的 33 项政务服务事项，不断提升农业政

务服务公开化、规范化水平，发布《农业部政务服务事项目录》。事项目录涵盖农业动植物品种管理、农产品及农资进出口服务、农业行业有关鉴定认定等领域，列明依据条件、流程时限、收费标准、注意事项等，明确需要提交材料的名称、设定依据、格式份数、签名签章等要求，并提供规范表格、填写说明和示范文本。同时，农业农村部还按照优化再造政务服务、为企业群众办事增便利要求，针对公布的政务服务事项逐一制定办事指南，通过农业农村部政务服务平台统一向社会公开受理条件、申请材料、办事流程、收费标准、监督投诉等 20 项要素信息，进一步推进数字政务服务制度化、标准化和规范化。

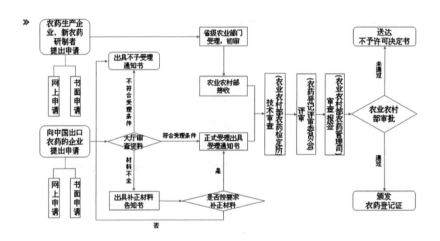

**» 办理方式**
网上申请或到农业农村部政务服务大厅申请均可。

**» 到办事现场次数**
1次

**» 承诺办理时限**
1 农业农村部自受理申请或收到省级农业主管部门报送的初审意见后，在9个月内由农药检定所完成技术审查，并将审查意见提交农药登记评审委员会评审。
2 农业农村部收到农药登记委员会评审意见后，20个工作日内作出审批决定。

**图 7-2　农业农村部政务服务办事指南（农药登记）**

图片来源：https://zwfw.moa.gov.cn/nyzw/index.html?redirectValue=16356#/service/particulars?id=18b512841a8d44d0ae03bdb19c4ade07.

## （三）数字政务门户网站日臻完善

农业农村部门户网站持续加强。二十多年来，农业农村部贯彻落实党中央、国务院有关政府网站建设管理的部署要求，牢牢把握正确的政治方向和服务"三农"的根本宗旨，坚持正确的舆论导向，围绕用户需求，不断强化资源整合、推进农业农村部网站集约化建设、拓展服务功能、提升网站综合服务水平，在实践中逐步发展壮大，地位和作用日益凸显，业已成为农业农村部对外政务公开、网上政务服务、政策发布解读、舆论引导、回应关切和便民服务、为"三农"提供综合信息服务和对外宣传中国农业农村经济发展的权威平台和窗口，为推动农业农村现代化发展作出了重要贡献。

2016年农业农村部网站开通"全国农业办事查询服务"窗口，进一步贯彻落实国务院办公厅有关推动政务服务事项办理由实体政务大厅向网上办事大厅

**图 7-3　农业农村部政务服务平台**

图片来源：https://zwfw.moa.gov.cn/nyzw/index.html?redirectValue=33383#/homeList.

延伸，提升公开信息的集中度，方便公众获取的工作要求。农业农村部整合汇聚部级"在线办事"和全国所有省级农业行政部门共 1900 多项行政审批服务事项，率先建设了全国统一的"一站式"网上农业办事查询服务窗口。该窗口充分聚合利用现有农业政务服务公开信息资源，用户通过选择、查询等简单操作即可进入各地网上大厅办事，变"群众跑腿"为"信息跑路"，为社会公众拓展了政府信息服务资源的获取方式，进一步打破信息孤岛，有力地促进农业行政部门在线服务效率和政务服务效能的提升。[①] 据统计，2016 年农业农村部门户网站日均点击数达 800 余万次，日均独立 IP 访问者数超过 16 万个，网民遍布 158 个国家和地区，网站流量在国际农业网站中仅次于美国农业部位列第二，在国内农业网站中稳居第一。2018 年，农业农村部数据频道上线，目的是集聚农业农村部数据服务资源，打造一站式数据服务窗口。2020 年，为进一步满足用户对农业农村数据的应用需求，农业农村部对数据频道进行了改版升级。新版数据频道以数据集约化、定位快速化、查询智能化为目标，为广大公众提供大量权威、及时、可机读、可再加工利用的数据，公众可利用开放的数据开发丰富的数据产品，更加充分发挥数据的价值。[②]2021 年，农业农村部围绕农业农村工作重点及农民群众的关注关切，加强政策解读和舆情回应，深化"放管服"改革，为实现全年农业农村发展目标任务、巩固拓展脱贫攻坚成果、全面推进乡村振兴提供有力支撑。据统计，2021 年全年，农业农村部机关各司局在部门户网站主动公开信息 3.2 万条，总点击量达 74.7 亿次，总浏览量达 44.4 亿次，总访问者达 7379 万人；收到政府信息公开申请 533 件，涉及领域包括农业统计数据、农村集体经济、农垦改革、土地确权、农业转基因、种质资源、水产养殖、农药、土肥、农田建设等方面，按时公开率和依申请公开按时答复率为 100%。[③]

---

① 唐珂：《"互联网 +"现代农业的中国实践》，中国农业大学出版社 2017 年版。
② 农业农村信息化专家咨询委员会：《中国数字乡村发展报告·2020》，（2020-11-28）[2021-11-14]．http://www.moa.gov.cn/xw/zwdt/202011/t20201128_6357205.htm.
③ 农业农村部：《农业农村部 2021 年度政府信息公开工作报告》，（2022-01-25）[2022-07-11]．http://www.moa.gov.cn/gk/zxgk/202201/t20220125_6387607.htm.

**图 7-4 农业农村部数据频道**

图片来源：http://zdscxx.moa.gov.cn:8080/nyb/pc/index.jsp.

多层级农业门户网站群基本建成。覆盖部、省、地、县四级政府的农业网站群基本建成，农业部初步建立起以中国农业信息网为核心、集30多个专业网于一体的国家农业门户网站，全国31个省级农业部门、超过四分之三的地级农业部门和近一半的县级农业部门都建立了更新较为及时的农业信息服务网站。近年来，农业农村部会同有关部门充分利用现有基础，按照统一硬件设施、底层系统、软件工具的方式，以集约建设、统一运维、共建共享、避免重复建设为原则，基本建成覆盖部、省、地、县四级农业门户网站群，涉农网站超过4万家。各级农业农村部门业已搭建面向农民需求的农业信息服务平台。农业农村部相继建设农业政策法规、农村经济统计、农业科技与人才、农产品价格等 60 多个数据库，构建 40 余条部省协同信息采集渠道。各省级农业农村部门也结合实际情况建设了一批地方数据库，为农业决策和行政管理提供了有力支撑。乡村网络广泛覆盖，农业门户网站的群众可获得性显著提高。

图 7-5    浙江省农业农村政务平台

图片来源：https://www.zjzwfw.gov.cn/zjservice/dept/deptQueryPage.do?deptId=001003020&webId=1.

## （四）"互联网 + 电子政务"加快向农村延伸

2016 年，国务院印发《关于加快推进"互联网 + 政务服务"工作的指导意见》，2017 年，农业农村部制定《关于加快推进"互联网 + 农业政务服务"工作方案》。"互联网 + 电子政务"是指充分利用互联网、大数据、云计算等数字管理技术手段，构建一体化政务服务平台，为企业、民众提供一站式办理的政务服务。乡村"互联网＋政务服务"是基于全国一体化政务服务体系，通过扩大涉农政务服务事项网上办理比例，部署乡村基层政务服务中心、站点等方式，推动政务服务向乡村延伸，实现涉农政务服务"网上办"、"马上办"、"一网通办"，打通乡村政务服务"最后一千米"。推进"互联网＋电子政务"，是转变政府职能、转变工作方式、提高治理能力的迫切要求，是深化"放管服"改革的关键环节，是政务服务应对网络时代挑战的必然选择，是解决群众办事难、激发主体活力、增添发展新动能的重要举措，是政务服务发展的创新升级。

近年来，全国多地已授权镇村级便民服务中心受理农村居民政务，实行"一窗受理"、"一条龙"服务，行政审批和公共服务"一站式"办结，乡村政务服务网上办理和全流程在线办理比例显著提高。全国一体化政务服务平台在农村的支撑能力和服务效能不断提升，截至目前，全国已建设 355 个县级政务服务平台，国家电子政务外网已实现县级行政区域 100% 覆盖、乡镇覆盖率达 96.1%，政务服务"一网通办"加速推进，农民群众的满意度、获得感不断提升。[1] 初步建成平安乡村数字化平台，基本建成涵盖中央、省、市、县、乡镇、村 6 级联网应用体系。[2] 农业农村部会同相关部门强化工作措施，鼓励地方探索实践。针对基层组织负担重、村级权力运行不规范等问题，总结提升"清单制"做法，印发文件并召开视频会在全国推广运用，为基层"减负松绑"提出可借鉴可复制的破解之法。"互联网＋政务"不断向乡村延伸，将助力推动社会治理和服务重心向基层下移，实现县乡联动，把更多公共资源下沉到乡镇和村，形成覆盖城乡、均等普惠的在线公共服务体系，有效提升乡村社会治安防控体系效能，为乡村治理体系和治理能力现代化建设提供强有力的支撑。

---

① 农业农村部信息中心：《中国数字乡村发展报告·2022》。
② 农业农村信息化专家咨询委员会：《中国数字乡村发展报告·2020》，（2020-11-28）[2021-11-14].http://www.moa.gov.cn/xw/zwdt/202011/t20201128_6357205.htm.

## （五）数字政务服务内容不断扩大

近年来，农村数字政务服务内容不断扩大。农村居民可以通过各级政府网站快速方便地了解政府的工作动态及与自身利益有关的信息，政府通过在线评论和意见反馈可及时了解公众对政府工作的意见，改进政府工作。依托全国一体化在线政务服务平台，各级政府已将农林牧渔生产管理、农村居民社保、公积金、优抚、就业创业、医疗保障、法律服务、帮困服务、农产品质量监管等乡村重点服务事项纳入"一网通办"服务事项目录。农村居民可以通过各级政府网站、村级便民服务中心、益农信息社等各种途径快速方便地了解和办理相关政务事项。此外，各级政府积极探索利用小程序、村民自治 APP 等数字管理技术手段，实现对农村居民意见的网上征求、村"两委"工作的线上监督。目前，多地出台相关政策，坚持传统公开模式和现代方式相结合，以"互联网＋村务"为载体，拓宽群众知情渠道，使村民与村务"面对面"、零距离。部分地区已建立较为完善的"电子村务"平台，并注册开通村务微信公众号，具有推送信息量更大、关注度更高、公开范围更广等优点，方便村民随时随地关注和监督村务。

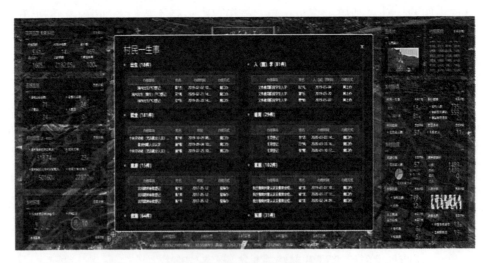

图 7-6　浙江省德清县五四村

## 三、典型案例

近年来，伴随中国农业农村政务数字化进程的不断推进，全国各地涌现一批数字化赋能农业农村政务可复制可推广的做法和经验。县域"1+N"智慧应用平台、"百姓通"平台、政务服务"一网通办"平台、"i 厦门"平台等各种数字政务平台创新应用，推动"互联网＋政务"不断向乡村延伸覆盖，助推政务服务不断下沉，打通了政务服务"最后一千米"。

### （一）四川兴文县：打造"1+N"智慧城乡一体大数据应用平台

#### 1. 总体情况

兴文县位于四川盆地南缘、川渝滇黔结合区域，辖区面积 1380 平方千米，辖 8 个镇、4 个苗族乡，总人口 50 万人，是四川省少数民族地区待遇县、扩权强县试点县、革命老区县、乌蒙山区扶贫连片开发省级规划县。近年来，兴文县紧紧围绕"智慧县城＋数字乡村"建设，优化体制机制建设、强化信息基础设施、深化数据融合应用，打造县域"1+N"创新应用模式的智慧城乡一体大数据应用平台，更好地服务产业发展、社会治理、民生民本、经济建设等各方面，为推进乡村振兴做出积极贡献。

#### 2. 主要做法

一是建立健全体制机制。组建兴文县大数据发展中心，成立以县委书记任组长、县长任第一副组长的智慧兴文建设工作领导小组；制定县监委、目标办、智慧办按月通报考核机制，建立定期会商、通报督办、测评反馈、奖惩问责等制度；成立全国首家由高新技术企业、科研机构、各应用部门参与的县级智慧城乡研究会，聘请国家发展改革委、中国科学院、住房和城乡建设部、北京大学、四川大学等部门和高校 43 名信息与大数据专家为科技顾问。

二是加强数字基础设施建设。兴文县共投入近 5 亿元，完成全县 12 个乡镇 183 个村（社区）4G 网络基础设施建设，实现了 4G 网络全覆盖；建成符合

图 7-7　兴文县智慧全域监管与服务中心

国家信息安全三级等保标准的云计算中心；同时将移动、电信、联通、广电四家运营商网络设备与网络整合进入云计算中心机房，做到横向到全县党政机关及事业单位，纵向到全县 15 个乡镇以及重点村社区电子政务外网全覆盖，全面消除网络孤岛，切实保证了信息化建设和网络安全。

　　三是积极推动数据共享。县内自建的 23 个政务信息系统统一迁移上云，

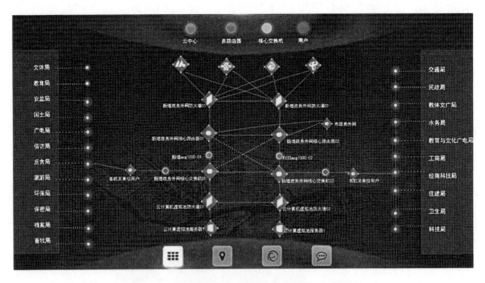

图 7-8　兴文县为各单位提供电子政务外网服务

共享虚拟计算资源与网络安全资源，既节约建设成本，又为数据融合奠定基础。全面整合智慧化综合监管与服务、县政府网站集群（大小43个网站）、便民服务缴费、效能监察、政务信息公开、综治调解系统、公众监督上报平台等53个信息化平台系统，覆盖全县57个部门和乡镇，推动数据融合应用、打破信息孤岛，形成"1+N"智慧应用，有力解决科学决策、精细管理、惠及民生、产业转型"最后一千米"问题。

3. 取得成效

兴文县智慧全域监管与服务平台覆盖县城区、景区、12个乡镇和298个单元网格，汇聚各类公共视频资源3694路，把全县近70个政务服务窗口远程监控纳入了智慧平台管理。运营至今累计受理各类案件近40万件，执法部门利用数据资源为群众挽回损失近1.8亿元，应急帮助市民168次，找回走失小孩22人，老人9人，极大改善了县域的治安环境。同时兴文县积极开展便民应用集成平台的建设，现已经开通了18项便民应用子系统。自平台开通以来，累计1600余万人参与应用体验，实现代缴水电气费等便民服务交易达6亿元，做到了"数据多跑路，群众少跑路"。

## （二）湖北宜城市："百姓通"平台促进网上办指尖办

1. 总体情况 ①

宜城市位于湖北省西北部、汉江中游，面积2115平方千米，辖11个镇（办事处）、1个省级经济开发区和224个村（社区），人口56万，耕地130.5万亩，是全国乡村治理体系建设试点单位。宜城市政府搭建了"百姓通"平台，创建"宜汇办、宜汇说、宜汇管、宜汇建"四大板块，有效推动了"互联网＋基层治理"向乡村延伸覆盖，推进乡村治理在线办理，促进网上办、指尖办、马上办，提升人民群众满意度。

---

① 国家互联网信息办公室：《数字乡村建设指南》，（2021-09-03）[2021-12-27]. http://www.cac.gov.cn/2021-09/03/c_1632256398120331.htm.

2. 主要做法

一是信息整合，促进事务网上办理。全面梳理乡村群众日常办理事项，设立"宜汇办"模块，根据不同的事项制定相应的在线审批流程，如农技知识在线学习、身体健康在线咨询、便民电话在线查询。

二是人人参与，强化村务信息公开。依托"宜汇说"模块，促进村委会信息公开。村民人人都是信息员，人人都是监督员，村民可以将问题自主上报平台，村里第一时间收到并受理，做到小事快解决，大事商议解决。同时，党务、村务、财务在平台上及时公开，村级集体资产管理、集体资金使用、小微工程建设、农业补助、土地征用等事关群众切身利益的信息全部纳入平台，村民不必再跑到村委会或宣传窗，打开"百姓通"便一清二楚。

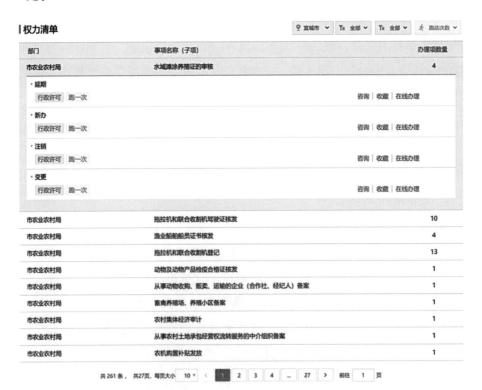

图 7-9  宜城市农业农村局政务公开——权力清单

图片来源：http://zwfw.hubei.gov.cn/webview/zwgk/qzqd.html.

三是化解矛盾，实现乡村数字管理。成立了"网上村（居）民委员会"，创建积分制管理，村民为乡村建设出谋划策，村委采纳后给予一定的积分奖励。村里的"大事、小事、麻烦事"、"以前不知道找谁办的事"、"拖很久办不了的事"，通过"宜汇管"都可以快速办理。

四是示范引领，推动数字基层党建。利用"宜汇建"平台的直播、视频会议功能，线上直播党员大会，流动党员和在外地的本村党员都可以参与进来。数字化永久保存每一次党建工作内容。通过"党务公开"、"组织生活"、"党员日记"等一系列话题，形成党员"比、学、赶、帮、超"的浓厚氛围。

3. 取得成效

截至 2021 年 7 月，"百姓通"平台发布共享信息 139763 条，累计处理事件 2784 件，90% 村民反映的事件 24 小时内就能处置完毕，村民满意率提升了 2.7 个百分点，参与率提升 3.3 个百分点，知晓率提升 40.7 个百分点。助力疫情防控，通过"百姓通"平台招募自愿参与疫情防控人数 2622 人，2021 春节返乡"百姓通"健康打卡累计 103.76 万次。

## （三）江苏张家港市："一网通办"平台推动行政审批进村入户

1. 总体情况①

张家港位于长江下游南岸，临江达海，以港命名，依港兴市，总面积 999 平方千米，下辖 3 个街道，7 个镇，常住人口为 143 万人，是全国文明城市、国家生态市、率先全面建成小康社会示范市。近年来，张家港市充分借助数字化、信息化、智能化技术，聚焦构建城乡一体化政务服务体系，不断推进线上线下融合服务体系建设，实现乡村政务服务全覆盖，服务能力和质效不断提升。

2. 主要做法

一是建强"互联网＋政务服务"体系，行政审批进村入户。建成全市政

---

① 《数字乡村典型案例·2021》。

务服务"一网通办"总平台，实现政务服务业务的全流程协同和统一管理。建成资源集成的证照共享应用平台，率先在江苏省实现身份证和营业执照共享复用。全力推进"流程式"变革，重点围绕群众关注度高、办理量大的高频事项和跨部门、跨层级办理的事项。通过并联审批、信息共享、集成优化等手段，系统重构办事流程和业务流程，梳理优化动物诊疗、农药销售、农村土地流转等 500 多条审批流程，平均压缩审批环节 50% 以上。

**图 7-10 张家港"一网通办"政务服务平台**

图片来源：http://szzjg.jszwfw.gov.cn/.

二是打造"集成式"政务服务模式，"一站式"服务直达村社。加快事项整合、流程再造和信息共享，搭建"一件事"模型，开办动物诊所、游泳馆、不动产登记集成服务、价格监测预警工作、突出奖励申请等分别进驻"一件事"综合窗口。基于乡村企业需求量身定制政务服务套餐，推动企业开办等业务"一窗融合"。加快"全科社工"队伍建设，实现窗口服务有效集成，组织1284 名熟悉社区业务、综合能力强、群众满意度高的"全科社工"踏上工作岗位，打通服务群众"最后一千米"。

三是优化"全方位"人性化服务，"智慧服务"便利村民。积极探索智能导服，搭建"智能问答"系统，率先在江苏省推广政务服务收件"智能问答"服务。推动政务服务入口全面向基层延伸，建设乡镇（街道）便民服务中心9个、村庄（社区）服务站点272个，综合自助一体机69台，助力乡村政务服务"就近办"。针对老年人生病、行动不便等特殊情况，提供"上门"服务，建立健全帮办代办服务体系，全力打造以"市镇村三级联动、全城覆盖无盲点"为特色的帮办代办服务体系，开设市、镇、村三级帮办代办专窗30个。

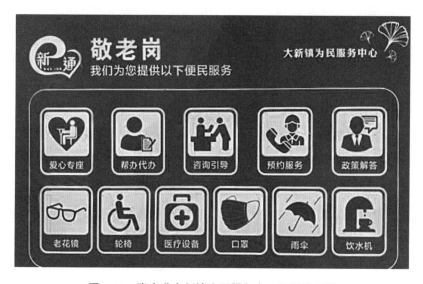

图 7-11　张家港大新镇为民服务中心设置敬老岗

图片来源：http://jsnews.jschina.com.cn/2021/ztgk2021/202103/t20210325_2753046.shtml.

### 3.取得成效

政务服务高度集成，村民足不出村就能享受"智能化、便捷化、标准化"的政务服务，审批由"串联"变"并联"，材料由"群众交"变"内部转"，办事由"来回跑"变"一窗办"，归集各类电子证照30余万张，满足超80%政务服务场景；市本级93个公共服务事项已实现"全城通办"。便民服务送进家门，累计为老年群体提供上门服务50余次，免费提供EMS邮寄服务，为企业群众节省成本152.8万元，完成各类帮办代办服务5000余件，真正实现村民足不出户就能办成事。

## （四）福建厦门市：便民服务工程促进政务就近办马上办

### 1. 总体情况 ①

海沧区隶属厦门市，位于海沧半岛，与厦门岛隔海相望，南临九龙江出海口，西与漳州台商投资区接壤，北与集美半岛相连，是福建南部拓海贸易的重要港口，总面积 186.82 平方千米，辖 4 条街道、23 个社区、14 个村委会、3 个农（林）场，人口为 65 万人，是中国大陆主要的国家级台商投资区、中国工业百强县区。近年来，海沧区建立服务机构，压缩服务层级，拓宽服务平台，创新服务模式，促进政务服务就近办、马上办，打通联系和服务群众的"最后一千米"。

### 2. 主要做法

一是建立服务机构，推行规范管理。海沧区根据村（居）个数共成立 39 个街道服务站，每个街道服务站按照政务服务中心窗口的规范标准建设，对工作人员、窗口建设、运行机制、档案管理等施行规范化、标准化管理。服务站设立窗口工作人员、站长和副站长、街道"指导监督专员"和街道分管领导四个层级。窗口工作人员按照一岗多责、一专多能的要求，选派政治素质高、业务能力强、敬业精神好的工作人员进驻，服务站站长和副站长从现有网格员选任，培训合格后上岗，主要负责对窗口人员的教育管理和办理事项的审批。

二是压缩服务层级，推行即来即办。海沧区卫生计生局着重在"做细、做实、做到位"上下功夫，以让群众更"省时、省事、省心和省力"为宗旨，以"三个统一"（统一办事指南、统一办事流程和统一审批平台）为基本要求，原有 14 项需经区级流转的计生便民服务事项全部下放至街道服务站办理，总共 30 项全部为即办件，全部实现五星级服务。海沧区还结合工作实际，提出"三个能够"（能够通过内部计生工作网格获取的信息，不要求提供证明材料；

---

① 农业农村部：《第三批全国乡村治理典型案例》，（2021-11-16）［2021-12-27］.http://www.hzjjs.moa.gov.cn/gzdt/202111/t20211116_6382245.htm.

能够采用承诺声明的，首选承诺声明；能够提供便捷服务的，创造条件提供更便捷服务）指导基层开拓性地开展服务工作。

三是拓宽服务平台，推行网上办理。除了提供家门口的窗口服务外，海沧区还推行全程网上办理一、二孩生育服务登记、独生子女父母光荣证和再生育服务证。海沧区成立计划生育便民服务信息系统试运行领导小组，在"i厦门"平台全面推行网上办理计生业务。群众足不出户，在家即可申请，不受工作时间限制，改变了以往窗口受理、纸质交件的办证方式，实现了网上受理、电子审查，达到了让群众"多走网路、少走马路"的目的。

**图 7-12　i 厦门一站式综合服务平台（待定）**

图片来源：https://www.ixiamen.org.cn/qtms/?&loginflag=false.

四是创新服务模式，推行"政务超市"。2015 年 12 月，厦门市海沧区卫生计生局出台《落实"就近办、马上办"便民服务事项改革工作方案》全面推行"就近办、马上办"计生便民服务改革工作。海沧区统一取消街道政务服务综合大厅，将政务服务的"触角"延伸下沉到村（居），在各村（居）设立街道服务站，开展"政务超市"服务，让群众在家门口就能办成事、办好事、快办事，打通联系和服务群众的"最后一千米"。同时针对老、弱、病、残、孕等特殊群体，走家入户提供上门服务。

### 3. 取得成效

截至 2021 年 12 月，"i 厦门"平台实名认证用户超过 740 万，网页应用超过 280 个，移动应用超过 130 个，微信应用超过 110 个，累计使用人次超过 2.8 亿。整合汇聚 53 个部门、386 项办事服务，统一预约事项达 3000 余项，涵盖公安交警、税务服务、医疗卫生、交通出行、文化教育、便民服务、城市信用等 20 个服务领域，真正实现"让数据多跑路，群众少跑腿"。

## （五）湖南津市市：便民清单助推政务服务下沉

### 1. 总体情况 ①

津市市地处湘西北，总面积 558 平方千米，辖 4 个镇、5 个街道、76 个行政村（社区），总人口 28 万人。近年来，津市市以优化群众服务为导向，以完善乡村治理为目标，坚持"事项一次下沉、流程一优到底、信息一库认证、身份一脸识别、办事一图索引、保障一步到位"，全域梳理便民服务事项清单，推进政务服务下沉，群众满意度和幸福感显著提升。

### 2. 主要做法

一是把便民清单精细化，让群众办事更明白。对照部门职责，逐项清理论证出自然人全生命周期需要办理政务服务事项 139 个，涵盖出生、就学、就医、结婚、就业、创业、建房等领域。深挖群众需求，广纳各方意见，将身份证办理等 69 个与群众生产生活密切相关事项的审批权限，全部下放到镇街、村居，让群众在家门口、在手机上、在外地都能随时办理。

二是把便民清单极简化，让群众办事更省心。资料应减尽减、步骤应优尽优、时效应快尽快。推行窗口、村（社区）直审机制，采取多级同步核实、同步公示、同步审批，配置统一证件钢印、出相出证等设备，开发人脸识别系统，大力压缩办理时限。

---

① 农业农村部：《第三批全国乡村治理典型案例》，（2021-11-16）［2021-12-27］.http://www.hzjjs.moa.gov.cn/gzdt/202111/t20211116_6382245.htm.

　　三是把便民清单数字化，让群众办事更有体验感。以科技手段为支撑，实现信息全面互联互通。整合 25 个部门的 46 类 580 万余条数据信息，共享上级交换平台 13 类 4000 万余条数据信息，电子身份证、电子户口簿等 9 类证照全部关联应用。依托常德市"互联网＋政务服务"一体化平台，植入人脸识别、移动终端办理、智能机器人、身份证照片的抓取打印、电子签字板录入等功能。建立"容缺受理"模式，由窗口根据实际情况出具容缺受理单，办理事项直接进入审批环节，过后补齐所缺法定必要资料的可邮发审批结果，真正实现

**图 7-13　津市市便民清单**

图片来源：http://zwfw-new.hunan.gov.cn/hnzwfw/1/8/111/.

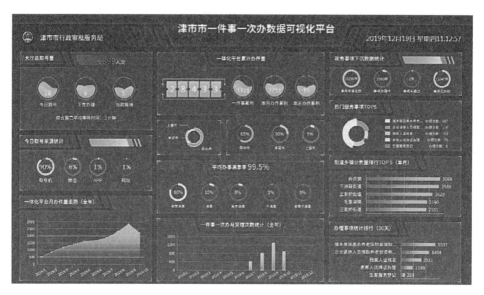

**图 7-14　津市市一件事一次办数据可视化平台**

图片来源：第三批全国数字乡村治理典型案例。

群众办事"最多跑一次"。

四是把便民清单制度化，让群众办事更有保障。将便民清单服务和政务下沉改革工作纳入绩效考核内容。投入 8000 多万完成 85 个镇村平台新建改造，为 76 个村（社区）配齐人脸识别仪、签字板等设备，为 51 个村（社区）增配 1 名政务代办员，定期进行系统业务培训。建立反馈机制，出台"好差评"管理办法和实施方案，近两年累计收集系统评价数据 10.8 万条，好评率达 99.99%。建立诚信评价机制，对于提供虚假材料和信息的办事者，审查发现后终身不再享受绿色通道。建立容错纠错机制，对于工作人员非主观原因造成的工作失误，一律不予追责，让基层干部放下包袱、大胆服务。

3. 取得成效

目前，69 个下沉事项申报资料精简率达到 74.2%，各种重复、循环证明减少了 65 类，办理环节优化率 44.3%，办结时限压缩率 88.1%，身份证、社保卡的办结时限均由 30 个工作日变为当天办结；老年优待证、就业创业证等42 个民生事项实现"即办"、"秒批"。

## （六）北京怀柔区："足不出村"办政务打通"最后一千米"

1. 总体情况①

怀柔区位于北京东北部，总面积 2122.8 平方千米，其中山区面积占 89%，全区常住人口 42.1 万人。2018 年，怀柔区以北京市"放管服"改革为契机，创新提出"足不出村"办政务改革，实现了权限下放、窗口前移、服务下沉，打通了政务服务"最后一千米"，提升了村公共服务效能。

2. 主要做法

一是坚持试点先行，推进政务服务清单制新模式。为扎实推进"足不出村办政务"改革，怀柔区成立了事项专项审核工作小组，以"允许代办是常

---

① 农业农村部：《第三批全国乡村治理典型案例》，（2021-11-16）［2021-12-27］.http://www.hzjjs.moa.gov.cn/gzdt/202111/t20211116_6382245.htm.

态、不能代办是特例"为原则，选择平原、半山区、山区不同类型的镇村开展试点，全面梳理社保、民政、残联、农机等民生事项，逐一确定农民"足不出村"办事清单，实现 101 个事项"足不出村"即可办理。

二是加强体系建设，构建政务服务全覆盖新格局。怀柔区抓住全市大力推进"放管服"改革机遇，率先打造区、镇（街道）、村（居）三级"一窗"。区级建立"1+6"政务服务体系，"1"即区级政务中心行政审批大厅，实现进驻区级政务中心的 39 家行政审批部门和 3 家涉企服务单位的 1540 个事项"综窗"受理；"6"即人保、医保、公安、税务、不动产和民政 6 个区级政务服务分中心，可办理 311 个政务服务事项。16 个街镇政务中心共 59 个窗口，可办理 1404 个政务服务事项。全区 318 个村（社区）政务服务站，可受理村居级 101 项政务服务事项。

三是建立服务队伍，组建政务服务网格化新力量。通过政府购买服务、抽调公务员骨干力量、统筹整合村级养老助残员、计生专干等方式组建政务服务网格。目前，全区三级服务队伍共有 1508 名代办员和 896 名网办员，构建了上下贯通的三级政务服务队伍。先后组织 235 场、2.68 万余人次的业务培训，提升能力素质。

四是固化接力流程，创新政务服务程序化新形式。创新"三棒接力"办事流程新模式。"第一棒"是村级政务服务站代办员为村民提供全程无偿代办服务，完成由村跑镇的交接。"第二棒"是镇（街道）政务服务中心办事员快速处理村级代办申请，并负责到区级政务服务中心或分中心办理事项。"第三棒"是区级政务服务人员对能够即时办的事项"即接即办"，承诺事项压缩时限办，实现了由多次跑变为一次办、由群众跑变为干部跑、由等候办变为承诺办。

五是强化机制建设，提升政务服务规范化新水平。建立例外事项特批、代办承诺、容缺后补、三方暗访检查和区级督查考核等机制，向群众提供服务指南，公开办理程序，在规定或承诺的时限内办理完毕，确保"足不出村"办政务工作落在实处，延伸至每村每户。

3. 取得成效

怀柔区打造了覆盖全区 16 个镇（街）、318 个村（社区）的代办队伍，推出 101 个高频可义务代办事项，实现了权限下放、窗口前移、服务下沉，打通了政务服务"最后一千米"，提升了村公共服务效能。以喇叭沟门满族乡帽山村为例，村民办理"社保卡补换卡"，只要到村政务服务站的综合受理窗口交齐材料，就可以等待领取新卡，拿卡时间从 15 天减少到 4 天，交通路程往返减少 26 千米。改革以来，代办员共办理各类事项 40.6 万余件，村民少跑132.8 万多千米。

# 第八章 乡村数字化治理

## 一、概述

乡村治理是国家治理体系的重要组成部分，是治理体系中最基本的治理单元，是乡村振兴的重要保障。乡村数字化治理是指运用物联网、大数据、5G、人工智能等新一代数字技术来助推乡村治理体系和治理能力的现代化转型升级，能够加快构建共建共治共享的乡村治理格局，为乡村发展营造风清气正的环境，给农村居民带来实实在在的好处。

党和政府历来重视乡村治理现代化问题。2013 年，党的十八届三中全会通过《中共中央关于全面深化改革若干重大问题的决定》，第一次把国家治理体系和治理能力与现代化联系起来，明确提出要推进国家治理体系和治理能力现代化。2019 年，党的十九届四中全会审议通过《中共中央关于坚持和完善中国特色社会主义制度，推进国家治理体系和治理能力现代化若干重大问题的决定》，对新时代坚持和完善中国特色社会主义制度，推进国家治理体系和治理能力现代化作出顶层设计和全面部署，并将实现农业现代化治理作为国家现代化治理的重要组成部分。[①]2019 年，中共中央办公厅、国务院办公厅印发《数字乡村发展战略纲要》，提出要着力发挥信息化在推进乡村治理体系和治理能力现代化中的基础支撑作用，繁荣发展乡村网络文化，构建乡村数字治理

---

① 文丰安：《乡村振兴战略与农业现代化治理融合发展：价值、内容及展望》，《西南大学学报》（社会科学版）2020 年第 4 期。

新体系。2019 年，中共中央办公厅、国务院办公厅印发《关于加强和改进乡村治理的指导意见》提出"到 2035 年，乡村公共服务、公共管理、公共安全保障水平显著提高"的目标，乡村数字治理的最终落脚点应落在公共服务数字化治理、公共管理数字化治理和公共安全数字化治理三个方面。2021 年，中共中央、国务院印发《关于加强基层治理体系和治理能力现代化建设的意见》，提出加强基层智慧治理能力建设，实施"互联网＋基层治理"行动，完善乡镇（街道）、村（社区）地理信息等基础数据，共建全国基层治理数据库，推动基层治理数据资源共享，根据需要向基层开放使用。

2019 年，中央农办、农业农村部会同中宣部、民政部、司法部共同开展全国乡村治理示范村镇"百乡千村"创建，99 个乡镇、998 个村创建成第一批示范村镇；2021 年，中央农村工作领导小组办公室、农业农村部及有关部委研究认定 100 个乡（镇）、994 个村（嘎查）为第二批全国乡村治理示范乡镇。此外，中央农办、农业农村部自 2019 年起，每年推介一批全国乡村治理典型案例，已连续推介三批共 92 个乡村治理典型案例，为全国各地树立了学习借鉴的样板。2020 年，农业农村部、中央网络安全和信息化委员会办公室发布《数字农业农村发展规划（2019—2025)》，提出建设乡村数字治理体系，推动"互联网＋"社区向农村延伸，提高村级综合服务信息化水平，逐步实现信息发布、民情收集、议事协商、公共服务等村级事务网上运行。加快乡村规划管理信息化，推动乡村规划上图入库、在线查询、实时跟踪。推进农村基础设施建设、农村公共服务供给等在线管理。

乡村基层综合治理水平不断提高，农村党务村务财务网上公开持续推进。"互联网＋基层社会治理"行动深入实施，各地积极推进基层社会治理数据资源建设，以数据驱动公共服务和社会治理水平不断提高。根据中国数字乡村发展报告（2022）评价显示，2021 年全国"三务"网上公开行政村覆盖率达78.4%，较上年提升 6.3 个百分点，党务、村务、财务分别为 79.9%、79.0%、76.1%。全国基层政权建设和社区治理信息系统已覆盖 48.9 万个村委会、11.7万个居委会，实现行政村（社区）的基础信息和统计数据"一口报"。全国农村集体资产监督管理平台上线试运行，已汇聚全国农村承包地、集体土地、集体账面资产、集体经济组织等各类数据。农村宅基地管理信息平台建设稳步推进，已有 105 个农村宅基地制度改革试点县（市、区）建设了宅基地数据库。

## 二、发展实践

近年来，伴随中国大力推进物联网、大数据、5G、人工智能等新一代数字管理技术在乡村治理方面的深入应用，党建、村务管理、平安治理、环境治理、应急管理等数字化水平不断提升，为促进乡村治理有效，实现国家治理体系和治理能力的现代化打下坚实基础。

### （一）乡村党建数字化水平不断提升

数字化党建主要包括数字化党务管理、数字化党建宣传、数字化党员教育等内容，通过互联网、大数据等新一代数字管理技术，可以推动农村党建相关党务、学习、活动、监督、管理、宣传等工作的全面整合，打破农村传统党建条件的限制，提高县级、村级党建工作的一体化、智能化、信息化水平，还可以通过数据分析手段，及时跟踪了解基层党建工作进展，不断提升农村党建管理效率和科学化水平。

数字化党务管理。农村党务工作线上线下协同开展，推进村基层党组织建设管理、党员管理、民主评议、党代表联络服务、党内生活、党内表彰与激励关怀、组织员队伍建设、计划总结等业务融合，线上开展"三会一课"、主题党日等活动，重点解决农村党组织分散、党员流动性大的问题，实现农村党务管理应用场景信息化、智慧化。中央组织部建成全国党员信息库和全国党员管理信息系统，覆盖 49 万余个行政村党组织和 2000 余万农村党员，实现党组织和党员信息动态维护、组织关系网上转接和流动党员联网管理等业务应用。吉林打造"新时代 e 支部"智慧党建平台，全省 8.3 万个基层党组织入驻平台、160.3 万名党员在平台注册，基本实现全覆盖；云南建成集党务、政务、服务为一体的"云岭先锋"综合服务平台中心、站、点 1.6 万个，实现县乡村三级全覆盖；甘肃开发建设集标准、应用、管理、学习、服务、资讯功能于一体的党建信息化平台，注册党员 161.4 万名，占全省党员总数的 93.6%；浙江、四川等一些地方依托"乡村钉"、"为村"等平台，将党支部建设在云端，打通党组织与党员联系交流直通车。

**图 8-1　吉林省"新时代 e 支部"智慧党建平台**

图片来源：http://ezb.cbsxf.cn/cbsxf/login.jsp.

数字化党建宣传。利用网站、APP、公众号、短视频等数字管理平台开展村基层党建宣传工作，及时传达上级党组织精神，并将基层党建有关事务，按规定在党内或者向党外公开。目前已建立省县村三级党建宣传机制。省级层面主要负责建立党建内容审核机制，多途径开辟村基层党务公开渠道，及时传达学习党中央精神，公布党建工作重大决策、工作动态等内容。严把内容发布关，建立信息监督机制，接受基层党员群众意见。县级层面主要负责构建村基层党建要闻、党建信息发布、信息审核、信息监督、意见反馈等全流程管理闭环。在电视端、PC 端、移动端设置党建宣传和网上"三务"公开模块，定时给用户推送各类新闻、文章、公告等消息，宣贯彻党的方针政策、传播理论知识。村级层面主要负责建立村基层党务信息公开的监测反馈机制,确保基层党组织信息的及时性、公开性和透明性。湖南省怀化市开发集公示公开、快速查询、数据分析、投诉处理等功能于一体的信息平台,农村党员群众通过手机APP就能便捷查阅政务村务,做到村务监督"掌上盯"、"一键通",实现村务监督全覆盖、无盲区,有效破解村务监督难点问题。

数字化党员教育。充分利用电视端、PC端和移动端等数字管理终端,构建党务知识、法规制度、党员网课、党内集中教育等模块,通过APP、公众号、小程序等载体,对接学习强国平台,开设农村党员干部网上党课,给农村党员提供便捷化的学习渠道,实现远程开展主题教育活动。根据2020年中国数字乡村发展报告数据,2019年,全国共有党员干部现代远程教育终端点68.5万个,其中乡镇(街道)3.8万个、行政村50.1万个,农村党员全年接受远程教育培训19984万人次。①

## (二)数字化乡村资源管理持续优化

数字化乡村资源管理是指村委会借助数字管理技术手段,推进村级治安管理、调解纠纷、村规民约等村务信息,以及农村集体的资金、资产、资源等财务信息在线发布,保障村民参与村务管理和监督的权利,以及村民对村集体资金、资产、资源(以下简称"三资")占有、使用、收益和分配的知情权、反映权和监督权。

为切实加强农村集体资产监督管理,2017年农业农村部联合财政部等9部门印发《关于全面开展农村集体资产清产核资工作的通知》,建立健全农村集体资产年度清查和登记、保管、使用、处置等制度。截至2021年8月底,全国集体家底基本摸清,共清查核实农村集体资产7.7万亿元、集体土地等

---

① 农业农村信息化专家咨询委员会:《中国数字乡村发展报告·2020》,(2020-11-28)[2021-11-14].http://www.moa.gov.cn/xw/zwdt/202011/t20201128_6357205.htm.

资源 65.5 亿亩。① 为管好用好这些资产，农业农村部启动全国农村集体资产监督管理平台建设，建设数字化"三资"智慧监管系统，建设内容涵盖资产清查、台账管理、会计核算等模块，集成管理、监督、公开和大数据分析等功能，实现对农村"三资"高效、科学的管理，实现农村集体资产资源优化配置和交易过程阳光透明、公开、公平、公正，进一步推动农村集体资产资源保值增值和农村发展稳定，筑牢乡村振兴战略的基础。截至 2021 年 8 月底，共有 55.7 万个村集体经济组织在登记赋码系统中获得统一社会信用代码并取得登记证书，200 多万个清查单位在清产核资系统中完成 2017—2020 年度资产清查数据、2020 年度政策与改革统计年报数据录入和上报工作，实现业务线上办理、数据在线上报、审核一网贯通，提高了农村集体资产管理的工作效率和透明度。② 地方政府在集体资产管理中，积极运用现代信息技术，创

图 8-2　浙江省永嘉县农村三资智慧监管系统

图片来源：https://www.sohu.com/a/458130085_467916.

① 农业农村部：《对十三届全国人大四次会议第 2681 号建议的答复》，（2021-08-18）[2022-07-11].http://www.moa.gov.cn/govpublic/zcggs/202110/t20211027_6380619.htm?keywords=+%E9%9B%86%E4%BD%93%E2%80%9D%E4%B8%89%E8%B5%84%E2%80%9C.
② 农业农村部：《对十三届全国人大四次会议第 6898 号建议的答复》，（2021-09-03）[2021-11-14].http://www.moa.gov.cn/govpublic/SCYJJXXS/202109/t20210903_6375583.htm.

新集体"三资"监管模式，探索出风险智能预警、公众双端（电脑端和手机端）监管、线上阳光交易等方式，以科技创新提升集体资产信息化管理和市场配置效率。为进一步盘活农村闲置资源，各地立足自身资源优势和区位优势，增强集体"造血"功能。有的村集体盘活利用闲置的集体建设用地、房产设施，发展休闲农业、乡村旅游、健康养老等集体经济项目；有的村集体参与农业生产性服务，推动农产品初加工、仓储、冷链等一二三产业融合发展；有的村集体将集体资源资产入股经营稳健的农业企业、农民专业合作社等，获得资产收益。①

## （三）数字化平安治理扎实推进

### 1.雪亮工程

"雪亮工程"是以县、乡、村三级综治中心为指挥平台、以综治信息化为支撑、以网格化管理为基础、以公共安全视频监控联网应用为重点的"群众性治安防控工程"。它通过三级综治中心建设把治安防范措施延伸到群众身边，发动社会力量和广大群众共同监看视频监控，共同参与治安防范，从而真正实现治安防控"全覆盖、无死角"。2015年9月，国家发展和改革委员会等9部委联合印发《关于加强公共安全视频监控建设联网应用的若干意见》，"雪亮工程"开始向全国推广。2016年6月，国家公布了全国第一批48个公共安全视频监控建设联网应用工作示范城市。2017年5月，国务院办公厅印发《关于县域创新驱动发展的若干意见》，强调要加快实施"雪亮工程"。2018年中央一号文件《关于实施乡村振兴战略的意见》，指出要推进农村"雪亮工程"建设，助力建设平安乡村。2019年，中共中央、国务院《关于坚持农业农村优先发展做好"三农"工作的若干意见》再次提出，要加快建设信息化、智能化农村社会治安防控体系，继续推进农村"雪亮

---

①　农业农村部：《对十三届全国人大四次会议第2681号建议的答复》，（2021-08-18）[2022-07-11] .http://www.moa.gov.cn/govpublic/zcggs/202110/t20211027_6380619.htm?keywords=+%E9%9B%86%E4%BD%93%E2%80%9D%E4%B8%89%E8%B5%84%E2%80%9C.

工程"建设。

在推进公共安全视频建设联网应用工作中，各地公安机关依托全国"雪亮工程"示范和重点支持项目，将城乡接合部和所辖农村地区的视频系统建设也纳入公共安全视频建设联网应用体系，积极推进农村视频系统建设。部分地区在加强农村公共区域视频点位建设的基础上，动员乡镇街道、村组社区的居民群众将自建的视频资源接入"雪亮工程"共享交换总平台，增加了"雪亮工程"在农村地区的覆盖广度。部分地区结合城乡一体化建设，持续加密前端摄像机布建，最大限度延伸联网节点，实现省域行政村的视频资源整合联网，为数字乡村建设、农村社会治理和乡村振兴提供了有力支撑。2019年中国"雪亮工程"行政村覆盖率为66.7%。分区域看，东部地区"雪亮工程"行政村覆盖率为69.4%，中部地区为73.2%，西部地区为57.4%。分省份看，全国有8个省份"雪亮工程"行政村覆盖率超过80%，其中，上海市已实现100%全覆盖，浙江省、江苏省、新疆维吾尔自治区和湖北省覆盖率均超过90%。

2. 数字法治

数字法治是指利用大数据、云计算等现代信息技术，构建"数字法治、智慧司法"工作体系，为农民群众提供精准化、精细化的公共法律服务，开展网络普法宣传教育。（1）在线公共法律服务。通过"定时＋预约"的形式，借助律师便民联系卡、法律顾问服务群、移动终端等手段，实现法治宣传、法律服务、法律事务办理"掌上学"、"掌上问"、"掌上办"，为农村居民提供法律援助、司法仲裁、调解等法律服务。（2）网络普法宣传教育。利用各级政府网站、公共文化资源服务平台等新媒体平台和免费热线，开展面向农村居民的普法宣传教育。

近年来，司法部不断加大数字化技术对公共法律服务平台建设、人民调解服务、公益法律服务的支撑力度，持续推进"互联网＋村（居）法律顾问"工作，基本建成了覆盖城乡、均等普惠的现代公共法律服务体系。专题部署推进公共法律服务网络平台、实体平台、热线平台融合发展，建成了集12348热线、网站、微信、移动客户端于一体的中国法律服务网，累计访问22亿人次，

提供法律咨询 1000 万人次，在线办事 150 余万件，用户满意度 95% 以上；①
全国近 53 万个行政村实现了法律顾问的全覆盖，建立法律顾问微信群 20 多万
个。积极推广"云律所"、"云公共法律服务中心"建设，利用互联网实现优
质法律服务资源跨区域流动，为中西部经济欠发达地区的人民群众提供更加便
捷、高效的公共法律服务。各地根据基层实际需求，组织引导基层法律服务工
作者参与公共法律服务网络、热线平台值班，为乡村群众提供了便捷高效的法
律服务。

3. 基层网格化治理

基层网格化治理是指通过将互联网、大数据等数字管理技术与基层综合治
理深度融合，构建立体化基层综合治理联动体系，实施网格化服务管理，提升
基层综合治理的"预测、预警、预防"能力，为农村基层预防风险、化解矛
盾、打击犯罪和保障农村居民安全等提供有力支撑。基层网格化治理是数字管
理技术在公共管理和服务领域的创新应用，旨在将县域内网信、党建、综治、
公安、环保、安监、城管、信用、矛盾调解等融入网格治理，构建基层网格化
服务管理体系，形成资源整合、全域覆盖的基层治理格局，实现信息统一采
集、矛盾纠纷联调、社会治安联防、重点领域联管、事务处办联动、突出问题
联治、为民服务联动、依法治理联抓、平安建设联创，从而提升乡村治理"精
准度"。

## （四）数字化环境治理成效显著

数字化环境治理主要包括农村人居环境整治、农村饮用水安全、生态环境
保护等内容，通过云计算、物联网、人工智能、无人机、高清视频监控等数字
管理技术手段，对乡村居民生活空间、生活用水、生态环境等进行监测，助力
美丽乡村和乡村振兴建设。

---

① 农业农村信息化专家咨询委员会：《中国数字乡村发展报告·2020》，（2020-11-28）
[2021-11-14] .http://www.moa.gov.cn/xw/zwdt/202011/t20201128_6357205.htm.

1.人居环境整治

人居环境综合监测是指利用高清视频监控、物联网、人工智能、图像识别等数字管理技术手段，对农村地区垃圾收运、生活污水治理、村容村貌维护等进行监测分析，以支撑农村人居环境整治。2018年，为加快推进农村人居环境整治，进一步提升农村人居环境水平，中共中央办公厅、国务院办公厅印发《农村人居环境整治三年行动方案》，提出要推进农村生活垃圾、厕所粪污、农村生活污水治理，提升村容村貌，加强村庄规划管理。农业农村部联合国家发展改革委组织实施农村人居环境整治整县推进项目，2020年推进157个项目县开展垃圾污水治理等基础设施建设。2019年11月，农业农村部办公厅联合国务院扶贫办综合司等部门印发《关于扎实有序推进贫困地区农村人居环境整治的通知》，指导脱贫地区积极稳妥、扎实有序推进农村人居环境整治。农村人居环境整治三年行动扭转了农村长期以来存在的脏乱差局面，村庄环境基本实现干净整洁有序，农民群众环境卫生观念发生可喜变化、生活质量普遍提高，为全面建成小康社会提供了有力支撑。但是，中国农村人居环境总体质量水平不高，还存在区域发展不平衡、基本生活设施不完善、管护机制不健全等

图8-3　农业农村部全国村庄清洁行动先进县展示

图片来源：http://www.moa.gov.cn/ztzl/qgczqjxdxjx/.

问题，与农业农村现代化要求和农民群众对美好生活的向往还有差距。为加快农村人居环境整治提升，2021年12月，中共中央办公厅、国务院办公厅印发了《农村人居环境整治提升五年行动方案（2021—2025年)》，提出要扎实推进农村厕所革命、加快推进农村生活污水治理、全面提升农村生活垃圾治理水平、推动村容村貌整体提升、建立健全长效管护机制和充分发挥农民主体作用等。同月，中央农村工作会议强调，要扎实推进乡村建设，以农村人居环境整治提升为抓手，立足现有村庄基础，重点加强普惠性、基础性、兜底性民生建设，加快县域内城乡融合发展，逐步使农村具备基本现代生活条件。截至2021年底，脱贫县95%以上的行政村开展了村庄清洁行动，全国农村卫生厕所普及率超过68%，农村生活垃圾进行收运处置的行政村比例超过90%，农村生活污水治理率约为25.5%，绝大多数村庄实现干净整洁有序。[①]

中国电信融合运用物联网、云计算、大数据、5G、AI等技术，打造了人居环境整治平台。平台以"12345+N"架构思路，采用分层架构设计，围绕农村人居环境治理重点领域和关键任务进行深度构建，打造了适用于农村人居环境治理的5G+长效管护平台。该平台由管护调度、物联云判、长效管理、网格监督四大板块组成，实现了农村管理精细化、群众上报便捷化、问题处理及时化和长效管护科学化的目标。

2.农村饮水安全监测

农村饮用水水源水质监测是指在农村河流、水库、地下水、蓄水池（塘）等饮用水水源采样点设置数据采集点，对温度、色度、浊度、pH值、电导率、溶解氧、化学需氧量和生物需氧量进行综合性在线自动监测。建立省县联动农村饮用水水源监测体系。省级层面主要负责整体推进农村地区地表水环境、饮用水水源环境监测工作，合理安排信息化自动监测站点布设，制定监测标准和方案，指导地方开展监测。县级层面主要负责建设和维护信息化自动监测站点，组织实施水样采集、数据报送和预警，并做好农村饮用水水源地供水管

---

① 农业农村部：《农村社会事业稳步发展基层创新亮点纷呈》，（2021-12-23）[2021-12-27] .http://www.moa.gov.cn/ztzl/zyncgzh2021/pd2021/202112/t20211223_6385406.htm.

理。水利网信基础设施能力不断提档升级。

2019 年，水利部在京发布全国水利一张图，促进实现信息资源整合共享，推动信息技术与水利业务深度融合。全国省级以上水利部门在用的各类信息采集点达 43.57 万处，各类视频监视点共 134840 处。截至 2021 年上半年，生态环境部共监测 3095 个村庄环境空气质量、4137 个县域农村地表水水质断面 / 点位、3080 个农业面源污染控制断面、10304 个农村万人千吨饮用水水源地、45247 个日处理能力 20 吨及以上的农村生活污水处理设施（含人工湿地）出水水质，以及 1269 个灌溉规模达到 10 万亩及以上农田灌区的灌溉用水断面 / 点位，基本实现了全国农村环境质量监测点位区县全覆盖。农村环境质量监测网络体系不断健全，老百姓饮水安全问题得到有效保障。2021 年，通过水利督查 APP，支撑农村饮水安全暗访调研，共检查 2323 个农饮工程，涉及 251 个县、2831 个行政村、8776 个用水户，发现问题 1583 条。建设 12314 监督举报服务平台，开辟电话、网络、微信"三位一体"、面向社会、"一号对外"的水利强监督新渠道。自 2020 年 1 月 1 日试运行以来至 2021 年 9 月 30 日，共接到各类举报问题线索 94193 条，有效涉水举报问题线索 12852 条，及时解

图 8-4　水利部 12314 监督举报服务平台

图片来源：http://supe.mwr.gov.cn/#/.

决老百姓迫切需要解决的饮水安全问题。①

3. 生态环境保护

农业生态系统养护与修复。农业农村部统筹山水林田湖草系统治理，实现农业生态系统更加稳定、农业生态服务能力进一步提高。扎实推进退耕还林还草，加快实施天然林资源保护、京津风沙源治理、重点防护林体系建设等工程，全面落实退牧还草、草原生态保护补助奖励政策。2020年全国草原综合植被盖度达到56.1%，比2011年提高了5.1个百分点，森林覆盖率超过23%，草原荒漠化、沙化、石漠化趋势得到初步遏制。

水生生态养护与修复。农业农村部坚决打赢长江禁捕、退捕攻坚战，内陆七大重点流域禁渔期制度实现全覆盖。长江流域332个水生生物保护区率先实现全面禁捕，共抓长江大保护、推进长江经济带绿色发展工作格局基本形成。退捕渔民转产安置有力，沿江10省（市）重点水域共落实社会保障17.16万人，落实转产就业13.03万人，基本实现应帮尽帮、应保尽保。组织开展8次流域性同步执法行动，清理"三无"涉渔船舶8544艘，查办案件1.1万起，长江禁捕水域非法捕捞案件高发态势得到有效遏制，"一江一口两湖七河"重点水域基本实现"四清四无"。海洋渔业资源总量管理制度基本建立，渔业资源得到休养生息，水生野生动物及其栖息地保护力度显著提升，近海养殖水域滩涂环境明显好转。②

生态环境保护督察。中央实行生态环境保护督察制度，设立专职督察机构，对各省、自治区、直辖市党委和政府，国务院有关部门以及有关中央企业等组织开展生态环境保护督察，推动地方各级党委政府进一步增强环保责任意识，更加重视生态环境保护。2019年6月，中共中央办公厅、国务院办公厅印发《中央生态环境保护督察工作规定》，重点解决生态环境问题、改善生态环境保护质量和推动高质量发展。坚持依法履职，忠于职守，积极作为，严格

①　农业农村信息化专家咨询委员会：《中国数字乡村发展报告·2020》，（2020-11-28）[2021-11-14]．http://www.moa.gov.cn/xw/zwdt/202011/t20201128_6357205.htm.

②　农业农村部：《农业现代化成就辉煌全面小康社会根基夯实》，（2020-05-10）[2021-12-27]．http://www.moa.gov.cn/xw/zxfb/202105/t20210510_6367489.htm.

**图 8-5　渔政特编船队禁渔行动**

图片来源：http://www.moa.gov.cn/xw/bmdt/201804/t20180402_6299651.htm.

依法纠正和严厉打击环境违法问题，强化信息公开和社会监督，推进执法全过程留痕备查。加强乡村生态环境监管队伍建设，完善乡村生态环境监测执法机构、人员和装备。提高人民群众参与度，除召开例行新闻发布会，"生态环境部"微博、微信先后开设"中央环保督察"、"秋冬季攻坚行动"、"环保设施向公众开放"、"环保执法大练兵"、"煤改气大家谈"、"直击散乱污"、"长江经济带共抓大保护"、"水源地专项督查"、"环保清风"等栏目，密集发布权威环境信息，及时公开中央环保督察以及各地督察组环保督察的执法情况。

### （五）数字化应急管理持续加强

乡村数字化应急管理主要包括乡村自然灾害应急管理和乡村公共卫生安全防控等内容，是指通过物联网、云计算、大数据和人工智能等新一代数字管理技术，对突发事件的事前预防、事发应对、事中处置和善后恢复进行管理和处置，实现灾情有效预防、应急事件迅速解决、应急资源高效利用，最大程度保证乡村居民人身和财产安全。推进乡村应急管理智慧化，是农业信息化的重要组成内容，是推进现代农业发展的重要手段，可以全面提升乡村应急管理能力，最大限度地减少自然灾害和重大突发事件给农业农村造成的损失，为农业农村现代化发展保驾护航。

各级农业部门高度重视农业应急管理，围绕农业重大突发事件做了大量工作，取得了较好成绩。2006年，农业农村部挂牌成立了"农业部应急管理办公室"，统筹负责农业应急管理工作，各级农业部门也结合本地实际，不断加强应急管理工作。农业农村部先后出台了《国家突发重大动物疫情应急预案》、《农业重大自然灾害突发事件应急预案》、《全国草原火灾应急预案》、《渔业船舶水上安全突发事件应急预案》等多项预案，并加强与国务院办公厅、水利部、卫生部、民政部、国家林业局、国家气象局及国家地震局等相关部门相关应急预案的衔接，为及时、有效应对农业突发公共事件提供了科学依据。在应急信息采集网络方面也逐步拓展，全国已建立500个农情基点县，2800个县（区）实现动物疫情报告联网，建成草原防火监测机构774个，建立国家级质检中心277个，并建立热带气旋和海浪海啸风暴潮信息共享和实时通报制度；系统面向"重大自然灾害防控"、"重大动物疫病防控"、"重大植物疫病防控"、"农产品质量安全监管"等十二个农业业务领域，分别建设集日常监管、应急管理、应急保障为一体的应急管理信息平台，有力地提升了日常监管、应急处置的业务能力。①

乡村自然灾害应急。通过利用智慧应急广播、移动指挥车、电视机顶盒、专用预警终端以及手机APP、短信等发布灾害预警，让群众做好相应的应急防范。目前，已形成具备"天—空—地—地下"的立体化监测、综合数据智能运算分析、全渠道及时传输预报或预警信息能力的多灾种预警系统，能够对地质灾害、洪涝灾害、林区森林火灾或草原草场火灾等灾害进行有效、稳定、可靠的预报或预警，并建立应急管理平台，以实时了解自然灾害发生范围内的防灾资源信息，根据防灾资源做好资源调配。实时了解各安置点、街道、乡村、

---

① 唐珂：《"互联网+"现代农业的中国实践》，中国农业大学出版社2017年版。

社区的人员疏散情况，开展针对性指挥调度，维护人民生命财产安全。应急信息采集网络逐步拓展。中国广电重庆网络股份有限公司基于广电5G试验网搭建气象防灾减灾预警信息发布平台，通过在农村示范地区部署各类物联网传感器和摄像头，采集各类信息，经5G网络回传、分析、处理后，可为村民和农村公社提供预警信息，及时有效应对自然灾害、事故灾难、公共卫生和社会安全等突发事件。

乡村公共卫生安全。通过建立覆盖全面、实时监测、全局掌控的乡村数字化公共卫生安全防控体系，解决乡村地域广阔带来的人员管理不便、公共卫生事件发现滞后等问题，引导村民开展自我卫生管理和卫生安全防控，构筑乡村公共卫生安全数字化防御屏障。省级层面建设健康医疗大数据中心，实现跨业务系统数据融合，有效整合医疗运营各类信息资源，实现医疗各运营领域的全方位监测。整合公安、消防和医疗等领域信息资源，通过多样化分析手段，实现全方位立体化的公共卫生安全态势监测，切实提升综合疾病防控能力和公共卫生安全保障效力。县级层面建设公共卫生信息采集平台，对医院、学校、村镇集市、疾控中心等重点防控区域的突发公共卫生事件进行实时监测。基于网格对重点区域的人员、物资、网格员等相关信息进行联动，对重点区域实时态势进行综合监测，对接地理信息系统和疾控、医疗、消防、应急等多部门现有业务系统，对重点人员的数量、流向、地域分布、流入流出方式、运行轨迹等信息进行可视化分析研判。针对新冠肺炎疫情防控等乡村治理面临的新问题新挑战，农业农村部积极配合卫健委等部门指导地方开展农村地区疫情防控工作。

## 三、典型案例

近年来，伴随中国乡村治理数字化进程的不断推进，地方政府积极响应，智慧党建、数字"三资"、智慧司法云、基层网格治理、环境治理长效管护、时间银行积分、数字乡村一张图等模式不断推陈出新，社会力量广泛参与，云钉一体、腾讯为村、智慧渔政等平台不断更新迭代，全国各地涌现一批数字化赋能乡村治理可复制可推广的做法和经验。

## （一）内蒙古鄂托克前旗：智慧党建助力组织振兴

### 1.总体情况

鄂托克前旗位于蒙陕宁三省区交界，是以农牧业为基础、工业占主导的少数民族聚居区，面积 1.218 万平方千米，辖 4 个镇、1 个自治区重点工业园区、68 个嘎查村、17 个社区，现有常住人口 9.27 万人，其中农村牧区常住人口 3.8 万人，是一块资源富集、生态优美的红色热土。作为全区基层党建创新发展先行先试旗，鄂托克前旗坚持把智慧党建作为推动整体党建工作的重要载体和有力抓手，不断在理念、机制、手段上下功夫、求创新，随着手段载体、功能布局的优化更新，智慧党建便捷高效的作用进一步显现。

### 2.主要做法

一是工作理念从"替代"向"迭代"转变。鄂托克前旗顺应信息化和智能化的发展趋势，从 2016 年开始逐步深化智慧党建，与时俱进、融合创新，定准功能需求、注重实践应用，让智慧党建效果更好地体现在服务的便捷高效上，智慧党建不仅成为党务工作者离不开的"百事通"，更成为党员干部好用实用的"掌中宝"。

二是工作阵地从"有线"向"无线"延伸。鄂托克前旗智慧党建紧跟时代步伐，在推广智慧党建平台 PC 端的基础上，加快移动端研发速度，建成了集资讯、学习、调度、督办等功能为一体的综合应用平台。通过电话直连、视频直通等功能可以实时进行单线或多方互联，实现党务与政务、服务多维度互动，为党员干部群众带来了更便捷、更高效的使用体验。

三是工作方式从"碎片"向"集成"递进。鄂托克前旗以问题为导向，在智慧党建平台研发过程中，突出实用性，规划设计了智慧组工、智慧家园等模块，全方位提升党建管理和服务水平。利用信息化手段，还可以对党员干部主责主业和"自选动作"进行筛选、汇总，形成智能评价报告、智能分析图表，对干部知事识人的"画像"更加精准。

四是工作范围从"线上"向"面上"铺开。为全旗 5263 名党员设置实名认证账户，使用主体由党务工作者向党员干部全员推开。同时，通过发放"使用说明书"、派驻指导员、举办培训会等形式，实现了党员干部人人会用、人人想用，增强了党员干部参与的积极性、主动性。

五是工作效果从"过程"向"结果"累积。智慧党建平台将各类信息有效整合，做到扁平化、可视化，提升了党建工作效能。比如，将"十分制"管理设置为单独模块，"考"、"晒"结合，精准测量党员干部的政治表现、工作实绩，更好地发挥考核的"风向标"、"指挥棒"作用，通过动态跟踪，促进党员干部规范管理。

图 8-6　鄂托克前旗"智慧党建"微信公众号

3. 取得成效

经过近几年的实践，鄂托克前旗智慧党建工程正在向全鄂尔多斯市推广。线上依托智慧党建平台，有效整合服务资源，实现党务和政务事项一网办理。智慧党建平台累计访问量突破 46 万次，下载量超过 12 万人次。线下优化提升大厅功能，实行一窗受理、集成服务，实现党员群众诉求一号受理。对于信息化手段触及不到的地方，组建红色服务队，提供上门、帮办和预约等服务，累计开展服务 3000 余人次，办理服务事项 2180 项，打通了服务党员群众"最后一千米"。

## （二）辽宁辽中区："三资"数字监管盘活存量资源

1. 总体情况

辽中区隶属辽宁省沈阳市，位于辽宁省中部、沈阳市西南部，因在古代辽郡以西、辽水以东、宛在中央而得名。面积 1646 平方千米，下辖 1 个省级经济开发区和 1 个综合保税区，16 个镇、4 个街道办事处，常住人口为 39 万人。随着农村集体"三资"监管平台的建立和完善，村集体经济组织已基本实现了"三资"的信息化管理。

2. 主要做法

农村集体"三资"既是群众利益关切点，也是干部监管薄弱点，更是乡村振兴的重要发力点。辽中区以搭建智慧平台为突破口，着力推动农村集体"三资"管理运营的数字化、阳光化、市场化，完成农村"三资"数字化乡村管理的"最后一千米"。

一是"多网合一"建平台。建立健全协同推进机制，按照"多网合一"组织构架进行平台设计，规划"三资"管理、清产核资、产权管理等七大功能模块，将农村集体家底数据、交易数据、资金数据纳入一个库。在全区选取潘家堡镇、于家台村、蒲东街道、冷子堡镇等"三资"规模适中、基础较好、代表性强的村镇为试点单位，先行开展"三资"清查、数据录入，做到账清、财清、物清和债权债务清。平台已收录资金信息 175992 条、资源信息 2546 条、资产信息 21455 条。

二是创新手段强监督。平台运行过程中设置三个公开监控点：乡镇（街道）直接监控点、区级业务部门业务监控点、区纪委监委机关实时监控点，对"三资"总后台进行全方位跟踪监管。创新运用"制度＋平台"的监管理念，充分发挥动态监管、自动预警、电子留痕等"三大功能"作用，集体"三资"的管理、使用和处置等环节一律通过平台操作，实时公开各操作环节信息，避免各种违规操作和违纪行为发生。

三是市场运作促增收。坚持把"三资"有效运营、保值增值作为落脚点，全力做好平台使用"后半篇文章"。提高农村集体资产、资源处置知晓面和参与度，破解因消息闭塞带来的资源闲置和利用不充分等问题，让农村集体"三资"与市场接轨。通过合理竞价、招投标等方式，让社会资本进入农村市场，将农村集体"三资"转化成为市场资本，盘活存量资源，促进资产保值增值，实现资源价值最大化。

3. 取得成效

平台建成以来，通过对农村集体"三资"的全面清查，摸清了各村集体资产，厘清了债权债务，进一步明确了"三资"的权属关系，杜绝了"三资"体外循环，规范了农村干部的权力运行。平台有效激活了集体"三资"的沉睡状态，推动集体"三资"与市场需求有效对接，畅通了市场化技术路径，促进了资产盘活、保值增值。已在平台完成交易 789 笔，交易金额合计 3043 万元，溢价金额合计 327 万元，交易面积 21271 亩。

## （三）黑龙江同江市：网格作战推进基层治理现代化

1. 总体情况

同江市位于松花江与黑龙江交汇处南岸，与俄罗斯犹太自治州相望，边境线长 170 千米，面积 6300 平方千米，下辖 6 镇 2 乡 2 民族乡，设有 6 个国营农场，常住人口为 17 万人。随着国内外环境日益复杂和新冠疫情的蔓延，单一治理模式已不能适应当地发展的新形势。2020 年，同江市结合边境实际，以构建基层社会治理全能网为目标，科学合理划分单元网格 640 个，汇集人、地、事、物、组织全要素推进网格化管理工作，全面提升基层社会治理体系和治理能力现代化。

2. 主要做法

同江市按照"实用、实战、实效"标准原则，立足强本固基、敢于创新的定位，实现"三个标准化"。通过机构借力、载体赋能、职能下沉，有机整合各方资源，构建共建共治共享新格局。

一是加强统筹指挥，平台建设标准化。制定网格化管理工作实施方案，成立四个工作推进组，纳入全市重点工作任务。投入经费 2700 余万元，统一现代建设标准，成立三级网格化协调指挥中心（服务站）108 个，同综治中心、党群服务中心等多中心融合，形成一体化集成办公。成立 12345 热线受理中心，与网格同步形成"一号对外、一口受理"。

二是注重管育并举，队伍建设标准化。创新"双包保制"，24 名一级网格长包联街乡 12 个，处级领导全覆盖包联社区（村）95 个。按照"一格一专多兼"配齐专职网格员 640 人、兼职网格员 4149 人。各级网格长、网格员落实 AB 顶岗制，按职责清单各司其职。创新制定以工作实绩为前提，星级管理为手段的专职网格员考核办法，建立健全奖励机制，制定职业晋升意见。利用线上线下、分级分类培训上万人次，定期举办"视频联动"、实战演练等培训，扎实提高队伍综合素质。

三是突出综合施策，机制建设标准化。坚持党建引领，成立网格党组织，全市 2100 名党员认领服务岗位，拉动"红色引擎"。创新"1+X+N"管理模式，"1"为专职网格员，"X"为职能部门选派进驻网格的专业网格员，"N"为兼职网格员，63 家职能部门 629 名专业网格员下沉全市网格，实现应进尽进。建立联动机制和专报通报工作制度，细化网格事项清单，保障网格体系高效运行。制定《同江市网格化服务管理暂行办法》，将网格工作纳入"两强四双"考评体系，探索纪检监察工作和网格化双向融入，有序推动网格化管理工作长效管理。

3. 取得成效

通过推进网格化服务管理工作，治理效果由"低质量治标式"向"高质量发展型"转变，联动情况从"条块分割"到"条块互嵌"的转变，工作作风由"要我做"向"我要做"转变。在新冠疫情防控期间，有效保障了全域"零确诊"、"零疑似"的疫情防控成果。以多元共治解决违建、环境卫生等问题事项 20356 件，主动破解社会矛盾，为民纾难解困 37600 余件，更好满足了人民群众需求，助力实现基层社会治理体系和治理能力现代化。

## （四）浙江德清县："数字乡村一张图"赋能乡村智治

1. 总体情况

五四村位于浙江省湖州市德清县，地处国家级风景名胜区—莫干山麓，村域面积 5.61 平方千米，总人口 1609 人，是全国文明村、国家级美丽宜居示范村、国家 AAA 级旅游景区和中国美丽休闲乡村。2019 年，德清县坚决贯彻落实浙江省打造"整体智治"现代政府的决策部署，以五四村为试点，率先构建"数字乡村一张图"，探索出一条以数字赋能乡村智治，推动乡村振兴的发展新路子。

2. 主要做法

一是打好底层基座，形成鲜活的数据。从基础抓起，加快信息化建设，归集各领域数据，搭建可视化平台，构建覆盖全域、全要素相互关联、相互衔接、相互协同的县域空间一张图，为乡村治理提供数据支撑。打造一张"物联感知网"、一个"数据归集池"和一张"孪生镜像图"，涉及农业农村、民政等 58 个部门 13 亿条数据，实现乡村规划、乡村经营、乡村治理等五大板块可视化呈现。

二是坚持需求导向，打造鲜活的应用。在治理端，依托"我德清"微信小程序，实现对生态环境变化的实时监测、管理，并建立垃圾定点分类投放、收集、运输、处理机制。在服务端，聚焦村民"一生事"服务，大力推广政务服务掌上办，包括智慧医疗、智慧交通、智慧养老等 11 大类 95 小项基本公共服务。同时开展老年人"两慢病"全周期数字化健康管理，实现全村慢病精准、有效、可持续管理。

三是促进业态融合，培育鲜活的主体。基于县乡村三级"配送网络"+"乡村智能服务站"，快速实现自己的农产品"出村进城"。依托"数字乡村一张图"，将生产、生活、生态结合，集成新型社区功能单元，打造"国

图 8-7　数字五四一张图

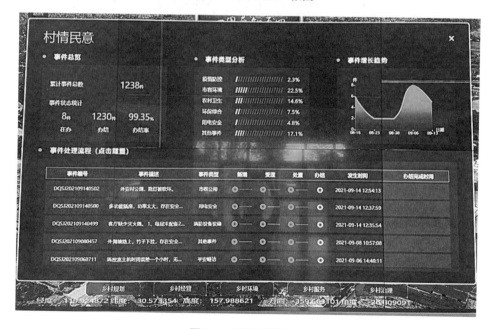

图 8-8　五四村情民意

际乡村未来社区"。依托全域自动驾驶与智慧出行示范区建设，试点推出"智慧出行游乡村"线路。大力发展农村电商，拓展线上销售、直播销售等渠道，探索"电商＋合作社＋农民"、"电商＋旅游＋农产品销售"等模式，实现产销精准对接，推动百姓增收。

四是推动多元参与，建立鲜活的机制。通过流程再造，提升监管效能，探索责任追溯，形成监管闭环的改革实践。将整个流程实时呈现在"一张图"上，打通村民端、基层治理端和后台决策端通道，实现诉求在线直达、服务在线落地、绩效在线评价。通过与银行合作，整合绿色消费、志愿服务、垃圾分类等积分体系，以绿币积分形式建立统一的"碳账户"，碳积分可兑换各类生活用品，大大激发了老百姓参与社会治理的积极性。

3. 取得成效

自 2020 年 9 月运行以来，五四村已有效处理各类问题纠纷 850 余个，平均用时从 4—5 个工作日缩至 2—3 个小时；垃圾分类参与率达到了 98%，精准率达到了 100%；为全村 660 余位慢病患者建立线上健康档案，免费用药金额达 5656.3 元；木芽乡村青年创客空间吸纳入驻乡村旅游企业 18 家，入驻企业就业人数 135 人，入驻企业销售额已超过 5000 万；木亚文旅电商团队，从 2020 年 9 月 9 日上线莫干山旅游旗舰店至今，销售收入超过 3000 万，为莫干山本地上百家乡村民宿创造直接经济价值 2000 万。

## （五）江西大余县：时间银行积分助推乡村善治

1. 总体情况

江西省赣州市大余县地处赣、粤、湘三省交汇处，面积 1368 平方千米，辖 11 个乡（镇）、120 个村（社区），总人口 31 万人。近年来，大余县紧紧抓住全国首批乡村治理体系建设试点机遇，创新"时间银行"积分制新模式，以"时间币"为桥梁，在全县通存、通兑、互换服务时间与志愿服务，"时间换积分，积分换服务"，培育积极公民，厚植善治土壤，着力构建乡村善治新格局。

2. 主要做法

一是激发活力，压茬推进。通过召开村民代表大会、户主会，发放宣传手册，利用村务公开微信群、喇叭广播、"村村一台戏"文艺演出等多种形式，把"时间银行"运行内容讲明、讲透、讲彻底，做到人人知晓银行、人人明白内容、人人参与其中。此外，广泛征求农民群众对于"时间银行"制度内容、评分标准、运行程序等环节的意见和建议，强化村民主人翁意识，提高村民自我管理、自我教育、自我约束的能力。

二是定性定量，明德育人。以"时间换积分，积分换服务"的方式激励群众参与乡村基层自治，打造"我为人人，人人为我"的服务新模式。在细则制订上，积极征求村民、老党员等多方意见，对"积美、积孝、积善等"7个方面进行量化。以满足村民服务需求为导向，制订包括"家政、维修、农业和公共服务"4方面的服务选项；根据实际服务时长，设定时间与服务的兑换标准。每个家庭可在"时间银行"办理一本"储蓄存折"，农户或志愿者通过向有需求的村民提供服务获取时间，存入"时间银行"，存入的时间可用于兑换物资、志愿服务或捐赠给需要帮助的储户。

三是打破局限，开拓创新。在水南村等21个试点村"时间银行"建设的基础上，在全县11个乡镇全面推行"时间银行"建设工作。存入"时间银行"的时间可在全县的"时间银行"支取服务。通过每年度开展储户"评优评星"活动，实施"三奖"（精神激励奖、物质激励奖、优先礼遇奖）政策反哺，进一步树立"好人好报、德行天下"的价值导向。搭建"时间银行"数字平台，县、镇、村三级建立管理账号，将"积分储蓄存折"转换成电子存折，村民可登录"大余时间银行"微信小程序，随时随地使用积分上报、服务需求发布、志愿服务"接单"等功能。

四是规范护航，行稳致远。大余县通过成立"一组一会一场所"、建立完善"1+2+3"制度、推行"3榜积分"等多举措程序化、制度化、有效化推进"时间银行"建设。

3. 取得成效

大余县自推行"时间银行"以来，农村志愿服务队伍不断壮大，农村邻里互助氛围良好，矛盾纠纷事件连年下降，涌现了一批道德模范，基层社会更加和谐文明。仅 2021 年 8 月，时间银行各支行共计开展 322 次，1411 人次志愿者服务活动，获得 4156 个时间币，涉及上户宣传疫情防控、送老人到卫生院接种疫苗、开展环境整治、捐资助学等志愿活动，有效提升了村民的幸福感和对乡村工作的满意度。

## （六）广东兴宁市："智慧司法云"助力乡村法治

### 1. 总体情况

兴宁市位于广东省东北部，面积 2105 平方千米，下辖 17 个镇、3 个街道，常住人口为 78 万人。公共法律服务是政府公共职能的重要组成部分，是保障和改善民生的重要举措。为进一步健全兴宁市公共法律服务网络，更好地满足人民群众对公共法律服务的需求，助推全市社会治理体系和治理能力现代化，梅州市兴宁市在 2020 年启动"智慧司法云"工程，着力打造"智慧司法云"项目。

### 2. 主要做法

2018 年，兴宁市司法局联合有关单位研发了法律机器人"法通小博士"，并于同年 11 月在兴宁市公共法律服务大厅、径南镇陂蓬村"公共法律服务工作室"正式到岗待命。

一是开启智慧司法"云"时代。兴宁市径南镇陂蓬村在全国率先引进智慧村居法律服务公共平台。该平台依托前方驻村机器人"律师"和后方专业律师团队，为村民提供法律咨询、远程调解等法律服务，能够有效弥补农村法律资源欠缺等"法治短板"，做到打通"最后一千米"，服务"最远一家人"。

二是拓宽智慧司法"云"覆盖。公共法律服务体系建设是兴宁市重点工作，为建设覆盖城乡的"智慧司法"服务体系，兴宁市在全市建设 1 个公共法律服务中心、20 个公共法律服务工作站与 62 个公共法律服务示范工作室，打造"司法智慧云"平台，通过"1 个平台 +N 个工具"的云端组合模式，将智能法律服务与人工法律服务相结合，配备网络电话及远程视频，让城乡居民能够与律师、公证员、人民调解员等进行"语音通话"或"面对面沟通",满足人民群众全区域全天候的法律服务咨询需求。

三是打通智慧司法"云"新通道。通过打通线上平台与线下实体服务平台无缝衔接的新通道,"智慧司法云"实现了人民调解、公证业务、律师服务、社交监管、监所控视等全业务在线申请,全流程在线追踪,让乡村居民不出村就能享受到基本公共法律服务。

3. 取得成效

"智慧司法云"平台的建设打造,为城乡居民提供了更加便捷、专业、全面的法律咨询服务,助力满足人民群众对美好生活的需求,增强人民群众美好生活的体验。同时,借助人工智能和司法大数据,满足城乡居民越来越高的法律服务需求。2020 年,兴宁市公共法律服务实体平台咨询量达 19835 人次,到岗服务人数达 27101 人次,业务受理量 6572 件,业务办结量 6001 件。

## (七)江西武宁县:"万村码上通"平台推动农村人居环境改善

1. 总体情况

江西省九江市武宁县位于江西省西北部,修河中游,地处湘鄂赣三省边陲要冲,面积 3507 平方千米,辖 8 个镇、11 个乡、1 个开发区、1 个街道,共 9 个社区,183 个行政村,3 个直属场,常住人口为 32 万人。近年来,武宁县认真落实农村人居环境整治三年行动部署和要求,坚持将改善农村人居环境作为实施乡村振兴战略的一场硬仗来打,着力补短板强弱项,全县农村环境面貌持续改善。

2. 主要做法

武宁县以实现农村管理精细化、群众上报便捷化、问题处理及时化和长效管护科学化为目标,按照"镇村联动、产村一体、景村融合、建管并重、普惠共享"的思路,积极探索运用信息化、数字化的手段,深入推进农村人居环境整治。

一是建平台抓管护,探索运用数字化、信息化手段加强管护力度。武宁县投入 2000 余万元, 联合运营商运用物联网、云计算、大数据、5G、AI 等新技术打造武宁县人居环境治理长效管护平台。按照"一平台一中心一张图一个端"运行模式, 设置垃圾处理、污水处理、厕所革命、村容村貌、长效管护等板块。以"一图全面感知"的方式, 实现全县农村人居环境整治工作统一指挥

**图 8-9　武宁县人居环境治理 5G+ 长效管护平台**

图片来源: http://12316.agri.cn/news/202093/n446939172.html.

**图 8-10　江西万村码上通小程序二维码**

图片来源: http://12316.agri.cn/news/202093/n446939172.html.

调度、物联预警分析研判、长效管护综合管理。平台基于物联网终端设备提供垃圾桶满溢监测、污水水质监测、厕所气味监测、人员车辆定位、村容村貌监控、大喇叭一键喊话广播等功能。通过大数据采集、存储、处理和管理的标准化与规范化，对信息资源进行分类汇聚，减少资料收集、数据采集等方面的重复投入和劳动。

二是充分发挥群众监督作用。武宁县人居环境治理"万村码上通"长效管护平台与省农业农村厅"万村码上通"平台实现数据互联互通，形成了"上报、整改、监督、反馈、考核"完整的群众监督机制。村民可一键上报身边发现的农村人居环境相关问题，省、市、县、乡、村分级响应，协同共治。

3. 取得成效

武宁县人居环境治理"万村码上通"长效管护平台，畅通了农民群众监督投诉渠道，切实做到村庄环境"一网统管"。已接入939个一类村庄，累计上报事件6343件，完结6025件，完结率达94.56%，有力提升武宁县农村人居环境整治效果，深入推动全县人居环境从"一时美"向"持久美"转变，是助力数字乡村建设、促进乡村振兴的重要信息化手段。

## （八）钉钉信息技术有限公司：云钉一体助力乡村治理

### 1. 总体情况

基于移动智能协同的乡村治理是立足乡村治理和发展需求推出的基于云钉一体的数字乡村整体解决方案。钉钉作为阿里巴巴集团打造的全球最大企业级智能移动办公平台，是数字化、智能化管理思想的载体，帮助实现在云和移动时代的组织变革，提升管理效率，降低运营成本。乡村钉以乡村治理为主线，以"云钉一体"为基础，在移动智能协同方面取得新突破，正在以数字新基建助力乡村振兴。

### 2. 主要做法

乡村钉通过大规模、安全、开放的企业级IM系统，亿级在线视频会议，直播学习平台，在线办公协同平台，企业级开放平台等核心技术创新，围绕与乡村密切相关的基层党建、村务自治、乡村文化生活、数字兴业和公共服务等应用场景,搭建信息化业务系统,推动实现农业农村事务管理数字化、农产品产销对接网络化和民生公共服务精细化。核心特色是建立实名制的"县、镇、村(社区)、组、户"层级化组织架构,实现乡村治理的在线化、精准化、实时化;并将村民参与乡村治理重要事务量化为积分指标,通过积分管理,激发村民参与乡村自治和美丽乡村建设的内生动力。

一是大规模、安全、开放的企业级 IM 系统。乡村钉 IM 基于云原生技术,提供安全、大规模、高可用、开放的统一通信服务,满足中国广大农村乡村治理大规模实时沟通协同需求,通过技术实现乡镇和乡村的有机链接,实现不同乡村的农村用户进行学习交流,真正实现资源互联互通。实现了公有云和专有云混合部署,满足不同地区的数据合规需求。实现了同城 3 机房、异地容灾方案,提供 99.9995% 的可用性。采用自研安全传输协议,实现金融级数据安全和隐私保护,满足在弱网环境中稳定使用的需求。支持亿级设备同时在线、千万 / 秒云钉一体消息传递、百亿 / 日多媒体文件传输。提供了多层次安全服务,支持独立账号体系,实现与钉钉公有云和其他专属单元用户 IM 之间的可控互联互通。支持多种端到端扩展,例如项目群、安全生产群等。首创全平台 IMSDK,一套代码同时支持国产 OS/Windows/Mac/Android/iOS 等操作系统。

二是亿级在线视频会议,直播学习平台。乡村钉通过在线视频会议、直播等技术,实现直达基层的云上党建、村务公开,实现农技培训、电商培训网络化,让手机成为新"农具",助力乡村振兴。视频会议依托全球部署的低延迟网络,通过智能网络路由、网络带宽自适应、分布式高并发架构、云端弹性扩容等技术,实现智能网络调度,支撑海量全球用户。直播具备多单元异地多活、千万级并发在线、企业级安全保障、全球高清网络覆盖等特性。媒体分发链路支持异构云、异构 CDN 网络、多媒体中心水平扩展、弹性伸缩的能力,能快速应对全球范围内的突发性流量激增。

三是大规模在线办公协同平台。办公协同平台通过文档、钉盘、工作流、一站式搜索等功能,全面减轻乡镇在通知、办会、办文等繁琐性事务工作负担;对群众反映的问题处理标准化、透明化,提高效率,简化流程;通过数字大脑，远程、实时、全面地掌握乡村治理情况，辅助决策指导。文档采用自主研发的核心文档编辑引擎，提出无损编辑 Office 文档方法，支持云端多人在线协作编辑。网盘在线编辑提供全端无缝文档处理支持，每天提供编辑服务超过 4000 万人次。工作流将业务流程管理能力 SaaS（SaaS，是 Software-as-a-Service 的缩写名称，意思为软件即服务，即通过网络提供软件服务。）化，支持 2000 万流程图同时调度，百万任务调度 / 每秒，平均调度时间小于 1 秒，调度可靠性达 100%。一站式搜索实现了数据全方位、高效率检索，帮助乡村沉淀底层大数据。

四是智能开放平台。通过企业级小程序平台、软硬一体化解决方案、AI 接入等技术，帮助乡村实现数字化到智能化的提升。小程序平台服务 20 万开发者，具备 4 小时动态热升级能力。Widget 技术支持动态发布与跨平台能力，快照可交互技术使小程序在秒开的情况下同时保障页面可操作。软硬一体智联考勤解决方案使用定位、蓝牙等技术，实现人性化、无接触考勤，提升人员管理效率和安全。AI 技术支持多场景活体防作弊及多人同时识别，语音转写识别准确率超过 98%，人脸识别准确率超过 99%。

图 8-11　"乡村钉"助力村务管理

3. 取得成效

"乡村钉"目标是打造数字时代乡村治理现代化的新"枫桥经验"，向全国广大乡村推广。目前已经在包括宁波宁海县、贵州荔波县、开封祥符区、山东日照市、杭州萧山区等在内的全国 16 个省份的 900 多个县（市、区）、乡镇（街道）、村试点推广。这些试点地区不仅基于"乡村钉"快速打通基层治理最后一千米，沉淀乡村治理底层大数据，而且把自身原有的乡村治理的好做法、好经验，通过"乡村钉"插上数字化的翅膀，形成各具特色、可复制、可推广的品牌，进一步提升乡村治理效能和群众获得感。山东省日照市车家村全村 137 户 584 人每人都安装了"乡村钉"，建立了"村—组—户"三级数字化组织架构，在此基础上推进数字党建、平安乡村、美丽乡村建设，并整合农村"淘宝＋直播"、普惠金融等整个阿里巴巴经济体的资源，通过数字化助推乡村振兴。杭州市萧山区临浦镇运用"乡村钉"打造"临浦平安钉"，实现全镇每家每户、租客、企业等全域覆盖，提升社会治理现代化水平。当前"平安钉"组织架构人员 4.8 万人，村民人人参与基层治理，90% 的大小事 24 小时内解决；平安宣传更高效，当地诈骗案件下降了 39.39%，平安"三率"分别上升 2.4%、36.9%、32.2%。

### （九）腾讯："腾讯为村"助力乡村数字化治理

#### 1. 总体情况

"腾讯为村"项目，是一个用互联网助力党建引领精准脱贫、乡村社会治理、乡村振兴的工作平台，是基于互联网企业核心能力，面向中国乡村对移动互联网的应用需求，以"互联网＋乡村"的创新模式，围绕"党务、村务、商务、服务、事务"五大功能版块而设计开发的"应用程序＋微信公众号＋大数据平台"的智慧综合体系，提供"村务党务"、"家乡好物"等多项乡村服务，兼具联系村委村友、查看乡村动态等多项社交功能。

#### 2. 主要做法

一是打造云端党群服务中心。通过搭建以"党务、村务"为核心功能版块的互联网乡村工作平台，使其成为以人民为中心的党群服务线上工具。村两委发布"党务、村务、财务"公开，撰写村委日志；村支书在书记信箱回复村民提问，回应村民关切问题，党员在线"亮身份、亮承诺"，对入户走访、群众纠纷、防灾抗灾等工作动态"亮日常"，接受村民监督。线上交流互动弥补了线下蹲点下乡的效率缺失，透明高效的在线办公更加快捷地为群众办急事、解难事。

**图 8-12　"腾讯为村"官网**

图片来源：https://weicun.qq.com/.

二是建立村级互联网家园。各地村两委借助"腾讯为村"的"议事厅"功能，组织村民共议村庄相关事项，谋求共同发展。同时，"腾讯为村"让农村青年在城市里重新"进入村庄"，提供了村民自治、基层民主的线上途径，在外务工也能在线参与本村事务。云端村庄场景展现出村庄生产生活的勃勃生机和产业前景，也不断吸引拥有更多知识储备和更广眼界见识的年轻人回乡创业发展，参与家乡建设。新冠疫情期间，各地通过"腾讯为村"平台，及时发布疫情防控信息，有效地动员了社会力量共同打赢农村防疫战。据统计，各地村庄已在"腾讯为村"平台上累计发送13万多条疫情防控信息，受到超过112万农民群众的关注。

三是提供专项定制化服务。针对特殊专项服务需求，"腾讯为村"平台以项目专区的方式提供专项服务能力。如针对湖北省的"五社联动"服务专区，是以社区为平台、社会工作者为支撑、社区社会组织为载体、社区志愿者为辅助、社区公益慈善资源为补充的新型社区治理机制。"腾讯为村"平台上线了"五社联动"服务专区，为湖北全省范围内的 110 个社区提供线上"五社联动"专项服务，包括热门社区服务工作站展示、志愿者工作风采、社区活动、村社互助基金筹募以及学习园地等功能板块。针对乡村人才培训需求，2021 年5 月，农业农村部联合腾讯实施"耕耘者"振兴计划，依托微信生态，以小程序形态推出"为村耕耘者"知识分享平台，定向服务以村支书为主体的乡村治理骨干、以农民专业合作社带头人及家庭农场主为代表的新型农业经营主体带头人。

3. 取得成效

2014 年，"腾讯为村"从贵州黎平县铜关村开始试点；2020 年，"腾讯为村"APP 上线；截至 2021 年，"腾讯为村"已覆盖全国 30 个省（区、市）、232 个地市、1.6 万个村庄和社区，认证村民超过 254 万人，超过 1.1 万位村支书、1 万位村主任在"腾讯为村"开展日常党务村务工作。其中，部分市县已实现"全域为村"，如山东省菏泽市 11 区（县）、内蒙古自治区乌兰察布市 11 旗（县）、广东省河源市（县）等。

## （十）中国铁塔：数字铁塔服务长江禁渔

1. 总体情况

中国铁塔股份有限公司是 2014 年经国务院批准成立的大型通信基础设施服务企业，主要从事通信铁塔等基站配套设施和高铁地铁公网覆盖、大型室内分布系统的建设、维护和运营。"凡有人烟处，皆有通信塔"，公司运营站址规模超 210 万座，机房超 90 万个，是全球最大通信基础设施运营商。公司立足通信基础设施建设运营"主力军"和"国家队"的定位，持续做大共享文章，变"通信塔"为"数字塔"，广泛服务数字政府、数字治理；依托电力保障运营优势和专业化维护能力，向社会提供充电、换电、备电、保电等多元化新能源服务。2019 年，公司入选《财富》全球未来 50 强（排名第 22 位）和全球数字经济 100 强（排第 71 位）；2018—2021 连续四年被评为中国证券金紫荆奖"最具投资价值上市公司"。

2. 主要做法

中国铁塔充分发挥通信塔"上有 5G、下有光缆，中间有机房和不间断电力供应，通信便捷、电力完备、配套齐全"的资源优势，通过"铁塔 +5G+AI"，为长江十年禁渔工作装配"千里眼"、"顺风耳"、"智慧脑"，助力提升渔政执法监管治理体系和治理能力现代化水平。

针对禁渔水域广、持续时间长、工作要求高、监管任务繁重等难点，中国铁塔利用沿江通信铁塔中高点位站址资源优势、稳定的电力供应和便捷的传输通信条件，通过在通信铁塔上挂载高清摄像机、雷达，依托公司铁塔视联平台集成 AI 智能算法，对违法捕鱼和垂钓情况进行实时监控监管。同时利用红外热成像技术和激光补光技术健全夜间执法监管手段，解决夜间取证、追踪、抓捕难等问题，实现渔政监管执法"全天候、全覆盖、全流程、精准识别"。

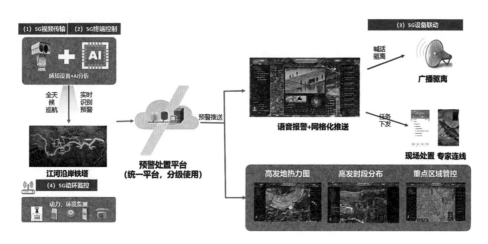

图 8-13　中国铁塔渔政执法应用框架图

3. 取得成效

随着中国铁塔渔政监管执法系统的应用，靠摄像机、AI 智能算法监管水面，成为长江沿岸区县农业农村部门的共识，对违法捕捞行为形成了强大的震慑作用。2021 年以来，公司在湖南、湖北、安徽、四川、重庆、江苏、江西、云南等长江流域重点省，共享通信铁塔 4000 余座，建设视频监控点位 4528 余个，雷达监测点位 291 个，覆盖长江流域 300 余个区县的重点水域，节约新立杆塔等建设投资超 8 亿元。

在重庆，长江流域禁捕范围涉及 754 条河流 18000 多公里河道，为解决监管战线长、监管能力不足、发现取证难、处置慢等难点。重庆市农业农村委员会与重庆铁塔合作，共享通信铁塔 800 余座，挂载高清摄像机、雷达，集成

图 8-14　重庆渔政视频 AI 预警处置系统

图 8-15　非法捕捞非法垂钓自动识别预警

AI 智能算法，对违法捕鱼和垂钓情况进行实时监控监管。自系统投入使用一年来，利用渔政视频智能预警处置系统已精准查办 50 余起非法捕捞案件，精准查处 330 件非法垂钓案件。较好解决了执法人员不足、违法行为发现难取证难、配套流程不完善等问题，有效提升长江流域渔政执法效率，震慑违法人员。

# 第九章　乡村数字化服务

## 一、概述

党的十九届五中全会提出，健全农业专业化社会化服务体系，发展多种形式适度规模经营，实现小农户和现代农业有机衔接。农业农村社会化服务是指为农村各项生产活动和农民的生活提供便利的各种活动的总称，包括生产作业服务、生产资料和生活资料的供给服务、产品营销服务、技术服务、资金服务、信息服务、医疗及卫生保健服务、法律与政策服务等。[①] 近年来，党中央、国务院高度重视农业社会化服务发展，各级各部门深入贯彻中央决策部署，加强引导推动，农业农村社会化服务不断探索创新，蓬勃发展，呈现服务主体多元化、服务机制创新完善和行业发展逐步规范的发展趋势。截至 2020 年底，全国专业服务公司、农民合作社、服务专业户等各类社会化服务主体超 90 万个，服务面积超 16 亿亩次，其中服务粮食作物超 9 亿亩次，服务带动小农户超 7000 万户，[②] 对巩固完善农村基本经营制度、实现小农户和现代农业有机衔接、激发农民生产积极性、发展农业生产力发挥了重要作用。但与加快推进农业农村现代化的要求相比，农业农村社会化服务还面临规模不大、能力不强、领域不宽、质量不高、引导支持力度不够等不足，工作中还面临认识不够

---

[①] 秦志华、李可心、陈先奎：《中国农村工作大辞典》，警官教育出版社 1993 年版。

[②] 农业农村部：《以专业化社会化服务引领农业现代化发展——农业农村部就〈关于加快发展农业社会化服务的指导意见〉答记者问》，（2021-07-16）[2021-11-22] .http://www.gov.cn/zhengce/2021-07/16/content_5625385.htm.

到位、思想不够统一等问题，迫切需要加快发展农业农村社会化服务能力和水平，进一步引领小农户进入现代农业发展轨道。

数字化服务是解决上述问题，助推农业农村社会化服务的重要手段。乡村数字化服务主要是指运用物联网、大数据、5G、人工智能等新一代数字技术助推农业农村社会化服务数字转型升级，是保障国家粮食安全和重要农产品有效供给的重要举措，也是实现中国特色农业农村现代化的必然选择，更是促进农业农村高质量发展的有效形式。发展数字化服务，通过服务主体集中采购生产资料，可以降低农业物化成本；统一开展规模化机械作业，可以提高农业生产效率；集成应用先进数字技术，开展标准化生产，可以提升农产品品质和产量，实现优质优价。可以说，运用数字技术助推农业农村社会化服务业已成为促进农业节本增效、农民增产增收、保障国家粮食安全和重要农产品有效供给最有力的措施。实践表明，农户家庭经营加上完备的数字化服务，更符合中国的国情农情，更适合中国现代农业特别是粮食等大宗农产品生产。运用数字技术助推农业农村社会化服务已成为实现小农户和现代农业有机衔接的基本途径和主要机制，成为发展农业生产力、转变农业发展方式、加快推进农业农村现代化的重大战略举措。农业农村数字化服务的过程，是推广应用先进数字技术装备的过程，是改善资源要素投入结构和质量的过程，是促进乡村经济效率提升的过程，是推进品种培优、品质提升、品牌打造的过程，是推进农业标准化生产、规模化经营的过程，也是提高农民组织化程度的过程，有助于转变农业发展方式，促进农业转型升级，实现质量兴农、绿色兴农和高质量发展。[①] 当前，乡村数字化服务的发展特征主要表现在服务体系不断健全、服务模式趋于多元、服务手段智能化数字化。

## （一）服务体系健全化

全国已形成以家庭承包经营为基础，以政府公共服务机构为主导，多元化市场

---

① 农业农村部：《农业农村部关于加快发展农业社会化服务的指导意见》，（2021-07-07）[2021-11-22]．http://www.gov.cn/zhengce/zhengceku/2021/07/16/content_5625383.htm.

主体广泛参与的农村社会化服务体系。①服务内涵不断丰富。主要体现在两个方面：

一方面，从纵向角度看，实现农村一二三产业融合发展。聚焦为生产者生产经营过程提供的中间服务，如耕种收等；为适应新的科技和经营模式提供的人力资本服务，如科技推广；促进产品交换或价值实现提供的服务，如市场营销、品牌塑造；为保障现代农业产业体系、生产体系和经营体系高效运转提供的服务，如现代的信息传递、物流、商务活动、金融、保险服务；为整个生产经营提供的管理服务，如财务会计等。据典型调查，通过服务主体集中采购生产资料、统一进行机械化作业、集成应用先进品种和数字技术、订单溢价收购农产品等服务，单季粮食作物生产亩均节本增效150元左右，极大地调动了农民种粮积极性，有效稳定了粮食等大宗农作物生产。②

另一方面，从横向角度看，满足农民生产生活全方位需求。不仅可以服务于生产领域，也可以服务于生活、生态领域；不仅可以为生产经营者在获得高质量的信贷保险、市场营销、产品品牌塑造上提供帮助，更可以帮助生产经营者规划生产、生活事务；不仅可以服务于农业农民，也可以服务于农村发展建设。此外，新产业、新业态会产生越来越多的服务需求，从而使农村社会化服务的服务链向乡村服务业不断延伸，内涵也在不断丰富。③

## （二）服务模式多元化

服务模式趋于多元主要体现在服务产业、服务方式、服务主体和服务对象越来越多样化。服务产业不仅仅局限于传统的农林牧渔产业，也包括互联网、观光休闲、农产品电商等新产业、新业态，不仅仅为农业的产品生产过程

---

① 关锐捷：《构建新型农业社会化服务体系初探》，《农业经济问题》2012年第4期。
② 农业农村部：《以专业化社会化服务引领农业现代化发展——农业农村部总畜牧师、农村合作经济指导司司长张天佐就〈关于加快发展农业社会化服务的指导意见〉答记者问》，（2021-11-04）[2021-11-22].http://www.moa.gov.cn/nybgb/2021/202108/202111/t20211104_6381403.htm.
③ 张红宇、胡凌啸：《构建有中国特色的农业社会化服务体系》，《行政管理改革》2021年第10期。

**图 9-1　全国农技推广网**

图片来源：https://www.natesc.org.cn/ZTZL.

服务，而且为农民的生活服务。由于农业信息化、数字化水平的提高，服务内容随之不断丰富，商品服务、信息服务、技术服务不断完善创新，服务方式由线下服务拓展到线上、线下相结合，云服务、精准服务、个性化服务等新型服务方式也不断涌现，大大提升了服务效率与精准度。提供服务的经营主体包括：农业农村系统的农业技术推广服务体系等公益性组织；国有大型企业如中化、供销总社、邮储银行；也有民营企业，如田田圈、金丰公社；还有众多专事服务的合作组织与其他组织机构。多元化的服务主体各自发挥其优势，形成广泛的服务网络，满足了农村居民多元化的服务需求。接受服务的对象分化明显，既有数以亿计的普通农户，也有各种各样从事农业生产经营包括企业、合作社、家庭农场等新主体，还有近年来进入农业各产业、领域的新农人，均可以享受到无处不在的社会化服务带来的好处。

## （三）服务手段智能化

近年来，国家推广 4G、5G、物联网、移动互联网、人工智能、区块链等新一代信息技术在农业信息服务中的广泛应用，农业信息服务手段智能化、数字化，服务能力专业化、优质化，实现从田间到餐桌全链条、全过程现代化。从农业热线电话服务起步的"12316"热线不断开辟服务渠道、创新服务手段、丰富服务内容，已发展成为集热线电话、网站、电视节目、广播、手机短彩信、手机 APP、微博、微信等服务于一体，服务"三农"的权威综合信息服务平台。各地鼓励农资企业、农业科技公司、互联网平台等各类涉农组织依托原有的技术、装备、渠道、市场、信息化等优势，采取"农资＋服务"、"科技＋服务"、"互联网＋服务"等方式，积极向农业服务业拓展，开展农资供应、技术集成、农机作业、线上线下对接等综合农事服务，促进技物结合、技服结合。如供销社系统、中化农业等农资农化企业围绕农业全产业链，着力打造区域性农业综合服务中心，提供农业生产经营综合解决方案，有效破解农业生产主体的共性难题，促进农业农村高质量发展。

## 二、发展实践

近年来，伴随中国大力推进物联网、大数据、5G、人工智能等新一代数字管理技术在乡村服务方面的深入应用，信息进村入户扎实推进，农业生产经营服务水平、农产品市场数字化水平不断提升，乡村公共服务持续加强，农民信息技能培训取得实效，信息化人才队伍不断扩大，为扩大"三农"服务范围，增强"三农"服务能力，提升"三农"服务水平，助力乡村振兴战略推进，实现农业农村现代化和高质量发展打下坚实基础。

### （一）信息进村入户工程取得成效

#### 1.12316"三农"综合信息服务

12316"三农"综合信息服务体系起步于农业热线电话服务。农业热线电话服务是搭建政府、专家与农民之间沟通的桥梁，是倾听农民心声解决农民生产和生活问题的重要途径。"12316"农业服务电话是农业农村部在推动电脑、电视、电话"三电合一"信息服务过程中，为整合农业系统信息服务资源、提高农业信息服务能力而申请设立的全国统一的农业公益性服务免费专用号码。各地开通12316"三农"服务热线以来，有问必答，有难必帮，其创新的服务方式，丰富的服务内容，优质快捷的服务效果深受农民喜爱和欢迎。12316"三农"服务热线通过座席专家连线直播的形式，讲解和回答农牧民生产生活中遇到的问题，增强了信息服务的针对性和有效性。专家讲解的内容涉及作物栽培、设施农业、畜禽养殖、动物疫病防治、农机、农村能源、种子、土壤肥料、植物保护、渔业、政策法规、市场信息、草原生态保护、农产品质量安全等多个方面。12316"三农"服务热线与手机应用软件结合发挥了更强大的功效。如福建省的12316"三农"服务热线手机应用软件主界面包括了专家咨询、"三农"资讯、农事之窗、产品追溯、市场行情、"五新"技术、特色农业等16个功能模块。在专家咨询功能里，能找到全省各地区专家的联系方式，进行电话或短信咨询。用户还可通过农事之窗功能，查看农业气象预报、灾害预防建议、季节性农事建议、海浪预报、渔场气象等信息。同时，也可通

图 9-2　12316"三农"综合信息服务平台

图片来源：http://12316.agri.cn/.

过市场行情模块获取最新的市场信息，不仅如此，用户还可以发布供求信息，为生产经营提供决策支持。①

近年来，农业农村部积极推进农业大数据发展和应用，加大农业数据信息资源开放共享力度，运用信息化手段提升农业管理决策和为农服务的现代化水平。12316"三农"综合信息服务不断开辟服务渠道、创新服务方式、丰富服务内容，已发展成为集热线电话、网站、电视节目、广播、手机短彩信、手机APP、微博、微信等服务于一体，服务"三农"的权威综合信息服务平台，覆盖全国31个省（区、市）和新疆生产建设兵团，服务对象超过70万人，12316平台全年发送短彩信3000万条，监管平台累计知识库、案例库数据超过310万条。②

2.信息进村入户工程

信息进村入户工程的最终目标是实现信息化与农业、农村、农民深入融合，益农信息社是连接信息为民服务"最后一千米"的桥梁。益农信息社也称村级信息服务站，是信息进村入户的载体。益农信息社以服务"三农"为宗旨，将农业信息服务延伸到乡村和农户，通过开展公益、便民、电子商务和培训体验四类服务提高农民的现代信息技术应用水平，帮助农民解决农业生产上的产前、产中、产后问题。以村级站为平台"发通知、找专家、报情况、搞服务、做培训"，真正实现了让惠农政策下去、基层情况上来，让农民有问题能找到专家，信息和网络技术有地方学，交水电费、电话费等生活服务有地方去，不出户就可以买到优质价廉的生产生活用品，不出村就能够把生产出来的农产品卖到城里去，农民群众日益增长的信息需求得到了全面满足。此外，及时、准确的信息获取一直是困扰各级政府部门的难题。将村级站作为政府深入基层的触角，作为政府的"千里眼"和"顺风耳"，监测和采集准确的农情、疫情、灾情、行情、社情等信息，为政府决策、农户经营、市场引导提供信息支撑。同时，通过完善农户、新型农业经营主体、农

---

① 唐珂：《"互联网+"现代农业的中国实践》，中国农业大学出版社2017年版。
② 农业农村部：《对十三届全国人大二次会议第6023号建议的答复》，(2019-09-24)[2021-11-22].http://www.moa.gov.cn/govpublic/XZQYJ/201909/t20190924_6328807.htm.

业自然资源、农业科技知识等基础信息的采集，逐步实现信息服务的精准投放。农村基础信息的高效采集和利用，为做好乡村治理提供了数据支撑和科学依据。[①]

2014 年，在全面总结 12316"三农"综合信息服务体系建设运营经验基础上，农业农村部印发《农业部关于开展信息进村入户试点工作的通知》，启动实施信息进村入户工程，以 12316"三农"综合信息服务为核心，以村级信息服务能力建设为着力点，以满足农民生产生活信息需求为落脚点，切实提高农民信息获取能力、增收致富能力、社会参与能力和自我发展能力。按照有场所、有人员、有设备、有宽带、有网页、有持续运营能力"六有"标准，为每个行政村新建或利用现有设施改建益农信息社，不断聚集公益服务和农村社会化服务资源，以信息流带动技术流、资金流、人才流、物资流向农村聚集，让普通农户不出村、新型农业经营主体不出户就能享受到便捷、经济、高效的生产生活信息服务。2014 年，农业农村部在北京、辽宁、吉林、黑龙江、江苏、浙江、福建、河南、湖南、甘肃等 10 省（市）22 个县开展了信息进村入户试点工作，建设一批村级信息服务站，初步形成可持续运营机制，并开展 12316 标准化改造，推进试点省市相应信息服务系统切换、并入和村级站的全面接入。2015 年，信息进村入户工作加快推进，益农信息社建设已覆盖试点县（市、区）行政村的 90% 以上，公益服务、便民服务、电子商务、培训体验服务已进到村、落到户，并初步探索出了政府得民心、企业有利润、信息员有钱赚、农民享实惠的市场化运营机制。2015 年底，第二批全国信息进村入户试点县公布，试点范围扩大至 26 个省（区、市）的 116 个县。2017 年起，信息进村入户工程全面实施，并在辽宁、江苏、江西、河南、四川、吉林、黑龙江、浙江、重庆、贵州等 10 省开展整省推进示范。中央财政在 2017 年和 2018 年分别拨款 5 亿元，分两批先后对 10 省给予支持。2018 年，新增天津、河北、福建、山东、湖南、广东、广西、云南等 8 省开展整省推进示范，同时鼓励其他省份自行开展有关工作。截至 2022 年 6 月底，全国共建成运营益农

①　唐珂：《"互联网 +"现代农业的中国实践》，中国农业大学出版社 2017 年版。

信息社 46.7 万个，累计为农民和新型农业经营主体提供各类服务 9.8 亿人次。通过信息进村入户工程，初步形成了纵向联结从省到村，横向覆盖政府、农民、新型农业经营主体和各类企业的信息服务网络体系。

图 9-3　益农信息社为民服务现场

## （二）生产经营服务水平不断提升

### 1. 全国农业科教云平台

2014 年，农业农村部联合财政部实施高素质农民培育工程，充分利用现代化信息技术，建设全国农业科教云平台，不断丰富在线学习功能，扩充在线学习资源，提高农民教育培训精准度和智能化水平。截至 2020 年底，中央财政累计安排 90.9 亿元支持农民教育培训工作，全国农业科教云平台注册用户超过 1200 万，其中高素质农民近 800 万人，上线课程和农业技术视频近 8000 个。依托全国农业科教云平台等在线学习平台大力开展线上培训，让广大农民享受更加便捷的培训服务。2020 年，全国采取多种形式开展农民线上培训

**图 9-4　全国农业科教云平台**

图片来源：http://www.xinzn.net.cn/#platformInfo.

7718 万人次。[①] 提升了农业科技供给效率与质量，促进了小农户与现代农业的有效衔接，实现了农业科教与农业产业的深度融合。

2. 无人机作业服务

近年来，为促进无人机作业服务健康发展，农业农村部会同相关部门采取以下措施。一是完善制度标准，配合国家空管委制定无人驾驶航空器管理规定，加强植保无人机作业管理。同时，制定《遥控飞行喷雾剂试验方法》、《农用遥控飞行喷雾机安全施药技术规范》等标准，引导行业规范发展。二是强化技术研发。2016 年，农业农村部成立"农业航空植保科技创新联盟"，由河南安阳全丰航空植保公司任理事长单位，近 70 家科研、教学单位和生产企业参加，为航空植保企业与科研院所合作搭建了平台。同年，启动"地面与航空高工效施药技术及智能化装备"国家重点研发项目，资金规模 9600 万元。2017 年，农业农村部批复河南安阳全丰航空植保公司国内第一家航空植

---

① 农业农村部：《对十三届全国人大四次会议第 6898 号建议的答复》，（2021-09-03）
[2021-11-22] .http://www.moa.gov.cn/govpublic/SCYJJXXS/202109/t20210903_6375583.htm.

保重点实验室，研发植保无人机发动机以及喷洒设备等核心技术。近年来，伴随搭载专用多光谱、高光谱、激光雷达、太赫兹等新型遥感器的研发应用，长航时固定翼、高机动多旋翼等先进无人机平台的不断推广，集成应用卫星遥感、航空遥感、地面物联网的农情信息获取技术日臻成熟，基于北斗自动导航的农机作业监测和无人机视觉等关键技术取得重要突破，适合中国农业生产特点和不同地域需求的无人机智能化集成与应用示范不断加强，实现实时农林植保、航拍、巡检、测产等功能。三是开展补贴试点。2014 年起，农业农村部联合财政部、中国民用航空局等相关部门，在河南、湖南、浙江、江西、安徽、广东等省开展植保无人机购置补贴试点。据农业农村部 2020 年统计数据显示，全国补贴购置农用植保无人飞机 1.3 万架，支持安装农业用北斗终端近 2.3 万台套。四是健全服务机制。2016 年起，农业农村部会同相关部门在全国创建 600 个病虫害统防统治与绿色防控融合示范基地，构建农技部门、服务组织、农药（械）企业、无人机生产企业合作服务机制，积极示范推广全程承包、阶段承包、代防代治等服务模式，支持植保无人机企业和农药生产企业、新型经营主体共同组建专业性服务组织，推进基于北斗导航的智能植保无人机专业服务。据统计，2021 年全国植保无人机年作业 10.7 亿亩次。

**图 9-5 高速无人插秧机现场演示插秧**

图片来源：http://www.moa.gov.cn/xw/qg/202205/t20220505_6398371.htm.

3.产销对接服务

农业农村部持续以产销对接为抓手，聚焦重点地区，突出特色亮点，创新对接形式，扎实推进解决农产品滞销卖难问题。2018年以来，农业农村部印发了《贫困地区农产品产销对接实施方案》，与中央和国家机关工委等10部门共同印发《贫困地区农产品产销对接行动倡议书》，组织开展23场贫困地区产销对接活动，搭建全国农产品产销对接公益服务平台，实时收集各地农产品滞销卖难信息，引导推动各类农产品冷链物流企业、农产品批发市场等市场主体集中采购贫困地区农产品，推动各地积极借助云平台开展线上推介，通过电视频道、微信公众号、抖音快手小视频等平台开展多维度线上推介活动，取得良好成效，累计帮助贫困地区销售农产品超过400亿元。组织开展全国农产品产销对接视频会商活动，通过网络牵线产销两端，加强了"点对点""一对一"磋商；大力举办"庆丰收·消费季"活动，27家互联网企业共同倡议推动贫困地区滞销农产品销售。

农业农村部积极利用中国国际农产品交易会、中国国际茶叶博览会等农业展会以及产销对接等活动，开展"省部长推介品牌农产品专场"、"我为品牌农产品代言"、"乡人乡味——全国品牌农产品推介活动"等，大力推介农产品品牌。在近3届中国国际农产品交易会上，专门设置扶贫展区，推介具有地方特色的农产品区域公用品牌。此外，通过总结提炼产业扶贫典型范例，推出了洛川苹果、赣南脐橙和定西马铃薯等贫困地区区域公用品牌，为贫困地区产业发展、贫困群众增收提供了有力支撑。[①]

## （三）农产品市场数字化服务持续优化

1.重点农产品市场信息服务

2015年，农业农村部印发《关于推进农业农村大数据发展的实施意见》，

---

① 农业农村部：《对十三届全国人大二次会议第4687号建议的答复》，（2019-09-25）[2021-11-22].http://www.moa.gov.cn/govpublic/FZJHS/201909/t20190925_6328982.htm.

明确了农业农村大数据发展和应用的5项基础性工作和11个重点领域,对农业农村大数据发展和应用做出总体安排。2016年起,农业农村部在北京等21个省份开展了涉农数据共享、单品种大数据建设等4个方面的农业农村大数据建设试点工作,并开展水稻、大豆、油料、棉花等8个重要农产品全产业链大数据中心建设试点。2017年,农业农村部建设开通重点农产品市场信息平台,可聚合粮、棉、油、糖、肉、蛋、蔬菜、水果等15类111种重点农产品全链条数据资源,通过数据整合共享,汇聚生产、国际贸易、成本收益、市场动态、品牌建设等相关信息。开通运行以来,重点农产品市场信息平台上报每日价格数据230多万条,电子交易结算数据2923万条,接入各类数据约20亿条,每天新增数据10多万条,成为农产品市场信息的汇聚中心。[①]2020年,按照

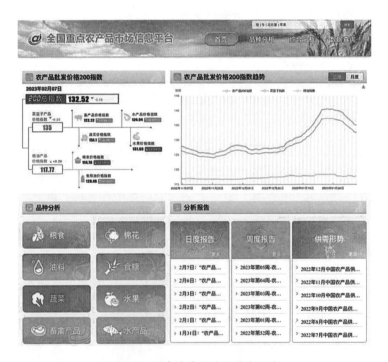

图9-6 重点农产品市场信息平台

图片来源:http://zdscxx.moa.gov.cn:8080/misportal/public/agricultureIndexRedStyle.jsp.

---

① 农业农村部:《对十三届全国人大四次会议第9961号建议的答复》,(2021-09-06)[2021-11-22].http://www.moa.gov.cn/govpublic/SCYJJXXS/202109/t20210918_6376901.htm.

可机器读取、可社会化再利用的原则，平台首次向公众开放大量历史数据、统计资料及实时监测数据，促进了农业数据资源的价值增值。平台以重点品种全产业链数据采集、分析、发布、服务为主线，为农业生产经营主体和公众提供了"一网打尽"式的市场信息服务。密切跟踪 19 种重要农产品市场形势，每月编印《农产品供需形势月报》，发布中国农产品供需平衡表；每季度召开例行市场信息发布会，集中发布重要农产品市场信息，就市场热点回答媒体提问；每年召开中国农业展望大会，发布中国农业展望报告，对未来 10 年农产品供需形势进行展望。

2. 惠农服务平台

2016 年，全国供销合作总社启动实施"千县千社"振兴计划，把打造农业生产服务中心、农产品加工流通设施、农村电商服务中心等服务平台作为创建标杆基层社的重要内容，予以大力推进。2018 年，全国供销合作总社以为农服务为宗旨、综合平台建设为重点、线上线下融合为方向，在全系统启动实施供销合作社农业社会化服务惠农工程，进一步提升为农服务能力。在各省深入开展惠农服务平台创建行动，充分利用基层经营服务网点，加强与涉农部门及有关单位的协同配合，整合各方资源，以县级社为主导，打造县区有运营中心、乡镇有服务平台、村有服务站点的三级综合性惠农服务网络，以土地托管等方式为代表引领新型农业生产服务，以农资保障为主提升农业投入品创新服务，以农技农机具技术指导推进统防统治服务，以扩大农产品收储销售拓展全产业链服务，积极适应新型城镇化和新农村建设要求，加快农村综合服务社改造提升、加快城乡社区服务中心（站）功能完善，着力提升农业社会化服务的专业化、规模化水平。截至 2020 年，全国供销系统共发展各类综合服务社41.98 万个，通过承接益农信息社、气象信息服务站等服务，基本实现了一网多能、一网多用，形成了为农服务的整体合力；依托社有企业、基层社、农民合作社等主体建设了多种形式的农业生产服务中心 1.37 万个，面向小农户和各类新型农业经营主体提供农资供应、配方施肥、统防统治、农机作业、烘干收储等系列服务；采取自建和整合社会资源相结合的方式在全系统建设庄稼医院 7 万个，为农户提供农资供应和病虫害防治服务。依托大型企业建设打造了县域智能配肥中心、智能配肥站，提供测土、配肥、供肥一条龙服务。①

### （四）乡村公共服务不断加强

近年来，农业农村部会同有关部门逐步建立健全线上线下相结合的乡村公共服务体系，推动"互联网+"教育、医疗、养老、文化、金融等向农村延伸，让农民群众更好地分享互联网发展成果。

1.教育数字化更加公平公正

数字化教育主要是指通过将互联网等新一代信息技术与教育深度融合，推动乡村学校网络覆盖、城市优质教育资源与乡村对接，实现城乡教育资源均衡配置，包括乡村学校信息化、乡村远程教育、乡村教师信息技能提升等内容。

乡村学校信息化。建设学校基础通信网络，提升农村中小学互联网接入速率，为乡村学校配备多媒体教育教学设备，满足远程教育等信息化教学需求，并在有条件的地方建设数字校园，推动提升教育教学、教育管理、教育评价、生活服务等方面的信息化水平。

乡村远程教育。通过互联网将城市地区优质教育教学课程资源，以"双师教学"、视频点播、网络直播等多种方式输送到农村地区学校及师生个人终端，帮助乡村学校开足开好开齐国家课程。

乡村教师信息技能提升。通过示范、培训等手段提升乡村教师应用互联网等信息技术开展教育教学工作的能力。推动城市优秀教师与乡村教师通过网络研修、集体备课、研课交流定向帮扶提升，引导乡村教师主动利用网络学习空间、教师工作坊、研修社区等线上资源提高信息技术应用能力。

近年来，为实现城乡教育资源均衡配置，多方合力加强教育信息化基础设施建设。一是教育部联合有关部委加快推进学校联网攻坚行动，加快推进农村学校宽带接入和提速降费。截至2020年底，全国中小学互联网接入率达

---

① 中国供销合作网：《供销合作社系统日益成为服务农民生产生活的综合平台》，（2021-09-27）[2021-11-22].http://www.chinacoop.gov.cn/news.html?aid=1690757.

100%，98.35%的中小学拥有多媒体教室。广电总局指导全国广播电视和网络视听行业积极利用直播卫星户户通、村村通平台和有线网络传送教学节目，搭建"直播课堂"、"空中课堂"、"广电云课堂"、"电视图书馆"，提供在线教育多形态产品和服务。新冠疫情期间，有力保障2亿学生"停课不停学"。二是国家发展改革委会同相关部门积极推进农村地区新一代信息基础设施建设，工业和信息化部联合财政部组织实施了6批电信普遍服务试点，共支持全国约13万个行政村光纤网络建设和超过5万个4G基站建设，推动地方政府各项支持5G的政策落地实施，已建成5G基站41万个，为满足超大规模在线教育需求提供坚实保障，有力促进了在线教育应用发展。三是自2014年以来，教育部、国家发展改革委、财政部相继启动实施了全面改善贫困地区义务教育薄弱学校基本办学条件、义务教育薄弱环节改善与能力提升工作，将"加强义务教育学校信息化建设"作为重点建设内容，加快完善学校网络教学环境。在教师信息技术应用能力提升方面，教育部启动全国中小学教师信息技术应用能力提升工程2.0，突出以学校信息化教育教学改革发展引领教师信息技术应用能力培训，提升教师信息素养，并连续多年组织面向全国各级教育管理者、中小学校长的教育信息化领导力培训，累计培训1000多万人次。

2. 医疗医保更加便利化

农村数字医疗主要包括农村医疗机构信息化、乡村远程医疗等内容，是指将互联网等信息技术与传统医疗健康服务深度融合而形成的一种新型医疗健康服务业态，通过开发新的医疗健康应用、创新医疗健康服务模式，解决区域医疗资源分布不平衡、不充分问题，为乡村地区带来优质医疗资源，提升乡村医疗服务的普惠性和通达性。

农村医疗机构信息化。运用基础信息通信网络、信息化医疗设备等，打通省、县、村三级医疗机构的信息流通渠道，为实现远程医疗、分级诊疗等数字医疗模式提供基础保障。省级层面负责建设基层医疗卫生机构信息系统，将信息系统与相关条线业务管理系统进行整合，实现省、县、村医疗卫生机构的信息互通。县级层面推进乡村卫生院等机构的信息化建设，以县级医院为龙头，鼓励联合辖区基层医疗机构建立"一体化"管理的县域医共体，打通县域内各医疗卫生机构信息系统，实现县域内医疗卫生机构之间信息互联互通、检查资料和信息实时共享，以及检验、诊断结果互认。

乡村远程医疗。城市地区医疗机构利用远程通信技术，为乡村居民提供远程专家会诊、辅助开药等医事服务，对基层医生提供远程指导与教学等服务。

远程专家会诊。基于网络医院平台或APP，乡村基层医生可以"一键申请"远程会诊，在两级专家远程"手把手"指导下，为患者进行诊断和开具处方。

远程培训与指导。借助远程医疗服务平台，省级医院的专家教授通过直播授课、直播互动等方式对偏远地区基层医生进行远程教学，指导基层医生进行临床诊疗。基层医生也可主动通过平台开展病例讨论、手术观摩等，打造基层医生进修的"云课堂"。

近年来，国家卫生健康委员会积极推进基层远程医疗服务体系建设，实施基层远程医疗建设试点项目，在2018年中央财政医疗服务能力提升项目中，设立基层远程医疗建设试点子项目，投入资金6.7亿元，支持在832个国家级贫困县，为1664个卫生院配备数字化直接成像系统（DR）、数字化心电图机、全自动生化分析仪和远程医疗接入软硬件设备，以点带面加强贫困地区基层远程医疗建设。目前，全国29个省份已建立省级远程医疗平台，远程医疗服务县（区、市）覆盖率达到90%以上，建成面向边远贫困地区的远程医疗协作网4075个，实现832个脱贫县的远程医疗全覆盖。自2018年起，国家卫生健康委员会实施基层卫生人才能力提升培训项目，中央财政累计投入10.2亿元，针对乡村医生在内的基层医疗卫生机构卫生人员，采取远程教育、集中培训、临床进修、对口支援等方式，不断提高基层卫生人员服务水平。2020年国家卫生健康委员会依托中国继续医学教育网络平台开通"新冠肺炎"防控培训专题，线上面向基层医务人员免费开放，已上线各类课程503项，累计培训564.5万人次。①

---

① 国家卫生健康委员会：《对十三届全国人大三次会议第4791号建议的答复》，（2021-02-09）［2021-11-22］.http://www.nhc.gov.cn/wjw/jiany/202102/a7ab676ef6c84b8cb877e227f9286f21.shtml.

### 3. 智慧养老不断推进

养老服务业是涉及亿万群众福祉的民生事业。近年来，中国养老服务业快速发展，产业规模不断扩大，服务体系逐步完善，但仍面临供给结构不尽合理、市场潜力未充分释放、服务质量有待提高等问题。随着人口老龄化程度不断加深和人民生活水平逐步提高，老年群体多层次、多样化的服务需求持续增长，对扩大养老服务有效供给提出了更高要求，智慧养老应运而生。农村智慧养老是指利用智能穿戴设备、家居设备和呼叫设备等，为农村地区老年人提供远程医疗、健康管理、紧急救援、精神慰藉、服务预约、物品代购等综合性、多样性的养老服务，提升农村老年人生活质量。省级层面构建集老年人照顾需求等级评估、老年人信息管理、居家养老信息管理、家庭养老床位管理、养老服务机构管理、呼叫中心管理、养老智能设备管理、养老从业人员培训管理等功能于一体的智慧养老服务综合信息平台，并实现平台数据与政务、公安、医疗卫生、社保、金融、殡葬、救助等系统数据的互联互通。组织开展信息服务类应用适老化改造，帮助老年群体享受信息化红利。县级层面整合县域养老服务设施、专业服务队伍和社会资源，搭建县级平台，联通县、乡、村各级养老机构、养老服务指导中心。

2013 年，国务院印发《关于加快发展养老服务业的若干意见》，明确提出要发展居家网络信息服务，支持企业和机构运用互联网、物联网等技术手段创新居家养老服务模式，发展老年电子商务，建设居家服务网络平台，提供紧急呼叫、家政预约、健康咨询、物品代购、服务缴费等适合老年人的服务项目。2017 年，工业和信息化部、民政部、原卫生计生委联合印发《智慧健康养老产业发展行动计划（2017—2020 年）》，促进现有医疗、健康、养老资源优化配置和使用效率提升，满足家庭和个人多层次、多样化的健康养老服务需求。浙江、安徽等地推行"互联网＋养老"服务新模式，老年人足不出户就可享受实时上门服务。目前，全国建成和正在运行的养老服务信息平台达 840 多个，形成了一批各具特色的典型案例。

2019 年 12 月，首批 18 个全国农村公共服务典型案例在北京发布，"南京谷里构建农村多元综合养老服务体系"案例入选。专家认为，谷里街道发挥乡村生态优势、盘活存量资源，构建农村多元综合养老服务体系，在破解农村"养老难"方面进行了有益探索，具有可借鉴性。资料显示，谷里街道地处南京市城郊接合部，面临农村人口老龄化，农村老人社会保障水平低，文化水平低，健康状况差，家庭难以承受社会化养老带来的经济负担，街道养老设施不健全，社区居家养老功能不完善，养老服务理念滞后等问题。为全力推进养老工作，谷里街道通过买第三方服务的方式加强养老机构、养老设施的监管与评估，提高街道养老机构管理能力，并将养老服务经费纳入年度财政预算，并于2018年投入1000多万元对原敬老院进行适老化升级改造，投入300多万元打造"康养谷"——街道居家养老综合服务中心。此外，在软服务上，谷里街道利用数字技术为老年人提供更好服务。一是依托区级"小江家护"信息化养老平台，谷里为769位老人申请了线下定期上门看护服务，依托大数据技术，对"小江家护"工作人员上门提供养老服务情况进行实时监督和反馈，促进养老服务质量不断提升。二是开展线下上门服务。以民政部门工作人员和社区网格员为主，对符合上门服务的对象做好登记和网上申报工作，安排专业服务人员为老年人提供生活照料、精神慰藉、文化娱乐、康复保健等个性化服务。三是发放智能设备。街道为符合条件的特定老年人免费发放智能手环，提供实时定位、24小时呼叫中心背后支持等功能。①

### 4. 文化保护数字化取得进展

乡村文化保护数字化是指通过信息技术采集农村风土人情、非遗资源、文物遗址等文化资源信息，以数字化形式进行资源存储、管理、分析、利用、展示，实现乡村传统文化的保护与网上广泛传播，主要包括农村数字博物馆建设、农村文物资源数字化、农村非物质文化遗产数字化等。截至2021年，农业农村部完成第六批21项中国重要农业文化遗产认定；征集推介25个全国村级"文明乡风建设"典型案例；组织"县乡长说唱移风易俗"活动，遴选36个节目在新媒体平台推出；开展"农业文化遗产里的中国"直播，每期网络观

---

① 农业农村部：《首批全国农村公共服务典型案例：南京谷里—构建农村多元综合养老服务体系》，(2020-03-13) [2021-11-22] .http://www.shsys.moa.gov.cn/ncggfw/202003/t20200313_6338882.htm.

看量均超 400 万人次；举办"新时代乡村阅读季"活动，近 3 亿人次参与。[1]

（1）农村数字博物馆建设

主要是指通过信息技术手段对传统村落资源进行挖掘、梳理、保存、推广，以网站、APP、小程序等形式建设数字博物馆平台，集中展示村落的自然地理、传统建筑、村落地图、民俗文化、特色产业等。

中国传统村落数字博物馆建设。针对入选中国传统村落名录的村庄，依托中国传统村落数字博物馆平台，建设传统村落单馆，以文字、图片、影音、三维实景、全景漫游等形式，集中展示传统村落概况、历史文化、环境格局、传统建筑、民俗文化、美食特产、旅游导览等信息。

历史文化名镇名村数字博物馆建设。针对入选中国历史文化名镇名村名录的村落，依托中国历史文化名镇名村数字博物馆平台（由住房和城乡建设部组织建设），建设村镇单馆，集中展示村镇历史文化、文物资源、历史建筑、非遗资源等信息。

**图 9-7　中国传统村落数字博物馆**

图片来源：http://dmctv.cn/indexN.aspx.

①　农业农村部：《农村社会事业稳步发展基层创新亮点纷呈》，（2021-12-23）[2021-12-27].http://www.moa.gov.cn/ztzl/zyncgzh2021/pd2021/202112/t20211223_6385406.htm.

2017 年以来，住房和城乡建设部及有关部委持续推进中国传统村落数字博物馆建设，建成了总展馆、村落单馆及全景漫游手机客户端，其中村落单馆以全景漫游、三维实景、图文、音视频等形式全方位展示传统村落的独特价值、丰富内涵和文化魅力。目前，村落单馆数量已超过 400 个，每个村落单馆分为村落概况、全景展示、历史文化、环境格局、传统建筑、民俗文化、美食物产、旅游导览等八大版块，展示内容包括 100 万字以上文字介绍、56 万张以上图片、1.6 万分钟音视频，覆盖 4.3 万栋以上传统建筑和 7500 项以上非物质文化遗产数据。

（2）农村文物资源数字化

主要包括数字化采集与展示，前者指应用信息技术将农村文物的自然属性信息与人文属性信息加工为图文、视频、3D 影像资源，后者指对采集成果进行故事化加工创作，通过各类网络平台对外宣传展示。省级层面依托省级文物数据档案存储和管理中心建设农村数字文物资源库，整合汇聚各市、县农村数字文物资源，并对接国家文物局统一建设的"数字文物资源库"。县级层面负责农村地区文物资源信息的采集与报送工作，依托"互联网 + 中华文明"行动计划，搭建流动式乡村文化遗产虚拟展示与传播系统，组织乡镇、行政村举办流动展览。

（3）农村非物质文化遗产数字化

主要指对农村地区传统口头文学及文字方言、美术书法、音乐歌舞、戏剧曲艺、传统技艺、医疗和历法、传统民俗、体育和游艺等非物质文化遗产进行数字化记录、保存与宣传展示，实现农村非物质文化遗产的数字化留存和传播。省级层面负责非物质文化遗产网的建设与运行维护，并与中国非物质文化遗产网实现对接，开展线上展播、网络直播等宣传展示活动。县级层面负责非遗项目普查、收集、筛选和资料报送等工作。

5. 金融数字化更加普惠通达

农村数字普惠金融是指借助数字化技术减少金融服务中的信息不对称，精准匹配资金需求，降低农民和新型生产经营主体融资门槛，缓解农村融资难、融资贵、融资慢等问题。主要包括普惠金融服务站点、涉农信贷担保体系和农业保险等。

普惠金融服务站点基本实现全覆盖。中国人民银行深入推进农村基础金融服务覆盖工作，探索开发一体化数字服务平台，不断加强乡村基础支付服务和便民支付产品供给，银行业金融机构基本实现乡镇一级全覆盖，"存、取、汇"等基本金融服务在行政村一级基本全覆盖。截至 2020 年末，银行业金融机构覆盖全国 3.02 万个乡镇，覆盖率 96.68%；基础金融服务覆盖全国 53 万个行政村，覆盖率 99.96%；农村地区 ATM 机达 37.16 万台，POS 机达 685.84 万台；助农取款服务点达 89.73 万个，乡村振兴卡发卡规模 1064 万张，稳定了偏远乡村基础支付服务供给。

全国农业信贷担保体系建设运营积极推进。中国人民银行充分利用数字化技术，创新建设新型农业经营主体信息直报系统。系统利用信息化手段，通过主体直连、信息直报、服务直通、共享共用，为新型经营主体全方位、点对点对接信贷、保险、培训、生产作业、产品营销五大服务，向金融服务机构精选推送新型经营主体有效需求，实现政府动态精准掌控农业生产经营，在线直接监管政策落实情况，推动农业管理理念和治理方式的重大创新。支持各地开展多层次多类型金融支农创新试点，以互联网金融、产业链金融等为主要方向，围绕大宗农产品和地方优势特色产业加大金融扶持力度，推动了农村一二三产业融合发展。

农业保险扩面降费加快。农业保险承保农作物已超过 270 种，基本覆盖常见农作物，贫困户保费比一般户降低 20%，备案扶贫专属农业保险产品 425 个，价格保险、收入保险、"保险 + 期货"等新型险种快速发展，为 1.91 亿户次农户提供风险保障 3.81 万亿元，向 4918 万户次农户支付赔款 560.2 亿元。农村基础保险服务覆盖到全国 3.07 万个乡镇，覆盖率超过 95%。[①]2016—2020 年，保险业累计为 2.3 亿户次建档立卡贫困户、不稳定脱贫户提供风险保障 3.5 万亿元。在 20 个省开展地方优势特色农产品保险奖补试点，重点支持

---

① 中国保险行业协会：《2019 中国保险业社会责任报告》，（2020-10-10）［2021-12-27］．http://www.iachina.cn/art/2020/10/10/art_124_104662.html.

**图 9-8　农业农村部新兴农业经营主体信息直报系统**

图片来源：http://app.xnzb.org.cn/.

贫困县特色产业发展。例如，甘肃省对贫困县的 80 多个品种建立特色产业保险制度，贫困户发展特色产业实现保险全覆盖。①

### （五）农民信息技能培训取得实效

农民信息技能培训是指通过线上线下培训相结合的方式，提升农村居民和农村基层干部的设备与软件操作、沟通与协作、数字内容创建、数字安全等数字素养。主要包括农民手机应用技能培训和高素质农民培育工程等。

1. 农民手机应用技能培训

2015 年 10 月，农业农村部印发《关于开展农民手机应用技能培训提升信息化能力的通知》，计划用 3 年左右时间，通过围绕手机性能、智能手机操作方法、手机常用软件、手机上网、电子商务、涉农手机应用服务、大数据、物联网等农民急需掌握的科普知识和操作技能开展培训，提升农民利用现代信息技术，特别是运用手机上网发展生产、网络营销、便利生活和增收致富的能力。2017 年，农业农村部将农民手机应用技能培训作为为农民办的一项实事，

---

① 农业农村部：《农业现代化辉煌五年系列宣传之三十三：产业扶贫取得决定性成就》，（2021-08-19）[2021-12-27] .http://www.ghs.moa.gov.cn/ghgl/202108/t20210819_6374381.htm.

连续四年举办全国农民手机应用技能培训周活动，编写系列培训资料，组织各地农业农村部门和有关企业，通过线上线下结合，采用农民喜闻乐见的方式，切实提高广大农民运用手机查询信息、网络营销、获取服务、便捷生活的能力，累计培训受众超 1.3 亿人次。2021 年，为充分发挥农业广播电视学校体系的组织优势和现代农业远程教育的传播优势，农业农村部农民科技教育培训中心以农民生产生活需求为导向，以资源建设为重点，以信息化手段为载体，聚焦"互联网 +"农产品出村进城、农业生产应用、农民生活服务和防范电信网络诈骗等内容，大规模开展 2021 年度全国农民手机应用技能培训工作，大力推进手机应用与农业生产经营和农村生活深度融合，让"新农具"为农民美好生活插上信息化翅膀，助力乡村全面振兴。各地可通过中国农村远程教育网、"农民学手机"、"云上智农"和"农广在线"APP 及相关专题专栏，为农民提供短平快的农业信息化培训指导。

**图 9-9　全国农民手机应用技能培训**

图片来源：https://www.ngx.net.cn/zxjyn/zxjy/kpzt/qgnmsjpx/.

2. 高素质农民培育工程

2014 年，农业农村部联合财政部启动实施高素质农民培育工程，重点面向种养大户、家庭农场主、农民合作社骨干、农业社会化服务组织负责人等新型农业经营主体带头人和返乡涉农创业者，以提高生产经营能力和专业技能为目标，通过课堂教学、现场教学、线上学习等相结合的方式，开展农业全产业链培训，包括但不限于专业生产型和技能服务型人员培训、新型农业经营主体带头人和产业发展带头人培训、农业政策法规培训等。农业农村部引导各地构建党委政府主导、农业农村部门牵头、公益性培训机构为主体、市场力量和多方资源共同参与的教育培训体系。农业农村部联合教育部开展高职扩招培养高素质农民，遴选推介百所乡村振兴人才培养优质校。截至 2020 年，中央财政累计安排 113.9 亿元支持高素质农民培育工作，健全完善"一主多元"的高素质农民教育培训体系，初步建立教育培训、发展扶持、引导激励相衔接的培育机制，培育的针对性、规范性、有效性大幅提升，基本实现高素质农民培育由单一的技术培训拓展向技能培育和经营管理并重转变，累计培育全国高素质农民规模超过 1700 万，高中以上文化程度占比达到 35%，大批高素质农民活跃在农业生产经营一线，成为新型农业经营主体的骨干力量。同时，高素质农民培育工程不断向贫困地区倾斜，实施贫困村创业致富带头人培育工程，2016年以来累计培养各类脱贫带头人 131 万人，为农村培养了一大批留得住、用得上、干得好的带头人，为贫困地区发展产业提供了重要人才支撑。

近年来，农业农村部持续加大农民培训力度。一是实施高素质农民培育计划，着力提升农民技术技能水平和综合素质。2021 年通过实施高素质农民培育计划，培育种粮大户 14.7 万人。二是加强农业技术推广工作。农业农村部依托全国卫生科技文化"三下乡"等活动，通过示范展示、现场实训、网络培训、精准对接等方式，满足广大农民和新型农业经营主体发展科技需求，提升农民科技应用水平。2021 年，农业农村部遴选出 100 家全国星级农业科技社会化服务组织，利用市场机制推进农技社会化服务。

## （六）农业农村科技人才队伍不断壮大

人才是"第一资源"，农业农村科技人才是强农兴农的根本。《数字乡村发展战略纲要》、《数字农业农村发展规划（2019—2025 年）》、《"十三五"全国农业农村信息化发展规划》都把培养农业农村科技人才作为一项重要保障措施，作出专门部署。2021 年，中办、国办印发《关于加快推进乡村人才振兴的意见》，把信息技术培训、人才培养作为乡村人才振兴的重要内容。近年来，农业农村部会同相关部门坚持以习近平总书记关于"三农"工作和人才工作重要论述为指引，大力实施人才强农战略，分层、分类型不断加强农业农村科技人才队伍建设，着力打造一批优势领域的世界重要农业科技人才中心和创新高地，为实施乡村振兴战略和推动脱贫攻坚提供了有力的人才支持。

科研人才培养方面。一是培育壮大农业科技创新人才队伍。农业农村部会同相关部门依托农业科技创新工程、科技专项、基本科研业务费等，加大农业科技创新领军人才、青年骨干人才和创新团队建设。组织实施农业科研杰出人才培养计划，先后于 2011 年、2012 年、2015 年评选产生了 300 名农业科研杰出人才，累计投入财政资金 3 亿元，在全国建立起一支 6000 多人的学科专业布局合理、整体素质能力较强、自主创新能力较强的高层次农业科研人才队伍。同时实施"神农英才"计划，每年遴选农业科技领军人才 50 名，40 岁以下农业科技优秀青年人才 200 名。二是注重农业科技人才的引进来和走出去，加强国际农业科技人才队伍建设。"十三五"期间，农业农村部遴选派出120 位农业科研杰出人才赴国外研修；全国农科院系统累计派出科技人员 800人次，赴国外开展为期半年以上的深造。截至 2020 年 9 月，全国农科院系统中有 220 多人在国际学术组织担任高级职务。依托外专局引智专项，引进 370多位外国专家来华工作。全国农科院系统单位累计引进外国科学家超过 600 人次，其中有 7 名外国专家获得"中国政府友谊奖"。①

农技推广人才培养方面。自 2011 年起，农业农村部有计划、有步骤地选拔和支持培养有突出贡献的农业技术推广人才，通过学习研修、学术交流和观摩培训等方式，显著提升科技水平和业务能力，不断改善基层农技推广队伍结构，增强服务现代农业发展的支撑能力。截至 2020 年 9 月，全国各级农技推

---

① 农业农村部：《对十三届全国人大三次会议第 8934 号建议的答复》，（2020-09-29）[2022-07-12] . http://www.moa.gov.cn/govpublic/KJJYS/202009/t20200929_6353606.htm.

广人员共 51 万人。农业农村部每年会同中央组织部人才局举办 1 期农业领域高层次专家国情研修班，会同人力资源社会保障部举办 3 期专业技术人才高级研修班。利用全国农业远程教育平台举办农科讲堂，大规模开展农业科技人员知识更新培训。2020 年开展 12 期、培训 2 万余人，提升农业科技人员开展科技推广工作的能力水平。

农业农村实用人才培养方面。近年来，农业农村部会同中央组织部大力开展农村实用人才带头人和大学生村官示范培训，重点遴选农村基层组织负责人、新型农业经营和服务主体带头人、乡村能工巧匠、返乡入乡"双创"人员、大学生村官等作为培训对象，提升各类人才的脱贫致富带动能力，为农村培养了一大批留得住、用得上、干得好的农村实用人才带头人。截至 2021 年 8 月，累计举办示范培训班 1600 余期，培训 16 万余人。其中，自 2018 年起，累计举办农业农村实用人才带头人电子商务专题培训班 14 期，培训学员 1500 人。① 通过分层分类培训，高素质农民队伍总量已超过 1700 万人，涌现出一大批"田秀才"、"土专家"。农业农村部组织开展全国农业劳模和先进工作者、中华农业英才奖等评选表彰，组织实施全国十佳农民遴选资助，举办全国农业行业职业技能大赛，打造了一批人才选拔展示平台。

## 三、典型案例

近年来，伴随中国乡村服务数字化进程的不断推进，地方政府积极响应，充分应用 5G、物联网、人工智能、区块链等新一代信息技术，大力推动益农信息社建设，不断扩大乡村健康、养老、医疗、文化等数字化覆盖面，提升乡村数字服务能力。社会力量广泛参与，搭建线上线下创新服务、智慧农业全链条综合服务等体系，全国各地涌现一批数字化赋能乡村服务可复制可推广的做

---

① 农业农村部：《对十三届全国人大四次会议第 1245 号建议答复的摘要》，（2021-08-24）[2022-07-12]．http://www.moa.gov.cn/govpublic/SCYJJXXS/202109/t20210903_6375575.htm.

法和经验。

## （一）广西南丹县："益农信息社"助力数字乡村建设

### 1. 总体情况 ①

南丹县，隶属广西壮族自治区河池市，位于广西西北部，总面积3916平方千米，辖7镇4乡，总人口27万人。近年来，南丹县通过整合"公益服务、便民服务、电子商务、培训体验服务"4类服务，按照"有场所、有人员、有设备、有宽带、有网页、有持续运营能力"的六有标准，大力推进益农信息社建设，提升全县信息进村入户水平和信息化覆盖率。

### 2. 主要做法

一是围绕目标任务，全力抓好站点建设。组建项目工作领导机构，成立专责工作组，安排专门力量进村入户开展前期的调查选点及宣传等工作，把这项工作的重要意义向村屯群众，特别是意向参与运营的农户讲深讲透，获取群众对这项工作的关注和信任。为保证县级运营中心切实发挥指导和服务功能作用，经过多方对比后，选择广西丹之味农业电子商务有限公司作为县级运营服务商，充分发挥其基础条件成熟、群众口碑好的优势，迅速投入到站点的设置工作中，在前期选点的基础上再优化、再调整，实行站点选择既符合村屯的地域布局，又兼顾到县级运营商今后发展的实际需要。抓好益农社站点网页注册，完成了全县128个行政村384个站点信息在信息进村入户总平台上的村级站点网页注册，做到一站一页。

二是抓好培训，组建信息员队伍。抓好面对面的培训。在安装村屯信息站点同时，工作人员也一并跟进，与初步遴选的信息员开展面对面的简单式实操培训。组织开展集中培训工作，2018年和2020年共开办了9期培训班，参与培训的信息员达370多人。同时还结合新型农民科技培训的政策契机，组

---

① 广西壮族自治区农业农村厅：《南丹大力推进益农信息社建设》，（2020-09-27）[2021-12-27].http://nynct.gxzf.gov.cn/xwdt/gxlb/hc/t6495831.shtml.

织 60 名信息员参加为期 15 天的专业培训。把全县的信息员集中组建益农信息员微信群，将相关工作信息及时在群里发布，运营商也将相关的信息员管理和技术操作等知识在群里与信息员进行沟通分享，极大地方便信息员了解工作情况，并能参加讨论，起到了加深工作情感的作用。

三是强化要求，提升服务。南丹在现有村级综合信息服务站基础上，整合村委会、新型农业经营主体、农资经销店、电信服务代办点等现有场所和设施资源，建设益农信息社，积极开展各类经营活动服务，如开展农技推广、政策法规、医疗卫生、村务公开等公益服务信息；开展水电气、手机缴费，医疗挂号，保险、票务、惠农补贴查询，以及农村金融服务；开展农资、生活用品电子商务，提供农村物流代办、网络购物、配送和自提等服务；开展农业新技术、新品种、新产品培训，提供信息技术和产品体验。

3. 取得成效

截至 2020 年，南丹已建成 1 个县级运营中心，在 128 个行政村分别建成标准站、专业站、简易站共 384 个站点，组建了由 385 名益农信息社站长组成的信息员队伍，全县行政村益农信息社标准站建设覆盖率达到 100%；建成 1 个县级电子商务公共服务中心、2 个县级物流中心、11 个乡镇电商物流站、75 个村级电商物流服务点（覆盖全县所有贫困村）；配备物流车 7 辆，开通了 4 条物流线路，启动运营县乡村三级物流配送体系。

## （二）陕西镇巴县："数字乡村＋健康"助推大山群众医疗均等化

1. 总体情况

镇巴县地处大巴山腹地，位于陕西省南端，汉中市东南隅，面积 3437 平方千米，常住人口 21 万人。境内万山重叠，山势陡峻，沟壑纵横，自然条件较差。近年来，镇巴县针对各医疗卫生机构间信息共享不充分、医疗协作难开展、便民惠民不到位、综合管理不便捷等突出问题，充分考虑未来发展趋势，打造镇巴县"横向到边、纵向到底"的医疗卫生体系，充分运用大数据，推动"数字乡村＋健康"发展，实现了让信息多跑路、群众少跑腿的目标。

2. 主要做法

镇巴县积极打造"数字乡村+健康"，让大山深处28.9万群众享受最新医疗科技福利。

一是整合系统资源，为全民健康提供有力保障。近年来，镇巴县积极推进全民健康信息化工作，建成了覆盖全县医疗卫生机构的信息网络，建立了涵盖区域HIS、公共卫生服务、妇幼保健、计划免疫等为主要内容的全民健康信息平台，实现了电子化办公，工作效率和业务能力得到明显提高，医务人员就诊行为更加规范，群众看病就医更加便捷。

二是开发签约系统，实现签约服务智能化。自主研发了信息管理系统，家庭医生在开展签约服务随访过程中，通过手机APP实时上传随访服务内容，实现了家庭医生签约服务动态化、可视化管理，进一步提升了家庭医生服务效率和质量。同时，将全民健康信息平台与第三方短信平台绑定，让家庭医生更方便、快捷地了解掌握签约服务对象的实时动态，及时开展签约服务随访工作，真正体现惠民为民的服务宗旨。

三是开展远程医疗，让群众就医更有获得感。依托县级医疗卫生单位建立了远程医学教育培训、区域影像、检验、心电、远程会诊中心，为部分基层医疗卫生机构配备了CT、CR、DR和彩超等设备，有效解决了基层技术薄弱和边远群众看病难、治病难等问题。

四是赋能"互联网+"，实现公共卫生无纸化。以公共卫生服务系统为基础，取消纸质表单记录，实行电子化管理12项31种；实现了居民健康档案向个人开放，居民可通过网站、公众号等载体，进行个人健康档案、就诊、公共卫生服务、检验检查等信息查询。

3. 取得成效

截至2020年，全县县级公立医院门诊、住院人次稳步增加，2所县级医院平均住院日连续3年呈下降趋势，门诊次均费用增幅低于控制指标，住院次均费用平均下降18.23%。县域内就诊率测算达到91.5%，基层就诊率达到60%。

## （三）重庆大足区："互联网＋智慧养老"助力农村互助养老

### 1. 总体情况

大足区位于重庆西部，全区现有 60 岁以上老龄人口 20.97 万人，养老床位 7432 张，街道、社区养老服务设施实现全覆盖，2019 年被列为全国第四批居家和社区养老服务改革试点地区。近年来，大足区积极响应关于加强智慧民政建设的要求，建设了以智慧养老为重点的智慧民政系统，打造"区—镇街—村（社区）"互联互通的智慧养老服务体系，开展线上线下结合的养老服务和农村互助养老服务。

### 2. 主要做法

一是整合资源、夯实基础，建立养老服务数据库。依托重庆市首个智慧民政系统平台，对全区高龄、独居、空巢、失能等特殊困难老年人开展摸查，绘制集老年人动态管理数据库、老年人能力评估等级档案、养老服务需求、养老服务设施于一体的"关爱地图"，有效整合社会资源、政府资源、信息资源等各类养老服务资源，实现养老服务信息共建共享。

二是以人为本、农村互助，探索养老服务新模式。坚持"区级指导、镇街主导、村级主办，政府支持、社会参与、因地制宜"、"农村互助、邻里自助、社会共助"原则，依托镇街养老服务中心、村级养老互助站等养老服务设施，在首批 122 个重点村（社区）试点推行农村社区互助养老模式，培育起 122 支养老服务互助队伍和 5000 余名邻里互助人员，建成"村（居）委会＋居家养老服务＋医养结合服务＋社会志愿服务"的运行方式，探索开展"积分兑换"制度，开展"互助＋自助＋共助"服务 1 万余人次。

三是智慧引领、网络助力，开展"互联网＋养老"服务。通过老人个人健康管理和健康数据人工智能分析业务应用，实现老人健康电子档案管理、体检报告管理、健康大数据分析服务。建立智慧养老呼叫服务中心，整合为老服务资源，委托第三方为首批近 4600 名城乡低保、特困、空巢等困难老人提供服务，服务涵盖紧急援助、主动关爱、健康管理等线上支持和助洁、助餐、助浴、助行等线下上门等内容，实现服务派单、工单跟踪、服务项目和服务评价

**图 9-10　大足"智慧民政平台"养老服务**

图片来源：https://www.cqdzmz.com/ov/management/ylfw.html?data=%7B%7D.

的整合。

四是全程管理，保障质量，推行养老服务在线监管。利用智慧民政平台，结合机构视频监控、消防报警设施，实现对养老机构远程、实时、动态、高效的日常安全监督、管理，加强对机构的安全管理体系建设、消防安全保障和突发事件应急管理，建立养老视频监管中心，全区 52 家养老服务机构、各级社区养老服务设施的公共区域视频均接入监管系统，为安全教育与培训、安全巡检监督、防灾控灾工作开展提供技术支撑，实现机构安全和服务质量全过程实时监管。

3. 取得成效

大足区智慧民政平台通过构建统一智慧养老服务体系，实现了虚实结合、线上线下协同、多渠道感知、多元服务主体共存、多类养老模式融合的新型养老管理服务模式。截至 2021 年 6 月，已采集完成全区 20.97 万名老人基础信息，整合 173 家养老服务设施，为 4600 余名农村困难老人购买了智慧养老居家服务，已在 122 个村建立起互助式养老模式，向全区老人提供养老顾问服务，基本实现养老服务基础数据、养老服务业务和服务质量监管的智能分析应用，全面提升了全区养老服务"智慧化、一体化、协同化、标准化、产业化"水平，助力大足智慧民政体系成为全市标杆。

## （四）吉林铁东区："吉农云"、"村治保"助享乡村数字生活

### 1. 总体情况

铁东区地处吉林省西南部，位于四平市区东部，下辖1个经济开发区，4个乡镇，8个街道，51个行政村，42个社区。总面积904.99平方千米，常住人口为31万人。铁东区城东乡小塔子村的"数字村"建设工作，是在铁东区政府同"吉农云"运营商达成"全域开展'数字村'建设"项目，作为首选"数字示范村"的基础上开展的。

### 2. 主要做法

利用"吉农云"平台，开展农民上云计划，为每个农民在互联网上安个家，全村百分百农民"上云安家"。链接平台的手机端小程序涵盖12个功能模块，提供有买卖、金融、保险、医疗、培训、劳务等一系列服务，涵盖村民生活的各个层面。在贷款方面，银行通过平台网上对农民开展数据授信。授信额度三千元至三十万元之间，一次性授信，无抵押，随贷随还，贷款利率低至4.556厘；在医疗方面，为村卫生所布设了远程心电检测设备和POCT检测设备，直接与省吉大三院合作、市中心医院链接。村民通过检测后，结果上传至省、市医院，由省、市医院专家出具报告，将反馈信息回传给农民手机端的健康模块中。农民可以通过该模块与专家对话或挂号，在家就能享受到省、市大医院的医疗服务。同时每个月，平台都会联合医疗机构，针对慢性病村民或者老人进行义诊活动，有效解决了基层技术薄弱和边远群众看病难、治病难等问题。手机端服务模块共有12个，真正做到"足不出户，尽享数字服务；一机手握，坐拥幸福生活"，大大提高了农民的幸福感和幸福指数。

| 农民个人空间 | 我的健康 | 万村互联 | 村治宝小程序 |

图 9-11　小塔子村数字生活

3. 取得成效

铁东区政府联同"吉农云"运营商仅用 3 天时间，便完成了小塔子村"吉农云"管理平台搭建，同时为平台安装了美丽乡村监控站 1 处、大田物联网监测站 1 处、空中巡航无人机 1 台、进出村车辆识别系统 1 套、远程视频会议系统 1 套、远程心电监测仪 1 台。依托"吉农云"小塔子村管理平台、乡村治理"村治宝"手机端以及现代化的硬件设施，小塔子村实现了数字化治理、数字化生产和数字化生活并行的"现代乡村"梦想。

## （五）山东齐河县："数字文化"助力乡村文化振兴

1. 总体情况

齐河县隶属山东省德州市，位于德州市最南端，与济南隔黄河相望，面积 1411 平方千米，县辖 13 个乡镇、2 个街道、1 个省级经济开发区、1 个省级旅游度假区，常住人口为 57 万人。近年来，齐河县深入贯彻落实党的十九大精神和关于实施乡村振兴战略的总体要求，以推进乡村文化繁荣兴盛为目标，着力解决基层文化发展中存在的问题，取得明显成效。

2. 主要做法

一是巩固阵地重效能，让基层文化中心成为乡村文化振兴的孵化园。把基层综合性文化服务中心效能（达标）建设作为打通公共文化服务"最后一千米"的重要抓手，多措并举、务实创新，基层公共文化服务网络不断完善，文化服务水平显著提升。强阵地。县政府先后拨付700余万元奖补资金用于乡镇基层综合性文化服务中心建设，引导基层建设高标准的综合性文化服务中心。目前，全县14个乡镇（街道）全部建起达标的乡镇综合文化站，其中5处达到一级站，9处达到二级站标准；301个村（社区）全部建起综合性文化服务中心。重效能。在巩固阵地的基础上，着力抓好基层综合性文化服务中心的各项服务标准化建设，通过明确服务项目、服务流程、开放时间、责任人及联系方式、监督电话等，制定简便可行、一目了然的标准，用规范化的"服务清单"制度，提升乡镇综合文化站服务效能。同时，在全市率先建成30个数字文化广场试点，5个广场安装了LED显示屏，通过坚持设施建设与运行管理并重，规范公共文化设施运行，提高公共文化服务效能。

二是提升服务惠民生，让群众文化活动成为乡村振兴的催化剂。推动县文化馆、图书馆、乡镇文化站、村（社区）综合性文化服务中心正常免费开放。以群众文化需求为导向，开展公共文化培训、文化辅导、送文化下基层等活动，推动文化服务与群众文化需求有效对接。2021年，通过政府购买方式，斥资300万元启动一元看剧周末剧场文化惠民演出，先后邀请中国评剧院、安徽黄梅剧团、山东省歌舞剧院等多家一线省内外剧团演出，涵盖戏曲、歌舞、儿童剧、交响乐等多种艺术形式。自4月正式启动以来，已演出30余场，现场观众累计超过2万人次。同时，根据群众点单，完善文化服务方式，从"我送你看"到"你选我送"转变，将免费文化套餐送到乡村、广场等基层一线，提高文化服务的精准度和满意度。每年组织省、市、县三级演出团体送戏下乡800场、送电影1万场，满足群众基本文化需求，丰富广大群众的文化生活，提升群众生产生活品质。

三是整合资源促发展，加强非遗保护和传统工艺振兴。传承发展特色民俗文化、农耕文化、非物质文化遗产、传统手工技艺、传统戏剧曲艺，开展乡村文物普查工作，确保乡村文化遗产得到科学、完整、系统的保护和传承，展现乡村的历史古韵、人文之美、文化积淀，在浓郁乡情中彰显个性特色。推动乡村文化旅游融合发展，深入挖掘乡村文化的历史、人文和经济价值，推动文化旅游融合。大力发展乡村文化旅游，不断丰富乡村旅游业态和产品，打造系列文化旅游精品及特色村镇，促进一二三产深度融合。鼓励支持文化资源由静态保护向开发利用的转变，促进文化价值和经济价值相统一，使历史文化真正成为支撑地方振兴发展的宝贵财富。

3. 取得成效

乡镇综合文化站、村（社区）综合性文化服务中心、农家书屋均实现全覆盖。农村文化设施逐步改善，文化惠民活动持续开展，乡村重要文化遗产及优秀文化传统得到较好保护和传承。建立非物质文化遗产四级保护体系，共有非物质文化遗产项目 300 余项，其中省级 2 项、市级 9 项、县级名录 61 项，建成非遗研究基地、社会传承基地、展示馆、传习所 5 个，有效保证了农民基本文化权益。百姓的获得感、幸福感明显增强，为乡村振兴发展提供了内生动力。

## （六）北京农信通科技：线上线下创新服务赋能"三农"

1. 总体情况

北京农信通科技有限责任公司创建于 2002 年，在全国设有 24 家分公司和办事处，是全球领先的农业农村信息化建设全面解决方案提供商和农业信息综合服务运营商。通过云计算、大数据、物联网、移动互联网、AI 及通往千家万户、千乡万村、田间地头、坑塘圈舍的线上线下创新型服务网络体系，赋能农业、农村、农民、农企，致力"乡村振兴"战略，推进农业农村现代化和智慧化。

2. 主要做法

一是建立"三五二六"的数字化业务架构。"三五"是指纵向"天"、"空"、

"地"、"人"、"网"和横向"村"、"企"、"店"、"态"、"场"五个维度的大数据采集以及围绕"决策得好"、"种养得好"、"管得好"、"服务得好"、"卖得好"的全链条解决方案。"二六"是指实现让每一亩地、每一头猪、每一个村、每一台农机、每一条关注、每一笔交易的数据化，让农村没有难种的地、让农村没有难养的猪、让农村没有难办的事、让农村没有难融的资、让农村没有难卖的货、让农村没有难看的病。建立用数据说话、用数据决策、用数据管理和用数据创新的管理机制，实现生产智能化、经营网络化、管理数据化、服务便捷化。

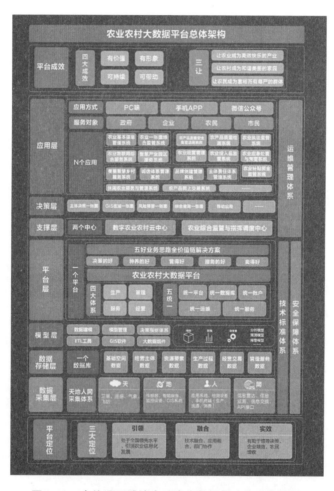

图 9-12　农信通区域涉农政府大数据解决方案架构图

二是围绕"公益、便民、电商、培训"服务，为农村人群提供农资、消费品网络集采、农产品购销、快递代收代发、银行贷款、各类保险、安全水站、共享打印机、招工招生、生产技术信息推送、农村数据采集、生活缴费、火车票代购、医院挂号等 100 余种符合农村人口需求的信息服务。在运营模式上采用"飞机场模式"，在运营机制上采用"运营商 + 县级运营商 + 益农信息社站长"的三级服务体系，收益按 1：2：7 分成，建立利益共享机制，形成可持续运营能力。

三是成立商学院，专门从事公司内部培训和承接外部新兴职业农民培训。建有 6000 平米的培训大楼，拥有客房 100 余间，教室 8 间，吃、住、学一体，结合产业基地，实现体验式教学。

3. 取得成效

在区域性综合平台应用方面，自 2013 年起，先后实施天津市武清区农业综合服务平台建设，贵州省毕节市"互联网 + 农业"大数据中心建设，河北省石家庄市数字农业综合服务平台建设，四川省农业大数据平台建设，河南省鹤壁市智慧农业平台建设，河南省农业农村大数据平台建设和江西省智慧农业建设，其中江西省智慧农业总投资 2.18 亿元，为全国单体投入最大的农业农村信息化项目。

在农村服务体系运营方面，2017 年，公司承担了江西、河南两省相关建设和运营任务，2019 年相继承担了天津、河北、山东三省相关建设和运营任务，2020 年承接了云南、广西两省相关建设和运营任务。截至 2020 年底，公司在全国共建设"益农信息社"15 万个，其中江西 1.4 万个，河南 4 万个，天津 3600 个，河北 4 万个，山东 5.2 万个。就运营情况而言，以河南为例，截至 2020 年底，河南省开展信息员各类培训 7.6 万人次，累计发送 12316 服务短信 18.57 万条，公益服务数量 434 余万次，便民服务数量 2148.6 万余次，12316 拨打数量 103874 次，培训课程数量 320 门，专家解答数量 3005 条，各益农社在代购代销、便民及经营性服务等方面平均获取收益 1800 元/月，每年益农社增加收入约 4.35 亿元，2020 年平台交易累计成交金额达 50.54 亿元。

### （七）大北农集团：打造全链条智慧农业综合服务商体系 ①

1.总体情况

大北农集团是创办于 1993 年的农业高科技企业。二十余年来，大北农始终秉承"报国兴农、争创第一、共同发展"的企业理念，致力于打造以生猪养殖与服务产业链经营、种业科技与服务产业链经营为主营业务的全链条智慧农业综合服务商体系，以科技创新推动中国现代农业发展。

2.主要做法

一是注重科技产品创新。大北农依托中关村科技资源和创新环境，坚持以"科技创新"作为立企之本，以生物技术和信息技术为手段，通过自主研发为主，技术引进、科技成果转化以及产学研合作等多种途径为辅，形成了国内领先的企业技术创新体系与核心竞争力。目前建有饲用微生物工程国家重点实验室等 5 个国家级研发机构，饲料安全生物调控北京市工程技术研究中心等 11 个省级认定研发机构。拥有国家农业科技创新与集成示范基地，8 大研发中心和 31 家国家级高新技术企业，并建有大北农大兴创新基地（世界级动物医学研究与疫苗开发中心）。

二是创新人才队伍和技术服务队伍建设。大北农践行以"使命感召人才、以事业吸引英才、以股权期权留住人才、以文化凝聚人才"的策略，优化队伍的专业结构和年龄结构，增强企业持续创新能力和技术服务能力，已形成一支内外联合、上下互动、持续创新的科技人才和服务人才梯队。大北农的业务人员绝大多数为农业院校的毕业生，经过专业技术、产品知识、服务技能等方面的系统培训，长期活跃在县、乡、村一线市场和养殖户的坑塘圈舍、种植户的田间地头，驻场驻点服务养殖户，提供专业的技术服务。

三是聚焦市场技术服务。大北农建立了遍及东北三省、新疆、云南、福建、广东、河南、内蒙古等全国重点养殖和种植区域的技术营销服务网络。大

---

① 东方财富网：《大北农 2020 年年度报告》，（2021-04-21）[2022-01-04] .https://data.eastmoney.com/notices/detail/002385/AN202104201486692961.html.

北农以新一代"贝贝乳"、"宝宝壮"等拳头产品为抓手,为客户量身定做"进销财"、"猪联网"、"猪交易"、"农富贷"等互联网平台服务工具。种植业方面创新性提出"互联网平台""一二六"等精准服务生态模式。构建以大北农为核心,以规模养殖户、种植户、经销商为事业合作伙伴,打造养猪生态圈、种植生态链。建立以互联网为工具、培训为手段、服务为内容、产品为载体、服务人才为主体的无处不到、无时不在的全新的服务网络模式。

四是增强农业互联网平台竞争力。大北农以北京农信互联科技集团有限公司为农业互联网的平台运营主体,立足农业产业互联网,建成"数据+电商+金融"为底层的生猪产业数字生态平台"猪联网5.0",主推"猪企网"、"猪小智"两大细分产品。其中,公司自研Loki智能猪场AI底层算法平台,聚焦人猪行为识别、猪场盘点估重及疫病预警三大核心应用,为猪场提供全程智能化解决方案。形成了"猪小智"十大系列产品并相继落地实施,同时连接上游"饲联网"、下游"食联网",打通整个生猪产业链,开创数字经济时代的智慧养猪新生态,实现养猪数智化、集团化、生态化。在猪联网基础上,延伸互联网的触角到田、渔、蛋等各个涉农产业,进一步打造最具影响力的农业产业数据化平台。

3. 取得成效

大北农集团现有260多家生产基地、近300家分子公司,5个国家级科研平台4家国家农业产业化重点龙头企业、30家国家级高新技术企业、3000多人技术创新团队。大北农集团与相关单位合作完成的"猪健康养殖的饲用抗生素替代关键技术及应用"、"家畜养殖数字化关键技术与智能饲喂装备创制及应用"等项目先后荣获国家科学技术进步奖二等奖。

# 第十章  智慧文旅助推美丽乡村建设

## 一、概述

建设美丽乡村是建设美丽田园、保护传统文化、发掘乡村价值、丰富乡村经济业态的重要途径，是促进农村一二三产业融合发展的重要举措。发展智慧文旅和休闲农业在促进农民就业创业增收、传承和发扬乡土文明、发展繁荣乡村经济和促进城乡融合发展等方面做出了重要贡献。近年来，随着消费结构升级，城乡居民对休闲旅游、健康养生等需求增加，农业不再局限于提供吃饱喝足穿暖的原料，而是促进"农业＋"文化、教育、旅游、康养等产业发展，催生创意农业、教育农园、消费体验、民宿服务、农业科普、康养农业等新产业新业态，把农业生产、农产品加工、乡村服务等一二三产业融合在一起，从郊区景区周边向更多适宜乡村拓展，涌现出一大批有特色的农家乐、休闲农庄、休闲聚集村和民俗村。通过试吃体验、认识农业、体验农趣和科普讲解等方式，智慧文旅发挥网站、微信、公众号和电商的展示、互动、体验功能，实现消费主体的集聚，帮助消费者获取对称的信息，让农业多种功能和资源多重价值充分发挥。

休闲农业是乡村产业的重要组成部分，正蓄势待发，成为乡村产业振兴的重要力量。在市场拉动、政策推动、创新驱动以及政府带动下，休闲农业经营主体不断增多，接待规模不断扩大，服务机构不断壮大，成为城乡居民游"绿水青山"、寻"快乐老家"、忆"游子乡愁"的重要场所。农事体验、亲子研学、康体养生、科普教育等新业态不断发展，涌现出休闲农庄、农业公园、农业嘉年华等多种模式，形成以旅强农、以农促旅、农旅结合的发展新格局，创响了乡村旅游和休闲农业品牌。各地立足资源禀赋特点，优化产业布局，串点成线、连线扩面、点线面推动，大中城市周边、名胜景区周边、自然生态区、民族地区、传统特色农区正成为休闲农业集聚区。休闲农业把特色农产品变礼品、把民房变民宿、让更多的农民就地就近就业，让农民就地卖农金、收租金、挣薪金、分红金、得财金，分享更多产业增值收益。①

　　近年来，各地积极培育各具特色的休闲农业，发挥了拓展乡村多种功能、拓展产业增值增效的作用，涌现出一批休闲农业大县，在乡村产业振兴和脱贫攻坚中发挥了重要作用。2020年，尽管受到新冠疫情冲击影响，全国休闲农业仍实现营业收入超过6000亿元，显示出较强发展韧劲，成为乡村产业发展的新亮点。"十四五"时期是休闲农业转型升级的关键期，将开展全国休闲农业重点县建设，以绿色引领、创业活跃，整合资源、传承文化，跨界融合、带农增收为原则，围绕拓展农业多种功能，丰富乡村产业业态、拓宽农民就业空间，建设300个在区域、全国乃至世界有知名度、有影响力的全国休闲农业重点县，形成一批体制机制创新、政策集成创设、资源要素激活、联农带农紧密的休闲农业创业福地、产业高地、生态绿地、休闲旅游地。随着乡村振兴战略的全面推进和农业农村现代化的加快发展，乡村智慧文旅和美丽乡村建设将迎来高质量发展新阶段。

## 二、发展实践

　　近年来，随着现代化建设持续推进，我国乡村产业有了长足发展，美丽乡村建设成效显著。"五个振兴"（即乡村产业振兴、人才振兴、文化振兴、生态振兴、组织振兴）全面有序推进，数字技术有效助推农业文化遗产保护，乡村休闲旅游、农村电商、农产品加工等乡村产业蓬勃发展，农业的多种功能、乡

---

①　https://baijiahao.baidu.com/s?id=1705430302010681435&wfr=spider&for=pc.

村的多元价值得到积极拓展挖掘，农业的食品保障、生态涵养、休闲体验、文化传承等多种功能和经济、生态、文化等多元价值日益凸显，为全面推进乡村振兴提供了有力支撑。

## （一）"五个振兴"全面有序推进

"五个振兴"互促互进、相辅相成、互为条件、缺一不可，是一个内在联系紧密的有机整体。产业振兴是实现乡村振兴的基础，是解决"三农"问题的前提，是乡村振兴的重中之重。要坚持科技兴农、质量兴农、绿色兴农、品牌兴农，促进一二三产业融合发展，让农业成为前途光明的产业，让农民成为有吸引力的职业，让农村成为安居乐业的美丽家园。乡村产业根植于县域，以农业农村资源为依托，以农民为主体，以农村一二三产业融合发展为路径，地域特色鲜明、创新创业活跃、业态类型丰富、利益联结紧密，是提升农业、繁荣农村、富裕农民的产业。近年来，我国农村创新创业环境不断改善，新产业、新业态大量涌现，乡村产业发展取得了积极成效。我国粮食产能稳定提升，连续7年稳定在1.3万亿斤以上，做到了谷物基本自给、口粮绝对安全；现行标准下9899万农村贫困人口全部脱贫；乡村新产业新业态蓬勃发展，各类涉农电商超过3万家，农村网络零售额2万多亿元，直播带货等新业态不断涌现；依托乡村特色资源，因地制宜发展特色鲜明的乡土产业，已经创响了一批乡字号、土字号品牌；2021年农村居民人均可支配收入18931元，较2012年翻了一番多，农民生产生活水平上了一个大台阶。

人才振兴是实现乡村振兴的关键。要坚持人才兴农，在培养农业生产经营人才、乡村产业发展人才、乡村公共服务人才、乡村治理人才、农业科技人才等"一懂两爱"、"三农"工作队伍上下功夫，让各类人才在乡村振兴中建功立业。在乡村振兴的大潮之下，有一批返乡人的农业实践已经结出了果实。他们是有勇有谋的"新农人"，怀抱着美好心愿，在一片片乡野泥土中开辟出星辰大海，科学技术的加持让他们的果实惠及更多人。新农人是乡村振兴的人才支撑。当前，以手机为新农具，通过抖音、快手等平台，越来越多的"新农人"正在以父辈们从未见过的方式改变乡村面貌。在天山南北广阔的田野上，一批批新型职业农民大显身手，他们是村里的致富带头人、田间的"土专家"、无人机"飞手"、种养殖大户、合作社负责人、民宿经营者等。

文化振兴是实现乡村振兴的思想保障。文化是更基本、更深沉、更持久的力量。乡土文化源远流长，在历史的长河中除了不断为中华民族提供丰富的精神滋养外，还留下了曲阜"三孔"、万里长城、中国大运河等众多文物古迹，古琴艺术、木版年画、剪纸等丰富的非物质文化遗产，以及散落全国各地、独具特色的传统村落、民族村寨、传统建筑、农业遗迹、灌溉工程遗产等。据统计，目前我国拥有世界遗产53处，排名世界前茅；39项非物质文化遗产项目入选联合国教科文组织名录，位列缔约国首位；15个项目入选全球重要农业文化遗产保护名录，居世界第一；形成了完善的国家、省、市、县四级文物和非遗保护体系。依托这些丰富而又宝贵的文化遗产，中国连绵几千年发展至今的历史从未中断，创造了世界上独一无二的文明奇迹。乡村文化振兴不仅可以为乡村全面振兴提供精神动力，而且传承的乡村优秀文化与乡村优美环境结合起来，还能成为珍贵的乡村旅游资源，为实施乡村振兴战略提供强大的精神动力。我们需要从实际出发，顺应时代潮流，通过根植于乡村土壤，用乡闲、乡旅和农耕文化形式来助推乡村文化振兴。

生态振兴是实现乡村振兴的环境基础。生态文明建设是中华民族永续发展的千年大计。要坚持人与自然和谐共生原则，牢固树立和践行"绿水青山就是金山银山"理念，以绿色发展引领乡村振兴，真正做到"望得见山、看得见水、记得住乡愁"。我国已实行农村人居环境整治行动，治理农村垃圾和污水，推进乡村绿化，促进农村人居环境的提升，让生态成为乡村最大的发展优势。一些地方通过发展绿色农业和整治人居环境，不仅焕发了村民精神风貌，促进了乡村文化振兴，而且环境变美了，吸引了游客和建设者，推动乡村产业振兴和人才振兴。我们要坚持生态优先、绿色发展，保护农村自然生态资源，推动农业生产方式向生态化、绿色化转变，建设宜居宜业美丽乡村。推动乡村生态振兴，要加强农村污水、垃圾等突出环境问题综合治理，改善农村人居环境，推进农村"厕所革命"，完善农村生活设施，补齐农村生态环境建设短板，让乡村成为生态涵养的主体区。

组织振兴是实现乡村振兴的保障条件。多年来，我国实行基层群众自治制度，由村民选举村委会干部，村民自治在管理和服务村民事务及带领农民致富方面具有积极意义。农村党组织是实施乡村振兴战略的"主心骨"，是农村各个组织和各项工作的领导核心。要坚持和加强党对"三农"工作的全面领导，充分发挥基层党组织的战斗堡垒作用和党员的先锋模范作用，以高质量党建助力乡村组织振兴，为奋力实现农业强、农村美、农民富的目标提供组织保障。

图 10-1　重庆市云阳县在凤鸣镇太地村晒谷场举办中国农民丰收节庆祝活动

## （二）数字技术助推农业文化遗产保护利用

近年来，传统村落保护工作取得显著成效。建立了传统村落保护名录制度，大量传统村落被纳入有效保护范围，扭转了传统村落快速消失的局面。大量濒危村落得到了抢救性保护，村落生产生活条件得到明显改善，很多传统村落成为美丽乡村的代表，农民收入明显提高，传统村落传播传统文化的作用日益凸显。中国传统村落已经成为世界上最大的农耕文明遗产保护群。近 10 年来，我国非物质文化遗产保护水平有了持续提升，"活"起来的非物质文化遗产，成为推动经济社会高质量发展的新动能。在脱贫攻坚和乡村振兴中，非物质文化遗产也大有可为。通过挖掘和振兴乡村的特色非物质文化遗产，一方面凸显当地特色，成为乡村的文化支撑，一方面能够为传承人和相关从业人员带来实实在在的经济收入，既有社会效益又有经济效益，可谓一举多得。截至目前，我国世界自然遗产数量达到 14 项，文化和自然双遗产 4 项，18 项遗产地保护了 200 多个文物保护单位、非物质文化遗产、众多的历史文化名城名镇名村和传统村落，平均每年为当地带来超过 140 亿元的旅游收入。

农耕文化保护与传承活动风靡网络。文化和旅游部支持地方建设非物质文化遗产扶贫就业工坊超过 2000 所，带动项目超过 2200 个，带动近 50 万人就业，助力 20 多万贫困户实现脱贫。"活"起来的非物质文化遗产成为助力脱贫攻坚的积极力量。边远偏僻地区往往是传统工艺项目的富集区，让贫困户从剪纸、刺绣、绘画、食品加工等传统工艺类非物质文化遗产中获得收入、增强自信，成为很多人的共识。以甘肃为例，目前，文化和旅游部、原国务院扶贫办就业工坊，甘肃省文化和旅游局、省扶贫办共同认定 91 家省级非遗扶贫就业坊，市（州）认定 13 家，近 3 年累计组织培训 2088 期，开发非遗文创产品 64861 个。

中国传统村落数字博物馆建成，传统村落保护实现全景网络漫游。住房和城乡建设部等七部委联合开展传统村落调查挖掘工作，挖掘和保护中国优秀传统村落文化遗产，先后分 5 批将全国 6819 个具有重要保护价值的村落列入中国传统村落名录。2017 年以来，持续推进中国传统村落数字博物馆建设，建成了总展馆、村落单馆，并开发了全景漫游手机客户端，其中，村落单馆以全景漫游、三维实景、图文、音视频等形式全方位展示传统村落的独特价值、丰富内涵和文化魅力。进到传统村落数字博物馆主页就可以按地域搜索村落，即可"入村"游览青山绿水、田园风情，足不出户就能感受"诗和远方"。每一个展厅都分成全景制作、历史人文、自然环境布局、中国传统建筑、民俗风情、特色美食特产和度假旅游导视系统等七个部分，多方位展示了传统村落的人文地貌，足不出户就可以领略到全国各地各具特色的文化风采。目前，村落单馆数量已超过 400 个，覆盖全国 31 省（区、市），建馆村落数量还在持续增加中。中国传统村落数字博物馆集中展现了优秀中国传统村落丰富的文化遗产和孕育的农耕文明，向世界宣讲中国传统村落的故事，突出展现中华文化独一无二的理念、智慧、气度、神韵，增添中华民族内心深处的自信和自豪，增强国家文化软实力。

农村非遗宣传展示活动大力开展。文化和旅游部近年来充分利用网络平

**图 10-2　中国传统村落数字博物馆网站截图**

图片来源：http://www.dmctv.cn/indexN.aspx?lx=sy.

**图 10-3　云南省乐居村"云上"全景漫游**

图片来源：http://main.dmctv.com.cn/villages/53011201001/panorama.html.

台，大力支持农村地域特色文化、优秀农耕文化、优秀戏曲曲艺等传承发展，取得了显著成效。2022 年 6 月，"文化和自然遗产日"非遗宣传展示活动大力开展。据统计，全国各省（区、市）在 2022 年遗产日期间举办 6200 多项非遗宣传展示活动，其中线上活动达 2400 多项。各地以"文化和自然遗产日"活动为契机，推出丰富多彩的线上线下活动，吸引大众广泛参与，让文化遗产得到更好继承、创新、传播，融入大众生活，进而为赓续历史文脉、增强文化自信汇聚动能。2022 年 6 月，浙江省首批乡村博物馆获授牌匾。作为全国 3 个乡村博物馆建设试点省份之一，浙江于 2021 年 9 月启动项目建设，2022 年计划建设 457 家乡村博物馆，向大众普及乡村博物馆相关知识。

### （三）休闲旅游业带动乡村经济蓬勃发展

乡村旅游智慧化政策环境日趋完善。2020 年，农业农村部发布《全国乡村产业发展规划（2020—2025)》，提出了要充分利用互联网及新媒体资源，运用 APP 小程序开发"想去乡游"，为消费者推介适合乡村休闲旅游的景点和线路。2021 年，农业农村部通过人民网直播、"中国休闲农业"微信公众号发布等方式推介乡村休闲旅游精品线路 160 条，开设"巩固脱贫成果休闲游"专栏，陆续发布 17 期聚焦脱贫摘帽地区乡村休闲旅游专题，覆盖广西、云南、新疆等 8 省 17 个脱贫摘帽县。为贯彻落实 2021 年中央一号文件和《国务院关于促进乡村产业振兴的指导意见》精神，实施乡村休闲旅游精品工程，2021 年 4 月，农业农村部发布《关于开展全国休闲农业重点县建设的通知》，启动了全国休闲农业重点县建设工作，以县域为单元整体推进休闲农业发展。2022 年 3 月，文化和旅游部会同教育部、自然资源部、农业农村部等六部委，联合发布《关于推动文化产业赋能乡村振兴的意见》，提出数字文化赋能，鼓励数字文化企业发挥优势，挖掘活化乡村优秀传统文化资源，创作传播展现乡村特色文化、民间技艺、乡土风貌、田园风光、生产生活等方面的数字文化产品，规划开发相关体验项目，带动乡村文化传播展示消费、地域品牌形象塑造、特色农产品销售。

短视频平台提升乡村旅游重点村知名度。2020 年，农业农村部指导各地创新开展乡村休闲旅游"云观赏"、"云体验"、"云购物"等线上体验，举行"云主播"、"云锁客"、"云认养"等线上活动。文化和旅游部会同国家发展改革委联合启动全国乡村旅游重点村名录建设工作，2019 年推出第一批 320 个乡村旅游重点村建设，2020 年推出第二批 680 个乡村旅游重点村建设，2021 年推出第三批 199 个乡村旅游重点村建设，大大丰富了乡村旅游产品供给。2022 年 9 月，农业农村部通过线上直播的方式举办 2022 中国美丽乡村休闲旅

**图 10-4 2022 中国美丽乡村休闲旅游行（秋季）精品景点路线推介**

图片来源：http://www.moa.gov.cn/ztzl/2022qcz/index_5.htm.

游行精品景点线路推介活动，发布了宁夏银川乡村休闲生态之旅、浙江温州海上花园蓝色牧歌休闲游等 52 条精品线路，以及凤龙湾小镇、黄河花堤等 198 个精品景点，为广大城乡居民提供了体验乡村休闲、品味乡土美食、感受丰收喜悦的攻略。

美丽休闲乡村建设工作大力开展。农业农村部于 2021 年 4 月启动了全国休闲农业重点县建设工作，以县域为单元整体推进休闲农业发展，加快产业集聚发展，破解资源要素瓶颈，推动产业提质升级，促进城乡融合发展，引领带动乡村产业发展壮大。2021 年认定北京市延庆区等 60 个县（市、区）为全国休闲农业重点县。这批县呈现四大特点：一是县域资源特色鲜明，自然文化资源丰富，兼具自然资源、文化资源、农业产业资源等资源多样性特征。二是业态丰富集聚分布，打造农家乐、乡村民宿、休闲农庄等，且大多有康养、科普教育基地等新业态，已成为县域优势主导产业。三是带动农民增收效果显著，从事休闲农业农民就业占比增加，且收入平均水平高于全国农村居民人均可支配收入，兴村富民有成效。四是政策创新先行探索，多地出台专门针对休闲农业融资、用地、人才引进、提档升级等方面的政策，加速资源要素向休闲农业聚集。2021 年 11 月，农业农村部组织开展了 2021 年中国美丽休闲乡村申报

**图 10-5　辽宁省朝阳市建平县小平房村**

图片来源：http://nmfsj.moa.gov.cn/rwcz/mlxc_25688/201908/t20190830_6327021.htm.

和 2010—2017 年中国美丽休闲乡村监测工作。推介北京市门头沟区雁翅镇田庄村等 254 个乡村为 2021 年中国美丽休闲乡村，将北京市密云区古北口镇古北口村等 532 个乡村纳入 2010—2017 年中国美丽休闲乡村监测合格名单。

　　休闲农业发展取得明显成效。一是产业规模不断扩大，提升了发展质量。休闲农业逐步从零星分布向集群分布转变，空间布局从城市郊区和景区周边向更多适宜发展的区域拓展。近年来，休闲农业快速发展，游客接待人数和营业收入年均增速均超 10%，成为乡村产业发展的亮点。接待规模不断扩大，经营主体不断增多，服务机构不断壮大。在一些重点产业区域，突出功能衔接和特色互补，强化休闲体验，休闲农业发展质量不断提升。二是发展模式逐步丰富，拓展了现代农业内涵。各地根据自然特色、生态环境和消费习惯，创建并丰富众多主题鲜明、类型多样的休闲体验新类型、新业态和新模式。主要有：以农家乐为主题的综合体验模式、以自然生态为主题的康养模式、以农耕文化为主题的民俗旅游模式和以农事教育为主题的科普教育模式等。休闲农业从生产要素组合、产业结构高级化和产业组织多样化方面赋能现代农业，极大地丰富了现代农业的内涵。三是乡村资源深度挖掘，弘扬了新乡土文化。各地发展休闲农业和乡村旅游，使土壤贫瘠的山坡、一望无际的沼泽、农村闲置的破旧民房、濒临失传的文艺技能都变成了为民增收的经营性资源。深度挖掘、保护、传承、活化和利用各种乡村资源：它传承农耕文化遗产、开发民风民俗资源、展示民族风情并颂扬红色文化。四是农村就业创业渠道拓展，增加了农民收入。一大批返乡创业人员把休闲农业和乡村旅游作为创业的重要载体，一方面带动了餐饮住宿、农产品加工、交通运输、建筑和文化等关联产业发展，让更多的农民就地就近就业，另一方面也带动农民持续增收，简称为"五金农民"，即就地卖农金、挣薪金、收租金、分红金、得财金。五是资源要素聚合裂变，促进了城乡融合发展。休闲农业作为乡村新兴产业，多种模式使产业资源要素聚合裂变。运用市场机制推动要素资源在城乡双向流动，促成乡村在以下几方面的转变：稀缺要素回流，环境设施改善，文明习俗相通和民族沟通交融。休闲农业以乡村为主场，形成了城乡人流、物流、信息流和资金流相互联通的生动局面，极大地促进了城乡融合发展。

推进休闲农业发展积累了丰富实践经验。近年来，国家在扶持休闲农业和乡村旅游发展方面出台了一系列政策措施，各级休闲农业管理部门大胆创新，锐意进取，探索和积累了许多典型经验。一是注重规划引领，树立协调共享发展理念。国家相关部委统筹谋划总体布局，省级层面注重制定系列实施方案。市县结合本地实际制定各具特色发展规划。二是聚集生产要素，培育休闲农业经营主体。各地主要在土地政策、资金投入、人才培育等方面采取有效措施，整合乡村休闲资源，初步形成了以农家乐为基础、休闲农庄为主体的农业观光采摘园和民宿民居经营者、农业科技体验园等新型经营主体。三是顺应消费升级需求，培育休闲农业市场。顺应城乡居民不仅要吃饱穿暖，还要有"诗和远方"诉求，通过创建示范典型、加大创意设计、加强品牌宣传推介等多种方式，引导市民乡村休闲消费习惯，培育休闲农业市场。四是坚持农民主体地位，搭建多方参与平台。各地在发展休闲农业中，既坚持农民主体地位保持乡土性，又善于引入资金、人才、管理等更具现代市场营销理念的社会力量，形成以农民为主体、企业带动和社会参与相结合的休闲农业发展格局。

## （四）农业多种功能和乡村多元价值不断拓展

如今，乡村不再是单一从事农业的地方，还有生态涵养、休闲观光、文化体验等功能。人们对美好生活的向往既有柴米油盐酱醋茶，也有"望山看水忆乡愁、养眼洗肺伸懒腰"，这就需要拓展农业多种功能，把乡村打造成为产业高地、生态绿地、文化福地和休闲旅游打卡地，让人民共享幸福美好生活。2022 年中央一号文件提出，持续推进农村一二三产业融合发展，鼓励各地拓展农业多种功能、挖掘乡村多元价值，重点发展农产品加工、乡村休闲旅游、农村电商等产业。

近年来，随着现代化建设持续推进，我国乡村产业有了长足发展，农业的食品保障、生态涵养、休闲体验、文化传承等多种功能和经济、生态、文化等多元价值日益凸显。在做优做强种养业的基础上，积极拓展农业的多种功能，挖掘乡村的多元价值，重点发展农产品加工、乡村休闲旅游、农村电商等三大乡村产业。纵向上，打造农业的全产业链，推动产业向后端延伸，向下游拓展，由卖原字号向卖品牌产品转变，推动产品增值、产业增效。横向上，促进农业与休闲、旅游、康养、生态、文化、养老等产业深度融合，丰富乡村产业的类型，提升乡村经济价值。十年来，乡村新产业新业态蓬勃发展，全国休闲农庄、观光农园、农家乐等达到 30 多万家，年营业收入超过 7000 亿元。

农产品加工业是实现"粮头食尾"、"农头工尾"的关键环节，它一头连着农业、农村和农民，一头连着工业、城市和市民，沟通城乡、亦工亦农，具有延长农业产业链条、提升农产品附加值和增加农民收入的作用，是国民经济的重要产业。近年来，我国农产品加工业总体规模保持稳定增长，发展质量效益明显提升，结构和布局持续优化，转型升级不断加快，为保障国家粮食安全和重要农产品有效供给作出了重要贡献。目前，我国农产品加工业与农业总产值比达到 2.5∶1，主要农产品加工转化率达到 70.6%。但相比发达国家仍有较大差距，主要存在加工专用原料供给不足、加工工艺与装备匹配度不高、产业链条延伸不充分、品牌效应不明显等问题。

乡村休闲旅游业是"农业 +"文化、旅游、教育、康养等融合发展形成的新兴产业，拓展了农业生态涵养、休闲体验、文化传承等功能，凸显了乡村的经济、生态、社会和文化价值，在带动农民增收和促进乡村全面振兴方面发挥了越来越重要的作用。2019年，全国乡村休闲旅游接待游客约32亿人次，营业收入8500亿元。2020年，受新冠疫情影响，全国乡村休闲旅游接待游客约26亿人次，营业收入6000亿元，吸纳就业1100万人，带动农户800多万。根据途牛旅游网2021年度出游数据显示，上海、北京、南京、广州、深圳、天津、武汉、杭州、成都、合肥等是乡村旅游主要客源地。诗意的山水田园、鸡犬相闻的和睦与安详的乡村旅游体验，成为都市人的心之向往。目的地选择上，安徽黟县、江西婺源、浙江安吉、云南元阳、新疆阿勒泰、江苏南京、湖北宣恩、河南信阳、北京、天津等地成为年度乡村游热门。其中，以宏村、西递、篁岭村、余村、哈尼族民俗村、禾木村等去处最为知名，这些古镇、乡村或历史文化悠久，或民族氛围浓郁，自然风景秀美，以鲜明的地方特色吸引着众多游客。与此同时，当乡村旅游不再局限于"农家乐"形式，而是逐渐向观光、休闲、度假复合型转变，乡村旅游的消费模式也过渡为度假式深度体验游，乡村住宿需求由此走热，各类民宅、村落变成了旅游设施和景观。在乡村民宿走红的同时，围绕"山野乡村"主题推出的特色主题线路也成为年度"网红"产品，助力游客获得各具特色的山野度假回忆。

随着"互联网+"农产品出村进城、电子商务进农村综合示范、电商扶贫、数字乡村建设等工作深入推进，我国农村电商保持高速发展态势，农村网络零售市场规模和农产品上行规模不断扩大。尤其是新冠疫情期间，农村电商凭借线上化、非接触、供需快速匹配、产销高效衔接等优势，在县域稳产保供、复工复产和民生保障等方面的功能作用凸显，不断涌现出直播带货、社区团购等新业态新模式。商务大数据显示，2021年全国农村网络零售额达2.05万亿元，同比增长11.3%。此外，生鲜电商交易规模达4658.1亿元，社区团购规模达1205.1亿元，农产品跨境电商额超300亿元。"数商兴农"深入推进，农村电商"新基建"不断完善。

随着"三农"工作重心历史性地转向全面推进乡村振兴，农业多种功能拓展、乡村多元价值提升还大有可为。为顺应产业发展规律和满足人民需求，着力推动乡村产业高质量发展，全面推进乡村振兴，农业农村部于 2021 年 11 月发布《关于拓展农业多种功能促进乡村产业高质量发展的指导意见》(简称《意见》)。《意见》要求，在确保粮食安全和保障重要农产品有效供给的基础上，以生态农业为基、田园风光为韵、村落民宅为形、农耕文化为魂，贯通产加销、融合农文旅，促进食品保障功能坚实稳固、生态涵养功能加快转化、休闲体验功能高端拓展、文化传承功能有形延伸，打造美丽宜人、业兴人和的社会主义新乡村，推动农业高质高效、乡村宜居宜业、农民富裕富足，为全面推进乡村振兴、加快农业农村现代化提供有力支撑。《意见》明确，到 2025 年，农业多种功能充分发掘，乡村多元价值多向彰显，优质绿色农产品、优美生态环境、优秀传统文化产品供给能力显著增强，粮食产量保持在 1.3 万亿斤以上，农产品加工业与农业总产值比达到 2.8 ：1，乡村休闲旅游年接待游客人数 40 亿人次，年营业收入 1.2 万亿元，农产品网络零售额达到 1 万亿元。①

## 三、典型案例

近年来，各地充分利用地理信息、物联网、大数据、移动互联网等技术与乡村旅游、特色产业、共享农庄等业态结合，通过信息化服务产业发展，探索美丽乡村发展新场景，为推进乡村振兴做出积极贡献，取得良好成效。

### （一）山东临朐县：聚焦"五个振兴"全面打造美丽乡村

1. 总体情况 ②

临朐县城关街道衡里炉村地处临朐县西北角，北与青州隔河相望，西依黑虎山，依山傍水，风景秀丽，临历路环绕村南与村东。现有耕地 1420 亩，住

---

① http://www.xccys.moa.gov.cn/gzdt/202111/t20211118_6382484.htm.

② http://www.moa.gov.cn/xw/qg/202106/t20210621_6370190.htm.

户 621 户，2138 人，其中党员 87 名，荣获全国"一村一品"示范村、山东省美丽乡村示范村、山东省乡土产业名品村、山东省卫生村、潍坊市文明村、临朐县发展农村经济先进单位、临朐县发展壮大集体经济先进村等荣誉称号。

2. 主要做法与成效

自乡村振兴战略实施以来，衡里炉村严格按照"产业兴旺、生态宜居、乡风文明、治理有效、生活富裕"的总要求，以打造美丽乡村，提升群众幸福感为目标，多方学习借鉴，结合该村实际和区域特色，加快推进产业振兴、人才振兴、文化振兴、生态振兴、组织振兴，提振发展信心，增强发展后劲，在新起点上实现新跨越。

以产业振兴为出发点，加快发展现代农业。衡里炉村大樱桃种植自 1999年开始，现已栽种面积 1420 亩，其中大棚种植 800 余亩，露天种植 600 余亩，大棚樱桃亩产 1500 公斤，每亩收入 5 万元，全村年收入 4800 余万元。主要品种有红灯、先锋、美早、拉宾斯等，注册了"衡里炉"大樱桃品牌，申请了绿色食品认证，并注册成立了临朐县恒祺大樱桃农民专业合作社联合社。现已对大樱桃产业种植园区进行了基础设施的配套。结合潍坊国家农综区辐射区建设，加大农业新技术、新品种的引进孵化，改变提升了传统管理模式，建立培训基地，聘请大连果树研究所素有"中国大棚樱桃之母"称号的韩凤珠研究员对园区进行技术指导，在苗木修剪、水肥管理、温湿度控制、病虫害防治、优质品种推广等方面全方位培训提高村民管护水平。改变了过去传统管理模式，由大水漫灌改为智能微喷、水肥一体化，由木柴炉洞式土法供暖改为暖风炉供暖，由传统使用化学肥料改为土杂肥普及生物有机肥料，推广生物病虫害防治技术等，培育绿色无公害有机大樱桃。

以人才振兴为着力点，全力培育优势企业。鼓励大学生反哺家乡，吸引在外成功人士回乡创业，形成能力带动、共谋发展的良好局面，打造出玉江食品、三星包装、华晨彩印、众兴农机、樱红合作社等一大批优势企业，涌现出了一大批行业致富带头人。

以文化振兴为落脚点，推动精神文明建设再提升。村内文化活动广场、农家书屋等文化阵地配备齐全，开展了"好媳妇"、"好婆婆"等评选活动，倡导孝老敬亲良好风气。培育文明乡风、良好家风、淳朴民风，组织演出了多场次文化活动。投资89万元启动建设了一处展现本村人文历史的村史馆一座，村史馆建筑面积360平方，展示面积1000余平方米。2018年启动的衡里炉村村志编纂工作历时两年，于2020年10月1日出版发行。在村内主要干道两侧绘制孝德文化墙20幅，旨在让村民进一步感受中华孝道文化，弘扬中华民族的传统美德。投资210万元建设一处建筑面积800平方米的高标准幼儿园，规划设置6个教学班，提升学前儿童教育环境和质量。

以生态振兴为突破口，扎实推进美丽乡村建设。通过人居环境卫生综合整治，彻底清除村内"三大堆"，村容村貌和环境卫生得到明显改善。为加快本村美丽乡村建设，改善村民生活环境，提升广大村民的文明素养和家庭文明程度，开展了"卫生清洁星级户"评选活动，极大地调动了村民爱护环境，保护环境的积极性。着力抓好村庄绿化，在村活动中心楼前投资120万元建设了一处5600平方的绿荫文化休闲广场。在村南北大街两侧栽植银杏117棵，在村南出口东侧建设了一处2000平方米的街角公园，为群众提供更大的休闲、健身、娱乐的活动空间。在四条东西主干道北侧实施精品绿化美化，修建了花坛，栽植了各类花木3万余株。在全村每家房前栽植各类花木9万余株，达到了房前绿化全覆盖，全村绿化总面积32000余平方。

以组织振兴为总抓手，不断夯实基层基础。以"两学一做"、党员网格化管理为抓手，扎实开展村级服务型党组织创建活动。全面抓好村干部队伍和党员队伍建设，高标准、严要求，打造成全县干部建设的样板。打造一支有信仰、有梦想、有底线的农村党员干部队伍。严格落实"四议两公开一监督"、"支部生活日"、"党员积分制管理"等工作制度和活动，形成民主化、制度化的工作机制，汇聚最强工作合力，确保乡村振兴战略蓝图变成现实。

## （二）福建三明市俞邦村：跨村联建引领产业融合型美丽乡村建设

### 1.总体情况

福建省三明市夏茂镇俞邦村是革命老区村，历史文化底蕴深厚，被誉为

"沙县小吃第一村"。共辖 4 个自然村、7 个村民小组，共 309 户、1112 人，党员 32 人。全村外出经营沙县小吃人数 670 人，占全村人口的 60%，占全村劳动人口的 88%。先后获得全国乡村治理示范村、全国乡村旅游重点村、全省首批美丽乡村建设标准化试点村等荣誉称号。近年来，沙县区充分发挥俞邦村"沙县小吃第一村"品牌优势，联合带动周边 5 个村、1.6 万人，通过规划联编、民生联动、文明联创、组织联建，实现"抱团"发展，走出一条跨村联建引领产业融合型美丽乡村建设路子。

2. 主要做法与成效

着力抓好规划联编。一是理念先行。20 世纪 90 年代初期，以俞邦村村民为主，带动周边村民外出经营沙县小吃，他们创业致富后不仅带回了资金，也带回来先进理念，推动各村编制了村庄建设规划，实施"统规自建"，确保房屋依规建设、整齐有序。二是多规合一。推进片区各村"多规合一"村庄规划联合编制，深化农村宅基地制度改革，实行农村建房"两统等、两统管"及"房长制"，提升农村风险管控水平。三是专规合编。2021 年 3 月 23 日后，把握重大历史机遇，立足整个片区，邀请专业团队联合编制《俞邦片区乡村旅游发展总体规划》，重点放在联村产业发展、村庄公共服务设施提升、生态修复、历史风貌保护等方面，规划实施中国南方稻种展示基地、精品民宿、旅游观光车道等 42 个提升改造项目，促进文旅融合。俞邦村获评国家 3A 级旅游景区，长阜村入选 2021 年中国美丽休闲乡村名单。

着力注重民生联动。一是基础设施联片提升。聚焦交通路网、安全饮水等问题，通过"资金整合＋项目捆绑＋一体实施"方式，推进"四好农村路"、城乡供水一体化项目，完成了各村主干道路硬化、路灯亮化、俞邦村道路白改黑及管线下地等项目建设。二是环境卫生联片整治。落实"一革命四行动"任务，建立片区环境治理服务队伍，常态化开展村庄清洁行动。探索创建垃圾、污水处理的财政补贴和农户付费合理分担机制。片区各村垃圾无害化处理率达 100%，户厕覆盖率 100%，农村生活污水治理率达 95% 以上，村容村貌整治率达 85% 以上。三是民生保障联片优化。改造提升俞邦片区党群服务中心，完善农村事务代理机制，为村民提供"一站式"便民服务。成立俞邦片区友贸发展有限公司，延伸沙县小吃产业链条，建立"订单式"联村共富机制，促进各村村财增收，为项目建设提供资金保障。

着力打造文明联创。一是打造乐龄学堂品牌。根据外出经营沙县小吃人数较多，留守老人、留守儿童较多的实际，联合片区6个村引入了"乡村乐龄学堂"，采取"老少共学，老少同乐"的模式，推动精神文明融入农村发展和生活，丰富村民精神文化生活，让老人小孩得到照管，在外的小吃业主能够安心创业。二是加强农村精神文明建设。依托新时代文明实践所站建设，成立6支片区党员文明志愿服务队，常态化开展人居环境整治等文明实践志愿活动，广泛开展"星级文明户"、"美丽庭院"等评选活动，持续推进农村移风易俗，健全村民理事会、调解委员会、村规民约等机制，以文明乡风促进乡村建设。三是发挥农民主体作用。在乡村建设中深入开展美好环境与幸福生活共同缔造活动，完善农民参与乡村建设机制，引导鼓励村民参与公共事务。常态化推进农村精神文明创建，将片区划分为19个网格，依托居民夜谈会，激发农民主动参与意愿。

着力强化组织联建。一是建强联村组织。在俞邦村成立片区党委，由夏茂镇党委书记兼任片区党委书记，2名省派驻村第一书记兼任党委副书记，各村书记兼任党委委员，建强工作队伍，推进协同发展。二是健全议事机制。推行片区联席会议制度，通过片区联席会议讨论决策建设项目，确保乡村建设项目有序推进。三是推行"人才回引"。聘请优秀乡贤担任乡村振兴指导员，回引大学生返乡到村任职、在外青年回乡创业，为乡村建设提供人才支撑。

## （三）河北承德县新杖子乡村：打造旅游发展"七彩山乡，花果小镇"

### 1.总体情况①

新杖子乡位于承德县西部，距县城25.2千米。面积97.7平方千米，人口

---

① http://www.crttrip.com/showinfo-9-1222-0.html.

1.33万人（2002年），辖10个行政村。新杖子乡始终把果品产业基地建设作为提升果品产业档次的工作重点，借助国家退耕还林政策，建成了四大果品产业基地和六大经济示范区。承德县新杖子乡是远近闻名的果品专业乡，近年来随着乡村旅游的蓬勃发展，全乡的农家采摘风生水起，成为距离承德市区最近的乡村旅游目的地。先后荣获"承德市最具特色旅游乡村"、"承德市农家休闲旅游示范乡镇"、"河北省果品专业乡"、"全省绿化先进乡镇"、"全国一村一品示范村镇"等荣誉称号。

2. 主要做法与成效

着眼旅游业发展最新态势，谋划新杖子村旅游产业发展。以新杖子村为核心，设计开发二十四节气花果新村、中国优质小国光苹果栽植示范基地、枫树湾山地运动休闲公园、特色农家院、山地度假酒店等旅游项目，建设特色突出的生态民俗型度假小镇——花果小镇，形成乡村旅游大花园的一朵奇葩。

以节庆活动为载体，扩大旅游影响力。举办旅游节庆活动，是推出和展示地方旅游产品，扩大知名度和影响力的一个重要载体，是旅游营销推介的重要平台。打造乡村休闲旅游品牌除了着重建设休闲互动体验项目，乡村旅游软文化建设也是必不可少的，将"赏花节"打造为承德县新杖子苇子峪村一个乡村旅游品牌，建设延续性、突出特色、树立品牌、扩大影响力，促进乡村休闲旅游从项目建设、文化建设、品牌塑造层面更上一层楼。

引导乡村旅游升级，打造承德市首家乡村休闲公园——果香田园休闲公园。打造新杖子乡村休闲公园，设计开发集生态采摘、民俗体验、文化休闲、水上娱乐、极限运动、野外生存体验等具备参与性、体验性的系列旅游产品，将有效提升新杖子乡旅游产业素质，形成明显的竞争优势。

巩固本地客源市场，构建承德市环城游憩带的核心节点。随着休闲概念日渐深入人心，休闲旅游逐渐取代观光旅游成为旅游市场的主导形态。乡村旅游以其生态性、体验性、文化性顺应了城市居民休闲需要，成为城市休闲的核心组成部分。新杖子乡旅游业未来发展须定位乡村休闲旅游，培育休闲旅游产品，集聚休闲产业要素，构建承德市环城游憩带的核心节点，不断开拓、巩固承德市本地客源市场。

图 10-6　百里花果画廊

图片来源：http://www.crttrip.com/showinfo-9-1222-0.html.

　　强化优势条件，构建承德县南部旅游区增长极。新杖子乡毗邻承德市区，可进入条件优越，旅游资源特色显著，本地市场认知度较高，具备做大、做强乡村旅游的诸多优势。以"大旅游，大产业，大发展"为指导思想，高起点、高标准、高要求，谋划乡村旅游发展，把新杖子乡打造成为承德县南部旅游区增长极，并有效带动其他乡镇，打造承德县南部百里花果画廊，实现承德乡村旅游的跨越式发展。

## （四）安徽萧县：产业振兴带动乡村"五彩"蝶变

### 1. 总体情况 ①

　　产业兴则乡村兴。从脱贫攻坚到乡村振兴，安徽省宿州市萧县紧紧抓住特色产业这一牛鼻子，实施"一村一品"推进行动，因地制宜围绕葡萄、辣椒、

---

　　①　http://www.xxny.agri.cn/jyjl_1/202106/t20210617_7713129.htm.

胡萝卜、芦笋、白山羊等特色产业谋篇布局，发展起紫、红、橙、青、白"五彩"农业，形成了产业稳步发展、农民稳定增收的良好局面，目前成功带动全县6.1万户增收致富。

2. 主要做法与成效

抓住特色产业打造特色名片。在萧县孙圩子乡程蒋山村外的田野上，一眼看不到边的翠绿不是麦苗，而是长势茂盛的胡萝卜秧。孙圩子乡当地有种植胡萝卜的传统，目前种植面积超2万亩，形成了种植、加工、运输、餐饮等一条龙产业链。目前该县已创建孙圩子、青龙、石林等多个胡萝卜标准化示范基地，胡萝卜种植面积达6万亩，形成了集清洗、分选、包装、储运于一体的胡萝卜交易市场，每年吸引全国10多个省的200多家客商前来设点收购，市场年吞吐量40万吨以上。孙圩子乡组织村民到寿光等地学习，打算进一步扩大春茬胡萝卜种植面积，谋划引进加工厂，发展脱水蔬菜、果汁饮品等，做大做强胡萝卜产业。每到胡萝卜收获季节，该市场日用工数量达4200人，收储、清洗、装车及脱水加工，可实现劳务收入1260万元以上，餐饮服务业收入210万元，运输业收入5000万元。辣椒产业也是特色名片，萧县年产优质辣椒种子35万余公斤，供种量占全国总量的30%左右。目前，全县拥有各类辣椒育种研究所、中心及制种企业20多家，研制辣椒品种200多个。已经建成12个千亩连片的辣椒制种基地1.6万余亩，数万农民依靠参与发展辣椒产业脱贫致富。

强化产业带动促进农户增收。甜美的葡萄是萧县另一张靓丽名片，目前全县葡萄种植总面积6万亩，年产葡萄10万吨，年加工能力3万吨，年贮藏能力0.5万吨，葡萄鲜食、加工、贮藏年总产值10亿元。作为葡萄特色村，张村2018年整合各类资金，投资建设了200多个大棚，其中130多个高标准葡萄大棚，采用物联网技术管理，种植了20多个精品葡萄品种。张村相关工作人员介绍，村集体专门成立了运营公司，采取"公司＋农户"的模式，农户负责管理，公司统一采购农资，聘请农科院专家进行技术指导，统一品牌销售，收益与农民共同分红。为了带动更多农户增收致富，张村实行分类施策，鼓励有劳动能力的村民参与到园区务工，对于无劳动能力的村民，利用村集体收益分红，为其多一份保障。目前共有 70 多户脱贫户参与分红，12 户农户参与到葡萄园管理。

延伸产业链提升附加值。萧县白山羊是国家地理标志产品，当地依托优质资源，做活"白"山羊，大力发展特色养殖。在 12 家肉羊养殖企业推广"高床养殖 + 山林放牧"的生产模式，在传统放牧的基础上，通过增加高床舍养提升山羊肌间脂肪含量，改善了羊肉风味。目前，萧县皖北白山羊养殖基地年存栏皖北白山羊 85.6 万只，出栏 100 万只。在丁里镇武寺村的广顺养殖合作社，羊舍内成群的白山羊生龙活虎，膘肥体壮。合作社负责人介绍，一头羊可以卖到 1000 元到 1500 元，合作社平均每年销售 2000 多头山羊，同时还带动周边农户养殖，将母羊免费送给村民养，产仔后羊羔送给村民，养大后合作社帮助销售。目前有 30 多户参与养殖，每家养殖规模在 10 头到 30 头。有优质食材的同时，产品深加工同样不含糊。在萧县，羊肉餐馆遍地开花，羊肉美食也实现真空包装，冷链运输系列化、规模化发展，通过线上线下销售渠道，产品远销全国各地。在羊肉深加工上，依托餐饮名店，当地不断开发新的菜品菜肴，以羊为食材的菜品 40 多个，萧县羊肉已成为一个品牌，渗透到合肥、蚌埠、淮北、徐州、开封、连云港等地。萧县还积极围绕"青"芦笋，做好产业延伸文章。充分发挥招商引资政策优势和产业集聚区平台优势，积极引进国内知名的芦笋加工企业，引进先进食品加工技术，加工芦笋截根，变废为宝，并在此基础上开展芦笋罐头、芦笋茶的深加工业务，不断延伸产业链，扩大芦笋种植面积，打造本土品牌，实现从卖原料到加工增值、卖产品卖品牌的蝶变。

## （五）甘肃酒泉：发展特色产业助力乡村振兴

### 1. 总体情况 ①

从大小不一、散乱分布的"巴掌田"到田成方、路成网、渠相连的高标准

---

① http://www.moa.gov.cn/xw/qg/202206/t20220622_6403101.htm.

农田；从土坯墙温室到高标准智能化连栋温室；从增温块御寒到太阳能"电暖炕"取暖；从一家一户的小农经济到抱团发展的现代化农民专业合作社……近年来，酒泉市以高标准农田建设筑牢乡村振兴"耕"基，以先进科技赋能乡村振兴，以产业化发展托举起乡村振兴梦，描绘了产业兴、乡村美、农民富的乡村振兴新景象。

2. 主要做法与成效

筑牢乡村振兴"耕"基。在瓜州县瓜州镇头工村千亩机采棉示范基地，沟渠、田块整齐划一，大型农机整地机、北斗导航播种机等智慧农机联合作业，喷药、整地、铺膜、点种……棉花种植流水线作业一次性完成，一天可以播种150亩以上。今年以来，瓜州镇紧紧围绕农业增效、农民增收目标，争取资金3646万元，建设高标准农田2.1万亩，有力推动了全镇农业规模化、机械化、集约化发展。同时，采取"公司＋合作社＋基地＋农户"的发展模式，引导农户通过土地流转入股分红，就近务工实现多元化增收。面对农村土地碎片化、经营分散化等不利于产业规模化发展的问题，肃州区以高标准农田建设项目破题，带动机械化种植、规模化生产和产业化经营，从智能水肥一体化的成熟应用，到集约化、规模化多种经营模式，推动农业提质增效。

数字科技赋能乡村振兴。走进肃州区上坝镇千亩高原夏菜生产基地，一座座钢架拱棚整齐排列，棚内蔬菜长势喜人。依托高标准农田建设项目，上坝镇千亩高原夏菜生产基地流转土地1000亩，建成新型装配式钢架拱棚300余座，种植红笋、甘蓝、西兰花等高原夏菜，生产的蔬菜除供应周边县市外，还远销广州、上海等地，年销售蔬菜10万吨以上，收入达1000万元，带动当地农户土地流转和务工收入300万元。

近年来，酒泉全面推进高标准农田建设，将碎地变整田、坡地变平地、劣地变沃土、分割变连片，着力在信息化、智能化和水肥一体化集中连片高效节水示范基地建设上持续发力。至2021年底，累计建成高标准农田176万亩，为农业产业结构调整、农业机械化发展、新技术推广应用、新型农业经营主体培育创造了有利条件，筑牢了粮食生产"基石"，为现代农业的蓬勃发展插上了翅膀。

走进肃州区戈壁生态农业产业园，一座座日光温室在阳光下熠熠生辉。第五代全钢架装配式温室已广泛应用。随着温室结构设计、日光管理等技术不断更新，一座座现代化温室拔地而起，盘活了广袤的戈壁资源。除了温室硬件创新外，温室内、行株间更是满满的"黑科技"。在中以（酒泉）绿色生态产业园标准化温室里，一株株爬藤番茄已有 2 米高，盛产期的西葫芦硕"瓜"累累。温室采用了集信息采集、灌溉监控、轮灌计划、用水统计于一体的智能节水灌溉系统，进行远程控制管理，实现"远程管家式"精准浇水。

经过 10 多年的探索与发展，肃州区先后建起东洞、总寨 2 个万亩戈壁农业园区，银达、西洞 2 个 5000 亩戈壁农业园区，全区戈壁日光温室面积达到 3 万亩、智能连栋温室面积达到 11 万平方米，并且还以每年新建 1 万亩戈壁日光温室的速度递增，走上了绿色高质量发展之路。

产业化托起乡村振兴梦。目前，清泉乡聚焦人参果特色产业，建成人参果育苗中心和脱毒种苗实验室、冷藏保鲜库、加工车间、基质发酵场等配套服务项目，并配备土壤检测、农药检测等设备，带动人参果产业以"基质生产—种植—养殖—初加工—精深加工—仓储物流—科技研发—体验休闲旅游—教育培训—产品营销"的模式快速发展，有效促进了全乡特色增收产业融合发展。一座座温室，不仅将新鲜的蔬菜瓜果端上了餐桌，也成了新时代农民的"聚宝盆"。近年来，酒泉推动"三变"改革与戈壁农业发展、特色产业培育、美丽乡村建设互促互融，培育壮大新型经营主体，构建形成了"龙头企业＋农民合作社＋产业基地＋广大农户"的新型经营体系。一大批种植养殖大户、家庭农场应运而生，实现了小农户和现代农业的有机衔接。目前已培育农产品进出口企业 50 家，制种、脱水蔬菜、番茄制品等成为农产外贸的"主力军"，产品远销美国、俄罗斯和东南亚、中西亚等 80 多个国家和地区，在越南、柬埔寨等国家设立酒泉特色农产品销售专区和仓储专区 39 个，产品深受消费者青睐。

## （六）海南共享农庄打造乡村产业融合体

### 1. 总体情况 [①]

共享农庄是依托农业多种功能性和乡村多重价值，对农村住房和田园等进行个性化改造，以农业和民宿共享为特征，集循环农业、创意农业、农事体验于一体的共享经济模式。近年来，海南创建了一批共享农庄试点，成为海南特色的"三农"新品牌，成为天然的农村一二三产业融合发展体，为农业焕发新活力，为乡村产业增强新动能，为乡村振兴提供新路径。

### 2. 主要做法与成效

突出地域特色，建设共享农庄。充分发挥海南热带岛屿、四季花园的特色优势，发展了各具特色的共享农庄。有以休闲度假为主要特色的共享农庄，如冯塘绿园共享农庄；有以乡村旅游为特色的共享农庄，如大皇岭共享农庄；有以品牌农业为特色的共享农庄，如"柚子夫妇"、"临高天地人"共享农庄；有以健康养生为特色的共享农庄，如"永忠黎宝共享农庄"；有以文化创意为特色的共享农庄，如"蝶恋谷共享农庄"。特色各异的共享农庄，既有城市品质、更有乡村风光，成为城乡之外的"第三空间"。

坚持市场运作，发挥主体作用。建立混合所有制的投资建设运营管理企业，涌现了一批共享农庄建设市场主体。目前在海南共享农庄的主体达到285家，创建共享农庄试点159家。既有农业企业、文化旅游企业、房地产企业，也有村集体企业，已有61家共享农庄创建试点发展特色水果、反季节瓜菜、咖啡、航天瓜菜等特色农产品，取得良好效益。其中，"澄迈洪安蜜柚共享农庄"种植的"洪安牌"无籽蜜柚成为海南首个获国家生态原产地保护产品，每对蜜柚售价最高可达388元；白沙"五里路茶韵共享农庄"种植的"五里路牌"茶获得中国有机产品认证，并成为海南首家获欧盟及美国有机茶认证的品牌，亩产值达4万元。

坚持农民参与，建立利益联结机制。共享农庄把农民共享利益、共享发展

---

[①] http://www.xxny.agri.cn/llyj/llyjzlm/201911/t20191126_7245181.htm.

成果作为落脚点，参与共享农庄建设的农户1.57万户，其中带动贫困户5000多户，贫困群众人均增收1260元。儋州大皇岭共享农庄通过"公司＋合作社＋农户＋贫困户"模式，2017年通过养殖、种植和休闲旅游直接带动农户40户，其中建档立卡贫困户16户，提供就业岗位30个，促进农户增收超过150万元；"小鱼温泉共享农庄"解决本村就业人数233人，并带动当地321户村民组成合作社一起发展；白沙县"阿罗多甘共享农庄"为282户贫困户年发放80万元红利，得到扶贫系统的充分肯定。

坚持部门联动，共促共享农庄发展。海南省成立了共享农庄推进领导小组，建立农业、规划、住建、国土等部门联动机制。强化申报联审，开展共享农庄试点创建，要求市县政府组织相应部门，对申报主体项目进行现场联合考察，提高申报效率，把住入口关。强化宣传推介，先后组织共享农庄试点创建单位赴各地考察学习宣传推介，开展线上、线下推广活动，组织三场大型招商推介会，签约资金达50多亿元。强化督查检查，实行"动态管理、定期监测、优进劣汰、能进能退"机制，防止房地产化。强化专业服务，成立海南共享农庄联盟，加强行业自我管理和市场自律。

强化行政推动，引领共享农庄发展。加强引导和规范，确保方向不偏、健康发展。加强政策引导，先后出台《关于以发展共享农庄为抓手建设美丽乡村的指导意见》、《关于促进乡村民宿发展的指导意见》等一系列文件。加强规范引导，编制了《海南共享农庄发展规划（2018—2025）》、《海南共享农庄评选办法》，制定了《海南共享农庄建设规范》。加大资金引导，安排1亿元用于支持共享农庄创建工作，设立共享农庄基金，首期10亿元资金已基本落实，预计两年之内基金规模可达50亿元。

# 第十一章　农业信息科技发展

## 一、概述

信息科学与农业科学的相互渗透深刻影响着农业科技发展，催生了一门新兴交叉学科即农业信息技术。近年来，我国大力发展农业信息技术，加快信息技术与农业产业的深度融合，在大田精准作业、设施农业、畜禽水产养殖、农产品监测预警等方面取得重要进展。数字农业标准体系加快建设，农业物联网应用服务、感知数据描述和传感设备基础规范等一批国家和行业标准陆续出台。农业数据获取条件改善，农业大数据资源建设取得成效；大田生产作业信息化水平提升，畜禽水产养殖数字化技术应用范围扩大；农产品全产业链大数据监测预警取得成效，农产品电子商务与仓储物流数字化转型加快。具有自主知识产权的传感器、无人机、农业机器人等技术研发应用，集成应用卫星遥感、航空遥感、地面物联网的农情信息获取技术日臻成熟，基于北斗自动导航的农机作业监测技术取得重要突破，广泛应用于小麦跨区机收。农业信息化技术水平提升为保障粮食安全，稳定农产品供应，提高农民收入，防范产业风险发挥了重要的科技支撑作用。

我国农业信息化科技虽已取得了长足进步，但短板与不足依然明显。在基础研究方面，农业高性能专用传感器严重不足，农业数字基础支撑比较薄弱。在生产信息技术方面，测控终端、智能农机装备关键技术原始创新不足、高端设施装备缺乏。在市场信息技术方面，全产业链数据实时获取、智能分析、精准预测等技术有待进一步提升。在数字乡村技术方面，信息资源分散，综合治理数字化手段缺乏。

当前，信息科技创新日益呈现多学科交叉、多领域融合的加速发展态势。信息科学、材料科技、先进制造加速向农业领域融合驱动，多维海量农业大数据分析、新一代传感器和农业机器人等技术日新月异，实现农业生产全过程的模拟、监测、判断和预测，推进农业装备的智能化与网联化，带动农业生产管理的精准化和智能化。"十四五"期间，面向农业高产稳产目标，需要建立现代种业信息技术体系；面向农业高质量发展目标，需要建立健全智能化生产技术体系；面向农产品供给安全保障目标，需要建立以大数据为支撑的全产业链监测预警技术体系；面向乡村振兴目标，需要创新以数字化、网络化、智能化为特征的乡村高效管理服务技术体系，全面提升农业信息化水平。

## 二、发展实践

近年来，我国大力发展农业信息技术，加快信息技术与农业产业的深度融合，在大田精准作业、设施农业、畜禽养殖、水产养殖、农产品监测预警等方面取得重要进展，为保障粮食安全、稳定农产品供应、防范产业风险等发挥了重要技术支撑作用。信息技术正在逐渐向社会生活各个领域融合，为引领和支撑现代农业发展提供了强有力的科技支撑，对促进传统农业转型升级、增加农民收入、推进乡村振兴发挥了越来越重要的作用。

### （一）农业信息化科技基础有了长足发展

农业信息化基础设施支撑条件改善。一是农业数据获取硬件条件改善，传感器在光温水气土等环境监测中的应用范围逐步扩大，动植物生命信息传感器正在加快研发。二是对地遥感监测能力大幅提高，国内首颗农业高空间分辨率遥感卫星"高分六号"成功发射，能有效辨别作物类型，为农情精准监测提供了有效的条件支撑。三是农业物联网、农业数据中心、农业云平台等农业新型基础设施建设大力推进。四是益农信息社等农业信息化工程项目建设全面实施，农业信息服务条件进一步优化。

农业大数据资源建设取得显著成绩。在农业大数据资源建设与共享技术方面，建设和储存了从中央到地方的系列化涉农数据资源。目前，农业农村部已经建立了包括农业综合统计、种植业、畜牧业、渔业、农村经营管理、农产品价格统计等 20 多项统计报表制度，指标超过 5 万个（次），建设了包括农业宏观经济及主要农产品产量、价格、进出口、成本收益等分析主题的 18 个数据集市。政府信息系统和公共数据互联开放共享大力推进，农兽药基础数据平台、重点农产品市场信息平台等相继建成，国家农业数据中心进行云化升级改造加快，初步建成了国家农业数据平台。苹果、生猪、大豆等单品种全产业链大数据建设试点，为农业信息服务和产业决策提供了坚实的基础数据支撑。

共性关键技术取得明显进展。农业信息化标准体系加快建设，农业物联网应用服务、感知数据描述和传感设备基础规范、农产品市场信息采集与质量控制、农田信息监测等一批国家和行业标准陆续出台。农业大数据分析处理与数据计算能力取得重要进展，农业数据清洗、多源数据融合、关联分析与预测，以及语音识别、机器视觉识别、机器学习等 AI 技术在农业领域上的应用逐步推进。农产品全产业链信息智能分析预警模型、农业智能决策模型、信息推送服务、移动智能终端等数据服务软硬件载体和相关大数据服务应用逐渐深入推广。

## （二）农业生产信息化水平稳步提升

种业发展取得了明显成效。我国农作物自主选育品种面积占比已超过95%，水稻、小麦两大口粮作物品种做到了完全自给，玉米、大豆、生猪等种源立足国内有保障，为粮食连年丰收和农产品稳产保供提供了重要支撑。但是，我国种业自主创新水平与发达国家还有很大差距，有些品种单产水平还有较大提升空间，核心技术原始创新不足、商业化育种体系不健全，尤其是动物和高端蔬菜良种对外依存度较高，粮食作物的育种关键环节与发达国家相比也有一定差距。

大田生产作业信息化水平提升。数字农业技术正加快从实验室走进田间地头，推动农业生产方式变革。农业物联网区域试验示范取得成效，发布了426项节本增效农业物联网产品、技术和应用模式，示范引领信息技术在农业生产上广泛应用。运用物联网技术，典型棉花种植项目区肥料利用率提高20%以上，土地利用率提高8%，综合效益每亩增加210元。气象环境监测站、土壤墒情监测仪、作物长势监测仪等物联网监测设施加速推广，农机深松整地作业面积累计超过1.5亿亩。无人驾驶农机、无人植保机、无人收割机等智能装备在大田开始试验应用。数字农业平台融合物联网、大数据、人工智能、5G等科技，通过作物模型、智能预警、智能感知、智能分析等特色的系统功能，实现从环境数据、企业信息、种植品种定位到种子流通和质量追溯环节的信息采集、种子生产的智能化管理和质量安全监控。超万亩智慧农场、"无人农场"已经开始落地见效。

设施农业信息化技术体系不断完善。果蔬大棚数字化水平逐渐提升，具有自动化调温、调湿、补光、通风和喷灌功能的设施不断增多。智能感知、智能分析、智能控制技术与装备在设施园艺上集成化应用，形成立体农业、植物工厂等现代化设施农业模式。随着人工智能技术与农业领域融合发展，以"信息感知、定量决策、智能控制、精准投入、个性服务"为特征的智能化农业设施技术体系正在形成。

畜禽水产养殖数字化技术应用范围扩大。物联网、大数据、空间信息技术、移动互联网等信息技术在畜禽水产养殖的在线监测、精准饲喂、数字化管理等方面得到不同程度应用。畜禽、奶业、疫病等信息服务平台相继建成，信息服务延伸到了养殖场户。数字化技术逐步应用于水体环境实时监控、饵料自动投喂、水产类病害监测预警、循环水装备控制、网箱升降控制等领域，水产养殖装备工程化、生产集约化和管理智能化水平大大提高。

（三）市场流通数字化水平明显提升

我国农产品流通体系建设和农产品监测预警技术有了长足发展。主要农产品全产业链数据的采集、分析、发布、服务技术体系逐步形成，连续9年召开了中国农业展望大会，发布中国农业展望报告，为农业生产经营主体提供了全面、有效的市场信息服务。生猪、柑橘等单品种全产业链大数据试点试建，在引导市场预期、促进产销对接和指导农业生产中充分发挥作用。中国农产品监测预警系统（CAMES）建成，建立了多品种模型集群，显著提升了生产、流通、市场全产业链监测预警能力。通过构建CAMES多类型多因素分类解耦集群建模方法，建立了农产品产量、消费量、价格预测预警模型群；创建了农产品全产业链数据、模型、参数一体化智能平台，集群模型分析计算精准度高、适用性强，产量预测准确率达97.9%；CAMES智能系统连续支撑中国农业展望报告、月度供需分析报告、日度监测报告发布，为国家农产品分品种监测预警和智能化决策服务提供了技术支撑。

农产品仓储物流数字化转型加快。"互联网+"农产品出村进城工程试点实施，适应农产品网络销售的供应链体系、运营服务体系和支撑保障体系逐步建立，电商企业与小农户、家庭农场、农民合作社等产销对接更加顺畅。农产品仓储保鲜冷链物流设施建设工程启动，可溯源的数字化农产品仓储物流中心逐步形成，为推动农产品市场流通信息化提供了有力支撑。电子商务进农村综合示范有力推进，已建设县级电商公共服务中心和物流配送中心超过2000个，乡村电商服务站点约13万个，面向农业产业链的电商综合平台不断涌现。

### （四）数字乡村建设信息化技术能力逐步提高

农业农村网络通信逐渐完善，数字鸿沟逐步缩小。截至2022年6月，我国农村地区互联网普及率达58.8%，全国现有行政村通宽带和通4G网络比例实现全覆盖，农村网络覆盖为乡村信息化水平提升创造了基础条件。农产品冷链物流建设加快，农产品进城和工业品下乡的效率快速提升，电子商务进农村综合示范已实现831个国家级贫困县全覆盖。

数字技术应用于智慧绿色乡村建设。通过应用现代物联网技术和绿色处理技术对乡村生产生活产生的废水、固体废物和废气进行科学处理，并通过数字化监测平台对"三废"进行实时监测和预警，提高乡村生态环境整治的信息化水平，提升乡村生态环境建设进程。

数字技术应用于乡村治理效能提升。"乡村大脑"、"一张图"、"数字孪生"等数字技术的广泛应用为推进乡村治理现代化和精细化提供先进技术手段，为乡村治理的有效实现提供重要驱动力。政府、企业、社会组织以及乡村居民各主体可直接通过网络平台越过庞杂的中间环节，相互间进行直接联系与有效沟通，赋予相应治理权限与责任边界，以各自优势构建多元协同治理系统。

数字技术应用于乡村惠民信息服务。通过实施信息进村入户工程、"12316金农热线"、"农民手机应用技能培训"等一系列"互联网＋"现代农业信息化工程，农业生产经营主体的信息获取和应用能力得到切实提高，农业信息服务水平明显提升。公益服务、便民服务、电子商务、培训体验服务已进到村、落到户，促进了线上和线下农业融合发展，为解决信息服务"最后一公里"问题提供了有益通道。

### （五）农业科技创新能力条件建设布局逐步健全

国家现代农业产业科技创新中心建设有序推进。自 2016 年来，已在全国建设一批国家现代农业产业科技创新中心，已启动南京、太谷、成都、广州、武汉等 5 个科创中心建设，打造农业区域性创新平台和"农业硅谷"，建设了一批农业创新联合体，促进创新要素集聚、关键技术集成、关联企业集中、优势产业集群，搭建起科学家与企业家同台唱戏、创新要素与农业深度融合的平台。①

在农业科技创新能力条件建设方面，农业农村部围绕国家重大战略和产业发展需求，初步建立起科学研究类平台、技术创新类平台、观测示范类平台等组成的全链条平台发展格局。在科学研究平台方面，建设了农业领域国家重点实验室 51 个，推进农业基础研究与原始创新。在技术创新平台方面，建设了

① 张立红：《疫情大考：农业科技如何破局》，《中国科技奖励》2020 年第 5 期。

综合性重点实验室 42 个、专业性（区域性）重点实验室 335 个等一大批创新平台，开展农业应用基础研究和关键共性技术研究。在观测示范类平台方面，建设了农业领域国家野外科学观测研究站、农业科学观测实验站、野外科学观测试验站等基地，推动科技成果集成创新和试验示范。数字农业领域国家工程技术研究中心、农业信息技术和农业遥感学科群、国家智慧农业创新联盟相继建成，智慧农业实验室、数字农业创新中心加快建设，农业物联网、数据科学、人工智能等相关专业在高等院校普遍设立。

农业农村部农业信息技术学科群是我国农业信息科技研究的重要的科技力量。学科群于 2011 年由农业部批准成立，包括综合性实验室、专业性实验室和科学观测试验站，各实验室（站）层次清晰，分工明确。学科群的总体目标是构建智慧农业技术体系，加强物联网、大数据、云计算、人工智能等信息技术与农业产业技术的融合，实现农业生产、经营、管理、服务的"信息感知、定量决策、智能控制、精准投入、个性服务"，促进"农艺信息农机"深度融合，加快农业现代化建设。"十三五"期间，学科群共有农业农村部农业信息技术重点实验室、农业信息获取技术重点实验室、农业信息服务技术重点实验室、农业信息软硬件产品质量检测重点实验室、光谱检测重点实验室、农作物系统分析与决策重点实验室、农产品信息溯源重点实验室、渔业信息重点实验室、农业物联网重点实验室、农业大数据重点实验室、农业信息化标准化重点实验室等 16 个重点实验室 / 观测实验站，实验室建设获得中央预算投资 1.3 亿元，条件建设能力显著提升；承担科研项目 1600 余项、科研经费到位 19 亿元、获得省部级以上奖励 95 项，培养了一支 500 余人的集中国工程院院士、长江学者、千人计划、万人计划等国家领军人才的优秀创新团队。"十四五"期间学科群队伍进一步壮大，新增农业农村部区块链农业应用重点实验室、智慧养殖技术重点实验室、农业传感器重点实验室、数字乡村技术重点实验室、黄淮海智慧农业技术重点实验室、东北智慧农业技术重点实验室、华南热带智慧农业技术重点实验室、长三角智慧农业技术重点实验室等 8 个重点实验室，学科群重点实验室数量扩增到 22 个，科研力量进一步扩增。

"十四五"期间，将重点支持建设国家农业农村科研协同创新平台，数字种业、国家数字乡村、数字农业装备、数字农产品流通领域国家创新中心，水稻、棉花、肉禽等专业领域创新分中心，以及农产品加工等国家数字农业产品检验检测中心等项目，提升数字农业农村创新能力和技术服务水平，打造数字农业农村综合服务平台。将建设国家数字种植业创新应用基地、国家数字设施农业创新应用基地、国家数字畜牧业创新应用基地、国家数字渔业创新应用基地等国家数字农业创新应用基地。

在科研项目方面上，2016 年国家重点研发计划启动首批 9 类重点专项，其中"智能农机装备"、"粮食丰产增效科技创新"位列其中，成为"十三五"的首批重点专项。2021 年作为"十四五"的开局之年，科技部部署了"工厂化农业关键技术与智能农机装备"重点专项，聚焦热门领域，启动大田环境作物信息传感器与表型平台创制、土壤信息传感器与智能检测设备创制、大马力高效智能拖拉机整机创制与应用、高性能播种关键部件及智能播种机创制、高效能收获关键部件及智能收获机械创制、水稻全程无人化生产技术装备创制与应用、无人化植物工厂成套技术装备创制、绿色高效智能养猪工厂创制与应用等 8 个项目，国拨经费 2.7 亿元。重点专项围绕"创制一批关键技术、核心部件、重大产品并开展典型应用示范"主题，以创制应用为核心，大力发展农机装备机械化、数字化、智能化，加快设施化工厂化农业关键技术应用。通过实施国家重点研发计划"工厂化农业关键技术与智能农机装备"、"乡村产业共性关键技术研发与集成应用"等重点专项，加强高端智能农机装备研发制造，强化农业科技创新供给。

## 三、典型案例

近年来，我国农业农村信息化关键核心技术研发创新速度加快，在农产品全产业链监测预警、智能农机装备、动植物生长信息获取及调控模型、农业遥感监测等方面取得重要研究进展。

## （一）中国农科院信息所：主要农产品全产业链智能监测预警关键技术与应用

### 1.总体情况

农产品全产业链监测预警对推动农业产业高质量发展、防范产业风险、保障国家粮食安全、提升国际贸易主动权具有重大意义。中国农业科学院农业信息研究所联合河南省农业科学院农业经济与信息研究所、农业农村部信息中心等单位，针对我国水稻、生猪、蔬菜等18类主要农产品全产业链生产监测、产销匹配、风险防范关键问题，开展农产品全产业链监测预警研究，提出了农产品产运销多环节融合的全息信息监测方法，创建了智能预警核心算法，突破了农产品生产、流通、市场环节复杂场景信息动态监测和智能预警关键技术，首创了中国农产品监测预警系统（CAMES），构建了我国首个农产品监测预警智能管理平台。研究成果对推动农业产业高质量发展、防范产业风险、保障国家粮食安全、提升国际贸易主动权具有重大意义。

### 2.主要科技创新

创建了农业信息流监测预警方法。首次提出了以农业信息流动态监测、全息获取、定量预警为核心的农业监测预警理论，建立了农业信息分析学。提出了农业信息流监测和农业全息信息获取方法，明晰了农产品产量形成和价格传导信息流的时空演变规律，为全产业链信息动态监测提供了理论依据；创新了系统化农产品生产、流通和市场风险识别方法，创建了警情智能感知、警度自主计算的农产品全产业链定量预警核心算法，农业产业风险早期预警准确率达到90%以上。

突破了农产品信息动态监测和智能预警关键技术。针对农产品全产业链环节多、风险高、监测预警难的问题，在生产环节，集成创新了6大类高性能、低成本监测产品，提出了基于信息流的农产品产量离散集成计算方法，破解了农产品广域产量推演测算难题。在流通环节，创建了信息流精准追踪技术，实现了农产品跨区流向、流量的信息动态追踪。在市场环节，提出了农产品市场信息采集与质量控制国家标准，创新了市场信息精准采集技术，获取高质量数据 976 万条，全产业链监测效能提高 5 倍以上。

建立了中国农产品监测预警系统（CAMES）。创建了多品种集群模型构建方法，研制出由大量模型方程组成的农产品分析预警模型集群。建立了 18 类主要农产品生产、消费、价格预警阈值表，创立了多场景预警阈值自主管理、多品种阈值自主设定的智能阈值生成与管理系统。建成了我国首个农产品监测预警智能管理平台，平台具有大量模型方程并行运算、复杂场景预警阈值自主管理、自适应预警判别功能，与单环节建模运算相比，模型运行效率大大提升，产量预测准确率达 97% 以上。CAMES 系统为开创中国农业展望工作提供了关键技术支撑，每年发布未来 10 年中国农业展望报告，定期发布农产品供需月度分析报告，每日发布 CAMES 监测日报，推动我国农产品监测预警能力和水平跨入国际先进行列。

### （二）华南农业大学：基于北斗的农业机械自动导航作业关键技术及应用

#### 1. 总体情况

为提高作业质量、作物产量、土地利用率和农机利用率，减少肥料和农药用量、降低生产成本，缓解农村劳动力短缺问题，华南农业大学联合北京农业智能装备技术研究中心、北京农业信息技术研究中心等单位在国内率先开展了基于卫星定位的农业机械自动导航作业技术的系统研究，突破了导航定位、路径跟踪、电液转向、电机转向、速度线控、机具操控、自动避障、主从导航、车载终端和系统集成十大关键技术，取得了多项创新成果。

#### 2. 主要科技创新

一是突破了复杂农田环境下农机自动导航作业高精度定位和姿态检测技术。采用北斗卫星定位和 MEMS 惯性传感相结合，创新设计了外部加速度补偿的线性时变自适应卡尔曼滤波算法，实现了不同农机不同工况下的高精度连续稳定定位和测姿，解决了精准定位难的问题。

二是创新提出全区域覆盖作业路径规划方法、路径跟踪复合控制算法、自动避障和主从导航控制技术，提高了农机导航精度、作业质量和作业效率。创新设计了基于预瞄跟随的复合路径跟踪控制器，采用侧滑估计补偿器对决策期望轮角进行侧滑补偿，显著提高了水田农机路径跟踪精度，解决了导航控制难的问题。

三是创制了具有自主知识产权的农机自动导航作业线控装置和农机北斗自动导航产品。创新设计了农机线控局域网和自动导航作业局域网组成的农机自动导航作业系统，提出了多层智能控制策略和方法，实现了不同农机自动导航作业系统的集成和控制，解决了系统集成难的问题。

项目成果总体达到了国际先进水平，其中水田自动导航作业和主从导航作业居国际领先水平，满足了旱地／水田耕整、种植、植保和收获等环节精准作业需要，打破了国外技术垄断，保障了我国农机导航装备的自主安全可控，引领了我国农机导航技术的创新发展，为我国智慧农业提供了重要支撑。

利用此项技术，研发的无人农机导航定位精度达到2cm，在旱地作业速度18km/h范围内，路径跟踪控制精度稳定在2.5cm，可以实现不重耕、不漏耕，还可以自动从机库转移到田间，完成田间作业后又会自动回到机库。不仅如此，由于无人农机通过卫星导航定位，并不依赖光线，晚上也能作业，大大提高了效率。

通过使用该项技术，无人农场已经实现"耕种管收"全过程无人化。目前，这项技术成果已经应用于水稻、棉花、小麦、玉米等作物生产，并在新疆等十个省区应用，累计推广农机自动导航作业产品2679套。仅2017年至2019年累计应用面积就达871.5万亩，节本增收10.79亿元，经济效益显著。


### （三）中国农科院北京畜牧所：家畜养殖数字化关键技术与智能饲喂装备

#### 1.总体情况

针对我国饲料数据数字化程度低，养分需求动态模型缺乏，养殖环境控制无序及智能设备、标识产品主要依赖进口的现状，中国农业科学院北京畜牧兽医研究所联合北京农学院、江苏省农业科学院等单位率先开展家畜养殖智能化研究，建成了功能完整、标准化的"中国饲料样本数据库"及"中国饲料实体数据库"，创制了家畜生命体征感知系统及智能精准饲喂装备，创建了家畜环境精准控制系统，形成了家畜养殖数字化管控和畜产品溯源的理论与技术体系，实现了主要家畜养殖数字化与智能化的理论与技术创新。

2. 主要科技创新

建成系统完整的中国饲料数据库。制定 16 类饲料原料描述规范，建设与维护 78 个核心数据集，有效记录数达 32 万条；连续 28 年发布《中国饲料成分及营养价值表》；获得了 105 种单一原料及 16 类分类原料的 350 套养分估测模型，预测精度高达 93%，为畜牧行业长期提供基础性数据支撑服务。

构建了家畜营养精准调控技术体系。建立了 35 套种母猪及商品猪的采食量、有效能值及蛋白质动态需求模型，47 套荷斯坦奶牛不同胎次、不同泌乳潜力及不同季节的乳成分及产量形成机理模型，为家畜智能饲喂系统研制奠定了理论基础；结合数学规划及数据库技术，开发了 21 种从单机版、网络版到移动手机版的主要家畜饲料配方决策系统，引领我国精准养殖产业技术发展。

创制了主要家畜智能精准养殖装备。集成电子标识技术、传感器技术、自动控制技术、采食量动态模型及采食行为，创制了 1—4 代妊娠母猪电子饲喂站，1—3 代哺乳母猪、保育猪及肥育猪个体及小群体饲喂站，奶牛、肉牛及肉羊个体饲喂系统；创制 47 种主要家畜的精准饲喂及养殖设备，实现了家畜的精准饲喂，有效解决了剩料残余问题，形成了我国家畜智能养殖精准饲喂技术体系。

创制了家畜专用 RFID 芯片、生命体征感知系统和主要畜产品溯源系统。创制的专用低频、高频 RFID 芯片获得了国际 ICAR 机构认证，并研发了 22 种不同类型的标签和阅读器，填补了国产畜禽电子标识空白，突破电子标识高成本对产业需求的制约；研制了以 RFID 为基础的母畜发情监测器、奶牛计步器及家畜测温耳标等感知系统；建立了基于 RFID 的猪肉、牛肉等畜产品全程溯源基础理论与技术体系，构建与运行了 11 个重要的肉类溯源平台。

技术产品与系统的应用，综合提高饲料转化率 8%—15% 以上，减少劳动力成本 30% 以上，提高畜产品增值 15%—50%。技术成果实现中国自主家畜电子标识核心芯片产业化，直接引领了动物营养和家畜精细饲养的深度结合，有力推动了饲料、畜牧养殖业的技术进步与发展。

## （四）中国农业大学：水产集约化养殖精准测控关键技术与装备

### 1.总体情况

针对我国水产养殖装备数字化程度低，实时精准测控技术缺乏，国外同类技术不适用我国实际需求，导致劳动生产率和资源利用率低、劳动强度大、养殖风险高等问题，中国农业大学联合北京农业信息技术研究中心、天津农学院等单位，经十余年产学研联合攻关，构建了集传感器、采集器、控制器和云计算平台于一体的水产养殖精准测控技术体系，实现了复杂环境下的水质实时调控和饵料精准投喂。

### 2.主要科技创新

创新了养殖水体溶解氧、叶绿素原位测量方法，突破了实时补偿校正与智能变送技术，创制了 9 种水质在线测量传感器，打破了国外技术垄断。首次提出了四电极脉冲激励溶解氧原位测量方法和单激发—双接收光纤荧光叶绿素原位测量方法，突破了复杂养殖条件下的水质传感器实时补偿校正与智能变送技术，创制了养殖专用溶解氧、叶绿素等 5 种单参数传感器和氨氮等 4 种多参数复合传感器。测量精度达到国际先进水平，免维护周期提高了 1 倍。

解析了复杂养殖条件下无线网络信道多径衰落自适应机理，创新了持久化传输与跨网多设备动态适配技术，研制了 7 种水产专用无线采集器、控制器，填补了国内产品空白。探明了养殖水面、设施材料等对无线信号的吸收、反射干扰规律，研发了节点间最短路径选择、节点休眠唤醒调度等持久化传输技术；开发了复杂场景下兼容 Zigbee、2G/3G/4G、NB-IoT、北斗等协议的跨网多设备动态适配技术；研制了 5 种养殖环境信息采集器和 2 种适用池塘养殖和陆基工厂养殖装备的无线控制器，实现了传统养殖装备的数字化、网络化。

揭示了溶解氧对气象变化、增氧、投饵作业等外界因素的响应机理，构建了溶解氧优化调控与智能投喂决策模型，研发了精准测控云计算平台和移动终端服务系统，引领了产业发展方向。探明了溶解氧在气象因子、增氧、投饵作业等条件影响下的变化规律，建立了基于实时数据的半滑舌鳎等 11 种水产养殖动物的溶解氧优化调控模型和智能投喂决策模型；研发了水产养殖精准测控云计算平台和 11 种移动终端服务系统，实现了增氧投饵作业的智能决策。

创制了数字化陆基工厂循环水处理成套装备，构建了池塘和陆基工厂养殖精准测控技术体系，带动了行业技术进步。研发了溶解氧、水温、流量及循环水处理装备实时高效调控技术，创制了数字化陆基工厂循环水处理成套装备；构建了集传感器、采集器、控制器、养殖装备与云计算平台于一体的池塘养殖和陆基工厂养殖精准测控技术体系，实现了养殖作业的精准控制。饵料利用率提高 10%，增氧效率提高 30%，增产 15%，节省劳动力 50% 以上。

## （五）中国农科院环发所：高光效低能耗 LED 智能植物工厂关键技术及系统

### 1. 总体情况

植物工厂是一种环境高度可控、产能倍增的高效生产方式，不受或很少受自然资源限制，可实现在垂直立体空间的规模化周年生产，甚至可在岛礁、极地、太空等特殊场所应用，对保障菜篮子供给、拓展耕地空间与支撑国防战略具有重要意义。植物工厂发展潜力大，但产业化应用面临成本控制与效益提升等问题，亟待突破光源光效低、系统能耗大、蔬菜品质调控与多因子协同管控难等关键技术难题。中国农业科学院农业环境与可持续发展研究所联合中国农业大学、北京大学东莞光电研究院等单位，历经 12 年系统研究，在植物工厂关键技术及系统集成方面取得重大创新和突破。

### 2. 主要科技创新

率先提出植物光配方概念，创制出基于光配方的 LED 节能光源及其控制技术装备，显著提高光效。探明了 PAR 单色光、UV 和 FR 对植物产量与品质形成的机制，提出了植物工厂主要作物光配方优化参数；创制出红蓝芯片组合与荧光粉激发两大类 LED 光源；研发出移动与聚焦 LED 光源及其调控技术装备，实现节能 50.9%。

率先提出了植物工厂光—温耦合节能调温方法，研发出室外冷源与空调协同降温控制技术装备，大幅降低系统能耗。阐明了植物工厂光期热负荷与室外冷源之间的匹配关系及调控机制，将光期置于夜晚并利用室外冷源调温，研制出协同调温策略及其节能控制技术装备。与传统降温相比，节能 24.6%—63.0%。

率先提出光与营养协同调控蔬菜品质方法，研发出采前短期连续光照与营养液耦合调控技术，有效提升蔬菜品质。阐明了水培叶菜光、暗期硝酸盐—碳水化合物代谢机理，提出了采收前短期连续光照提升蔬菜品质方法，降低叶菜硝酸盐 30% 以上，提升 Vc 和可溶性糖 38% 和 46%。

研发出光效、能效与营养品质提升的多因子协同调控技术，集成创制出 3 个系列智能 LED 植物工厂成套产品，实现规模化应用。集成创制出规模量产型、可移动型、家庭微型 3 个系列植物工厂成套技术产品。

## （六）新疆农垦科学院：棉花生产全程机械化关键技术及装备的研发应用

### 1. 总体情况

新疆农垦科学院联合石河子贵航农机装备有限责任公司、新疆天鹅现代农业机械装备有限公司等单位，在国家科技支撑计划项目、国家科技攻关计划、兵团重点研发计划等项目支持下，围绕实现棉花生产全程机械化的关键环节开展配套农艺技术及装备的持续研究。创新研发了适应机械化采收的丰产栽培模式、膜下滴灌精量播种技术及装备、机采棉化学脱叶技术及装备，建立了棉花全程机械化技术体系。2020 年新疆全程机械化技术应用面积超过了 80%。建立示范基地取得巨大成效。新疆巴楚县基地产量比原来增加了一倍，达到 415.3 公斤/亩；河北、山东示范区籽棉达到 400 公斤/亩，实现了全程机械化生产。

2. 主要科技创新

建立了特色鲜明的棉花生产全程机械化技术体系。以中国棉花主产地新疆地区为例，基于棉花主产区的气候土壤特点，实现高效机械化生产为目标，新疆建立了特色鲜明的棉花生产全程机械化技术体系，突破了棉花生产全程机械化农机农艺融合关键技术。目前已经研发出耕整地、精量播种、高效喷药、机械采收等关键技术装备，自主开发了种床整备、立体喷施植保、高效籽棉贮运等农艺技术措施。农艺与农机的深度融合，形成了特色鲜明的棉花生产全程机械化技术体系，显著提升了棉花生产水平。该技术体系在新疆应用面积超过了80%，带动了中国棉花生产整体水平进一步提升。

在棉花生产各个环节中实施精准作业系统。以中国新疆地区棉花生产全程机械化技术为例。1979年，新疆石河子垦区棉花种植引进了地膜覆盖技术，通过与不铺地膜种植试验对比，棉花可以增产35%。虽然地膜种植模式大幅提高了增产效益的，但人工作业效率低的问题导致地膜种植模式难以大面积推广，亟须研发先进适用的地膜植棉机械。通过铺膜播种机的创新研发，实现了从成果到产品的转化，系列产品迅速得到推广应用，新疆兵团皮棉平均单产由1982年的579kg/hm$^2$发展到1994年的1230kg/hm$^2$。20世纪90年代后期，在棉花地膜种植的基础上，新疆生产建设兵团提出了基于机采棉条件下植棉全程水肥调控的膜下滴灌、精量播种栽培新农艺，并为此研发了一次作业即能完成种床整理、铺管铺膜、精量播种、种孔覆土等8道工序的新机具，达到了播量精确、播深一致、株距均匀、适应机采和高密度的农艺技术要求。2003年，机具通过省部级科研成果鉴定，整体达到了国际先进水平。棉花膜下滴灌精量播种技术与装备在新疆全面推广，皮棉平均单产进一步发展到2014年的2335.5kg/hm$^2$。

近年来，新疆以机械化采收为主线，集成种子处理、种床整备、精量播种、脱叶催熟、机械收获和储运加工等关键技术，建立棉花生产全程机械化技术体系，实现规模化推广应用。新疆兵团农业生产机械化与信息化相结合，特别是在棉花生产各个环节中实施以"精细耕整地、精准播种、精准施肥、精准灌溉、精准田间生态监测、精细收获"为主要技术内容的精准作业系统，提高自动化与智能化作业水平、作业质量和劳动生产率，实现棉花生产的提质增效。目前新疆生产建设兵团综合农机化水平已达到93%，信息化技术融入农业装备发展很快，北斗卫星导航拖拉机自动驾驶系统在兵团得到广泛应用。兵团应用卫星导航定位自动驾驶棉花播种，能一次完成铺膜、铺管、播种作业，1km播行垂直误差不超过3cm，播幅连接行误差不超过3cm，有效解决了农机播种作业中出现的"播不直、接不上茬"的老大难问题。石河子垦区2018年的380万亩棉花，几乎全部由自动驾驶系统拖拉机完成播种作业。目前，国内以新疆钵施然、星光农机、现代农装、天鹅棉机、常州东风为代表的国产6行采棉机已研发成功，并逐步扩大市场份额，采摘头的摘锭、座管、拐臂、变速箱、车桥等重要零部件都实现了国产化。

## （七）南京农业大学：稻麦生长指标光谱监测与定量诊断技术

### 1. 总体情况

针对现代农业对作物生长无损监测与精确诊断技术的迫切需求，南京农业大学联合江苏省作物栽培技术指导站、河南农业大学等单位，综合运用作物生理生态原理和定量光谱分析方法，围绕水稻、小麦主要生长指标的特征光谱波段和光谱参数、定量监测模型、实时调控方法、监测诊断产品等开展了深入系统的研究，集成建立了作物生长无损监测与精确诊断技术体系。

### 2. 主要科技创新

明确了稻麦主要生长指标的特征光谱波段及敏感光谱参数。基于光谱分析方法，系统解析了不同条件下稻麦反射光谱的动态变化模式，明确了稻麦叶片与冠层反射光谱对叶面积指数、生物量、氮含量、氮积累量、叶绿素密度、产量品质等指标的响应规律，确立了指示稻麦生长指标的特征光谱波段及敏感光谱参数，为稻麦生长光谱估算模型的构建及监测仪的开发提供了支撑。

构建了多尺度的稻麦生长指标光谱监测模型。基于定量建模方法，综合利用地面与空间遥感信息，确立了上述稻麦主要生长指标与相应敏感光谱参数之间的量化关系，在叶片、冠层和区域等不同尺度构建了稻麦主要生长指标的光谱估算模型，实现了稻麦长势的多尺度快速监测。

建立了多路径的稻麦生长实时诊断与精确调控技术。利用系统分析方法，定量研究了不同产量水平下稻麦关键生长指标的动态变化模式，构建了基于产量目标的生长指标适宜时序动态模型；进一步耦合实时苗情信息，综合利用养分平衡原理、氮营养指数法、适宜指标与实际指标差异法等，集成建立了多路径的作物生长诊断与调控技术，可定量确定稻麦生长中期的适宜肥水调控方案。

研制了简便适用的稻麦生长监测诊断产品。将作物生长监测诊断技术与硬件工程相结合，研制了便携式和机载式稻麦生长监测诊断设备，并开发了基于无线网络的作物生长感知节点；与软件工程相结合，开发了稻麦生长监测诊断应用系统和农田感知与智慧管理平台，为稻麦生长指标的实时监测、精确诊断、智慧管理等提供了实用化技术载体。

开展了作物生长监测诊断技术体系的规模化示范应用。将软件应用与硬件载体相结合，技术培训与试验示范相结合，形成了具有指导性和实用性的技术推广体系。自 2009 年开始，以作物生长监测诊断仪、监测诊断应用系统、生长感知与智慧管理平台等软硬件产品为主要应用载体，以作物长势分布图、肥水调控处方图、产量品质分布图等为主要技术形式，在我国的稻麦主产区进行了示范应用，取得了显著的经济、社会和生态效益。

## （八）浙江大学：植物—环境信息快速感知与物联网实时监控技术及装备

### 1. 总体情况

浙江大学联合北京农业信息技术研究中心、北京派得伟业科技发展有限公司等单位，围绕农田信息快速感知、稳定传输和精准管控三大瓶颈难题，在植物养分 / 生理 / 病害信息快速感知，土壤水 / 盐 / 养分特性多维快速测试，农田复杂环境下信息无线稳定传输，基于作物生长需求的物联网环境调控和肥水药精准管理等核心技术取得了重大突破，自主研制了系列产品和系统。

### 2. 主要科技创新

在植物养分、生理和病害信息快速感知技术与设备方面，提出了从作物叶片、个体、群体3个尺度开展生命信息快速获取方法研究的新思路，自主研制了便携式植物养分无损快速测定仪和植物生理生态信息监测系统，开发了作物典型病害侵入和感病初期的早期快速诊断系统，提高了作物信息智能感知技术的在线监测水平和环境适应能力。

在土壤水/盐/养分特性/快速测试技术与设备方面，研发了土壤多维水分快速测量仪和不同监测尺度的墒情监测网，发明了非侵入式快速获取土壤三维剖面盐分连续分布的方法与装置，建立了全国土壤光谱库的土壤有机质和氮素光谱预测模型，研发了土壤养分野外光谱快速测试技术与仪器，实现了土壤水、盐和养分特性快速多维准确测试。

在农田复杂环境下信息无线稳定传输技术方面，发明了主动诱导式低功耗自组网与消息驱动机制的异步休眠网络通信方法，解决了农业信息的低功耗与远程传输问题；提出了网络局部重组与越级路由维护算法，解决了野外节点故障或植物生长与设施对无线信号干扰导致网络局部瘫痪的难题，提高了无线传输网络的稳定性。

基于物联网的作物生长精准管控技术与装备，还研发了植物生长智能化管理协同控制和实时监控系统，实现了基于实测信息和满足植物生长需求的物联网肥、水、药精准管理和温室协同智能调控；研发了基于物联网工厂化水稻育秧催芽智能调控装备和设施果蔬质量安全控制管理系统。

相关成果已经在全国20多个省市的农田、果园与设施农业等推广应用，取得了重大经济和社会效益，对推动我国数字农业和农业物联网技术的发展具有重要意义。

### （九）中国农科院区划所：农业旱涝灾害遥感监测技术

#### 1. 总体情况

及时、准确地获取我国农业旱涝灾害动态过程和损失信息，对于科学指导农业防灾减灾、确保国家粮食安全和服务国家农产品贸易具有重要意义。研发以遥感技术为核心的灾害监测系统是及时、准确获取多尺度农业旱涝灾害信息的重要途径。中国农业科学院农业资源与农业区划研究所联合中国水利水电科学研究院、中国气象科学研究院等单位，结合农业主管部门的灾情信息需求，重点突破了农业旱涝遥感监测中"监测精度低、响应时效差、应用范围小"等三大技术难题，对农业防灾减灾行业科技进步起到了重要推动作用。

2. 主要科技创新

创新了面向农业旱涝灾害遥感监测的理论体系。构建了以地表蒸散发参数为核心的农业干旱遥感定量反演理论和农业干旱参数遥感反演的空间尺度效应解析理论体系，实现了全国尺度地表蒸散发等干旱核心参数的全遥感反演，在华北和西北典型试验区反演精度提高到90%以上。提出了基于光谱、纹理等多特征的洪涝水体遥感识别理论，以及基于数据同化的农业洪涝灾害全过程数值解析理论，实现了农业洪涝灾害全天候遥感监测，阐明了农业洪涝灾害全过程对作物生长过程的影响机理。

突破了农业旱涝灾害遥感监测精度低、时效差的技术难题。建立了"星—机—地"多平台一体化的农业灾害信息快速获取技术，实现不同尺度旱涝灾情信息获取时间缩短到24小时内，较人工采集节约成本90%以上。创建了多模型和多方法整合的农业旱涝灾害时空动态解析技术，全国土壤墒情监测精度提高到94%以上，周期缩短至10天；通过整合遥感数据多特征信息，实现洪涝水体自动识别精度由90%提高到95%，水淹范围识别效率在先分类后比较法基础上提高20%。研制了面向作物全生育期的旱涝灾害损失遥感评估技术，实现农作物洪涝受损等级划分，作物干旱遥感诊断准确率达94%，冬小麦产量损失估算误差减少10%。

实现了高精度、短周期和多尺度的农业旱涝灾害遥感监测信息服务与决策支持。研制了由15个工作执行标准组成的国家和区域尺度农业旱涝灾害遥感监测标准规范体系。创建了国内首个国家农业旱涝灾害遥感监测系统，实现全国旱灾常规监测每旬1次、应急监测3天1次，首次实现遥感影像获取后4小时内可上报农业洪涝灾损定量评估结果。系统逐步应用于农业农村部和国家防汛抗旱总指挥部等部门的全国农业防灾减灾工作，在多次重（特）大农业旱涝灾害监测中发挥了重要作用，并先后在黑龙江、河南和山东等省份进行推广应用。

# 第十二章  前景展望

## 一、面临的挑战

当前，数字农业农村发展既面临难得的机遇，也面临诸多挑战。信息化基础设施相对薄弱，乡村 5G 网络、物联网设施等新基建布局亟待完善；天空地一体化数据获取能力较弱、覆盖率低，数据整合共享不充分，数据要素价值挖掘利用不够；关键核心技术创新不足，具备自主知识产权的农业专用传感器缺乏，农业机器人、智能农机装备适应性较差；融合应用不足，农业产业数字化、数字产业化滞后。2020 年，我国产业数字化规模为 31.7 万亿元，农业、工业、服务业数字经济渗透率分别达 8.9%、21.0% 和 40.7%。数字经济在农业中的占比远低于工业和服务业；乡村数字化治理水平偏低，与城市相比差距仍然较大。

全面建设社会主义现代化强国，最艰巨最繁重的任务在农村，最广泛最深厚的基础在农村，最大的潜力和后劲也在农村。数字农业农村是生物体及环境等农业要素、生产经营管理等农业过程及乡村治理的数字化，是助力乡村振兴战略推进，实现农业农村现代化和高质量发展的重要抓手。展望今后一段时期，数字农业农村发展将迎来难得机遇。

从国际看，全球新一轮科技革命、产业变革方兴未艾，物联网、智联网、大数据、云计算等新一代信息技术加快应用，深刻改变生产生活方式，引发经济格局和产业形态深度变革，大数据成为基础性战略资源，新一代人工智能成为创新引擎。世界主要发达国家都将数字农业作为战略重点和优先发展方向，相继出台"大数据研究和发展计划"、"农业技术战略"和"农业发展 4.0 框架"等战略，构筑新一轮产业革命新优势。从国内看，党中央、国务院高度重视网络安全和信息化工作，大力推进数字中国建设，实施数字乡村战略，加快 5G 网络建设进程，为发展数字农业农村提供有力的政策保障。信息化与新型工业化、城镇化和农业农村现代化同步发展，数字技术的普惠效应有效释放，为数字农业农村发展提供强大动力。中国农业进入高质量发展新阶段，乡村振兴战略深入实施，农业农村加快转变发展方式、优化发展结构、转换增长动力，为农业农村生产经营、管理服务数字化提供广阔的空间。

当前及"十四五"时期是推进数字农业农村发展的重要战略机遇期，必须顺应时代趋势、把握发展机遇，加快高水平农业数字技术推广应用，大力提升数字化生产力，抢占数字农业农村制高点，推动农业高质量发展和乡村全面振兴，让广大农民共享数字经济发展红利。但也应该看到，数字农业农村仍然面临粮食体系转型升级、城乡发展不平衡不充分、农业国际合作形势严峻、高水平农业科技亟须自立自强等诸多挑战。

## （一）粮食体系亟待转型升级

从全球范围看，实现联合国 2030 年可持续发展目标的期限日益临近，全球饥饿人口却仍持续增加。2022 年 7 月发布的《2022 年世界粮食安全和营养状况》报告指出，2021 年，全球约有 23 亿人（占比 29.3%）面临中度或重度粮食不安全状况，较新冠疫情暴发以来增加了 3.5 亿；全球近 9.24 亿人（占比 11.7%）面临严重粮食不安全状况，两年间增加了 2.07 亿。[①] 中国是联合国和广大发展中国家粮食安全领域的可靠合作伙伴。中国支持世界粮食计划署在华设立全球人道主义应急仓库和枢纽，同联合国粮农组织建立南南合作

---

① 农业农村部：《境外涉农信息快报》（第 292 期），（2022-07-11）[2022-07-12] . http://www.gjs.moa.gov.cn/gzdt/202207/t20220711_6404480.htm.

信托基金并合作实施 40 多个南南合作项目；同发展中国家建立农业合作区，同 140 多个国家和地区开展农业科技交流，向广大发展中国家推广农业技术 1000 多项，带动项目区农作物平均增产 30%—60%。[①] 从国内看，中国粮食供求仍将长期处于"紧平衡"状态，仍将面临低端产量过剩与高端供给不足，口粮安全与改善型需求两大结构性矛盾。展望今后一段时期，中国仍需大力推动数字农业农村建设，落实"藏粮于地"、"藏粮于技"战略，树立大食物观，压实粮食安全责任，推动粮食体系转型升级，保障国内粮食自给和牢牢守住粮食安全底线，同时为维护国际粮食安全问题继续贡献中国力量。

### （二）城乡发展不平衡不充分

近年来，中国农业农村发展取得历史性成就、发生历史性变革，但农民收入水平相对较低和农村发展相对落后的情况依然存在。在实现共同富裕的历史征程中，短板弱项仍集中在农民农村。一是农村居民收入较大幅度低于城镇居民的局面仍然存在。全国城乡居民可支配收入倍差从 2008 年起连续 13 年下降，2021 年下降到 2.5，不过收入倍差仍处高位区间，与其他国家相比也处于较高水平。而且尽管农村居民人均可支配收入增长速度连续超过城镇居民，但由于城镇居民收入基数大，年增加值较高，城乡居民收入绝对差距还在持续扩大。二是农村基础设施和公共服务配置水平明显低于城镇。农村水电路网等基础设施建设依然滞后，农村教育质量、医疗水平和社会保障等公共服务资源配置等方面仍然弱于城镇。三是不同地区农村之间的农民收入、基础设施和公共服务建设水平差距突出。收入方面，中国农村居民人均可支配收入排名后 5 位省份（甘肃、贵州、青海、云南和陕西）2020 年农村居民人均可支配收入算术平均值为 12098 元，仅相当于排名前 5 位省市（上海、浙江、北京、天津和江苏）算术平均值的 41.2%。农村低保方面，东部发达省份的农村低保标准普遍为西

---

① 农业农村部：《王毅谈中国为维护国际粮食安全所作贡献》,2022-07-08）[2022-07-12]. http://www.moa.gov.cn/ztzl/ymksn/xhsbd/202207/t20220711_6404403.htm.

部地区 2 倍以上。四是农村居民内部群体之间的收入差距问题突出。据统计，2013 年—2020 年，农村居民低收入组的收入年均增长率为 7.2%，而高收入组的收入年均增长率达到 8.8%，收入绝对差值持续扩大，2020 年农村高收入组与低收入组的收入倍差为 8.46。①

## （三）农业国际合作形势严峻

世界正经历百年未有之大变局，国际政治、经济、贸易格局正发生深刻变化，新冠疫情影响广泛深远，经济全球化遭遇回头浪，不稳定不确定因素明显增加，农业国际合作面临的风险挑战将更加严峻。一是中国大豆、棉花、食糖、畜产品等农产品进口依存度不断提高，国际农产品市场波动震荡，粮食供求趋紧，贸易政策多变，全球农业生产出现阶段性阻滞和局部减产的风险上升，中国保障进口供应链的稳定性和可靠性面临较大压力。二是优势农产品出口竞争力不高，农业贸易大而不强问题突出，大量的农产品出口中小企业在质量、标准、加工、物流、品牌、营销等方面，需要全面提档升级，才能在激烈的国际竞争中站稳脚跟。三是全球范围内的贸易保护主义、单边主义抬头。美西方在经贸、投资、科技、产业等领域对中国全方位打压。同时，新冠疫情导致一些国家"自顾"倾向明显上升，对保障粮食安全和市场供给的重视程度前所未有，中国农业对外合作的不确定性增加。四是新冠疫情仍然持续，推进农业对外合作面临国际展会和线下交流活动无法正常开展，人流物流严重受阻，境外项目停滞，农资和部分产品进出口受阻、检疫要求升级、运输工具不足等挑战。②

① 农业农村部：《扎实推进农民农村共同富裕》，（2022-06-08）[2022-07-12]．http://www.moa.gov.cn/ztzl/ymksn/jjrbbd/202206/t20220608_6401875.htm.
② 中华人民共和国常驻联合国粮农机构代表处：《中国农业对外合作发展历程及形势任务》，（2021-07-02）[2022-07-12]．http://www.cnafun.moa.gov.cn/kx/gn/202107/t20210702_6370933.html.

### （四）高水平农业科技亟须自立自强

中国经济已由高速增长阶段转向高质量发展阶段，统筹发展与安全，最重要的是国家粮食安全，要害是种子和耕地，根本出路在科技。党的十八大以来，党中央始终坚持把创新作为引领"三农"发展的第一动力，中国农业科技实力持续提升、国际竞争力明显增强，为农业农村全面发展提供了强劲动能。但不可否认，中国农业科技仍然存在一些短板和薄弱环节。部分前沿和交叉领域基础研究和底盘技术的原始创新能力不足，重要种源、农机装备、智慧农业、绿色投入品等关键领域核心技术和产品自主可控能力不强，创新链与产业链融合不够，土地产出率、劳动生产率、资源利用率有待进一步提高。高效集成的科研攻关组织模式亟待构建，科技成果转移转化效率亟待提升，涉农科技领军企业创新能力和创新主体地位亟待提高，科研机构和科技人才评价体系亟待完善，有利于放活机构、放活人才、放活成果的农业科技体制机制改革亟待进一步深化。亟须加快高水平农业科技自立自强，推进体制机制改革创新，全面塑造创新力更强、竞争力更强、供给更安全的产业发展新优势。①

## 二、前景分析

新一代信息技术正在全球范围内引发新一轮科技革命，加快与现代农业深度融合。信息技术正以新理念、新业态、新模式融入全球经济，农业农村正迈向数字经济和数字文明新时代，将对农业生产、农业经营、乡村治理、农村服务、农民发展、农村经济等产生深远影响。发展智慧农业，建设数字乡村，机遇与挑战并存，前景无限美好。

---

①　农业农村部：《"十四五"全国农业农村科技发展规划》，http://www.gov.cn/zhengce/zhengceku/2022-01/07/content_5666862.htm.

## （一）农业生产：新一代信息技术促进农业全产业链智能化升级

数字化为重构城乡产业链、重塑城乡关系、建设乡村现代产业体系、振兴农村经济提供了前所未有的新契机。联合国粮食与农业组织（FAO）指出，过去 20 年间，颠覆性数字技术的发展令人叹为观止，全球经济的各个部门（包括农业）都在经历转型变革。不论是天眼工具、田地遥感、还是可以在整条食物链上稳定跟踪产品的区块链，数字技术都在时刻改变着游戏规则。5G、物联网、云计算、大数据、人工智能、区块链等新一代信息通信技术在农业农村领域加速创新突破。数字孪生、元宇宙、虚拟现实等新技术将广泛应用于农业生产、乡村治理与乡村社会化服务，将打造一个农业农村数字映射世界，实现乡村物理世界与数字空间的无缝交互，促进农业农村数字革命。数字技术将深入应用于农业生产、经营、管理、服务各个环节之中，在农业生产中的总体应用比例显著提高，实现农业数字化、智能化，进一步提高农业生产效率和农民生活品质。智慧农业逐渐形成规模，智慧农田、智慧大棚、智慧牧场、智慧渔场、智慧农机等全面普及，显著提高农业发展质量和效益，农业农村科技创新供给更加丰富。

## （二）农业经营：新型电商等新业态不断蓬勃发展

未来伴随乡村振兴、数字农业农村发展和"互联网+"农产品出村进城工程等政策的不断推进，以及 5G、大数据、区块链等新一代信息技术在农业经营领域的深入应用，数字农业农村经营环境将更加公正透明，数字农业农村经营平台将更加规范完善，数字农产品供应链和经营服务体系将更加高效健全，有知识、懂技术、会管理的"新农人"群体将更加庞大，数字农业经营服务产品不断丰富，新型电商、众筹农业、定制农业、智慧休闲农业等数字农业经营新业态将不断发展，共享农业、云农场、大众参与式评价、数字创意漫游、沉浸式体验等数字农业经营新模式不断创新，数字农业经营潜力得到充分释放，数字农业经营成本不断降低，农业供给与消费者个性化需求的对接将更为精准高效，在促进农产品产销衔接、增加消费者福利、助力农民脱贫增收、推动农业转型升级等方面发挥更加显著作用。

### （三）乡村治理：数字化赋能使乡村治理更加增"智"有效

新一代数字技术的加快应用将有力助推乡村治理体系和治理能力的现代化转型升级，协助健全党委领导、政府负责、社会协同、公众参与、法治保障、科技支撑的现代乡村社会治理体制，加快构建共建共治共享的乡村治理格局，有效提高乡村治理能力现代化水平。未来，随着数字乡村治理基础不断夯实，数字乡村治理平台不断完善，数字乡村治理覆盖范围不断延伸，政务、党建、村务管理、平安治理、环境治理、应急管理等数字化建设不断推进，乡村治理的智能化、精细化和专业化水平将不断提高，数字乡村治理模式将更加高效、廉洁、公平，数字乡村治理体系将更加增"智"有效，服务"三农"的能力和水平将不断增强。中国特色社会主义乡村善治之路将越走越稳，乡村社会将更加充满活力、和谐有序，广大农民的获得感、幸福感、安全感将不断增强。数字化赋能乡村治理不仅能为实现农业农村现代化发展打下坚实基础，而且能更好地支撑和保障国家治理体系和治理能力现代化。

### （四）农村服务：数字技术引领乡村智慧绿色发展

乡村绿色生活主要包括农村人居环境综合监测、农村饮用水水源水质监测等，通过云计算、物联网、人工智能、无人机、高清视频监控等信息技术手段，对乡村居民生活空间、生活用水等进行监测，为农村人居环境综合整治提供依据。大数据、云计算、区块链、人工智能等数字技术与农业绿色技术进行有机融合，对农林牧渔生产活动、产地水土气生产环境状况、农产品产加销全过程进行系统长期跟踪监测和分析，在此基础上通过农机与农艺、硬件与软件结合，达到农业产业活动绿色化、智能化、高效化，从而以最小的投入、最小的环境代价实现最好的产出、最好的效益。今后，随着数字技术与农业农村的不断发展和融合，农田生态数字化监测、乡村水利数字化监管、农产品质量安全追溯平台、农村人居环境基础设施建设、农村生态环境动态监测、农村环境网络监督等将不断深入推进。数字技术与传统农业绿色技术相结合，对实施乡村产业振兴，促进生态文明，确保实现农业农村现代化具有重要意义。

## （五）农民发展：数字化时代农民劳动技能数字化转变

伴随着信息技术的高速发展，社会生产力得到了巨大提高。人工智能等新科技会使人类的生产生活发生深刻变化。人工智能的快速发展可以视为人类分工领域的一次重大转变，会对我国劳动力供给产生深刻影响。一直以来，技术与社会如何和谐共处是值得探讨的主题，与之前的历次科技革命相比，人工智能革命更为猛烈和彻底。据埃森哲预测，到2028年中国仅体力劳动类的工作需求将减少6300万人。我国农业农村劳动力仍面临着劳动力人口规模日益减少、劳动力老龄化问题日趋严峻、劳动力素质无法满足数字技术的发展需要等问题。另一方面，数字化时代，农村劳动力供给也迎来重要机遇。随着人工智能等数字技术的不断发展，农村脑力劳动者和智力劳动者的比重不断增加，体力劳动者的比重不断减少，技术含量更高的农民数量将逐渐增多。为了适应新技术革命的发展与要求，农民不仅要实现数字化技能体系和知识体系的更新，更要有意识地培养创新意识和创新能力。

## （六）农村经济：数字叠加和溢出效应将持续推动农业农村经济发展

当前，数字技术正处于创新变革活跃期，创新成果赋能作用日益显现。高端芯片、基础软件、核心工业软件、智能传感器等关键领域数字技术创新周期不断缩短，步入代际跃迁和群体性突破的重大变革期。新一代信息技术加速与能源、材料、生物、空间技术交叉融合，驱动全领域技术变革、产业变革，引发要素资源重组、经济结构重塑，影响极其深远。数字技术与实体经济融合发展，能够形成叠加效应、聚合效应、倍增效应，激发发展新动能、新活力。可以说，发展数字经济是全面建设社会主义现代化国家进程中的一个重要机遇，我们必须牢牢抓住。在数字经济时代，数据成为汇聚资源的新要素，数字技术与土地、劳动力、资本等传统要素相结合，构建形成基于数据和应用场景驱动的数字经济发展新范式。发展数字经济，我国具有超大规模市场、海量数据等各种优势。促进数字技术与实体经济深度融合，才能更好抓住新一轮科技革命和产业变革的先机，构建现代化经济体系的重要引擎，构筑国家竞争新优势。①

## 三、技术展望

以生物技术、信息技术为代表的现代前沿技术，正在快速发展、广泛应用，将极大影响人类生存与发展的质量与步伐。生物技术的巨大进步，增强了人类应对食物短缺、能源不足、环境污染等一系列挑战的能力。信息技术的快速发展，推动了传统产业改造、生产效率提升、生活方式改变等社会进程。农业生物技术与农业信息技术，将驱动现代农业快速发展，最终实现建成农业强国伟大目标。

### （一）农业数字化，将改变农业发展方式，使未来农业成为具有先进要素武装的高效率现代产业

农业数字化，就是应用现代信息技术对农业对象、农业场景和农业过程，进行精准化监测、科学化分析、智能化管理的现代农业，是农业发展的土地要素、资本要素、人力要素基础上进行信息要素武装的崭新过程，将会使农业发展更加协调、更加绿色、更加高效。

农业数字化能够利用互联网、大数据、物联网、人工智能、区块链等新一

---

①　李颖：《以数字化转型助力高质量发展》，《人民日报》2021 年 11 月 19 日。

代信息技术，来对种植业、养殖业、加工业的生产、营销、管理等各个层面，进行系统性、全面性变革，对农业由整体系统到具体细节的全部重塑。数字技术能力不只是单纯的解决农业生产过程中的某一问题，而是要成为要素融入和业务突破的核心力量。数字技术的突出特点是利用各类传感器、应用终端、应用系统，将农业过程中反映农事特征的数据、信息、知识，转变为更为科学、合理、高效的农业管理方法，人工做不到的难事交给系统做，人工觉得累的农活交给机器做，显著提升农业效率。

农业数字化是未来农业革命性变革的不懈推动力，将推动实现数字化感知、智能化决策、精准化作业和智慧化管理现的代化农业生产方式，可显著提高劳动生产率、资源利用率和土地产出率，加速推动传统农业向现代农业转变。农业数字化会孕育农业数字经济新时代，推动形成完整的农业数字化价值链，不断创造新的价值，使农业基础地位更加牢固，农业强国基础更加坚实。

## （二）农业大数据，将促进农产品全产业链衔接，使未来农业成为更具协同性的现代产业

农业大数据，是指农业中来源广泛、类型多样、结构复杂并具有潜在价值的大量数据集合，对于客观认识、精准分析和有效解决农业问题具有无与伦比的价值。现代农业却又是一条产业链极长的跨部门跨区域系统，农业中的许多问题，比如，农产品价格大起大落、农业灾害易发频发、农产品大量浪费等等，这些棘手问题，都需要通盘考虑，全方位、全要素、全时段掌握实情，因时因地、因地制宜地对症解决，这就需要应用大数据技术，助力解决农业产业链系统中的问题。

目前我们面临农产品产业链脱节的问题仍然突出，依靠农业大数据技术将有效解决这些问题。针对农产品生产与消费、流通、市场不衔接问题，将通过农业大数据技术，更加有效获取全产业链中的实时数据，更加精准判别未来趋势，使未来农产品按量生产、按时生产、按需生产成为可能，避免农产品无效生产与低效生产，减少产业链上的农产品浪费和损耗，同时确保农产品数量有

保障，质量更可靠；针对农产品生产的地域差异、专业性普遍性差异识别不清的问题，将通过大数据方法，建立农产品区域数据大系统，建立国际农业数据、全国层面数据、省市县层面数据，为精准判别农产品形势，科学建立全国农产品统一大市场提供有力保障，提升国家农业协同性能力。

未来农业不只是粮食、蔬菜、水果以及肉、蛋、奶等等这些农产品的生产，同时也是这些农产品专业数据的生产。而这些生产出来的专业数据，不像农产品那样只有一次消费价值，而是具有长久使用价值，成为新一茬生产的信息要素投入，在现代农业产业中发挥协同作用。

### （三）农业智能化，将提升农业难题一体化解决能力，使未来农业成为具备高水平管理决策能力的现代产业

农业智能化，是指农业生产、经营、管理、服务过程中更多依靠信息技术、装备、模型、系统去科学分析问题、合理解决问题的过程，它使现代农业具备更高的生产效能、更强的监测预警能力。农业智能化在国外发达国家已经应用较多，并达到了相当高的水准，我国正在逐步填补空白，针对中国国情、农情，走出中国农业智能化的道路。

农业智能化应用十分广泛，比如在作物制种育苗、栽种管理、农业环境管理、水肥管理、植物保护、疫病防治、农业设施运行、特色产业服务等多个方面，现代农业水平高低，主要就是体现在这些领域的智能化水平。农业智能化从技术层面看，主要由智能化技术、智能化系统和智能化产品构成。我国农业智能化方面还存在多方面技术瓶颈，在适农智能控制设备方面，存在性能不足或使用维护成本高的问题；在适农场景的农业智能系统方面，存在系统繁杂体验性差使得农民不好用不想用，或应用效果不明显应用条件苛刻不实用等问题。

未来，农业智能化将全方位提高农业生产决策管理水平。一是优化农业布局管理，应用智能化技术，对气候、土壤、水质等环境数据的分析研判，系统规划农业分布、合理选配农产品种，科学指导生态轮作；二是提高农业生产管

理水平，可以根据农作物的生长监测，及时调整作物管理系统的土壤状况和环境参数，以最少的投入获得最高的收益，避免只凭经验施肥灌溉给资源环境造成的影响；三是实现农业作业管理精准化，通过各种传感器的使用，农田信息能够实时自动传输，实现了农民和农田的有机互联，实现高水平的农田管理与自然灾害监测，还可以按照农作物生长的指标要求，进行定时、定量、定位智能化处理，及时精确控制指定农业设备自动开启或者关闭，实现智能化、自动化的农业生产过程；四是有效保障农产品和食品安全，集成应用电子标签、条码、传感器网络、移动通信网络和计算机网络等农产品和食品追溯系统，可实现农产品和食品质量跟踪、溯源和可视数字化管理，对农产品从田头到餐桌、从生产到销售全过程实行智能监控，改变传统农业中粗放生产经理管理模式，提升农产品品质；五是促进产业链更好衔接，通过专业系统，在运输、仓储、销售等环节不断添加、更新信息，加强了农业生产、加工、运输到销售等全流程数据共享与透明管理，实现农产品全流程可追溯，提高了农业生产的管理效率，促进了农产品的品牌建设，提升了农产品的附加值。

### （四）农业机器人，将解放农民双手，使未来农业成为机器劳动为主的无人化少人化行业

农业机器人是一种依靠自身动力和控制能力自动进行农事作业的机器装置，能够运行预先编排的程序，结合实时场景信息智能分析处理后有效进行作业，以协助或取代人的劳动。农业机器人的广泛应用，将改变传统农业劳动方式，显著降低农业从业者的劳动强度，使少人无人农业成为可能。机器人在农业领域的应用和发展，将为农业自动化、精准化、智能化发展新的路径选择。

农业机器人作业环境多变，涉及因素动态多样，对信息感知系统、信息处理系统、作业操作系统挑战性较大。当前，农业机器人已进入到人工智能、机器视觉、多场景适应新的阶段，已相继在嫁接、饲喂、扦插、移栽和采收等多种场景下应用。多种机器人如旋耕机器人、播种机器人、植保机器人、除草机器人、喷洒机器人、采摘机器人等已经开始部署应用。农业机器人的应用，改

变了过去仅靠人力的劳作方式和传统农场的生产结构，可以弥补行业中人口老龄化带来的从业人员缺失问题，让中国人的"饭碗"牢牢地端在自己手中。

　　未来，农业机器人将适应多种作业要求，成为实现"无人农场"的核心载体。耕种管收生产环节全覆盖、品类丰富多样的农业机器人将在农业生产实践中大规模部署应用。如，施肥机器人可以根据不同类型土壤类型，制定不同的科学施肥策略，配比最适量的施肥方案大幅降低了农业成本；除草机器人能精准识别植物与杂草，在不同种植行间快速穿行，利用机器视角准确找到杂草并清除，避免除草剂对环境的影响；采摘机器人可通过视觉图像分析软件来识别采摘对象，应用光谱测距仪测定采摘距离，甚至利用气敏传感器准确分辨出果实成熟度，进行精准采摘作业；大田收割机器人自动下田，自动行走，自动采收，在降低劳动强度和生产费用、提高劳动生产率、保障农产品产品质量方面都具有巨大的优势与潜力。农业管理机器人可进行农作物生长监测，基于机器视觉进行田间作物生长数据采集，实时记录农作物苗数、株高、颜色、茎宽、叶片、穗长等等性状，诊断植物健康状况，判断植物生长发育进程、病虫危害程度、灾损大小等等，生成作物日度栽培管理措施。农作物监测机器人，还可以建立田块作物历史地图，记录多季种植品种、种植时间、作业内容、产量水平等情况，为下季作物种植和间作、轮作提供最优方案，形成农业管理最真实、动态、精准的管理信息，提升智慧农业水平。

## （五）农业纳米技术，将引发农业关键环节发生革命性变化，使未来农业成为更为绿色化的产业

　　纳米技术，是指在0.1~100纳米的尺度里，研究电子、原子和分子内的运动规律和特性的一项崭新技术。物体在纳米尺度会显著地表现出许多新的特性，如表面效应、小尺寸效应和宏观量子隧道效应等。一些国家纷纷制定相关战略或者计划，投入巨资抢占纳米技术战略高地。农业纳米技术，是在农业领域进行纳米级物质制造和生产应用的新技术。纳米技术与生物技术、农业的深入融合，将使农业产生革命性的变化。农业中各种生命体以及生物体内的蛋白

质、DNA、细胞等都存在纳米级的结构，应用纳米技术探究、控制农业生命体，人类对农业的认识和改造必然会上升到一个全新的更高的水平。

当前，纳米技术在农业各领域发挥着不可替代的重要作用，展现了巨大的应用潜力。如，在农药化肥缓释与精准输送方面，将生物活性纳米颗粒作为载体，使农药和化肥均匀地分布其中，缓慢地向土壤中释放药剂和养分，可以更好地提高农药和化肥的利用率。基于纳米传感器的智能输送系统，可以检测到植物病毒的存在、土壤养分水平和作物病原体，从而精准地将农药和营养液输送到特定农作物，以此减少不必要的浪费，提高精准农业生产效率。在病虫害管理方面，相对于传统的病虫害防治，纳米技术的优势在于功能化的纳米载体可实现靶向递药，纳米载体可损伤害虫体壁造成失水或扰乱害虫的正常生理功能，纳米载体上功能基团的引入及其尺度效应，可提高杀虫剂在植物表面的粘附性及被植物吸收的性能。在植物生长发育调控方面，施用特定纳米颗粒能有效提高植物中对应元素的含量，使植物高效率吸收营养物，进而促进植物生长。纳米传感器可测量植物的叶片、果实、茎秆等外部特征，也可测量植物径流、激素等内部特征，通过测量植物内外部特征变化来指导精准灌溉、施肥以及病虫害防治等，植物始终处于最佳生长状。在农产品质量安全检测方面，新型快速的纳米检测技术能够快速、灵敏地检测农产品质，可克服传统检测方法的操作复杂、耗时长、对仪器和操作人员要求高等缺点。如生物纳米传感器可以精确定量地快速检测细菌和病毒，从而提高消费者的食品安全性。

展望未来，纳米材料将在未来的农业，尤其是作物生产中，发挥举足轻重的作用！农业纳米技术可通过促进全球粮食安全提供巨大的公共利益。纳米技术和基因组编辑的进步可以重新定义对转基因作物的监管监督的重要性。应用纳米技术最有希望的新机会和方法，以提高作物农业必要投入（光、水、土壤）的使用效率，推动的新的农业技术革命，以使产量与不断增长的需求保持一致，增加抵御能力和降低环境影响，使农业可持续发展。基于智能纳米生物技术的传感器的设计和接口，纳米技术如何能够实现与电子设备通信的智能植物传感器，以实时监测植物健康状况，将最大程度优化单个植株的生产力和精确有效地利用资源。

## （六）生物技术，将改变人类食物获取途径，更多地摆脱靠天吃饭的束缚

现代生物技术是 21 世纪发展最快、应用最广、潜力最大的战略高技术之一，是推动新一轮科技革命的决定性力量。随着人类基因组计划和其他重要动植物和微生物基因组计划的实施和信息技术的渗入，新一轮生物技术革命和产业变革加速演进，基因组学、生物信息学、组合化学、生物芯片技术以及一系列自动化分析测试和药物筛选技术相继发展，生命科学基础研究和生物技术创新加快突破，已进入一个大数据、大平台、大发现的新时代。生物技术与数字技术等关键使能技术在农业领域发展中发挥着重要作用，推动了生物农业、数字农业和合成生物制造等重点领域的创新发展。

当前，农业生物组学、表观遗传学、逆境生物学、生物固氮和光合作用等农业前沿研究方兴未艾，植物基因组研究也进入泛基因组时代，基因编辑技术不断改进，植物免疫调控不断取得突破，将对生物遗传变异资源挖掘、培育农业动植物优良品种等意义重大。比如，随着全球气候变暖，极端高温天气会使农作物稻大量减产，加剧粮食安全问题。挖掘出作物抗高温基因，为作物抗高温育种提供珍贵基因资源，有助于解决培育抗高温作物品种这个当前亟待解决的问题。

展望未来，随着基因组学、系统生物学、合成生物学等前沿基础学科的快速发展，农业生物技术与信息技术、先进制造技术和智能技术交叉融合，催生以农业生物设计与智造为代表的新一轮农业科技革命，开创人类按照自身需求设计农业生物、创制新型高效智能农产品的新纪元，将有力地推动传统农业向智造农业的颠覆性变革，催生工厂农业、数字农业和智能农业等农业新业态和新产业。

## （七）太空育种，将拓宽优良品种培育渠道，为人们提供丰富多彩的高品质食物

太空育种，也叫空间诱变育种，是将作物种子或育种材料搭乘卫星送到太

空，利用太空中的宇宙射线、微重力、高真空、弱磁场等环境诱变作用，使种子产生有益变异，再返回地面培育作物新品种的育种新技术。太空育种是集航天技术、生物技术和农业育种技术于一体的农业育种新途径，能够加快育种进程，缩短育种周期，提高育种效益，是当今世界农业领域中最尖端的科学技术之一。在太空育种方面，中国走在世界前列。

太空育种与地面常规育种相比具有突变多、变异大、稳定快的优点，是培育高产、质优、早熟、抗病农作物新品种有效途径，综合宇航、遗传、辐射、育种等跨学科的高新技术。1987年，我国首次将水稻、辣椒等农作物种子送上太空，到2020年9月，已先后30多次利用返回式卫星、神舟飞船、天宫空间实验室和其他返回式航天器搭载植物种子和育种材料，包括粮食、蔬菜、水果、油料、花卉、林草、中草药、微生物新菌种，已培育出700余个航天育种新品系、新品种，累计种植面积1.5亿亩。

未来，太空育种将会带来现代种业千姿百态繁荣景象，使人们的米袋子更加饱满，菜篮子更加丰富。一是通过太空育种，对农作物种子进行诱变，引起生物染色体畸变，进而导致生物体遗传变异，使粮食作物多呈现出大穗、大粒、粒重作物高产特征，如经太空诱变育种培出的航育1号水稻新品种，株高降低14厘米，生长期缩短13天；太空诱变育种培出的华航一号水稻新品种，穗大、粒多、结实率高，增产10%；太空育种获得了许多矮秆、丰产、早熟的小麦新品系，产量较一般品种高10%～15%；二是通过太空育种，使水果蔬菜作物呈现果大、体大的壮丽景象，太空番茄平均单果重在350克左右，最大单果重375克；太空搭载的长形茄子，单果重达350克，口感非常鲜嫩；太空青椒，高产优质抗病，个大色艳，青椒的单果重过半斤，维生素C含量增加20%；太空黄瓜航遗一号最大单果重1800克，长52厘米，Vc含量提高了30%。三是太空诱变可以在较短的时间内，创造出地面诱变育种方法难以获得育种资源，可以获得高营养成分、口感好的突变体；太空椒的果实比在陆地上培育的果实要大得多，口味、重量和外形发生了变化太空菜葫芦长达75厘米，含有可治糖尿病的苦瓜素；太空甜椒872可溶性固形物含量提高了20%，在太空甜椒中获得了1个黄色后代和1个红色后代，可以获得太空五彩椒系列。

## （八）基因编辑，将建立生物精准育种新方法，推动种业科技自立自强

基因编辑，是一种新兴的比较精确的能对生物体基因组特定目标基因进行修饰的一种基因工程技术。基因编辑以其能够高效率地进行定点基因组编辑，在基因研究、基因治疗和遗传改良等方面展示出了巨大的潜力。

基因编辑的出现，让更加精准的基因调控成为现实。遗传变异是农业改良的基础，植物育种的目的是创造和利用这些遗传变异。植物育种的四种主要技术是杂交育种、突变育种、转基因育种和基因编辑育种。杂交育种是有针对性地开展杂交植物，通过有性重组来培育良种；突变育种是利用化学诱变或辐射诱变，诱导基因随机突变，加大了遗传变异；转基因育种是将来自其他生物的基因或性状引入农作物，从而提升产量，减少农药使用水平，改善人们营养。但这些方法中，杂交育种只能利用亲本基因组中已有的性状，诱变植育种需要大量劳动力，转基因育种受到严格的政府监管。而基因编辑，是将精确的和可预测的基因组修饰引入植物中，对其性状进行精确改良，改良一个品种的时间大大缩短。这项技术已经应用于水稻、小麦、玉米、马铃薯、木薯等作物上。农业农村部制定并公布了《农业用基因编辑植物安全评价指南（试行）》，进一步规范农业基因编辑植物的安全评价管理，将促进我国生物育种技术和产业快速发展。

基因编辑技术，因其具有精确基因修饰能力，为未来作物育种、农业发展和人们生活改善展现的美好前景。通过基因编辑技术，进行碱基编辑和引导编辑，提升融合诱导缺失系统的改进，使未来再生水稻或其他植物高产成为可能；通过多重基因编辑和诱变以及定向进化技术，将显著提高植物产量、品质、抗病性和抗除草剂能力；运用基因编辑技术精准靶向多个产量和品质性状控制基因的编码区及调控区，在不牺牲其对品质、抗性等优良性状的前提下将新的诸如高产、适应性性状精准地导入拟改良品种，显著改变品种的产量属性和经济属性；通过基因编辑技术，将野生水果品种的抗寒、抗旱、抗病特性以及区域适应性，与栽培品种的优良株型和适栽性结合起来，实现了野生植物驯

化，提高了果树的天然抗性、得果率等自然与经济性状，提升果实成熟的同步性和收获指数，提升维生素 C 含量，通过基因编辑实现野生植物的快速驯化，为精准设计和创造全新作物提供了新的策略；通过基因编辑技术，从事下一代抗生素生产的公司已经开发出了专门针对细菌而对机体无害的病毒，该病毒可以主动发现并攻击危险细菌。与此同时，研究人员正在利用基因编辑技术保证猪器官能够安全地移植到人类身上。基因编辑也改变了基础研究，它使科学家能够精确地研究特定基因是如何发挥功能的；应用基因编辑技术，与牛体外胚胎培养等繁殖技术结合，使用合成的高度特异性内切核酸酶直接在受精卵母细胞中进行基因组编辑，实现对哺乳动物受精卵多个靶标的一次性同时敲除，大大提升动物性食物的生产效率。

### （九）动物干细胞技术，将在培养肉生产、干细胞育种等领域具有广阔的潜在用途

胚胎干细胞是从动物胚胎发育早期分离出来的一类多能干细胞，具有体外培养无限增殖、自我更新和多向分化的特性。胚胎干细胞理论上可以分化为动物体任何细胞类型，并能发育成完整个体。动物干细胞技术，就是通过各种方法获得干细胞，经过体外培养建立细胞系，并对其进行定向分化诱导研究，以期获得需要的某一特定类型细胞。家畜干细胞育种是利用基因组选择、干细胞建系与定向分化、体外受精与胚胎生产等技术，根据育种规划通过体外实现家畜多世代选种与选配的育种新技术。

动物优良品种是肉、蛋、奶等动物源食品高效生产的核心要素，是推动养殖业发展最活跃、最重要的引领性要素。我国自主培育的猪、肉鸭、蛋鸡等距离市场需求还有较大的差距，需求缺口仍较大，种业发展空间巨大。动物品种改良可提高单产水平和饲料转化率，在保证生产足够动物产品的同时，可大幅降低生产成本、确保我国粮食安全和养殖业可持续发展。目前家畜干细胞育种技术主要包括基因组选择、干细胞分化、体外受精与胚胎生产等技术。基因组选择技术从已广泛应用于奶牛育种，并已在猪、肉牛、羊等禽物种开始使用，

比较成熟。体外受精与胚胎生产技术总体比较成熟，可以实现工厂化生产。关键技术难题在于高效的干细胞建系及诱导分化技术。国内外科学家在克服家畜胚胎上胚层多能干细胞建系困难，传代次数短，难以承受多次基因编辑操作等难题方面已取得一定进展。

未来，家畜干细胞在生命科学基础研究、细胞培养人造肉生产和优良品种培育等方面具有巨大应用前景。家畜干细胞育种有望突破大型家畜育种的关键瓶颈，避免了大部分动物活体饲养以及性能测定工作，极显著地缩短世代间隔，从而大幅度提高育种效率，极大节约育种成本。应用动物干细胞技术有望获得经过任意基因编辑操作的克隆家畜，从家畜胚胎干细胞建系成功到细胞培育肉、干细胞育种等产业化应用，在生命科学基础研究、细胞培养肉生产、医学动物模型、家畜干细胞育种等领域具有广阔的潜在用途。

## 四、相关措施

展望未来，需要加强规划布局，强化科技创新，推进重点工程，构建数字产业体系，释放数字红利，激发内生动力，不断培育壮大农业农村发展新动能，积极参与数字农业农村经济国际合作，让数字红利更好地造福人民。

### （一）加强数字化顶层设计，加快统筹推进

面向建设智慧农业强国和农业农村现代化需求，加强顶层设计，谋划好长期性工作的底盘性工作路径，因地制宜，重点突破，分步推进。在农业生产、经营、管理、服务等各领域各链条加强顶层设计，规划构建智慧种业、智慧种植、智慧畜牧、智慧渔业、智能农机、智慧农垦等建设和发展路径；规划构建大数据标准体系，制定大数据共享、数据存储、数据治理等标准，夯实数据基础，为农业农村大数据应用构建基本底盘；统筹城乡数据中心等数字基础设施资源，将农业数字基础设施与城市网络建设统一规划，打造城乡一体化的数字

基础设施；优化乡村数字农业农村发展环境，鼓励发展基于互联网的农业农村数字经济新业态。依托农业农村信息化专家咨询委员会，加强数字农业农村建设指导，为科学决策和工程实施提供智力支持。各级农业农村主管部门要将数字化理念融入农业农村工作全过程，加快工作流程数字化改造，构建数字农业农村发展的管理体系。把信息化作为农业农村现代化建设的重要内容，加大政策资金支持力度，完善农业农村信息化补贴、农村金融等政策体系。建立农业农村信息化发展水平监测评价机制，开展定期监测。

### （二）完善信息基础设施，夯实发展根基

强化乡村信息基础设施。进一步落实电信普遍补偿机制，提高农村地区网络覆盖率和网速，切实满足农业生产、农民生活用网需求。进一步推广光纤宽带普及，推进高速宽带网络向有需求的自然村延伸。充分发挥 5G 低频段优势，统筹推进县域、乡镇、农村地区 5G 网络覆盖，推动 5G 在农业农村领域应用。优化农村信息服务基础设施，有序推进农村信息服务站点整合共享。推进各类信息终端、技术产品、移动互联网应用软件普及应用。加快推动农村水利、公路、电力、冷链物流、农业生产加工等基础设施的数字化、智能化改造升级。鼓励运营企业积极推进北斗地面配套设施建设，基本实现农业生产区域北斗时空基准服务网络全覆盖。完善农业农村数据资源体系建设，形成统一的国家农业农村大数据平台。建设"天空地"一体化农业农村信息采集技术体系，整合分散于多层级、多环节和多主体的涉农数据信息资源，构建全国农业农村数据资源"一张图"。在数据应用环节，聚焦粮食安全、农业农村经济运行等重要领域和关键问题，完善分析预警指标体系，构建大数据分析预警模型，加强政府与市场协作，引导各类社会主体开拓农业农村大数据应用场景，提升数据资源利用水平。

### （三）抓好信息化重点工程，推进协调发展

实施国家农业农村大数据中心建设工程，建设国家农业农村云平台、国家

农业农村大数据平台、国家农业农村政务信息系统等重大平台，增强农业农村大数据的计算存储能力，建设统一的数据汇聚治理和分析决策平台，实现数据监测预警、决策辅助、展示共享，为农业农村发展、运行管理和科学决策提供数据支撑。实施农业农村天空地一体化观测体系建设工程，加强农业农村天基观测网络建设应用、农业农村航空观测网络建设应用、农业物联网观测网络建设应用等，实现对农业生产和农村环境等全领域、全过程、全覆盖的实时动态观测。实施国家数字农业农村创新工程，开展国家数字农业农村创新中心建设、数字农业试点建设等项目，加快推进重要农产品全产业链大数据建设。持续推进信息进村入户工程，鼓励各地因地制宜，在运营模式、平台建设、服务能力、人员利用、资源整合、多方合作等方面开展创新探索，满足农民生产生活信息需求，切实提高农民信息获取能力、增收致富能力和自我发展能力，打造数字农业农村综合服务平台。加快推进"互联网＋"农产品出村进城工程，建立适应农产品网络销售的供应链体系，把庞大的市场需求内化为本地产业升级的动力，把培育产业化运营主体作为打造优质特色农产品供应链的关键，督促打造产加销一体化的本地龙头企业。

### （四）加强科技创新，提升数字化支撑能力

坚持平台化创新，推进农业科技数字化。顺应农业科技数字化、平台化、集成化、交互化创新发展趋势，优化智慧农业技术创新体系，建设跨界交叉领域的协同创新平台，建立平台化协同攻关机制，提升底层科技、核心技术、关键装备与基础数据的掌控能力。一是围绕战略性前沿性技术布局、关键共性技术攻关、技术集成应用示范、农业人工智能研发应用等，重点建设一批国家数字农业农村创新中心和专业分中心，构建技术攻关、装备研发和系统集成创新平台，培养造就一批数字农业农村领域科技领军人才和高水平工程师。二是构建产学研深度融合的农业农村信息化科技创新体系，加大关键核心技术攻关。加大农业农村信息化学科群重点实验室在信息技术、智能装备领域的布局，重点攻关农业专用传感器、动植物生长信息获取及生产调控机理模型、农业信息

智能分析预警、农业智能装备与机器人等关键技术，探索无人农场、无人养殖场、无人渔场等技术集成与应用示范。三是实施农业农村数字化科技创新工程。突破智能育种和耕地信息化、先进农业信息传感器、农业数据分析处理核心模型算法等农业信息科技基础技术难题，研发一批农业智能化生产关键技术与产品，创新农产品全产业链数字化管理关键技术，研建系列化数字乡村信息服务技术。四是围绕数字技术创新链与产业链衔接发展，建设一批数字农业应用示范基地，推动先进技术装备与成果应用示范，开展标准化组装、集成、熟化和应用验证，探索"创新链＋产业链"双向融合机制。

## （五）构建数字产业体系，促进数字化融合

坚持智慧化发展，推动生产经营管理数字化。利用数字化技术对传统农业产业进行全方位、全链条改造，提高全要素生产率。一是发展智慧种业和智慧种植，构建全国统一的农业种质资源数据库，加快种业创新攻关。开展智慧农田建设，建立农田大数据智能分析与决策系统。二是推进智慧牧场建设，加快规模化养殖场数字化改造，推进环境感知、精准饲喂、粪污清理、疫病防控等设备智能化升级，推动生产全过程平台化管理。三是推进智慧渔场建设，加快池塘、工厂化循环水、深水网箱、鱼菜共生等养殖模式的数字化改造，推进水质在线监测、智能增氧、精准饲喂、水产品分级分拣等技术应用。四是推进智慧农机建设，加快农机装备数字化改造，发展全环节农机精准作业，开展主要作物无人农场作业试点，发展"互联网＋农机作业"。坚持产业链融合，推进农村经济数字化。加快以数字化盘活农村生产性资源和资产，构建农村产权数字化交易平台，推动城乡经济要素的流动互通；大力实施"互联网＋"农产品出村进城工程，建设数字化绿色供应链，推动人工智能、大数据赋能农村实体店，促进线上线下渠道融合发展，让农产品"卖得掉、卖得远、卖出好价钱"；大力推进一二三产业融合发展，加快培育一批数字化转型升级农业龙头企业，加快发展农村数字化新兴产业，培育乡村数字化新业态，推动互联网、手机APP与乡村特色产业、新兴业态深度融合；加大引导城郊融合类村庄发展数字

经济、共享经济，发挥数字化技术引领、市场创造、效率改进等功能，建设农村现代经济体系。

### （六）完善数字化治理体系，维护产业安全

促进信息化与乡村治理深度融合，提升乡村治理智能化、精细化、专业化水平。建设完善农村基层党建信息平台和在线村务政务服务平台，推动"互联网＋政务服务"向乡村延伸覆盖，推进涉农服务事项在线办理。大力发展"互联网＋党务"、"互联网＋村务"、"互联网＋社区"、"互联网＋法治"、"互联网＋治安"等，支持建立"村民微信群"、"乡村公众号"等，规范乡村小微权力运行。建设智慧乡村信息平台，建立农村集体资产、宅基地、承包地等电子台账，逐步完善"互联网＋网格治理"服务管理模式，加强农村厕所革命、垃圾处理和污水治理等在线监督。建设农村智慧应急管理体系，提升乡村突发公共事件应急管理能力。鼓励开发适应"三农"特点的信息终端、技术产品、移动互联网应用软件，完善面向农户的信息终端和服务供给。大力发展"互联网＋文化"、"互联网＋教育"、"互联网＋医疗"、"互联网＋金融"，推动实现城乡均等化普惠制的公共服务，让文化服务、教育服务、医疗服务、金融服务走进农村千家万户。建立健全农业农村领域关键信息基础设施安全保护制度和网络安全等级保护制度。完善数据安全管理体制机制，建立数据分级分类管理制度，加强重点领域数据安全管理，加大个人信息保护力度。加强网络安全培训，全面提升网络安全技术防护能力、态势感知能力、应急处置能力。加强农业农村领域卫星互联网、物联网、人工智能、区块链等新技术新应用网络安全风险评估，完善风险防控措施。

### （七）参与数字技术国际合作，作出中国贡献

全球数字技术和产业发展深度交融，积极参与数字农业农村经济国际合作是促进高水平开放的重要路径。依托双边和多边合作机制，开展数字农业农村

标准国际协调，持续深化政府间数字农业农村经济政策交流对话，主动参与国际组织数字农业农村经济议题谈判，开展双多边农业农村数字治理合作，维护和完善多边数字农业农村治理机制，广泛凝聚发展共识，及时提出中国方案，发出中国声音。务实推进数字农业农村经济交流合作，搭建全球数字农业农村经济交流合作平台，统筹开展境外数字农业农村经济基础设施合作，推动"数字丝绸之路"走深走实，大力发展农产品跨境电商，打造跨境电商产业链和生态圈。加快农业农村贸易数字化发展，促进贸易主体转型和贸易方式变革，营造农业农村贸易数字化良好环境，完善农业农村数字贸易促进政策，加强制度供给和法律保障。高质量开展农业农村大数据、智慧农业生产、农产品电子商务、农业监测预警、乡村数字化服务等领域国际合作，创造更多利益契合点、合作增长点、共赢新亮点，支持我国数字农业农村企业"走出去"，主动贡献"中国智慧"，共享"中国红利"，让数字农业农村经济合作成果惠及各国人民。

责任编辑：崔继新

封面设计：汪　莹

版式设计：严淑芬

**图书在版编目（CIP）数据**

智慧农业与数字乡村的中国实践／唐珂　主编 . — 北京：人民出版社，
　2023.10

ISBN 978 - 7 - 01 - 025737 - 2

I.①智… II.①唐… III.①智能技术 - 应用 - 农业技术 - 研究 - 中国
　②数字技术 - 应用 - 农村 - 社会主义建设 - 研究 - 中国　IV.① S126
　② F320.3−39

中国国家版本馆 CIP 数据核字（2023）第 096291 号

**智慧农业与数字乡村的中国实践**

ZHIHUI NONGYE YU SHUZI XIANGCUN DE ZHONGGUO SHIJIAN

唐　珂　主编

**人民出版社** 出版发行

（100706　北京市东城区隆福寺街 99 号）

北京盛通印刷股份有限公司印刷　新华书店经销

2023 年 10 月第 1 版　2023 年 10 月北京第 1 次印刷
开本：710 毫米 ×1000 毫米 1/16　印张：27.5
字数：419 千字

ISBN 978 - 7 - 01 - 025737 - 2　定价：128.00 元

邮购地址 100706　北京市东城区隆福寺街 99 号
人民东方图书销售中心　电话（010）65250042　65289539